量子数理シリーズ ❷
荒木不二洋／大矢雅則…監修

荒木不二洋／江口 徹／大矢雅則 編

数理物理 私の研究

丸善出版

本書に御寄稿下さった和達三樹・東京理科大学教授（東京大学名誉教授，2005年度日本物理学会会長）が本書出版準備中の 2011 年 9 月 15 日に癌のため他界されました．故人のご功績を偲び，心からご冥福をお祈り申し上げます．

編者および編集部一同

まえがき

　20世紀における物理学の最も大きな出来事は量子力学，相対性理論の発見であろう．原子分子の世界を支配する法則を明らかにした量子論は現在半導体工学やナノテク，情報通信等の先端的技術を通じて我々の日常生活の隅々までその影響を及ぼし始めている．また，我々のもつ時間，空間の概念に根源的な変革をもたらした一般相相対性理論は，宇宙創成やブラックホールなど宇宙の最も根源的な謎に挑戦している．
　以前より基礎物理学は隣接分野である数学と密接な交流を持って来た．
　20世紀後半から21世紀始めにかけてはその交流がますます活発になってきている．これは，量子論，量子論的な場の理論など20世紀に生まれた基礎物理学の理論が次第に進化，熟成して作用素環などとの絡みで深い数学的な理解を必要とするようになってきたからと考えられる．
　現代数学はその多くの部分において19世紀の古典物理学に基礎をおいている．古典物理学が量子論的な物理学に変貌を遂げるにつれて，新しい量子論的な数学への試みも活発になって来た．
　素粒子の統一理論の有力候補とされる超弦理論などにおけるミラー対称性や物の理論と事の理論の融合ともいえる量子情報理論など，現代数学に大きなインパクトを与える発見が数多く起きており新しい数学誕生の息吹を感じさせている．
　20世紀の後半から21世紀の今日まで，この半世紀，わが国にもおいても物理学と数学の新しい融合に貢献して来た研究者は数多い．そうした研究者の

行ってきた研究を，量子数理に関して本人にその研究への思いを含めて，語ってもらったのが本書である．順を追って読む必要はなく，読者が興味を持った表題や著者のものからどんどん読まれるとよいのではないだろうか．約 50 人の研究者に執筆をお願いしたが，シュプリンガー・ジャパン編集部と編者 3 人が様々な意見を取り入れて人選したつもりである．が，我々の知識が足りず大切な研究が漏れているかもしれない．ご容赦いただきたいと同時に，そうした研究にお気づきの場合は，編集部にご一報をお願いしたい．

2012 年 6 月
編者

目 次

私の青春時代（南部 陽一郎）   1

量子数理物理学の研究（新井 朝雄）   15

作用素環と数理物理学（荒木 不二洋）   21

波動方程式に対する散乱問題（井川 満）   25

シュレーディンガー方程式の 3 体問題（磯崎 洋）   31

Seiberg–Witten 理論とインスタントン（伊藤 克司）   39

von Neumann 代数における条件付き期待値（梅垣 壽春）   45

ALE 空間（江口 徹）   53

統計力学のファインマン・ダイアグラム法（江沢 洋）   61

私の Random Works（大久保 進）   69

トポロジカルな弦理論（大栗 博司）   77

ゲージ理論の諸問題（太田 信義）   83

くりこみと現象論（大野 克嗣）   91

代数表示の変形論と量子論（大森 英樹）   97

量子情報の数理から観ることの数理へ（大矢 雅則）   105

量子測定理論（小澤 正直）   119

「ミクロ・マクロ双対性」（小嶋 泉）   127

目次

超弦理論のコンパクト化と風間・鈴木モデル（風間 洋一）	133
下に有界でない作用をもつ場の理論の確率過程量子化（金長 正彦）	141
超局所解析的 S 行列論（河合 隆裕）	147
ランダム面，large-N ゲージ理論，超弦理論（川合 光）	153
作用素環と共形場理論（河東 泰之）	163
C^* 環上の流れについて（岸本 晶孝）	169
行列模型と非可換ゲージ理論（北澤 良久）	177
数学的散乱理論発展の流れの中で（黒田 成俊）	185
KZ 方程式と量子位相不変量（河野 俊丈）	191
Chern–Simons 幾何的量子化について（郡 敏昭）	199
時空の物理学に魅せられて（小玉 英雄）	205
W^*-環の特徴付け定理（境 正一郎）	211
カオス的トンネル効果とジュリア集合（首藤 啓）	219
手順の分離と統合（鈴木 増雄）	225
可積分系への道（高崎 金久）	235
野武士の始めた日本の作用素環（竹崎 正道）	241
「なぜ磁石があるのか」に答える数理物理学（田崎 晴明）	257
写像のエントロピーがもたらす情報（長田 まりゑ）	265
無限次元対称性と可解系（筒井 泉）	271

私にとっての数理物理学とその背景（冨田　稔）	**279**
量子群との出会い（中神　祥臣）	**285**
インスタントンと表現論（中島　啓）	**293**
重力場の共変的正準量子論（中西　襄）	**301**
核力の起源（初田　哲男）	**309**
正しい量子相対エントロピーとは何か（日合　文雄）	**317**
質量の起源について（東島　清）	**323**
ホワイトノイズ解析（飛田　武幸）	**329**
位相的場の理論と不変量（深谷　賢治）	**337**
量子異常（藤川　和男）	**345**
Feynman 経路積分の数学的理論（藤原　大輔）	**353**
無限自由度の解析学（三輪　哲二）	**359**
ハイゼンベルク先生の思い出など（山崎　和夫）	**369**
私の研究：終わりなき旅路（米谷　民明）	**379**
ソリトンから結び目へ（和達　三樹）	**385**
索　引	**400**

私の青春時代

南部 陽一郎

東大時代〜入営〜研究所配属時代

　私は1940年に東京大学（当時は東京帝国大学）に入学したのですが，戦前の学生時代，素粒子物理を研究したいと思っても，この分野の教授はいませんでした．多少とも関係のあった唯一の人は私のついた落合麒一郎教授でした．落合教授はハイゼンベルク (Heisenberg) の下で原子核物理学を学ばれましたが，素粒子物理というものはまだ存在していない時代でした．教授曰く，素粒子物理の分野に進めるのは天才だけだということでした．そこで，仲間同士で研究したり，論文を読んだりすることにしました．

　私たちは，形式上は落合教授の指導の下で毎週セミナーをし，論文や本を読みました．すでに太平洋戦争が始まっていたのですが，青写真やフォトコピーを作ってもらうことは自由にできました．ベーテ (Bethe) の有名な *Reviews of Modern Physics* の原子核物理の論文から始めて，ハイトラー (Heitler) の *The Quantum Theory of Radiation* （邦訳は『輻射の量子論』沢田克郎訳，吉岡書店 (1957)）やファウラー (Fowler) の *Statistical Mechanics* などを読みました．

　さらに，林（忠四郎）さんなど4, 5人で時々抜け出して，理研（理化学研究所）に朝永–仁科セミナーを聴講しに行きました．当時本郷の東大の近くの大塚にあった東京文理科大学（いまの筑波大学）にいらっしゃった朝永（振一郎）先生と理研で活動されていた仁科（芳雄）先生が同じセミナーで意見を交換しており，朝永先生は受け取った手紙を議論にかけられていました．

　このセミナーに参加したのは3, 4回だったでしょうか．例えば，坂田理論（二中間子論）について初めて知ったのは，1942年夏のセミナーでのことでした．坂田（昌一）さんは湯川（秀樹）先生の弟子で，その頃は名古屋大学（当時は名古屋帝国大学）に就職していました．その関係で，朝永さんと文

通があって，坂田さんから手紙が来るわけです．そうすると朝永さんが私たちの前で手紙を読んでくれました．ここに書かれていることはどういうことかって，私たちに説明してくれるんですね．非常に印象に残っています．

朝永–仁科セミナーでは，宇宙線物理についてもかなり学びましたが，これについてはあとでお話ししましょう．その次のセミナーは1942年の秋でしたが，その頃にはもう私の入隊が目前に迫っていました．

結果的にその後3年間，私の研究は戦争のため中断させられ，素粒子物理については何もできませんでした．当時の大学制度は今と違って3年間あったのですが，戦争のために2年半で早めに卒業させられました．それで陸軍に入ることになるわけですが，あの頃は，一定以上の学歴を有する学生は待遇が良くて，一兵卒からずっと行くのではなく，早く将校に上がれるコース（甲種幹部候補生）がありました．私も卒業するときにその試験を受けたんだけど，目の検査かなんかに引っかかって落っこちてしまった．

それで，私は東京生まれで本籍が東京にあるので，赤羽の工兵連隊（近衛師団工兵第一連隊）に入営しました．結局そこに半年くらいいましたかね．それから，今度は工兵将校になるための学校（陸軍工兵学校）に入れられたのですが，それが千葉県の松戸にありました．1943年の春頃に松戸へ移り，また半年ぐらいいました．松戸で厳しい訓練を受けた後，工兵将校として卒業して，今度は戦地へ送り出されることになっていたのですが，その間に技術将校になるための試験を受けたところ，今度は通りまして．そういうわけで，幸いにして技術の分野に入ることができました．

その頃陸軍には技術研究所っていうのが10くらいあったんですが，それぞれ専門が違ってね．私が行ったのは，小金井（現在の東京学芸大学のあたり）の電波兵器研究所（多摩陸軍技術研究所）っていうレーダーの研究所でして，そこで研究を始めたわけです．研究所の中にも部門がいくつかありましたが，私に出された課題は，海の中に潜っている潜水艦を飛行機の上からレーダーで探知する技術の開発でした．

しかし研究をしている間も敵がだんだんと日本に近づいてくるわけです．B29の爆撃も始まって，東京も（1945年3月10日の）大空襲でバーンとやられてしまいました．そんなわけで，ここも危険だっていうんで，私の部署は兵庫県の宝塚に疎開することになりました．学校（小林聖心女子学院）の

キャンパスと，横浜正金銀行（いまの三菱東京UFJ銀行）のゴルフ倶楽部（宝塚ゴルフ倶楽部）の建物などを接収して使いました．結局戦争が終わる最後の最後まで，私はそこで仕事を続けることになったのです．

　宝塚での私の役目というのは，1つには，事務のほうで，研究調査係というものでした．あの頃，大学とか会社とかみんな軍事研究を委託されてやっていました．そこで，そういうのを視察して回って，上官に報告する．京都とか九州の大学や会社にも出かけていって，そこの先生がたともお近づきになることができました．こういったことが刺激になって，その後の研究にも非常に役に立ったですね．

　もう1つは，大阪大学（当時は大阪帝国大学）から来た先生や学生と一緒に実験をすることでした．あとは，阪大の先生とか，有名な先生がたに顧問として来ていただいて，毎月1回くらいは研究会を開くと．そういうことをしていました．

　実験としては，例えば，潜水艦が潜望鏡を出したとき，それをレーダーでキャッチできるかっていうのをやりましたね．

　あの頃のレーダーっていうのは本当に原始的なものでした．ダイポールアンテナを何メートル何十メートルと伸ばしたものを千葉県の犬吠埼のあたりに立てて，それを太平洋に向けておくと，B29の大群がやって来るのを，1,2時間前に200キロ先とか300キロ先とか，とにかく遠いところでキャッチできる，そういう能力はありました．ただ，私たちが狙っていたのは，敵を打ち落とすための高精度のレーダーを作ることでした．そんなレーダーの技術は日本にはありませんでした．結局，今のいわゆるディッシュアンテナ（パラボラアンテナ）っていう，普通の家庭にある衛星放送用の丸いアンテナ，あれよりもちょっと大きな半径が数メートルのもの，つまり波長がそれくらいの大きさの，それしか作れなかった．

　高い精度を出すためには非常に短い波長の電磁波を使わなくてはならないのですが，そういうことのできる装置がなかったんですね．その頃あった電磁波発生装置っていうのは，もともと私たちの顧問でもいらっしゃった大阪大学の岡部金治郎先生が開発された（分割陽極）マグネトロンというガラスの真空管です．でも手作りですので量産なんかとてもできない．調節するのにいちいち何時間もかかるし，寿命も5〜6時間しかない．とても使い物にな

りませんが，ともかくそれをトレーラーに乗せて兵庫県の須磨の海岸付近の高台になっているところまで持って行くのです．

あるときそこに1週間くらい泊まり込んだことがありました．そのときやった実験はよく覚えています．装置を組み立てて，海のほうに向けました．そして雇った漁船に鉄棒を立てて，300メートルくらい沖合にこぎ出してもらうのです．その鉄棒が潜水艦の潜望鏡代わりというわけですね．それをレーダーでキャッチしてブラウン管のモニターで見てみるんだけれども，波が反射してノイズが上がるから，そんな長い波長の装置ではとても見えるわけがないんです．そんなことしてもだめだって，はじめからわかっていたんですけど，とにかく仕事ですから，任務として遂行していました．

それからもう1つ覚えているのは，これは前にも少し話したんだけど，まだ東京にいた頃，飛行機の上から，やはりこれも潜水艦が潜っているのを見つけろという課題を与えられました．何か装置を作れといって材料をくれたのですが，それが一塊の金属（ニッケル–金属合金）の磁石だけなんですよ．これだけやるから，これでなんとかして装置を作りなさいって．そのときは名古屋の航空隊まで行って，飛行機に乗せてもらって一応実験はしたんですけど，不可能なことはこれもはじめからわかっていました．

戦時中の生活について言うと，将校であったこともあり，割と優遇されていました．研究所にいると，食事はただでしたし．食糧難な時代でしたけど，少しは食料がまわってきましたからね．その点は非常によかったですよ．だからその分，大学の，いわゆる嘱託として来られた先生がたは，私のところへよくやって来ましたね．というのは，昼飯をただで食えるから．

終戦～東大嘱託時代

実は，東京大学を卒業するときに，嘱託という職をもらっていました．嘱託っていうのは，今で言うと，ポスドクとか研究員みたいなものですかね．まあ，正式の職員じゃない．それで戦争が終わって，そんな職があるのかまったくわからないし，どうなるかっていうのは非常に心配だったんですけども，幸いにして東大に一応戻ることができました．ただし，住むところもないし，結局私，東大の研究室に住み込んだわけ．

私のような境遇の人が皆戦争から帰ってきて，職もないし，どこへも行くところがないというので，大学に通っている，そんな人がたくさんいました．住む家もない人は，私のように実験室（305号室）みたいなところで暮らして．そういう人たちと一緒に暮らしたのは，今となれば非常に勉強になりましたね．

　あの頃の嘱託にはほとんど義務がなかったので，何をしててもよかったのです．しなければならないことと言えば，自分たちの食糧の買い出しくらいでしたし．それで，毎晩ディスカッションしました．知識のある先輩や，ディスカッションに堪能な人たちが隣の部屋にいたりしましたので，1日中話をし，いろんなことを習うことができたのです．

　そういった方々のなかに，木庭二郎さんがいました．この人は朝永振一郎先生のところの学生です．朝永先生は，先ほど少しお話ししましたように，もともと東京文理科大学の教授でしたけれども，戦争中に1年くらい東大で客員教授をされていたらしいのです．そのとき弟子を取り始め，木庭二郎さんはその一番弟子だったといいます．そのほかにも弟子だった人が数人，彼と同じ部屋におりました．

　朝永先生は超多時間理論という研究を戦争中に始められていたんですけれども，計算が必要となったときにお弟子さんを使っていたわけ．それで，その超多時間理論についての議論をそばで聞いていると，朝永先生がどういう仕事をされているかっていうのがだんだんとわかってきてね．勝手に計算もやって，先生たちより先に答えを出しちゃったりもしていました．そのうち朝永先生にも認められたのか，また一緒に交流するようになったんですね．

　私のちょうど向かいの部屋には，当時助手をしておられた中村誠太郎先生がいらっしゃいました．実は，湯川先生も戦時中に，東大に客員教授として来られたことがあるらしいんですが，そのときにお弟子である中村先生を一緒に連れてこられたらしいのです．その後，湯川先生は京都に戻りましたけれども，中村先生はそのまま東大に残られたようです．中村先生は家族で住んでおられました．5つくらいの女の子と，奥様と一緒に．その娘さんは今，科学者になられたと聞いています．

　私と同じ部屋には，講師をしていた岩田義一先生がおられました．彼は趣味が多くてね，私と話すときはいつもフランス語で話そうとしました．ラテ

ン語も得意でね，ルクレティウスの翻訳をやろうとしていました．小さな紙で単語帳を作って，そこにラテン語の日本語訳を書いて，それが机の上にたくさん散らばっていたのを覚えています．大分県の農家の出身で，実家から食料を送ってくれるのを私もご馳走になりました．

岩田先生には本当にいろんなことを習ったな．初めて聞いた物理の理論もありました．面白い問題があると私によく話してくれたのですが，その1つにイジング (Ising) モデルの厳密解を作るという，非常に大きい問題がありました．ちなみにこれは戦争中（1944年）にオンサーガー (Onsager) という人が（2次元について）解いて，その論文が出たという情報が伝わってきていました．

それで，私の隣の部屋は久保亮五先生の学生の部屋だったんですね．久保先生は，当時小谷正雄教授のところで助教授だったと思います．その部屋に久保先生がいつも来ていて，イジングモデル，イジングモデルってしゃべっているのが聞こえるんですよね．みんなでディスカッションしているのが聞こえるわけ．岩田さんもそれを知っているから，私にイジングモデルはどんなもんかってことをたくさん教えてくれたの．それで私もこれは面白いと思って考え始め，イジングモデルの解をもっと簡単にする方法を見つけたわけです．

私がイジングモデルに使った数学というのは，スピノル理論っていうんですかね．実は学生時代に，渡辺慧という先生がおられまして，これも有名な方で，いわゆる東大の理学部の物理の先生ではなかったけれども，確か第二工学部（いまの生産技術研究所）の先生だったので，特別講演をやってくれたことがありました．そのとき彼の得意なスピノル理論の話をしてくれたのが非常に印象に残っていて，それをうまく使ったわけです．

ただ，その成果に私も最初は満足していたんだけれども，結局これはただの数学の遊戯にすぎない，と考えるようになりました．つまり，問題を上手に解くだけでは何にもならないと思ったのです．それが私の最初の論文になるのですが，実際に書き上げるのはもうしばらく後，大阪市立大学に移った1949年のことです．

ちょうどその頃，つまり1947年に大事件が2つも起こりました．1つは，Yukawa meson（湯川粒子，中間子）が発見されたこと．もう1つは，ラム (Lamb)・シフトという名前の実験の結果が出たこと．これは朝永理論の取り

扱える問題なんですね．それでそれを取り扱った結果，ちゃんとした正しい結果が出たっていうんで，朝永理論が有名になった．そういうことができたんで，私はラム・シフトの方へすぐまた商売替えしたんだね．そんなこともあってイジングモデルの理論ってのはそのまま放っておいて，何も発表しなかったの．

ラム・シフトのニュースを聞いた私はベーテの論文を読み，ラム・シフトの中に存在する物理的な意味を考え始めました．たどりついた物理的描像は単純なものでした．電子の位置が仮想光子の出し入れでぼやけ，電子の感じるクーロン・ポテンシャルは平均化される．そうすると，有効ハミルトニアンにはデルタ関数型の寄与が生じ，s 準位は上にずれる，というものです．この考えは，同級生の小野（健一）さんと一緒にまとめ，秋の京都での学会で発表しました．ウェルトン (Welton) の同様な仕事より前のことです．この 1947 年の学会が，私が学会講演をした最初です．

あの頃は，ちょうどラム・シフトが出たり，パイメソンってのが見つかったりして，どんどん新しい粒子が発見された時代ですからね．それからストレンジ粒子も発見されました．非常に刺激の多い時代だったんですね．次から次に新しいものが出てくる．それを解釈するのが我々の仕事でしたからね．その粒子っていうのはどういうものだろうかと，どういう性質を持っているのだろうかと．それでそのいろんな性質が共通したものは何かと．何か法則を一生懸命見つけてね．それが一番の問題だった．本当に，エキサイティングっていうか，あの頃の時代は，そういう時代でしたね．

こういった新しいものが発見されたというニュースは，雑誌から得ました．あの頃は『タイム (*Time*)』誌とか『ニューズウィーク (*Newsweek*)』誌とかに，報告が載りましたからね．例えばラム・シフトが最初に載ったのは，たしか『タイム』誌でした．また，*Physical Review* っていう雑誌も有名でしたね．大学の先生がたが取っていたんでしょうけども，戦争で一時途絶えちゃって．例えば朝永先生とかは，個人的に向こうの教授から送ってもらっていたらしいですね．そういうのが私のところに回ってきまして，見せてもらうと．それ以外に，東京には日比谷に GHQ（占領軍）図書館っていうのがありました．誰でも行って見られるんですよね．そこへ行くと，新しい雑誌がそろっている．私たちも時々そこへ行って見るわけですね．朝永理論を電子の磁気

能率に適用したらと考えた日にシュウィンガー (Schwinger) の計算が出たのを覚えています.

　研究室での生活について言うと，電気とかガスも幸いにしてちゃんとありましたから，住むのにそれほど不便はありませんでしたよ．冬も暖房があったから，寒くはなかったですね．風呂については，銭湯もあったとは思いますが，戦争中の話なんですけど，焼夷弾が落ちたときのために，どの部屋にも1メートルくらいの大きな防火水槽みたいなものが備え付けられてあったんですね．それを使いました．アルミ製の洗濯用のたらいを買ってきてね．あと，水をかけた後に火を消すために使うムシロもたくさん置いてあったので，それを布団代わりにしたりしていました．それから，私は軍隊から復任したばかりで，背広も何も持ってない，靴もない．ただ，軍隊に行った証拠でしたが，長靴を持っていたんですね．それをいつも履いて，それから軍服を着ていました．なので，私が歩くとパタパタ音がして，すぐにわかったそうです.

大阪市立大学時代

　1949年に，私は数名とともに新設の大阪市立大学に移りました.

　まずは，イジングモデルの解法についての成果ですが，この頃阪大に伏見康治先生って方がおられまして，私もよく電波兵器研究所の関係で知っていたわけですけど，彼自身も同じようなことをやり始めたんですね．伏見先生とお弟子さんの庄司（一郎）さんの2人で解かれたと．それで，私が大阪に移った頃に，阪大に先生を訪ねたことがあって，その話をしたら，私に，おまえも論文にしろと先生が勧めたわけ．そういうことで論文を書くことになったわけです.

　それで，これは余談になりますけども，もとの論文を書いたエール大学の教授で（1968年に）ノーベル化学賞をもらったオンサーガーの学生に，ブルーリア・カウフマン (Bruria Kaufman) という女性の方がいて，その論文が出たので，彼女と文通を始めたんです．カウフマンさんは卒業した後プリンストンの高等研究所に行って，幸運なことにアインシュタイン (Einstein) の秘書になったんです．それで私がアメリカに行く前に彼女に頼んでおいたので，アインシュタインに会うことができました.

それから，宇宙線についての研究．大阪市大にいたときも宇宙線の仕事が出てきた．それはなんだろうかっていうのは非常に興味が出て，それでその仕事を大阪市大の同僚と一緒にやった．

前にも述べましたが，朝永–仁科セミナーで，宇宙線から降ってくるものがいったい何物かっていう問題について議論しました．問題は，その粒子がどういうものであるかっていうことと，そのスピンはどうなんだろうか，っていうことでした．それがまあ非常に関心のもとだったんで．それから，あの頃は，その降ってくるものは，湯川先生の予言した粒子じゃないかっていう先入観があったわけですね．そうじゃなかったのは，その後でわかったんだけど．はじめ湯川さんは，それは電気を持った粒子だと仮定したわけ．でも，電気を持った粒子だけでは，核力の性質を説明しにくい．なかにはニュートロンという中性のものもあるし，プロトンという電気を持ったものがあり，性質が似ている．これは電気を持ったパイメソンだけでは，説明するのは難しい．もう1つそれに伴う，電気のないメソンがあるんじゃないかと，そういう仮説が出たわけです．

この仮説が本当かどうかを検証する問題が生まれます．もしそれがあれば，例えば宇宙線にあればどうなるかって．電気を持ってないから，それがどうなるだろうかって．まあわかることは，ガンマ線に壊れるはずだ．それがスピンによって2γに壊れるか，3γに壊れるか，そういう違いが出るんですよね．つまり，どういうガンマ線がいくつ出るのかっていうのが宇宙線の中でわかれば，スピンがわかるだろうって，そういう話を朝永先生がされました．理論的なことは坂田さんがやって，それを手紙で書いて送ってくれたものを，朝永先生が説明してくださる．非常にためになったですね．

それから，戦後まもなく，今まで見えなかった粒子でも記録できる，非常に優れた原子核乾板が登場しました．そんな中で，イギリスのパウエル (Cecil Powell) っていう人が，それを使って早速（1947年に）見つけたのがパイメソンだったのです．実際に実験で，原子核乾板を使って宇宙線を分析するっていうのが大いにはやりました．

写真乾板を顕微鏡で調べるスキャニングという仕事は非常に流行しましたね．私はやりませんでしたけど．これを一生懸命やっていたのが，学生時代の小柴（昌俊）さんや藤本（陽一）さんでした．この当時，現場ではいわゆ

る学閥があって、東大は東大、京大は京大って、全然関係がなくて、人の交流がなかったんですね。それじゃいかんということを、私たち若い人はみな感じていました。特に中村誠太郎さんともよく話し合いました。あと、木庭さんとかね。木庭さんは私が大阪市立大学に行ったときに、同時に大阪大学の助教授になっていました。だからお互いに連絡をとって、いわゆる武者修行ということで、若い人を招いてきて、そこに一緒にしばらくいてもらおうということになりました。それで、他の大学の学生を大阪市立大に呼んだ人たちの中に小柴さんとか、宮沢（弘成）さんがいたわけです。

ノーベル賞受賞論文について

例えばですね、どれくらい学者が論文を書くかってね、どれくらいの頻度で書くかって、どれだけの仕事ができるかっていうのは、人によってみんな違いますからね。人によって、それぞれの特徴があります。長岡半太郎って先生、ご存じですか？　有名な先生ね。彼の伝記を読んだことあるんですけど、それによると彼の書いた論文はね、一生涯に800本あるそうです。彼は76歳でなくなったんだから、1月に1本以上書いているわけですね。すごいでしょ！　最後の最後までそれくらいの頻度で書いていた。全部が全部論文ってわけじゃないですけど、とにかくなんか記事を書いたりしていた。

もっとすごい人もいますよ。毎月何百ページも論文書いている人もいます。ものすごい人もいるもんです。その人は特別すごい人で。彼のことはよく知っていますけどね。彼は話をしながら論文を書いて、それがちゃんと論文になるんです。それで、何も直すところがないの。数字を全然間違えないと。ウィッテン (Edward Witten) って言うんですけどね。

私は、まだ200本ないですね。だいたい3ヶ月に1本くらいは書いているんですけど。その中で一番好きとか、結果はよかったなあっていうのは、やっぱりノーベル賞を取った論文ですかね。あとはひもの模型とか、クォークモデルについてのものですか。

私のノーベル賞受賞の対象になった *Physical Review* に掲載された論文ですが、この端緒となる研究、いわゆる超伝導っていう問題はですね、学生時代から非常に興味がありました。軍隊に行く前から、ずっと心に引っかかっ

ていました．東京大学で物性論についてよく学びましたからね．物性論に興味を持っていましたから，それがいつでも私の興味の対象だったのは確かです．その当時，東京大学の物性論は，小谷正雄って先生が一番の教授で，その下に，久保亮五先生．それから坂井卓三っていう先生もいて，これは統計力学の先生でした．

　超伝導の話は小谷先生から聞いたのではないかと思います．実際にどこまで習ったか，そこまで習ったのかは覚えてないけど，問題としてはそういうのがあるっていうことは知っていました．論文読んでいれば，そういうものは知るわけですからね．それで，その理論が非常に興味のある問題だったと思います，世界的に．それから，1つの粒子とか2つの粒子とかの性質ではなくて，たくさん集まった物質の一般的な性質を研究するのが物性論というものですが，イジングモデルもその問題の1つです．そういうものに興味を持っていた．そういうものの，1つの問題として，いつも考えていた．(1952年に）アメリカに行ってもいつも考えていた．それ以外に，素粒子の方もどんどん新しい粒子が見つかってきて，1つの興味の対象でした．時代もそうでしたし，(1954年に）シカゴに移ってからも両方に興味を持っていたんです．両方に非常に興味を持っていたから，こういう論文が書けたんですね．つまり，片方ができたら，もう一方に応用するっていう．

　ただ，この論文の式ができ上がるまでは，これだけに集中していたってわけではありませんでした．ほかの問題もありましたからね，これだけじゃなくて．でも，いつも頭の中にありました．着想まで至ったら，割とはやいんですけど．どっかにきっかけがあったらさっと進むわけ．ただ，それに至るまでが長い時間かかるんです．その間に世界的にもいろんな進歩があったので，そういうことを吸収しつつね．

　それで，若い頃からずっとそうなんですけど，計算するときはノートに書くと気が散ってしまうので，頭の中でしていました．もちろん手を使う計算もやりましたけどね．まあ，問題によりますけど．つまり，計算しないとできない問題もたくさんありますからね．実際の計算が本当に必要な，いわゆる数値計算はもう，いろいろやりました．

　先ほどお話ししたラム・シフトの頃は，手を使って計算しました．あの頃は若かったんでしょうけど．当時は紙もなかったんですよ．それで覚えてい

るんだけれども，キャッシュレジスターのまき紙があるでしょ，誰かがあれをくれたんですよ．あの長いやつ．あれを使って，数値計算をやりました．

ストリングセオリーの問題の仕事をしていたときも，だいたいの公式を作るのは頭の中ででした．実際にチェックするときはコンピュータを使いましたが．

若い頃は手を使った計算をやりましたけど，1960年代ぐらいまででしょうか．それから後は，それこそ興味がなくなったというか．このごろは頭の中だけでしかしません．講義をするときは，ちゃんと用意していきますよ．ノートに書いてね．

物理学のいい「問題」を見つけること

数学が好きだったことは確かですね．子供のときからね．特に数学だけを勉強したわけではないですけども．でも，本当に専門の数学者になろうという気はなかった．もちろん，結局いわゆる今でいう学部ですか，それを選ぶとき，将来何やるか決めなくちゃいけない．いろいろ考えたわけね．まあいろいろ考えて，数学か，哲学か，文学か，物理か．いろいろ考えた．結局，私は一番，物理が向いているだろうと思った．というのも，私は抽象的なことより，物を作ることに興味があったから．物に興味があったから．でも，物理でいい仕事をするには，やっぱり数学ができないとダメだと思います．

ただ，このあたりは，本人の努力しだいだから，なんとも言えないですね．本人の努力しだいということもありますが，本人の才能しだいという．何が大事かってことですね，「問題」に対して．人によってみんな違いますからね．例えば，実験の上手な人がいたりしますし．つまり，なんて言うんでしょうかね．これはやっぱり自分の努力で会得しないとどうとも言えないですね．つまり，重要なのは「問題」を見つけるってことですね．

これはいい「問題」，これは悪い「問題」，その辺の判断の基準，これがやっぱり一番難しい問題ですね．いわゆるいいテイストっていうんですか，いいテイストを持つこと．それが問題．それをいかにして会得するかっていうのが一番の問題だね．それはなんとも，どうしろとも言えませんですね．自分の努力によってか，あるいは，人のやっていることを見て，学ぶのか．つ

まり人間的にですね，趣味のいい人とかね，悪い人とかいうのあるでしょう．あれと同じことなんですね．

　これは面白そうな理論だな，これはいい「問題」だな，そう感じるのは，やっぱり直感ですね．それは，やっぱり，直感．その直感をどうやって身に着けたかっていうと，どうでしょうね．経験っていうんですかね．

　そう考えてみると，学生時代の朝永–仁科合同セミナーとか，終戦後の東大の305号室時代とか，人と話す機会，議論する場っていうんでしょうか．やっぱり個人的な接触っていうのは非常に大事だと思いますね．人から学ぶっていうこと．以心伝心っていうんですかね．こうしろと言われるわけじゃないですけど，直接会って話をするとやっぱり違います．あるいは先生のやっていることを見ているとかね．だから学生にとっては，教室で先生の講義を聞くだけではなくて，先生の部屋に行ったり，何か先生と直接話ができる機会があったら，そういう時間を大切にする，それが一番大事なんじゃないでしょうか．そう思いますね．

量子数理物理学の研究

新 井 朝 雄

1 はじめに

　数理物理学の研究において，筆者がこれまで主に携わってきた分野は，量子現象の数理と物理を探究する**量子数理物理学**である．この分野において筆者が取り組んできた研究の内容は，大きく類別するならば，次のようになる：(1) **量子電磁力学**（quantum electrodynamics；QED と略）．(2) 一般量子系と量子場の相互作用モデル．(3) **超対称的量子論**．(4) **正準交換関係**（canonical commutation relations; CCR と略）の表現論．これらの研究は，互いに密接に関連しており，数学的には，関数解析学 —— 特に，ヒルベルト空間上の非有界線形作用素の理論 —— を基盤として，いろいろな領域と関係している．以下では，本書の趣旨にしたがって，(1)–(4) に関わる研究業績の中からいくつかを選び，それらについて，手短に説明したい．

2 QED の数学的基礎

　QED は，**量子的荷電粒子**（電荷を有する量子的粒子，たとえば，電子）または**荷電量子場**（量子的荷電粒子の場）と**量子輻射場** (quantum radiation field) —— 古典電磁気学におけるベクトルポテンシャルの量子場版 —— との相互作用を扱う量子場の理論であり，物理学としては，最も成功した理論の一つである．QED には，大きく分けて，二種類ある．すなわち，**相対論的 QED** と**非相対論的 QED** である．前者は，量子的荷電粒子や荷電量子場が相対論的な場合であり，後者は，それらが非相対論的な場合である．しかしながら，いずれの場合も，筆者が大学院修士課程に入った当時（1977 年），その数学的に厳密な基礎づけはまだなされていなかった[1]．これは，筆者の研究歴が非相対論的 QED の数学的研究から始まることになった奇しき縁の一

---

[1] 4 次元時空における相対論的 QED の数学的に厳密な構成は，現在も，量子数理物理学における最も重要な，しかし，最も困難な問題の一つとして残されている．

つである[2].

2.1 非相対論的 QED 電荷 $q \in \mathbb{R}$, 質量 $m > 0$ の 1 個の非相対論的量子的粒子がポテンシャル $V : \mathbb{R}^3 \to \mathbb{R}$ (ボレル可測) の中にあり, 量子輻射場と相互作用を行う状況を考えよう. この場合, 系の状態のヒルベルト空間として, 量子的粒子の状態のヒルベルト空間 $L^2(\mathbb{R}^3)$ と量子輻射場の状態のヒルベルト空間 $\mathcal{F}_{\mathrm{rad}}$ のテンソル積 $\mathcal{H} := L^2(\mathbb{R}^3) \otimes \mathcal{F}_{\mathrm{rad}}$ をとることができる[3].

量子的粒子だけからなる系のハミルトニアンは, $L^2(\mathbb{R}^3)$ 上の**シュレーディンガー型作用素**

$$H_{\mathrm{p}} := -\frac{\hbar^2}{2m}\Delta + V$$

で与えられる[4]. ただし, $\hbar := h/2\pi$ (h はプランク定数) であり, Δ は $L^2(\mathbb{R}^3)$ 上の一般化されたラプラシアンである. 自由な量子輻射場のハミルトニアンを H_{rad} とすれば, 量子的粒子と量子輻射場の合成系の無摂動ハミルトニアンは

$$H_0 := H_{\mathrm{p}} \otimes I + I \otimes H_{\mathrm{rad}}$$

によって定義される. ただし, I は恒等作用素を表す. 量子的粒子と量子輻射場の相互作用は, m, q および $\mathbb{R}^3$ 上の実緩増加関数 ρ に依存する, $\mathcal{H}$ 上のある対称作用素 $H_{\mathrm{int}}(m,q,\rho)$ によって記述される[5]. この場合, ρ のフーリエ変換 $\hat{\rho}$ は, 物理的には, 量子輻射場の量子である光子の運動量切断を表す関数であり ($\hat{\rho} \to (2\pi)^{-3/2}$ となる極限が運動量切断を除去することに対応する), $H_{\mathrm{int}}(m,q,\rho)$ が $\mathcal{H}$ 上の作用素として定義されるために, $\hat{\rho}/\sqrt{\omega} \in L^2(\mathbb{R}^3)$ という積分条件が仮定される. ただし, $\omega : \mathbb{R}^3 \to [0, \infty)$ は真空中の 1 光子のエネルギー関数である : $\omega(\mathbf{k}) := \hbar c |\mathbf{k}|$ ($\mathbf{k} \in \mathbb{R}^3$ は光子の波数ベクトル, c は真空中の光速を表す). したがって, 相互作用系のハミルトニアンは

$$H_{\mathrm{PF}} := H_0 + H_{\mathrm{int}}(m,q,\rho) \tag{1}$$

---

[2] この点については, 筆者の恩師の一人, 江沢洋先生 (当時, 学習院大学教授, 現同大学名誉教授) に負うところが大きい. この場を借りて, 江沢先生に, あらためて, 心から感謝したい.
[3] 簡単のため, 量子的粒子のスピン自由度は考慮しない. $\mathcal{F}_{\mathrm{rad}}$ は, ボソンフォック空間と呼ばれる, ある普遍的ヒルベルト空間の特殊形態の一つとして与えられるが, その定義は —— 話の大筋を理解する上では特に必要ないので —— 省略する.
[4] H_{p} における添字「p」は "粒子 (particle)" の意.
[5] これについても, その定義を書き下すことは省略する.

という形に表される．この作用素をハミルトニアンとする，量子的粒子と量子輻射場の相互作用モデルは**パウリ–フィールツモデル**と呼ばれる．

一般に，量子系が与えられたとき，その量子数理物理学的解析の第一歩は，系のハミルトニアン H の自己共役性または本質的自己共役性を証明することである[6]．次いで，H のスペクトル $\sigma(H) \subset \mathbb{R}$ や H の固有値の全体 $\sigma_{\mathrm{p}}(H) \subset \sigma(H)$ の構造を明らかにすること，すなわち，H のスペクトル解析が重要な課題の一つとなる．特に，H のスペクトルの下限 $\inf \sigma(H)$ —— H の**最低エネルギー** —— が H の固有値であること（この場合，その固有ベクトルを H の**基底状態**という）を証明することは，物理的には，系の安定性を保証する意味で重要である．

さて，パウリ–フィールツモデルのハミルトニアン H_{PF} については，まず，H_{p} が自己共役で下に有界（すなわち，$\inf \sigma(H_{\mathrm{p}}) > -\infty$）となるような V のある一般的なクラスに対して，$\hat{\rho}$ に対する付加的な条件のもとで，H_{PF} は自己共役で下に有界であることが証明される．だが，H_{PF} のスペクトル解析は，次に述べる理由により，一般には，非常に困難である．無摂動ハミルトニアン H_0 のスペクトルは $\sigma(H_0) = [\inf \sigma(H_{\mathrm{p}}), \infty)$，$\sigma_{\mathrm{p}}(H_0) = \sigma_{\mathrm{p}}(H_{\mathrm{p}})$ という構造をもち，H_0 の固有値（$= H_{\mathrm{p}}$ の固有値）は —— 存在するならば —— すべて H_0 の連続スペクトルの中に埋め込まれている（図 1）（このような固有値は**埋蔵固有値**と呼ばれる）．それゆえ，孤立固有値のみに関わる従来の摂動論（解析的摂動論など）は，作用素 H_{PF} には適用できないのである．

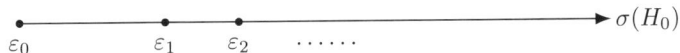

図 1　H_0 のスペクトル（$\sigma_{\mathrm{p}}(H_{\mathrm{p}}) = \{\varepsilon_0, \varepsilon_1, \ldots\}$，$\varepsilon_0 = \inf \sigma(H_{\mathrm{p}})$ の場合）

この困難を克服するには，新しい方法が開発されねばならなかった．そのための予備的研究として，筆者は，ポテンシャル V が $V(\mathbf{x}) = m\omega_0^2 \mathbf{x}^2/2$（$\mathbf{x} \in \mathbb{R}^3$）（$\omega_0 > 0$ は定数）という場合，すなわち，H_{p} が 3 次元の量子調和振動子

---

[6] これは，「量子系の物理量は自己共役作用素で表される」という公理論的要請が当該の系において満たされているかどうかの検証の一部をなすものである．H の（本質的）自己共役性は，物理的には，系の状態の時間発展の存在と一意性を保証する意味でも根源的に重要である．

のハミルトニアンの場合を考え,相互作用 $H_{\mathrm{int}}(m,q,\rho)$ を(より扱いやすい)双極近似版で置き換えた H_{PF} について詳しい解析を行った [1]. この場合,$\sigma(H_{\mathrm{p}}) = \sigma_{\mathrm{p}}(H_{\mathrm{p}}) = \{\varepsilon_n\}_{n=0}^{\infty}$,$\varepsilon_n := \hbar\omega_0(n+1/2)$,$n \geq 0$ であり,$\sigma(H_0) = [\varepsilon_0, \infty)$ となるので,H_0 の固有値としての ε_n はすべて埋蔵固有値である.ρ に対する付加的な条件 ($\hat{\rho} > 0$ かつ $\hat{\rho}$ は回転対称)のもとで,次の事実が証明される [1]:H_{PF} の最低エネルギーを E_0 とすれば,E_0 は H_{PF} の多重度 1 の固有値であり(したがって,H_{PF} の基底状態は一意的に存在[7]),$\sigma(H_{\mathrm{PF}}) = [E_0, \infty)$,$\sigma_{\mathrm{p}}(H_{\mathrm{PF}}) = \{E_0\}$ (E_0 の他に固有値はない).この結果は,無摂動ハミルトニアン H_0 の励起状態のエネルギーを表す固有値 ε_n ($n \geq 1$) は,摂動 $H_{\mathrm{int}}(m,q,\rho)$ のもとですべて消えることを意味する.これは,量子輻射場の作用のもとでは,励起状態はすべて不安定になり,光を自発的に放射して,基底状態に落ち着くという物理的描像と照応する.さらに,H_{PF} のリゾルヴェント $(H_{\mathrm{PF}} - z)^{-1}$ ($z \in \mathbb{C} \setminus \mathbb{R}$) の z に関する解析接続に現れる極 —— **共鳴極**と呼ばれる —— を用いて,**光の自発放射**とエネルギー準位の**ラムのずれ**に対する数学的表現が与えられた[8].共鳴極の実部はラムのずれに対応し,虚部は光の自発放射に対応するのである.論文 [1] では,その他に,**散乱理論**も構成され,物理的に重要な意味をもつ**漸近的完全性**が証明された[9].こうして,非相対論的 QED の数学的に厳密な基礎づけに対する最初の礎が築かれた.

その後も,筆者は,他の主題の研究と並行して,非相対論的 QED の数理物理的研究を続け,論文 [5] において,一般のポテンシャル V の場合について,H_{PF} に対する**スケーリング極限**を考察し,量子的粒子に対する**実効ハミルトニアン** H_{eff} を発見した.これは,シュレーディンガー型作用素であるが,そのポテンシャルがもともとのポテンシャル V のガウス型変換で与えられるものである[10].しかしながら,諸事情により,H_{eff} のスペクトル解析は

---

[7] このモデルでは,赤外正則条件 $\hat{\rho}/\omega^{3/2} \in L^2(\mathbb{R}^3)$ は必要ではない.説明は省かざるを得ないが,これは,本結果における重要な点の一つである.
[8] ラムのずれは,もともと水素原子の第 2 エネルギー準位において観測された非常に微小なエネルギー差であるが,より一般的には,原子のエネルギー準位の量子輻射場の効果による微小なずれを指す.物理的・発見法的には,"くりこみ" (renormalization) の処方を取り入れた形式的摂動論の枠内で,QED を用いて "説明" される.
[9] 論文 [2] も参照.この論文では,自由な非相対論的電子と量子輻射場の散乱理論が構成され,質量の "くりこみ" の必要性と漸近的完全性が証明された.
[10] これは,たいへん興味深い対応構造であり,何らかの(より高次の)"意味" がそこに暗示さ

ごく最近まで待たねばならなかった [12]．論文 [12] において，新しい摂動論が展開されるとともに，水素原子の場合のラムのずれが厳密な数学的解析のもとに導出された．これによって，非相対論的 QED の実効理論の一つが一応の完結をみたことになる．

2.2 相対論的 QED における粒子と場の相互作用モデル 相対論的 QED のモデルの一つとして，**ディラック粒子** —— スピンが 1/2 の相対論的量子的荷電粒子（たとえば，相対論的電子）—— と量子輻射場の相互作用モデルを考えることができる．この場合のハミルトニアン H_{rel} は，(1) において，H_{p} をディラック型作用素で置き換えたもので与えられる（$H_{\text{int}}(m,q,\rho)$ の形も変わる）．ハミルトニアン H_{rel} についての重要な事実の一つは次である：H_{rel} は，**非相対論的極限**（光速 c を無限大にとばす極限）において，強リゾルヴェント収束の意味で，スピン自由度の入った非相対論的 QED のハミルトニアンに収束する [9]．

3 一般量子系と量子場の相互作用モデルの数理

この主題に関する研究動機の一つは，2.1 項で述べた，ある意味で特異な摂動問題に対する一般的手法の探求であった．その成果の一部は論文 [13] に発表された．この論文では，抽象的な量子系と質量 0 のボース場が結合した系のハミルトニアンの基底状態の存在を証明するための新しい手法が提示された．これは，この分野のブレークスルーの一つとなったものである[11]．

4 超対称的量子論と無限次元解析学

素粒子の二つの族ボソンとフェルミオンを対等に扱う対称性を**超対称性**という．この対称性を有する量子論を**超対称的量子論**と呼ぶ．この分野における筆者の研究業績のうち，ここでは，次の二つだけをあげておく：(i) 超対称的量子論の数学的に厳密な公理論的定式化とその一般的含意．特に，超対称的量子論において摂動的手法が破綻する状況が，ある意味において，一般的に起こり得ることの指摘と例証 [3]；(ii) **ボソン–フェルミオンフォック空間**（ボソンフォック空間とフェルミオンフォック空間のテンソル積）における**無限次元ディラック型作用素**の理論の構築（そのフレドホルム指数に対する汎

れているかもしれない．
[11] これに続く研究の一端が，[14, 15] に展開されている．

関数積分表示を含む）とあるクラスの超対称的量子場のモデルの数学的構造の解明 [4]. (ii) は，数学的には，無限次元解析学（無限次元空間上の解析学）のまったく新しい領域を切り拓いたものである.

5 CCR の表現と物理

この主題については，紙数の都合上，キーワードと文献だけをあげる. (i) **アハロノフ—ボーム効果と自由度 2 の CCR の非同値表現との照応** [7]. (ii) 特異なベクトルポテンシャルをもつ 2 次元量子系における CCR の表現および関連する数理（**量子平面の表現**, **格子量子系への簡約**など）[8]. (iii) 無限自由度の CCR の非同値表現と埋蔵固有値の不安定性 [6]. (iv) 無限自由度の CCR の非フォック表現（フォック表現と同値でない表現）による，**質量 0 のネルソンモデル**（非相対論的量子的粒子とスカラー量子場の相互作用モデル）の構成と基底状態の存在 [10]. (v) **時間作用素の包括的理論** [11].

参考文献

[1] A. Arai, *J. Math. Phys.* **24** (1983), 1896–1910.
[2] A. Arai, *J. Phys. A* **16** (1983), 49–69.
[3] A. Arai, *J. Funct. Anal.* **60** (1985), 378–393.
[4] A. Arai, *J. Funct. Anal.* **82** (1989), 330–369; *ibid.* **105** (1992), 342–408.
[5] A. Arai, *J. Math. Phys.* **31** (1990), 2653–2663.
[6] A. Arai, *J. Math. Phys.* **32** (1991), 1838–1846; *J. Nonlinear Math. Phys.* **4** (1997), 338–349.
[7] A, Arai, *J. Math. Phys.* **33** (1992), 3374–3378; *ibid.* **36** (1995), 2569–2580; *ibid.* **37** (1996), 4203–4218.
[8] A. Arai, *J. Math. Phys.* **39** (1998), 2476–2498.
[9] A. Arai, *J. Math. Phys.* **41** (2000), 4271–4283; *Rev. Math. Phys.* **15** (2003), 245–270.; *Lett. Math. Phys.* **77** (2006), 283–290.
[10] A. Arai, *Rev. Math. Phys.* **13** (2001), 1075–1094.
[11] A. Arai, *Rev. Math. Phys.* **17** (2005), 1071–1109; *RIMS Kôkyûroku Bessatsu* **16** (2010), 1–13. およびここに引用されている文献.
[12] A. Arai, *Ann. Henri Poincaré* **12** (2011), 119–152.
[13] A. Arai and M. Hirokawa, *J. Funct. Anal.* **151** (1997), 455–503.
[14] A. Arai and M. Hirokawa, *Rev. Math. Phys.* **12** (2000), 1085–1135; *ibid.* **13** (2001), 513–527.
[15] A. Arai, M. Hirokawa and F. Hiroshima, *J. Funct. Anal.* **168** (1999), 470–497.

作用素環と数理物理学

荒木不二洋

　私は 1956 年春に京大湯川研で修士課程を修了し，フルブライト留学生の試験に合格したので，指定された日程に横浜港で氷川丸に乗船し，3 週間の船旅のあと，米国シアトル港に到着，汽車旅行（シカゴではバスで東部行き列車の駅へ移動）でニューヨーク州中北部の Bard College に辿り着いた．他の日本人フルブライターと一緒にシアトルの日本人商店で主に缶詰を買い込み，ベッドを上げれば便器がある 1 等個室に籠っていたら，2 日目にはボーイが「生きているか」と声をかけてきた．
　Bard College は語学研修の場で，色々な人種の学生が語学研修を受けていたが，日本人は一つのクラスを構成した．発音を担当した Skinner 先生は最後の講評で，東大講師の新倉先生が最優秀であり，進歩が最も著しかったのは私とのこと．私の発音は最初余程悪かったのだと解釈した．講読と聴覚の先生は，最後のクラスで，若い男女の会話を映写して，その概要を書くことを要求した．私が全然分らなかったと書いたら，私が行く大学は最優秀の大学の一つであるから，それでは授業についていけないのではと，大変心配していたが，Princeton 大学では数学と理論物理学の講義を聴き，他の学生よりはずっとよく理解していたと思う．
　Princeton 大学の物理学科大学院生の目標は学位の取得である．学位論文を始める前に包括的試験を受けてそれを通る必要がある．また，学位のためには one-year residence が必要と聞いたが，これは 1 年分の授業料を払うこと（従って 1 年間大学院生として登録することのようである）．私の場合，秋学期の始めの 9 月に到着して大学院生として登録したが，そのすぐあとの春学期の包括的試験を受けることができた．
　この試験を受ける学生はその前のかなりの期間自主的に集まって，過去問を皆で解くのである．これは毎日あるが，それを見ていると，実験物理を含めて，私の方がずっとレベルが上であることが分って，安心した．試験は筆記と

口頭が 3 日間午前午後と続く．その最後の試験のあと，教官の会議が行われている建物の前の芝生で受験生が待っていたら，Arthur Wightman 先生が出て来て私の所へ来ると，「fellowship を私に与えることに会議で決まったが，それを受け取るか」と尋ねた．そこで，私は試験に合格し，その上 fellowship を貰えることが分ったのであった．

私が Princeton に到着したときには，Wightman 先生はパリで講義をしていて不在であったが，その代わり Rudolf Haag 先生一家がドイツから Princeton に到着し，早速討論を始めた．

そこで，Haag 先生は作用素環が場の理論の数学的道具として最適である旨言われた．そこで早速数学教室の図書館で John von Neumann による作用素環の論文を読み感銘を受けた．特に細かい点まで省略せずに証明を書いているのに感心した．

ここで，少し作用素環と数理物理学の関係についての第一歩を説明しよう．

量子力学（や場の理論）では，物理系の状態をヒルベルト空間のベクトルで表し，物理量を同じヒルベルト空間に作用する線形作用素で表す．

ところで，量子力学では，粒子の位置を表す作用素が用いられる．しかし，場の理論ではどうであろうか？ ここで，新しい飛躍が生まれる．一つの時空領域 O に対応して，その領域で測定できる物理量（それぞれ，作用素である）の集合を考えて，その全体を $R_0(O)$ で表すと，それは作用素の集合になる．さらに，すべての複素数を追加し，加法，乗法，極限によりふくらませた集合（すなわち $R_0(O)$ が生成する作用素の集合）を $R(O)$ と書くと，それは作用素環になる．von Neumann 環 とも呼ばれる．（複素ヒルベルト空間上の線形作用素から成る *環で，弱極限で閉じたものである．）当時，素粒子の記述のために発展していた場の理論の新しい理論形式として，徐々に発展していった．

Princeton に 3 年間滞在中には，一般化した γ-関数の理論を構成したが，それを Wightman 先生に話したら，ヨーロッパで David Ruelle や Othmar Steinmann が同様の理論を違う方法でやっているようだということを，フランスから Wightman の所へ短期間来た方が教えてくれた．最新の情報がヨーロッパから伝わって来ることを知った．

フルブライト留学の 3 年の期限が来て，帰国途中にコロラド州で開催され

た応用数学の会議と同時期の理論物理学の夏の学校（これもコロラド州立大学で開催された）に参加し，何人もの数理物理学者に出会った．特にスイスの Res Jost 先生にお会いし，私の一つの論文に感心したとおっしゃったあと，スイスへ来るよう招待された．

私はシアトルから初めて日航機で日本へ帰ったが，シアトル空港で飛行機が離陸したあと，窓から見えるプロペラが回っていないこと，および街の灯がいつまでも見えていることに気がついた．そのうち飛行機は空港に引き返した．翌日朝早く出てもよいように注意することをいわれたが，翌朝ちっとも迎えが来ず，空港へ連れて行かれたあとも，ロサンジェルスからエンジンを運んで来る飛行機が途中で故障のため遅れているということで，夜まで待たされた（同じようなことは，英国へ行く途中のインドのボンベイの空港で生じた）．

日本へ帰国後結婚し，Jost 先生の招待により 1 年後にスイス・チューリッヒのスイス連邦工科大学を訪れた．チューリッヒ国際空港へ車で迎えに来て下さったのは上に述べた Ruelle 夫妻であった．スイスでの講義は上に説明した $R(O)$ の理論で，当時知られていた場の理論を書き直した．その Lecture Note が作られ（ドイツ語），ヨーロッパで広く教科書として使われたようであった．それを大分あとになって著者『量子場の数理』（岩波書店）として出版した．

参考文献

[1] 荒木不二洋，量子場の数理，現代物理学叢書，岩波書店，2001．

波動方程式に対する散乱問題

井 川 満

1 波動方程式の解の局所エネルギー減衰

3 次元ユークリッド空間 $\mathbb{R}^3$ の点を $x = (x_1, x_2, x_3)$ $(x_j \in \mathbb{R}, j = 1, 2, 3)$ と表す．空間が $\mathbb{R}^3$ の波動方程式

$$\Box u(x,t) = \frac{\partial^2 u}{\partial t^2}(x,t) - \sum_{j=1}^{3} \frac{\partial^2 u}{\partial x_j^2}(x,t) = 0$$

は，音波の伝播を支配する方程式である．また，真空における電磁波の各成分もこの方程式を満たすことが知られている．初期値 $f_0(x)$ および $f_1(x)$ は $C_0^\infty(\mathbb{R}^3)$ の元として，波動方程式に対する初期値問題を考える：

$$\begin{cases} \Box u(x,t) = 0 & \text{for } (x,t) \in \mathbb{R}^3 \times \mathbb{R}, \\ u(x,0) = f_0(x), \quad \dfrac{\partial u}{\partial t}(x,0) = f_1(x) & \text{for } x \in \mathbb{R}^3. \end{cases} \quad (1)$$

この解 u は，Kirchhoff の公式と呼ばれる表示式により与えられる．この表示より直ちに，$\operatorname{supp} f_0 \cup \operatorname{supp} f_1 \subset \{x;\, |x-a| \leq R\}$ $(a \in \mathbb{R}^3)$ であれば，$\operatorname{supp} u \subset \{(x,t);\, |t| - R \leq |x-a| \leq |t| + R\}$ が導かれる．この性質は "Huygens の原理" と呼ばれる．これは，ある点の初期値の影響は，速さ 1 で遠方に伝わっていくことを示している．

初期値問題 (1) のもう 1 つの特徴的性質は "エネルギー保存" である．それを述べるために，D を $\mathbb{R}^3$ の領域とし，解 u の時刻 t における D 上のエネルギーを

$$E(u, D; t) = \frac{1}{2} \int_D \left\{ \left| \frac{\partial u}{\partial t}(x,t) \right|^2 + \sum_{j=1}^{3} \left| \frac{\partial u}{\partial x_j}(x,t) \right|^2 \right\} dx$$

と定義する．初期値問題 (1) の全エネルギー $E(u, \mathbb{R}^3; t)$ は

$$E(u, \mathbb{R}^3; t) = E(u, \mathbb{R}^3; 0) \quad \text{for all } t \in \mathbb{R} \quad (2)$$

なる関係を満たす．これは "全エネルギーは保存される"，ことを示している．

ここまでは，初期値問題，すなわち波の伝播に障害となるものは何もない場合を考えてきた．実際の世界では，障害物がある．そこで，障害物を $\mathcal{O}$ で表す．ここでは，$\mathcal{O}$ は有界であって，かつその境界 Γ は滑らかと仮定する．更に $\Omega = \mathbb{R}^3 \setminus \overline{\mathcal{O}}$ は連結であると仮定する．障害物がある場合の波の伝播問題は

$$\begin{cases} \Box w(x,t) = 0 & \text{for } (x,t) \in \Omega \times \mathbb{R}, \\ w(x,t) = 0 & \text{for } (x,t) \in \Gamma \times \mathbb{R}, \\ w(x,0) = g_0(x), \quad \dfrac{\partial w}{\partial t}(x,0) = g_1(x,0) & \text{for } x \in \Omega \end{cases} \tag{3}$$

で記述される．障害物の存在も考慮した問題 (3) も，初期値問題 (1) と類似の性質を持つだろうか．この場合の全エネルギー $E(w, \Omega; t)$ も

$$E(w, \Omega; t) = E(w, \Omega; 0) \quad \text{for all } t \in \mathbb{R} \tag{4}$$

なる関係を持つ．よって，"エネルギー保存" がこの場合も成り立つ．

さて次に，"Huygens の原理"，すなわち，"波は音源から速さ 1 で真っ直ぐに遠ざかっていくか"，この問題は簡単ではない．物理現象でよく知られているように，波は障害物に接するように近づくと，回折現象を起こして障害物に纏わりつき，障害物の境界に沿って伝播し続ける．だから，Huygens の原理は一般には成立しない．しかし，波はだんだんと遠方へと伝わっていくのである．この性質を述べるために，"局所エネルギー" なる概念を導入する．R は正の数として，$\Omega_R = \Omega \cap \{x;\ |x| < R\}$ とする．$E(w, \Omega_R; t)$ を，時刻 t における Ω_R の上の局所エネルギーと呼ぶ．局所エネルギーについては "局所エネルギーの減衰" と呼ばれる次の性質がある．

定理 1.1 $R > 0$ を 1 つ固定する．問題 (3) の初期値 $g = \{g_0, g_1\} \in (C_0^\infty(\Omega))^2$ を勝手に 1 つ定める毎に

$$E(w, \Omega_R; t) \to 0 \quad \text{as } t \to \infty \tag{5}$$

が成り立つ．

この結果は，有界な領域に残る擾乱のエネルギーはだんだんと減ってゆき，時間が経つにつれて 0 に近づくことを示している．

2 散乱作用素と散乱行列

問題 (1) および問題 (3) のいずれにおいても，エネルギーが保存される．またいずれの場合にも，逆方向にも解くことができるから，初期値の空間をエネルギーが有限な関数へと拡張しておくと，扱いが便利になる．そこで，初期値 $f = \{f_0, f_1\} \in (C_0^\infty(\mathbb{R}^3))^2$ に対してそのエネルギーノルムを

$$|f|_E = \left[\frac{1}{2}\int_{\mathbb{R}^3}\left\{\sum_{j=1}^3 |(\partial f_0/\partial x_j)(x)|^2 + |f_1(x)|^2\right\}dx\right]^{1/2}$$

と定義する．このノルムのもと，$(C_0^\infty(\mathbb{R}^3))^2$ を完備化した Hilbert 空間を H_0 で，同様に，$(C_0^\infty(\mathbb{R}^3))^2$ の部分空間である $(C_0^\infty(\Omega))^2$ を完備化した Hilbert 空間を H と記す．

初期値 $f \in H_0$ を 1 つ定め，初期値問題 (1) の解を $u(x,t)$ とおく．すると，ある $g_+ \in H$ で，初期値 g_+ に対する (3) の解を $w_+(x,t)$ と記した場合に

$$E(u - w_+, \mathbb{R}^3; t) \to 0 \quad \text{as } t \to \infty \tag{6}$$

を満たすものが存在する．ただし，w_+ は $\mathcal{O}$ へは 0 で拡張するとする．これは，$(C_0^\infty(\mathbb{R}^3))^2$ の元に対しては，Huygens の原理より直ちに従う事実である．しかし，次の結果，その中心部分は "$W_+ : f \to g_+$ なる対応が全射である" であるが，それは局所エネルギーの減衰と Huygens の原理を組み合わせて論じる必要があり，やや複雑である．

定理 1.2 W_+ は H_0 から H の上へのユニタリー作用素である．

(6) における $t \to \infty$ を，$t \to -\infty$ に置き換えた場合にも，同様のことが成り立つ．このときの $f \in H_0$ から (3) の初期値 $g_- \in H$ への対応を W_- と記せば，W_- もユニタリー作用素となる．したがって，勝手に $g \in H$ を定めれば，$f_+ \in H_0$ および $f_- \in H_0$ であって

$$W_+ f_+ = g, \quad W_- f_- = g \tag{7}$$

となるものが存在して，それぞれ唯一つである．

関係式 (7) の意味を考えてみよう．$g \in H$ をとる，ということは，障害物

のある場合の 1 つの波の伝播 w を考えるということである．左側の式からは，障害物がない場合の問題の初期値 $f_+ \in H_0$ に対する解 u_+ は，$t \to \infty$ のとき $E(u_+ - w; t) \to 0$ となることを主張している．右側の式は，$f_- \in H_0$ に対する初期値問題の解 u_- は，$t \to -\infty$ のとき $E(u_- - w; t) \to 0$ を主張している．定理 1.2 は，g が H 全体を動くとき，対応する f_+ および f_- のそれぞれは，H_0 全体を動くことをことも述べている．したがって，

$$S : f_- \longrightarrow f_+ = (W_+)^{-1} W_- f_- \tag{8}$$

が定義できる．これは H_0 からそれ自身へのユニタリー作用素である．この作用素 S は，t が $-\infty$ の近くでは u_- で表される波が，t が $+\infty$ の近くでは u_+ で表される波に変換される規則を表していることになる．無限遠方から伝わってきて，$\mathcal{O}$ によって形を変えられて，そして再び遠方に遠ざかっていく波の散らされ方を表す作用素 $S = (W_+)^{-1} W_-$ を "散乱作用素" と呼ぶ．

さて，S は上の説明のように，波が障害物 $\mathcal{O}$ によって散乱される様子を表しているとしても，果たして $\mathcal{O}$ の情報をどの程度持っているのかが問題となる．この問いに答えるには，表示 (8) のままでは扱いにくいので，H_0 の "スペクトル変換 $\mathcal{F}_0$" を導入する．$f = \{f_0, f_1\} \in H_0$ に対して，$\mathcal{F}_0[f](\sigma, \omega) = \tilde{f}(\sigma, \omega) \in L^2(\mathbb{R} \times S^2)$ を

$$\begin{aligned}\tilde{f}(\sigma, \omega) &= \sigma^2 \Big\{ \frac{1}{2} \Big(\tilde{f}_1(\sigma\omega) + \frac{1}{i\sigma} \tilde{f}_1(\sigma\omega) \Big) \Big\}, \\ \tilde{f}_j(\sigma\omega) &= \frac{1}{(2\pi)^{3/2}} \int_{\mathbb{R}^3} f_j(x) e^{ix \cdot \sigma\omega} \, dx \quad (j = 0, 1)\end{aligned} \tag{9}$$

と定義する．ただし S^2 は 2 次元球面を表す．すると $\mathcal{F}_0$ は，H_0 から $L^2(\mathbb{R} \times S^2)$ へのユニタリー作用素となる．$f_+ = S f_-$ とし，$\tilde{f}_\pm = \mathcal{F}_0 f_\pm$ とおけば，$\tilde{f}_+ = \mathcal{F}_0 f_+ = \mathcal{F}_0 S f_- = \mathcal{F}_0 S \mathcal{F}_0^{-1} \tilde{f}_-$ となる．そこで $\mathcal{S} = \mathcal{F}_0 S \mathcal{F}_0^{-1}$ とおけば，$\mathcal{S}$ は $L^2(\mathbb{R} \times S^2)$ からそれ自身へのユニタリー作用素となる．このとき次の定理が成り立つ．

定理 1.3 すべての $\sigma \in \mathbb{R}$ に対し，$L^2(S^2)$ 上のユニタリー作用素 $\mathcal{S}(\sigma)$ であって次の性質を持つものが存在する：

$$\tilde{f}_+(\sigma, \omega) = (\mathcal{S}(\sigma) \tilde{f}_-(\sigma, \cdot))(\omega) \quad \text{for all } \tilde{f}_- \in L^2(\mathbb{R} \times S^2) \tag{10}$$

が成り立つ.

この $\mathcal{S}(\sigma)(\sigma \in \mathbb{R})$ を "散乱行列" と呼ぶ. $\mathcal{O}$ と $\mathcal{S}(\sigma)$ との関連を調べることが次の課題となるが, 次の定理が Lax–Phillips 理論 [2] の中心的結果である.

定理 1.4 散乱行列 $\mathcal{S}(\sigma)$ ($\sigma \in \mathbb{R}$) は, $L^2(S^2)$ の有界作用素に値をとる $\mathbb{C}$ 全体で有理型である関数 $\mathcal{S}(z)$ に拡張され, かつ $\mathcal{S}(z)$ は, 実数軸を含む下半平面 $\{\Im z \leq 0; z \in \mathbb{C}\}$ で正則である. また, 散乱行列は障害物 $\mathcal{O}$ を決定する.

3 障害物と散乱極の関係

有理型関数であるゆえ, 散乱行列 $\mathcal{S}(z)$ の特異点は極のみであるが, この極を散乱極と呼ぶ. 障害物 $\mathcal{O}$ の幾何的特徴が, 散乱極の分布にどのように反映されるか, なる問いが当然起こる. Lax–Phillips は次の予想をたてた.

Lax–Phillips 予想 $\mathcal{O}$ が幾何光学の意味で非捕捉的であれば, ある $\alpha > 0$ で, $\{z; \Im z < \alpha\}$ には散乱極はないものがある. $\mathcal{O}$ が幾何光学の意味で捕捉的であれば, すべての $\alpha > 0$ に対し, $\{z; \Im z < \alpha\}$ は無限個の散乱極を含む.

これに対する結果として, Melrose [3] を挙げておこう.

定理 1.5 $\mathcal{O}$ が幾何光学の意味で非捕捉的であれば, すべての $\alpha > 0$ に対し, $\{z; \Im z < \alpha \log(|z|+1)\}$ に含まれる散乱極は有限個である.

これは上の予想の前半部分を肯定的に示したものである.

筆者が取り上げた問題は, 捕捉的な障害物のもっとも単純な例である. $\mathcal{O}_j$ ($j = 1, 2$) は狭義の凸, かつ $\overline{\mathcal{O}_1} \cap \overline{\mathcal{O}_2} = \emptyset$ とする. $\mathcal{O} = \mathcal{O}_1 \cup \mathcal{O}_2$ について

定理 1.6 $\mathcal{O}$ より定まる定数 $c_0 > 0$ で, 次を満たすものがある.

1. $p_k = ic_0 + (\pi/d)k$ ($k = 0, \pm 1, \pm 2, \ldots$), ただし d は 2 つの物体の距離とする. 十分大きな $|k|$ に対しては, $B_k = \{z \in \mathbb{C}; |z - p_k| \leq (|k|+1)^{-1/2}\}$ には唯一つ散乱極が存在する.
2. $\{z; \Im z < (3/2)c_0\} \setminus \bigcup_{k=-\infty}^{\infty} B_k$ には高々有限個の散乱極しかない.

この結果は，Lax–Phillips 予想の後半は一般的には成立しないことを示している．よって，この予想を修正をする必要がある．

修正版 Lax–Phillips 予想 $\mathcal{O}$ が非捕捉的であれば，すべての $\alpha > 0$ に対して，$\{z; \Im z < \alpha\}$ には散乱極は高々有限個しか存在しない．$\mathcal{O}$ が捕捉的であれば，ある $\alpha > 0$ で，$\{z; \Im z < \alpha\}$ は無限個の散乱極を含むものがある．

捕捉的物体 $\mathcal{O}$ で，その散乱行列 $S(z)$ が，ある $\alpha > 0$ に対し，$\{z; \Im z < \alpha\}$ は無限個の散乱極を含むものの例は，未だあまり知られていない．狭義凸な物体 3 個からなる $\mathcal{O}$ に対してすら，一般的には上の性質を持つことは確かめられていない．筆者が示すことができたのは，他の 2 個に比べて，3 番目の物体が非常に小さい場合のみである．手法は，古典力学系のゼータ関数が適当な場所に極を持てばよいことを示したうえで，ゼータ関数の特異点の存在を調べる，というものである（井川 [1] の第 4 章に詳しい説明がある）．

今後の問題 大問題としては，"ある障害物の散乱行列となりうる有理型関数を特徴づけよ"，が挙げられる．それはさて置くとして，修正版 Lax–Phillips 予想を巡っても，分かった $\mathcal{O}$ の例すら僅かである．本質的解決には新たな視点が必要であろう．より具体的な問題として，"障害物がいくつかの単位球からなる場合に，球の個数を散乱極の分布から判定できるか"は興味を覚えるが，現在は全く手が出ない．その他の問題については，井川 [1] の"今後の方向と課題"には比較的手近な問題が挙げられている．関連の文献や，散乱問題の周辺分野への拡がり，および今後の問題については，Melrose [4] を参照されたい．

参考文献

[1] 井川 満，散乱理論，岩波書店，2008．
[2] Lax P.D. and Phillips R., Scattering theory, Revised Edition, Academic Press, New York, 1989.
[3] Melrose R., *Scattering theory and the trace of the wave group*, J. Funct. Anal., **13** (1983), 287–307.
[4] Melrose R., Geometric scattering theory, Cambridge Univ. Press, 1995. （井川 満 訳，幾何的散乱理論，共立出版，2003.）

シュレーディンガー方程式の 3 体問題

磯 崎 洋

シュレーディンガー作用素の固有値問題を解くことは量子力学の基本的課題である．原子・分子等の物理系の場合にはそれは

$$(-\Delta + V(x) - \lambda)\varphi(x,\lambda) = 0 \tag{1}$$

という方程式で与えられる．$x \in \mathbf{R}^n$ は粒子の位置座標を表し，Δ は $\mathbf{R}^n$ 上のラプラシアン，$V(x)$ は粒子間の相互作用を与えるポテンシャルである．量子力学においては，λ が離散スペクトル（束縛状態のエネルギー），連続スペクトル（散乱状態のエネルギー）の値すべてを取るとき (1) の解で $L^2(\mathbf{R}^n)$（$\mathbf{R}^n$ 上の 2 乗可積分関数全体）の完全系となるものが存在し，それらが与えられた物理系の性質を記述する，ということが基本的な仮説とされている．これは高度な数学的問題であり，2 粒子系の場合には詳しく解析されているが，多体問題においてはその困難さのために長い間空白のまま残されていた．しかし最近，3 体系の連続スペクトルに対応する固有値問題に限れば，その数学的構造がかなり解明されてきた．以下ではこの観点から 3 体問題が数学としてどのように理解されるかを解説しよう．

2 体系の場合をまずふりかえる．この場合 x は 2 粒子間の相対座標である．多次元の 2 体系シュレーディンガー作用素 $H = -\Delta + V$ に対しては次のことが知られている ([1])．$V(x)$ が遠方で十分速く減少するときに次のような函数 $\psi(x,\xi)$, $\xi \in \mathbf{R}^n$ が存在する：$\psi(x,\xi)$ は $(H - |\xi|^2)\psi = 0$ を満たし

$$\psi(x,\xi) \sim e^{ix\cdot\xi} + \frac{e^{i\sqrt{\lambda}r}}{r^{(n-1)/2}}A(\lambda,\theta,\omega), \quad r = |x| \to \infty, \tag{2}$$

($\theta = x/r$, $\omega = \xi/|\xi|$, $\lambda = |\xi|^2$) という漸近挙動を持ち，任意の $f \in L^2(\mathbf{R}^n)$ は

$$f(x) = (2\pi)^{-n/2} \int_{\mathbf{R}^n} \psi(x,\xi)\tilde{f}(\xi)\,d\xi + \sum_j (f,\psi_j)\psi_j(x), \tag{3}$$

$$\tilde{f}(\xi) = (2\pi)^{-n/2} \int_{\mathbf{R}^n} \overline{\psi(x,\xi)}f(x)\,dx \tag{4}$$

と展開される.ここで $(\ ,\ )$ は $L^2(\mathbf{R}^n)$ の内積であり,ψ_j は H の離散スペクトルに対応する固有ベクトルである.$\psi(x,\xi)$ を一般化された固有関数(以下,簡単のため単に固有函数と呼ぶ),(3) を固有関数展開定理と呼ぶ.$V(x) = 0$ のときは $\psi(x,\xi) = e^{ix\cdot\xi}$ であり (3) はフーリエの反転公式となるから,(4) を一般化されたフーリエ変換という.$A(E,\theta,\omega)$ は散乱振幅と呼ばれ,適当な定数 $C(\lambda)$ を取れば $\delta(\theta-\omega) - C(\lambda)A(\lambda,\theta,\omega)$ を積分核に持つ積分作用素は $L^2(S^{n-1})$ 上のユニタリー作用素となる.これがハイゼンベルクの S 行列である.$|A(\lambda,\theta,\omega)|^2$ は ω 方向から入射した粒子が θ 方向に散乱される確率に比例しており,観測データに直接結びつく量である.(2) は固有関数と散乱現象をつなぐ重要な漸近式である.このような事実は 3 体系のときにはどのようになるのであろうか?

　ファデーエフの仕事 [2] は 3 体問題に関する最初の大きな数学的成果である.この論文により 3 体問題の散乱する解の時間的漸近挙動の問題 (波動作用素の漸近完全性の問題) があるクラスのポテンシャルに対して解決されたのだが,この方法からは 2 体問題のときのような固有関数の構成は難しく,その漸近的性質や散乱振幅の解析等の研究はこの後停滞していた.状況が動き出したのは 1980 年代に入ってからで,新しい手法が導入されることによって多体問題の波動作用素の研究の手段が豊富になり,漸近完全性の問題が一般的に解決されたことは大きな進歩であった.固有値問題 (1) の研究も,これらの成果が基礎になっている.

　論文 [4] においては (1) 3 体シュレーディンガー作用素のレゾルベントの無限遠点での漸近展開,(2) 連続スペクトルに対応する固有函数系と一般化されたフーリエ変換の構成,(3) 固有関数の無限遠点での漸近展開と S 行列の構成,を行った.以下に述べるのはその内容,すなわち現在の段階で分かっている連続スペクトルに対応する 3 体問題の固有値問題の解の数学的性質である.

　古典力学の場合と同様にまず質量中心を分離する.各粒子は $\mathbf{R}^3$ の中を動くものとする.3 個の粒子の座標を $q^i \in \mathbf{R}^3$,質量を $m_i > 0\ (i=1,2,3)$ とする.$a = (ij)$ は 2 つの粒子 i,j の対を表すものとし,3 番目の粒子を k とする.a としては $(1,2),(2,3),(3,1)$ の 3 つの選択がある.換算質量 m_a, n_a を

$$\frac{1}{m_a} = \frac{1}{m_i} + \frac{1}{m_j}, \quad \frac{1}{n_a} = \frac{1}{m_i + m_j} + \frac{1}{m_k}$$

で定義し，ヤコビ座標系を

$$x^a = \sqrt{2m_a}(q^i - q^j), \quad x_a = \sqrt{2n_a}\Big(q^k - \frac{m_i q^i + m_j q^j}{m_i + m_j}\Big)$$

とすれば 3 体系のシュレーディンガー作用素は

$$H_0 = -\Delta_{x_a} - \Delta_{x^a}, \quad H = H_0 + \sum_a V_a(x^a)$$

と書ける．H_0 は 3 体系から質量中心を除いたものの運動エネルギーに対応する $L^2(\mathbf{R}^6)$ 上の作用素であり，対 a の取り方によらない．$\sum_a$ は粒子の 3 つの対 $(i,j),(j,k),(k,i)$ に関する和である．b が a と異なる対のとき x^b は x_a と x^a の一次結合で書けるから，$\sum_a V_a(x^a)$ も $L^2(\mathbf{R}^6)$ 上の作用素である．

$$r = (|x_a|^2 + |x^a|^2)^{1/2}, \quad r_a = |x_a|, \quad r^a = |x^a|$$

とおく．r は対 a の取り方によらない．

連続スペクトルに属するエネルギーを持つとき，この系は散乱状態にある．散乱実験を図式的に表そう．3 個の粒子を A, B, C とし，最初，粒子 A, B が束縛状態にあるところに 3 番目の粒子 C が衝突したとする．このとき以下の 5 つの結果が生じ得る．

$$(A, B) + C \Longrightarrow \begin{cases} \text{(a)} & (A, B) + C, \\ \text{(b)} & (A, B)^* + C_*, \\ \text{(c)} & (A, B)' + C, \\ \text{(d)} & (A, C) + B, \\ \text{(e)} & A + B + C. \end{cases} \tag{5}$$

(a) は弾性散乱であり衝突後も粒子の状態が変わらない．それ以外は非弾性散乱であるが (b) においては対 (A, B) のエネルギーが増加（これを $(A, B)^*$ で表している），あるいは減少し，粒子 C のエネルギーは減少（これを C_* で表している），あるいは増加する．(c) ではエネルギーは変化しないが対 (A, B) は同じ固有値に属する別の固有状態に移行する（これを $(A, B)'$ で表している）．(d) は粒子の組み換えであり，(e) においては対 (A, B) の束縛が解けて 3 個の粒子が相互作用なしに運動する．これらの状態を方程式

$(H-\lambda)u=0$ の球面波の形で表現しよう．（通常，自由粒子は $e^{ix\cdot\xi}$ という平面波で代表されることが多い．しかし，これを

$$\int_{S^{n-1}} e^{i\sqrt{\lambda}\omega\cdot x}\phi(\omega)\,d\omega$$

のように積分すれば，$r=|x|\to\infty$ のとき，$r^{-(n-1)/2}e^{\pm i\sqrt{\lambda}r}$ という形の球面波が漸近形として現れる．このように球面波も自由粒子を表しているのである．）3 体問題の球面波とはどのようなものであろうか？ 3 個の粒子が束縛されずに自由に飛んでいくという (e) の散乱状態ではその球面波は

$$\frac{e^{\pm i\sqrt{\lambda}r}}{r^{5/2}}$$

である．また 2 粒子 $a=(i,j)$ が束縛されており 3 番目の粒子 k が自由に飛んでいくという (a)–(d) の状態を表す球面波は

$$\frac{e^{\pm i\sqrt{\lambda-\lambda^{a,n}}r_a}}{r_a}\varphi^{a,n}(x^a)$$

である．ここで $\varphi^{a,n}(x^a)\in L^2(\mathbf{R}^3)$ は 2 体シュレーディンガー作用素

$$H^a=-\Delta_{x^a}+V_a(x^a)$$

の固有値 $\lambda^{a,n}$ に対応する固有ベクトルである．3 体シュレーディンガー方程式

$$\Big(-\triangle_{x_a}-\triangle_{x^a}+\sum_a V_a(x^a)-\lambda\Big)u=0$$

の解はこのような球面波をすべて含んでおり，それらが完全系をなす，ということが物理的に自然な仮定のみから導かれるというのが [4] の内容である．

次の空間 $\mathcal{B}(\mathbf{R}^n),\mathcal{B}^*(\mathbf{R}^n)$ は 3 体問題を解析する重要な手段である．$\mathcal{B}(\mathbf{R}^n)$ は次のノルムが有限となる $\mathbf{R}^n$ 上の関数 f 全体である：

$$\|f\|_{\mathcal{B}(\mathbf{R}^n)}=\sum_{j=0}^{\infty}2^{j/2}\|f\|_{L^2(\Omega_j)}<\infty,$$

$\Omega_j=\{x\in\mathbf{R}^n;r_{j-1}<|x|<r_j\},\quad r_j=2^j\ (j\geq 0),\quad r_{-1}=0.$

$\mathcal{B}(\mathbf{R}^n)$ の共役空間 $\mathcal{B}^*(\mathbf{R}^n)$ は次のノルムが有限となる関数 u 全体である：

$$\|u\|_{\mathcal{B}^*(\mathbf{R}^n)}=\Big(\sup_{R>1}\frac{1}{R}\int_{|x|<R}|u(x)|^2\,dx\Big)^{1/2}<\infty.$$

関数 $|x|^{-(n-1)/2}$ が $\mathcal{B}^*(\mathbf{R}^n)$ に属することが重要である．次の式

$$\lim_{R\to\infty} \frac{1}{R}\int_{|x|<R} |f(x)-g(x)|^2\,dx = 0$$

が成り立つとき $f(x) \simeq g(x)$ と書く．これは $f(x)$ と $g(x)$ が $|x|\to\infty$ のとき $|x|^{-(n-1)/2}$ より早く減衰することを意味する．

ポテンシャルに次の仮定をおく：

(A) $V_a(x^a) = V_a^{(1)}(x^a) + V_a^{(2)}(x^a)$ と分解され $V_a^{(1)}(y)$ はコンパクトな台を持ち $V_a^{(1)}(y) \in L^2(\mathbf{R}^3)$, $|\partial_y^\alpha V_a^{(2)}(y)| \leq C_\alpha (1+|y|)^{-|\alpha|-\rho}$, $\rho > 5$, $\forall \alpha$.

この仮定の下で H の連続スペクトル $\sigma_{cont}(H)$ は

$$\sigma_{cont}(H) = [\Sigma, \infty), \quad \Sigma = \inf_a \{\inf \sigma(H^a)\}$$

となる．$\sigma(H^a)$ は H^a のスペクトルである．

H に対する一般化されたフーリエ変換を説明する．N_a を H^a の固有値の個数とし，$\{\lambda^{a,n}\}_{n=1}^{N_a}$ を H^a の固有値とする．上のポテンシャルの仮定の下では $N_a < \infty$ で $\lambda^{a,n} \leq 0$ であることが分かっている．

$$\Lambda = \Big(\bigcup_a \{\lambda^{a,n}; n=1,\ldots,N_a\}\Big) \cup \{0\}$$

を H の閾値 (thresholds) の集合という．これは散乱状態の性質が変わるエネルギーの値の集合である．H の固有ベクトルの一次結合全体のなす部分空間の閉包を $\mathcal{H}_{bound}(H)$ とおき

$$L^2(\mathbf{R}^6) = \mathcal{H}_{bound}(H) \oplus \mathcal{H}_{scatt}(H)$$

と直交分解する．次のような無限遠境界上の L^2 空間を導入する：

$$\mathbf{h} = L^2(S^5) \oplus \Big(\bigoplus_a \bigoplus_{n=1}^{N_a} L^2(S^2)\Big).$$

バナッハ空間 X, Y に対して $\mathbf{B}(X;Y)$ とは X から Y への有界作用素全体である．

定理 1.1 $\lambda > 0$ に対して定義された有界作用素 $\mathcal{F}_0(\lambda) \in \mathbf{B}(\mathcal{B}(\mathbf{R}^6); L^2(S^5))$ と，固有値 $\lambda^{a,n}$ と固有ベクトル $\varphi^{a,n}$ に依存して定まり $\lambda > \lambda^{a,n}$ （ただし $\lambda \notin \Lambda$) に対して定義された有界作用素 $\mathcal{F}_{a,n}(\lambda) \in \mathbf{B}(\mathcal{B}(\mathbf{R}^6); L^2(S^2))$ で次の性質を持つものが存在する．

(1) 任意の $\varphi_0 \in L^2(S^5)$, $\varphi_{a,n} \in L^2(S^2)$ に対して

$$(H-\lambda)\mathcal{F}_0(\lambda)^*\varphi_0 = 0, \quad (H-\lambda)\mathcal{F}_{a,n}(\lambda)^*\varphi_{a,n} = 0.$$

(2) $f \in \mathcal{B}(\mathbf{R}^6)$ に対して $(\mathcal{F}_0 f)(\lambda) = \mathcal{F}_0(\lambda)f$, $(\mathcal{F}_{a,n} f)(\lambda) = \mathcal{F}_{a,n}(\lambda)f$ とおけば, $\mathcal{F} = (\mathcal{F}_0, \mathcal{F}_{a,1}, \ldots)$ はユニタリー作用素

$$\mathcal{F} : \mathcal{H}_{scatt}(H) \to L^2((0,\infty); L^2(S^5)) \oplus \Big(\bigoplus_a \bigoplus_{n=1}^{N_a} L^2((\lambda^{a,n}, \infty); L^2(S^2))\Big)$$

に一意的に拡張される.

(3) $\mathcal{F}$ は H を対角化する: $(\mathcal{F}Hf)(\lambda) = \lambda(\mathcal{F}f)(\lambda)$.

(4) 任意の $f \in \mathcal{H}_{scatt}(H)$ に対して次の反転公式が成り立つ:

$$f = \int_0^\infty \mathcal{F}_0(\lambda)^* (\mathcal{F}_0 f)(\lambda)\, d\lambda + \sum_a \sum_{n=1}^{N_a} \int_{\lambda^{a,n}}^\infty \mathcal{F}_{a,n}(\lambda)^* (\mathcal{F}_{a,n} f)(\lambda)\, d\lambda.$$

$\mathcal{F}_0(\lambda) = 0$ $(\lambda \leq 0)$, $\mathcal{F}_{a,n}(\lambda) = 0$ $(\lambda \leq \lambda^{a,n})$ と定義する. $\mathcal{F}(\lambda) = (\mathcal{F}_0(\lambda), \mathcal{F}_{a,1}(\lambda), \ldots)$ とおけば $\mathcal{F}(\lambda) \in \mathbf{B}(\mathcal{B}(\mathbf{R}^6); \mathbf{h})$ であるから $\mathcal{F}(\lambda)^* \in \mathbf{B}(\mathbf{h}; \mathcal{B}^*(\mathbf{R}^6))$ である. 定理 1.1 の (1) は $\mathcal{F}(\lambda)^*$ が H の固有作用素であることを意味している. (4) は離散スペクトルに対応する固有ベクトルと合わせてこれらの固有作用素が $L^2(\mathbf{R}^6)$ の完全系をなしていることを示している.

次の定理はこの一般化されたフーリエ変換によって 3 体問題の連続スペクトルに対応する固有値問題の固有空間がすべて記述されていることを述べている.

定理 1.2 $\lambda \in \sigma_{cont}(H) \backslash \Lambda$ のとき $\{u \in \mathcal{B}^*(\mathbf{R}^6); (H-\lambda)u = 0\} = \mathcal{F}(\lambda)^* \mathbf{h}$.

次の定理は 2 体問題の場合の (2) に対応するもので, 固有関数の無限遠方での挙動から S 行列が得られることを示している.

定理 1.3 $\lambda \in \sigma_{cont}(H) \backslash \Lambda$ とする. $u \in \mathcal{B}^*(\mathbf{R}^6)$ が $(H - \lambda)u = 0$ を満たせば, ある $\varphi^{(\pm)} = (\varphi_0^{(\pm)}, \varphi_{a,1}^{(\pm)}, \ldots) \in \mathbf{h}$ が存在し次の漸近展開が成り立つ:

$$u \simeq C(\lambda) r^{-5/2} e^{i\sqrt{\lambda} r} \varphi_0^{(+)}(\omega) + \overline{C(\lambda)} r^{-5/2} e^{-i\sqrt{\lambda} r} \varphi_0^{(-)}(\omega)$$
$$+ \sum_a \sum_{n=1}^{N_a} \Big[C_{a,n}(\lambda) r_a^{-1} e^{i\sqrt{\lambda - \lambda^{a,n}} r_a} \varphi_{a,n}^{(+)}(\omega_a) \varphi^{a,n}(x^a)$$
$$+ \overline{C_{a,n}(\lambda)} r_a^{-1} e^{-i\sqrt{\lambda - \lambda^{a,n}} r_a} \varphi_{a,n}^{(-)}(\omega_a) \varphi^{a,n}(x^a) \Big].$$

ここで $C(\lambda), C_{a,n}(\lambda)$ は定数であり, $\omega = x/r$, $\omega_a = x_a/r_a$ である. さらに

$$\varphi^{(+)} = \hat{\mathbf{S}}(\lambda) \mathbf{J} \varphi^{(-)}$$

である．ここで $\hat{\mathbf{S}}(\lambda) \in \mathbf{B}(\mathbf{h};\mathbf{h})$ は S-行列であり，

$$\mathbf{J}: (\psi_0(\omega), \psi_{a,1}(\omega_a), \ldots) \to (\psi_0(-\omega), \psi_{a,1}(-\omega_a), \ldots)$$

である．

上の定理の (4) に現れた球面波

$$r^{-5/2}e^{\pm i\sqrt{\lambda}r}\varphi_0^{(\pm)}(\omega), \quad r_a^{-1}e^{\pm i\sqrt{\lambda-\lambda^{a,n}}r_a}\varphi_{a,n}^{(\pm)}(\omega_a)\varphi^{a,n}(x^a)$$

は − に対しては入射波，+ に対しては散乱波を表している．次の定理は上で得られた解はすべての 3 体散乱現象を尽くしていることを示している．

定理 1.4 任意の入射波に対して $u \in \mathcal{B}^*(\mathbf{R}^6)$ で $(H-\lambda)u = 0$ を満たし，かつ定理 1.3 にいう漸近展開を持つものが唯一つ存在する．

このようにして 3 体シュレーディンガー作用素の波動関数は物理的に期待される性質を持っていることが分かる．3 体問題の解を特殊関数等を用いて具体的に書き下すことは依然としてできない．しかし解の漸近的な様子の解析は可能であり，それはしばしばより明瞭に解を表示する．これらの結果を総合した多体系の散乱問題の詳しい解説は漸近完全性の問題も合わせて [5] にある．そこでは (5) のそれぞれの散乱過程に対応する S 行列の性質も述べられている．物理学に現れる方程式を自然な条件の下に解くのは一般には難しいのだが，仮定 (A) を満たすポテンシャルを持つ 3 体問題に対してはそれが可能である．

シュレーディンガー方程式の数学的研究としてもう一つ言及すべき重要な問題がある．それは S 行列から元のポテンシャル $V(x)$ を構成する逆問題である．1 次元の散乱逆問題は 1950 年代にゲルファント–レヴィタン–マルチェンコの理論によって解決されたが，高次元逆問題は多体問題と同様に困難な問題であり，完全な解決にはまだ多くの道程を残している．しかし近年重要な研究が蓄積され続けており，理論，応用共に将来の発展が期待される．そのために現在の段階で知られている結果を俯瞰するのは有意義であろう．[3], [6], [7] は多次元のシュレーディンガー方程式に関する散乱の逆問題とその応用に関する解説であり，現在の研究の様子を窺い知ることができるであろう．

参考文献

[1] T. Ikebe, Eigenfunction expansion associated with the Shrödinger operators and their applications to scattering theory, *Arch. Rational Mech. Anal.* **5** (1960), 1–34.

[2] L.D. Faddeev, *Mathematical Aspects of the Three Body Problems in Quantum Scattering Theory*, Steklov Institute (1963).

[3] 磯崎 洋, 量子力学的散乱理論における逆問題, 数学 **50** (1998), 163–180（岩波書店）.

[4] H. Isozaki, Asymptotic properties of solutions to 3-particle Schrödinger equations, *Commun. Math. Phys.* **222** (2001), 371–413.

[5] 磯崎 洋, 多体シュレーディンガー方程式, シュプリンガー・ジャパン (2004).

[6] H. Isozaki, Inverse spectral theory, *Topics in the Theory of Schrödinger Operators*, 93–143, World Sci. Publ., River Edge, NJ (2004).

[7] 磯崎 洋, 散乱理論と逆問題, 数学 **59** (2007), 113–130（岩波書店）.

Seiberg–Witten 理論とインスタントン

伊 藤 克 司

1 Seiberg–Witten 理論とは

　私のこれまでの研究の中で，超対称ゲージ理論の数理は大きな位置を占めている．特に $\mathcal{N}=2$ 超対称ゲージ理論の低エネルギー有効理論の厳密解を与える Seiberg–Witten 理論 [1] に関しては何本かの論文を発表し，微力ながらその発展に寄与できたのではないかと考えている．本稿では，Seiberg–Witten 理論について自分の寄与を含め解説をしてみたいと思う．

　超対称性とはボソンとフェルミオンを結びつける対称性で，力（ゲージ粒子）と物質（フェルミ粒子）を 1 つの多重項として扱う理論的枠組みを与える．超対称理論は素粒子の相互作用の統一の際の階層性問題を解決する等，素粒子の統一理論を構築する上で有益なアイディアを提供するのみならず，数理物理的にも興味深い研究対象となっている．

　ゲージ場 A_μ に対し，2 種類のワイルフェルミオン λ^I_α と 1 個の複素スカラー場 ϕ が対応する $\mathcal{N}=2$ 超対称性をもつ Yang–Mills 理論を考えよう．ここで $\mu=0,1,2,3$ は時空の足，$\alpha=1,2$ はスピノル，$I=1,2$ はフェルミオンの種類を区別する添字である．各場はゲージ群 G の随伴表現に従う．スカラー場のポテンシャル項は

$$V(\phi)=\frac{1}{2}\mathrm{tr}\,[\phi,\bar{\phi}]^2$$

という形で表される．ゲージ群が $SU(N)$ の場合を考えると，古典的真空は $V(\phi)=0$ の解で表され，ゲージ変換の自由度 $\phi\to U\phi U^\dagger$ $(U\in SU(N))$ を除き

$$\phi=\begin{pmatrix} a_1 & & 0 \\ & \ddots & \\ 0 & & a_N \end{pmatrix},\quad a_1+\cdots+a_N=0$$

という対角行列で表される．スカラー場がこのような値をもつときゲージ場の非対角成分は Higgs 機構により質量をもつ．ゲージ場の内 $U(1)^{N-1}$ に相当する対角成分が零質量で残る．

この理論の基底（真空）状態を記述する理論（低エネルギー有効理論）のラグランジアンはこの $U(1)^{N-1}$ ゲージ場の $\mathcal{N} = 2$ 超多重項 $\mathcal{A}_i = (a_i, \lambda_{\alpha i}^I, A_{i\mu})$ $(i = 1, \ldots, N-1)$ で表される．その形を直接計算することは非常に難しい問題である．しかし超対称理論のもつ性質である正則性を用いると低エネルギー有効理論の形は $\mathcal{A}_i$ の正則関数 $\mathcal{F}(\mathcal{A})$ を決めるという問題に帰着される．$\mathcal{F}(\mathcal{A})$ はプレポテンシャルと呼ばれ，スカラー場 a_i の関数で表すと

$$\mathcal{F}(a) = \mathcal{F}_{1\text{-loop}}(a) + \frac{1}{2}(\tau_0)_{ij} a_i a_j + \sum_{k=1}^{\infty} \mathcal{F}_k(a) \Lambda^{4Nk}$$

と展開される．このとき低エネルギー有効ラグランジアンはプレポテンシャルで決定され

$$\mathcal{L} = \tau_{ij}(a) F_{\mu\nu}^i F_{\mu\nu}^j + \cdots$$
$$a_D^i = \frac{\partial \mathcal{F}(a)}{\partial a^i}, \quad \tau_{ij}(a) = \frac{\partial a_D^i}{\partial a^j}$$

と展開される．ここで $F_{\mu\nu}^i = \partial_\mu A_\nu^i - \partial_\nu A_\mu^i$ はゲージ場 A_μ^i の場の強さである．プレポテンシャルの第 1 項は 1 ループ補正の寄与で，第 2 項は古典的な寄与，第 3 項はインスタントン補正と呼ばれる寄与である．この効果はゲージ理論における非摂動効果による寄与で，QCD スケールパラメータ $\Lambda \sim \mu \exp(-4\pi^2/g^2)$（$\mu$ はカットオフ因子）の級数で展開され，摂動論的なゲージ結合定数 g のべき級数で表すことができない．$\tau_{ij}(a)$ を

$$\tau_{ij}(a) = \frac{\theta_{ij}(a)}{2\pi} + i\frac{4\pi}{g_{ij}(a)^2}$$

と表すと，$g_{ij}(a)$ は有効結合定数であり，理論を特徴づけるスケールである，Higgs 場の期待値 a_i に依存するようになる．

$\mathcal{N} = 2$ 超対称 Yang–Mills 理論は，ゲージ場のみからなる通常の Yang–Mills 理論と同じ漸近自由性という性質をもっている．この性質によると $|a| \gg \Lambda$ の場合，有効ゲージ結合定数は小さくなり，インスタントン項の寄与は

無視できることになる．この場合は 1 ループ補正が支配的な寄与である．$|a|$ が Λ のオーダーに近づいて来ると有効結合定数 $g_{ij}(a)$ は大きくなり，今度は非摂動項の寄与が支配的になる．$g_{ij}(a)$ が大きい強結合領域の物理を直接調べることは非常に難しい問題である．

Seiberg–Witten は $SU(2)$ ゲージ理論の場合に，双対性という考えを使い強結合領域の理論を解析した．ゲージ不変な量 $u = \mathrm{tr}\,\phi^2$ が $\pm\Lambda^2$ の値をとる場合，1 ループ有効結合定数は発散する．この特異点において低エネルギー有効理論の記述は破綻してしまうが，これは理論に新しい零質量場が導入されなければならないことを意味する．Seiberg–Witten はこの零質量場がモノポール（磁気単極子）場であるという仮定をおいた．それに局所的に結合するゲージ場を電弱双対変換で導入すると，モノポールとの結合定数は g から $1/g$ に変わり弱結合の理論となり，各特異点での振舞いを決めることができる．Seiberg–Witten はこのプレポテンシャルが楕円曲線 $y^2 = (x^2 - \Lambda^2)(x - u)$ の周期積分

$$a = \int_A \lambda_{SW}, \quad a_D = \int_B \lambda_{SW}$$

で与えられることを示した．ここで $\lambda_{SW} = \frac{\sqrt{2}}{2\pi i}\frac{x-u}{y}\,dx$ は Seiberg–Witten 微分と呼ばれる楕円曲線上の微分形式である．

私が Seiberg–Witten 理論について初めて知ったのは 1995 年の Jerusalem Winter School における Witten の講演を通じてである．一緒に school に参加した梁さん[1]とプレポテンシャルに対するインスタントン効果とは何かについて議論を始めた．その評価には周期積分の計算が必要になるが，Mirror 対称性で威力を発揮した Picard–Fuchs 方程式を使って調べようということになった．まず $SU(2)$ ゲージ理論で N_f 種類の基本クォーク場が結合した系についてプレポテンシャルを計算する方法を確立した [2]．その後 ADE 型のゲージ群をもつ Yang–Mills 理論のプレポテンシャルを計算する方法を見つけた [3, 4]．

2 Picard–Fuchs 方程式

一般のゲージ群 G に対応する $\mathcal{N} = 2$ 超対称 Yang–Mills 理論のプレポテンシャルは，Seiberg–Witten (SW) 微分 λ_{SW} のリーマン面 Σ 上の周期

---
[1] 故 梁成吉筑波大学教授．本稿では梁さんと呼ばせていただく．

積分

$$a_I = \int_{A_I} \lambda_{SW}, \quad a_{DI} = \int_{B_I} \lambda_{SW}, \quad I = 1, \ldots, r$$

で与えられる．r は G の階数であり，A_I, B_I は Σ 上標準的な交点数をもつ 1-サイクルである．リーマン面 Σ は G のアフィン Lie 代数 $g^{(1)}$ の Langlands 双対 $(g^{(1)})^\vee$ に付随する周期的戸田格子のスペクトル曲線で与えられることが Martinec–Warner [6] により示された．これは Higgs 場 ϕ の Casimir 不変量 $u_i = \mathrm{tr}\,\phi^{e_i}$ ($i = 1, \ldots, r$) で特徴づけられる．e_i はリー代数 g の exponent と呼ばれ，例えば $SU(n)$ に対しては $e_i = 1, \ldots, n-1$ となり，例外型リー群 E_6 に対しては $e_i = 1, 4, 5, 7, 8, 11$ という値をとる．その形は

$$z + \frac{\Lambda^{2h^\vee}}{4z} = W_G(x, u_i)$$

という形で表される．$h^\vee$ は g の dual Coxeter 数である．例えば $SU(n) = A_{n-1}$ 型のゲージ群に対し $h^\vee = n$ となり，

$$W_{A_{n-1}}(x, u) = x^n - u_1 x^{n-2} - \cdots - u_{n-1}$$

である．ADE 型のリー代数に対応する $W_G(x, u)$ は 2 次元の位相的 Landau–Ginzburg (LG) 模型の超ポテンシャルと同一視される．LG 模型では Casimir 座標 u_i よりは平坦座標

$$t_i = c_i \oint dx\, W_G(x, u)^{e_i/h}$$

を導入すると便利である．積分は $x = \infty$ の回りの留数で c_i は定数である．t_i で $W_G(x, t)$ を微分して得られる primary 場 $\phi_i(x, t)$ は演算子積展開

$$\phi_i(x, t)\phi_j(x, t) = \sum_{k=1}^{r} C_{ij}^k(t) \phi_k(x, t) \quad \mathrm{mod}\ \partial_x W_G(x, t)$$

をみたす．Seiberg–Witten 微分は LG 超ポテンシャルを用いて

$$\lambda_{SW} = \frac{1}{2\pi i} \frac{x \partial_x W_G(x, t)}{\sqrt{W_G(x, t)^2 - \Lambda^{2h^\vee}}}\, dx$$

と表される．この周期積分

$$\Pi = \int_\gamma \lambda_{SW}$$

は微分方程式

$$\partial_{t_i}\partial_{t_j}\Pi = \sum_{k=1}^{r} C_{ij}^k \partial_{t_k}\partial_{t_r}\Pi$$

をみたす．周期積分のみたす微分方程式は Picard–Fuchs 方程式と呼ばれるが，この微分方程式は特異点理論における Gauss–Manin 系と同じものである．また LG 超ポテンシャルのスケール関係式

$$\Big(\sum_{i=1}^r q_i t_i \partial_{t_i} + x\partial_x\Big) W_G(x,t) = h^\vee W_G(x,t)$$

から（ここで $q_i = e_i + 1$ である），微分方程式

$$\Big\{\Big(\sum_{i=1}^r q_i t_i \partial_{t_i} - 1\Big)^2 - \Lambda^{h^\vee} h^2 \partial_{t_r}^2\Big\}\Pi = 0$$

が導かれる．Gauss–Manin 系とスケール微分方程式が SW 理論の周期を特徴づける基本的な方程式である．この微分方程式の直接の帰結としてプレポテンシャル $\mathcal{F}(a)$ の 3 回微分 $\mathcal{F}_{IJK} = \partial_{a_I}\partial_{a_J}\partial_{a_K}\mathcal{F}(a)$ のみたす Witten–Dijkgraaf–Verlinde–Verlinde (WDVV) 方程式

$$\mathcal{F}_I \mathcal{F}_K^{-1} \mathcal{F}_J = \mathcal{F}_J \mathcal{F}_K^{-1} \mathcal{F}_I$$

とスケール関係式

$$\Big(\sum_{I=1}^r a_I \partial_{a_I} + 2\Lambda \partial_\Lambda\Big) \mathcal{F}(a) = 2\mathcal{F}(a)$$

が導かれる．ここで $\mathcal{F}_I$ は行列でその成分が $(\mathcal{F}_I)_{JK} = \mathcal{F}_{IJK}$ で与えられる．Picard–Fuchs 方程式はプレポテンシャルのインスタントン展開を求めるのに必要な情報をもっていて，ADE 型のプレポテンシャルの 1 インスタントン補正を具体的に計算できる．

SW プレポテンシャルにおけるインスタントン効果と場の理論を比較する試みは Finnell–Pouliot により始められた [7]．私は当時高エネルギー加速器研究機構のポスドクであった笹倉直樹さん（現京都大学准教授）と共同研究を行い，正則性を仮定することにより任意のゲージ群に対して 1 インスタントン効果を評価した [8, 9]．この結果は E 型例外群に対しても SW 理論の結果と

確かに一致した．当時の場の理論の計算技術では 1 インスタントンの効果しか計算することができなかったが，その後 Atiyah–Drinfeld–Hicthin–Manin (ADHM) 構成法を用いた計算法が発展し古典群に対しては任意の次数のインスタントン効果を評価できることが分かった．その後 Nekrasov の公式や共形ブロックとの対応（Alday–Gaiotto–立川予想）等，インスタントンの数理は大きな進展が続いている．

3　4 次元ゲージ理論の可解性

Seiberg–Witten 理論を通じて $\mathcal{N}=2$ 超対称性をもつ 4 次元ゲージ理論の低エネルギー有効理論は解けることが分かった．そこでは様々な数理物理（位相的場の理論，D ブレーン，M 理論，可解模型，共形場理論，Gauss–Manin 系，インスタントンの ADHM 構成とそのモジュライ空間等）が関係しており，場の理論，弦理論，数学の境界分野として大きく発展している．では有効理論ではない非アーベル的相互作用を完全に取り入れたゲージ理論は可解だろうか．$\mathcal{N}=4$ 超対称ゲージ理論は少なくとも planar 極限において可解な理論と考えられている．その強結合領域における散乱振幅にはまた別な 2 次元量子可積分系，Hitchin 方程式等が現れ，さらに別世界が広がっている．この Hitchin 方程式の解の構造は Seiberg–Witten 理論の BPS スペクトルの壁越え現象や熱力学的ベーテ仮説とも関係している．4 次元のゲージ理論の世界は実に多様であり，驚きに満ちている．

参考文献

[1] N. Seiberg and E. Witten, Nucl. Phys. **B426** (1994) 19 [Erratum-ibid. **B430** (1994) 485] [arXiv:hep-th/9407087].
[2] K. Ito, S.-K. Yang, Phys. Lett. **B366** (1996) 165–173 [hep-th/9507144].
[3] K. Ito, S.-K. Yang, Phys. Lett. **B415** (1997) 45–53 [hep-th/9708017].
[4] K. Ito, S.-K. Yang, Int. J. Mod. Phys. **A13** (1998) 5373–5390 [hep-th/9712018].
[5] K. Ito, S.-K. Yang, Phys. Lett. **B433** (1998) 56–62 [hep-th/9803126].
[6] E.J. Martinec and N.P. Warner, Nucl. Phys. **B459** (1996) 97 [arXiv:hep-th/9509161].
[7] D. Finnell and P. Pouliot, Nucl. Phys. **B453** (1995) 225 [arXiv:hep-th/9503115].
[8] K. Ito, N. Sasakura, Phys. Lett. **B382** (1996) 95–103 [hep-th/9602073].
[9] K. Ito, N. Sasakura, Nucl. Phys. **B484** (1997) 141–166 [hep-th/9608054].

von Neumann 代数における条件付き期待値[1]

梅垣　壽春

1 はじめに

梅垣壽春氏は 1950 年代から 1960 年代にかけて，von Neumann 代数＝ W^* 代数を非可換確率論の観点から研究し，氏の代表作である 4 編の連作論文 [16]–[19] で von Neumann 代数上の非可換確率論の基礎を確立しました．研究の背景として，1953 年に I.E. Segal [13] による非可換積分論と J. Dixmier [3] による非可換 L^p-空間の論文が，その前年には H.A. Dye [5] の非可換 Radon–Nikodym 定理の論文が出版されていました．梅垣氏はこれらの論文が出た直後の好機をとらえ，確率論・数理統計で重要な条件付き期待値，マルチンゲール，十分統計量，相対エントロピー（＝ Kullback–Leibler ダイバージェンス）などの概念を von Neumann 代数上で非可換化するという研究を成し遂げました．von Neumann 代数を非可換確率論の基礎空間とみなすことは，現在では標準的な考え方ですが，von Neumann 代数の理論が生まれて間もない当時としては非常に独創性の高い着想でした．本稿では連作論文 [16]–[19] を中心に，氏の青年時代の研究の一端に触れたいと思います．

2 研究の概要

A を Hilbert 空間 H 上に表現された忠実正規なトレース状態 τ をもつ von Neumann 代数（有限型と呼ばれる）とし，B を A の von Neumann 部分代数，つまり $*$ 演算で閉じた A の部分代数で単位元を含むものとする．(A, τ) 上の非可換 L^1-空間 $L^1(A) = L^1(A, \tau)$ は，A に付随する H 上の閉作用素 x で $\|x\|_1 = \tau(|x|) < +\infty$（ただし $|x| = (x^*x)^{1/2}$ は x の絶対値）を満たすもの全体であり，L^1-ノルム $\|\cdot\|_1$ により Banach 空間となる．A は $L^1(A)$ の稠密な部分空間であり，双対形式 $(x, y) \in L^1(A) \times A \mapsto \tau(xy)$ に

---

[1] 本稿は日合文雄が執筆しました．

より，$L^1(A)$ の双対 Banach 空間 $L^1(A)^*$ は A となる．この設定で，線形写像 $\mathcal{E}: A \to B$ が τ に関する条件付き期待値として満たすべき性質を以下にあげる：任意の $x \in A$ と $y \in B$ に対して，(1) $\mathcal{E}(y) = y$, (2) $\mathcal{E}(x^*) = \mathcal{E}(x)^*$, (3) $x \geq 0$ なら $\mathcal{E}(x) \geq 0$, (4) $\|\mathcal{E}(x)\| \leq \|x\|$, (5) $x \geq 0$ かつ $\mathcal{E}(x) = 0$ なら $x = 0$, (6) $\mathcal{E}(yx) = y\mathcal{E}(x)$, $\mathcal{E}(xy) = \mathcal{E}(x)y$, (7) $\mathcal{E}(x^*x) \geq \mathcal{E}(x)^*\mathcal{E}(x)$, (8) $\tau(\mathcal{E}(x)) = \tau(x)$, (9) $0 \leq x_i \in A, x_i \nearrow x$ なら $\mathcal{E}(x_i) \nearrow \mathcal{E}(x)$.

梅垣は論文 [16] で次を示した．

定理 1 任意の $x \in A$ と $y \in B$ に対して $\tau(xy) = \tau(\mathcal{E}(x)y)$ を満たす線形写像 $\mathcal{E}: A \to B$ が一意に存在して，上の性質 (1)–(9) を満たす．さらに，$\mathcal{E}$ は $\mathcal{E}: L^1(A) \to L^1(B)$ と一意に拡張され，任意の $x \in L^1(A)$ と $y \in L^1(B)$ に対して，上の性質 (1)–(8) を満たす．ただし (4) は $\|\mathcal{E}(x)\|_1 \leq \|x\|_1$ とする．

定理 1 の $\mathcal{E}: A \to B$ は τ に関する B への**条件付き期待値**と呼ばれる．任意の $p \in [1, \infty)$ に対して，$\mathcal{E}$ は非可換 L^p-空間 $L^p(A)$ を $L^p(B)$ に写し，L^p-ノルム $\|\cdot\|_p$ について $\|\mathcal{E}(x)\|_p \leq \|x\|_p$ を満たす．特に，$L^2(A)$ は内積 $\langle x, y \rangle = \tau(xy^*)$ により Hilbert 空間，$L^2(B)$ はその部分空間になり，$\mathcal{E}: L^2(A) \to L^2(B)$ は部分空間 $L^2(B)$ への直交射影になる．A が可換 von Neumann 代数とすると，確率空間 $(\Omega, \mathcal{A}, \mu)$ が存在して $A = L^\infty(\Omega, \mathcal{A}, \mu)$ と表され，さらに A の von Neumann 部分代数 B は $\mathcal{A}$ の部分 σ-集合体 $\mathcal{B}$ により $B = L^\infty(\Omega, \mathcal{B}, \mu)$ と表される．このとき，上記の条件付き期待値 $\mathcal{E}: A \to B$ は確率論における通常の条件付き期待値 $E(\cdot | \mathcal{B})$ と一致する．よって梅垣の条件付き期待値は確率論におけるそれの自然な非可換拡張となっている．

確率解析の基礎であるマルチンゲール理論に関する 1954 年出版の J.L. Doob [4] の本に動機を得て，梅垣は論文 [17] で非可換のマルチンゲールを導入し，それに対する収束定理を証明した．上述の (A, τ) において，有向集合 D（例えば $D = \mathbb{N}$）を添字集合とする A の von Neumann 部分代数の増大ネット $\{B_\alpha\}_{\alpha \in D}$ と $L^1(A)$ のネット $\{x_\alpha\}_{\alpha \in D}$ が任意の $\alpha, \beta \in D, \alpha \leq \beta$ に対して $x_\alpha = \mathcal{E}_{B_\alpha}(x_\beta)$ を満たすとき，$\{x_\alpha\}$ を $\{B_\alpha\}$ に関する（非可換）**マルチンゲール**と呼ぶ．ここで，$\mathcal{E}_{B_\alpha}: L^1(A) \to L^1(B_\alpha)$ は τ に関する条件付き期待値とする．梅垣は次のマルチンゲール収束定理を示した．

定理 2 上記の $\{B_\alpha\}$ に関するマルチンゲール $\{x_\alpha\}$ について，次の条件は同値である：

(i) $\{x_\alpha\}$ は**一様可積分**，つまり，任意の ε に対して，$\delta > 0$ が存在して，射影 $e \in A$ が $\tau(e) < \delta$ ならば，$|\tau(x_\alpha e)| < \varepsilon$ $(\alpha \in D)$．

(ii) $\{x_\alpha\}$ は弱位相 $\sigma(L^1(A), A)$ で相対コンパクト．

(iii) $x \in L^1(A)$ が存在して，$x_\alpha = \mathcal{E}_{B_\alpha}(x)$ $(\alpha \in D)$．

(iv) $x \in L^1(A)$ が存在して，$\|x_\alpha - x\|_1 \to 0$．

さらに，$\{x_\alpha\} \subset L^2(A)$ (resp., $\{x_\alpha\} \subset A$) のときは，次の条件が同値である：

(i)$'$ $\{x_\alpha\}$ は $\|\cdot\|_2$ で有界（resp., 作用素ノルムで有界）．

(iii)$'$ $x \in L^2(A)$ (resp., $x \in A$) が存在して，$x_\alpha = \mathcal{E}_{B_\alpha}(x)$ $(\alpha \in D)$．

(iv)$'$ $x \in L^2(A)$ (resp., $x \in A$) が存在して，$\|x_\alpha - x\|_2 \to 0$（resp., 強作用素位相で $x_\alpha \to x$）．

A の von Neumann 部分代数の減少ネット $\{B_\alpha\}_{\alpha \in D}$ の場合にも，次のマルチンゲール収束が [17] で示された：$B = \bigcap_\alpha B_\alpha$ とすると，(1) 任意の $x \in L^1(A)$ に対して $\|\mathcal{E}_{B_\alpha}(x) - \mathcal{E}_B(x)\|_1 \to 0$, (2) 任意の $x \in L^2(A)$ に対して $\|\mathcal{E}_{B_\alpha}(x) - \mathcal{E}_B(x)\|_2 \to 0$, (3) 任意の $x \in A$ に対して強作用素位相で $\mathcal{E}_{B_\alpha}(x) \to \mathcal{E}_B(x)$．

十分統計量（また十分部分 σ-集合体）の一般理論を扱った P.R. Halmos と L.J. Savage の論文 [6] は有名である．梅垣はこの理論の非可換化を論文 [18] で行った．S を von Neumann 代数 A 上の正規状態の 1 つの集合とする．A の von Neumann 部分代数 B が S に対して**十分**であるとは，任意の $a \in A$ と $b \in B$ に対して $\sigma(ab) = \sigma(ba)$ $(\sigma \in S)$ であり，さらに任意の $a \in A$ に対して $a' \in B$ が存在して，すべての $\sigma \in S$ に対して $\mathcal{E}_{B,\sigma}(a) = a'$ σ-n.e. が成立することと定義された．ここで，$x = y$ σ-n.e. は $\sigma(|x-y|) = 0$ を意味する．上の最初の条件は $\sigma \in S$ が B-トレース的 (B-tracelet) といい，現代風にいえば，B が σ の中心化代数 (cenralizer) に含まれるということである．この条件があると，定理 1 を拡張して，σ に関する条件付き期待値 $\mathcal{E}_{B,\sigma} : A \to B$ が σ-n.e. の意味で一意に存在することが示される．S を可測

空間 $(\Omega, \mathcal{A})$ 上の確率測度の 1 つの集合, $\mathcal{B}$ を $\mathcal{A}$ の部分 σ-集合体とし, すべての $\mu \in S$ に対し $\mu \ll \mu_0$ (絶対連続) となる $\mu_0 \in S$ が存在するとする. このとき, $A = L^\infty(\Omega, \mathcal{A}, \mu_0)$, $B = L^\infty(\Omega, \mathcal{B}, \mu_0)$ とすると, 梅垣による B の S に対する十分性は, 確率論における $\mathcal{B}$ の S に対する十分性と一致する. 論文 [18] では, 上述の von Neumann 代数の設定で, Halmos–Savage の理論が非可換に拡張された.

梅垣は論文 [19] で von Neumann 代数上の正規状態に対するエントロピーと相対エントロピーを研究した. ここでも (A, τ) は上と同じ設定であるが, τ が忠実正規な半有限トレース (よって A は半有限型) としても同様に議論できる. まず, $a \in A, a \geq 0$ に対して**作用素エントロピー**が $h(a) = -a \log a$ と定義された. $h(a)$ が作用素凹関数であることは, 梅垣–中村正弘と C. Davis が独立に示したが, 現在では $t \log t$ $(t \geq 0)$ の作用素凸性としてよく知られた事実である. また, A 上の正規状態 ρ に対して, Radon–Nikodym 微分 $d\rho/d\tau$ をとり, ρ の**エントロピー**が $H(\rho) = \tau(h(d\rho/d\tau))$ と定義された. これは, τ を半有限とすれば, $B(H)$ 上の正規状態に対する von Neumann エントロピーと古典論でよく知られた微分エントロピーを同時に拡張したものである. 次に, 2 つの正規状態 σ, ρ に対する**情報量**

$$I(\rho, \sigma) = \tau\left(\frac{d\sigma}{d\tau}\left(\log \frac{d\sigma}{d\tau} - \log \frac{d\rho}{d\tau}\right)\right)$$

が導入された. これは通常, (梅垣の) **相対エントロピー**と呼ばれ, $S(\sigma, \rho)$ の記号で書かれることも多い. 相対エントロピー $I(\rho, \sigma)$ は, 2 つの確率測度 p, q に対する **Kullback–Leibler 情報量** (ダイバージェンス)

$$D(p, q) = \int \frac{dp}{dm}\left(\log \frac{dp}{dm} - \log \frac{dq}{dm}\right) dm = \begin{cases} \int \log \dfrac{dp}{dq} \, dp & (p \ll q \text{ のとき}) \\ +\infty & (p \not\ll q \text{ のとき}) \end{cases}$$

を非可換に拡張したものである (上で m は $p, q \ll m$ となる任意の測度). $D(p, q)$ が確率測度の識別などで極めて有用なものであるのと同様に, 相対エントロピー $I(\sigma, \rho)$ は非常に応用範囲の広い非可換エントロピー量である. 梅垣は $I(\sigma, \rho)$ に関して以下の結果を示した.

定理 3 A 上の正規状態 σ, ρ が有限のエントロピーをもち, $s(\sigma) \leq s(\rho)$ ($s(\sigma)$

は σ のサポート射影) を満たすならば, $I(\sigma, \rho)$ は一意に定まり $I(\sigma, \rho) \in [0, +\infty]$.

次は相対エントロピーの単調性と呼ばれる重要な性質である.

定理 4 B を A の von Neumann 部分代数とする. A 上の正規状態 σ, ρ が有限のエントロピーをもち B-トレース的であるならば, $I_B(\sigma, \rho) = I(\sigma|_B, \rho|_B)$ と定めると,

$$I_B(\sigma, \rho) \leq I(\sigma, \rho).$$

定理 3, 4 でエントロピー $H(\sigma), H(\rho)$ が有限の仮定は除いてよいことが分かっている. $s(\sigma) \leq s(\rho)$ でないとき $I(\sigma, \rho) = +\infty$ と定めると, $I(\sigma, \rho)$ はすべての正規状態 σ, ρ に対して確定的に定義できる. さらに, 定理 4 で B-トレース的の仮定も除くことができる.

S. Kullback と R.A. Leibler は論文 [9] で統計量の十分性と Kullback–Leibler 情報量との間の重要な関係を示したが, 次の定理はその非可換拡張である.

定理 5 B を A の von Neumann 部分代数とする. S を忠実で B-トレース的な A 上の正規状態の 1 つの集合とし, 任意の σ, ρ に対し $I(\sigma, \rho) < +\infty$ とする. このとき, B が S に対して十分であるための必要十分条件は

$$I_B(\sigma, \rho) = I(\sigma, \rho) \quad (\sigma, \rho \in S)$$

が成立することである.

3 その後の発展

前節で紹介した梅垣の連作論文は, von Neumann 代数上の非可換確率論を世界で初めて系統的に研究したもので, その後の非可換確率論の発展の出発点となった. 当時の von Neumann 代数の研究は (半) 有限な正規トレースをもつ (半) 有限型の von Neumann 代数が中心であった. 実際, III 型の von Neumann 代数の研究が本格化したのは 1970 年代以降のことである. そのため, 梅垣の非可換確率論の基本設定は von Neumann 代数 A とその上の忠実正規トレース状態 τ の組 (A, τ) であり, 現在からすれば, かなり限定された設定といえる. 以下で, 梅垣の研究以後の発展について簡単に説

明しておこう．

梅垣の条件付き期待値はトレース τ に関するものであるが，富山淳 [15] は，C^* 代数 A からその C^* 部分代数 B へのノルム 1 射影が定理 1 の性質 (3), (6), (7) を満たすことを示し，抽象的に条件付き期待値を考察した．竹崎正道 [14] は，von Neumann 代数 A 上の一般の忠実な正規状態（さらに半有限正規荷重）φ と von Neumann 部分代数 B に対して，$\varphi \circ \mathcal{E} = \varphi$ を満たす φ-条件付き期待値 $\mathcal{E} : A \to B$ が存在するための必要十分条件は，B がいわゆる φ のモジュラー自己同型群 σ_t^φ で保存されること，つまり $\sigma_t^\varphi(B) = B$ ($t \in \mathbb{R}$) であることを示した．非可換マルチンゲールについては，より強い概一様収束による収束定理を，E.C. Lance [10] は半有限 von Neumann 代数の場合に，N. Dang-Ngoc [2] は一般の von Neumann 代数の場合に示した．荒木不二洋 [1] は，相対モジュラー作用素の概念を用いて，III 型を含む一般の von Neumann 代数上の正規状態の相対エントロピーを導入し，下半連続性，同時凸性，単調性，マルチンゲール収束などの性質を証明した．幸崎秀樹 [7] は相対エントロピーの変分表示を与え，それを用いて相対エントロピーの上記性質を簡便に証明した．von Neumann 代数における梅垣の十分性に関する仕事の継続研究として論文 [8] があるが，非可換十分性の一般理論を展開する上で，von Neumann 部分代数 B と正規状態 φ に対し B への φ-条件付き期待値が一般に存在しないことが障害であった．D. Petz [12] は，A. Connes のコサイクル Radon–Nikodym 微分と L. Accardi と C. Cecchini の一般化された条件付き期待値の概念を用いて非可換十分性を定式化し，相対エントロピーによる特徴付けを完成させた．量子情報理論の分野では，状態の識別問題と関連して，非可換十分性の概念が不可欠であり，最近でも活発に研究されている．

非可換の条件付き期待値にしろ相対エントロピーにしろ，現在では梅垣の名を冠することなく，ごく一般に使われる概念となっているが，これらの非可換確率論の基礎を半世紀前に作り上げた梅垣の仕事は斬新で貴重なものであった．最後に，関連する参考書をあげておくと，非可換確率論の一般的事項については [21] の第 6 章が詳しい．相対エントロピーを初めとする種々の非可換エントロピーについての総合的な解説が [20] と [11] にある．

参考文献

[1] H. Araki, Relative entropy of states of von Neumann algebras, *Publ. Res. Inst. Math. Sci.* **11** (1976), 809–833; Relative entropy for states of von Neumann algebras II, *Publ. Res. Inst. Math. Sci.* **13** (1977), 173–192.

[2] N. Dang-Ngoc, Pointwise convergence of martingales in von Neumann algebras, *Israel J. Math.* **34** (1979), 273–280.

[3] J. Dixmier, Formes linéaires sur un anneau d'opérateurs, *Bull. Soc. Math. France* **81** (1953), 9–39.

[4] J.L. Doob, *Stochastic Processes*, Wiley, New York, 1953.

[5] H.A. Dye, The Radon-Nikodym theorem for finite rings of operators, *Trans. Amer. Math. Soc.* **72** (1952), 234–280.

[6] P.R. Halmos and L.J. Savage, Applicaton of the Radon–Nikodym theorem to the theory of sufficient statistics, *Ann. Math. Statist.* **20** (1049), 225–241.

[7] H. Kosaki, Relative entropy of states: a variational expression, *J. Operator Theory*, **16** (1986), 335–348.

[8] F. Hiai, M. Ohya and M. Tsukada, Sufficiency, KMS condition and relative entropy in von Neumann algebras, *Pacific J. Math.* **96** (1981), 99–109; Sufficiency and relative entropy in ∗-algebras with applications in quantum systems, *Pacific J. Math.*, **107** (1983), 117–140.

[9] S. Kullback and R. A. Leibler, On information and sufficiency, *Ann. Math. Statist.* **22** (1951), 79–86.

[10] E.C. Lance, Martingale convergence in von Neumann algebras, *Math. Proc. Camb. Phil. Soc.* **84** (1978), 47–56.

[11] M. Ohya and D. Petz, *Quantum Entropy and Its Use*, Springer, 1993.

[12] Dénes Petz, Sufficient subalgebras and the relative entropy of states of a von Neumann algebra, *Comm. Math. Phys.* **105** (1986), 123–131.

[13] I.E. Segal, A non-commutative extension of abstract integration, *Ann. of Math.* **57** (1953), 401–457.

[14] M. Takesaki, Conditional expectations in von Neumann algebras, *J. Funct. Anal.* **9** (1972), 306–321.

[15] J. Tomiyama, On the projection of norm one in W*-algebras, *Proc. Japan Acad.* **33** (1957), 608–612.

[16] H. Umegaki, Conditional expectation in an operator algebra, *Tôhoku Math. J.* **6** (1954), 177–181.

[17] H. Umegaki, Conditional expectation in an operator algebra, II, *Tôhoku Math. J.* **8** (1956), 86–100.

[18] H. Umegaki, Conditional expectation in an operator algebra, III, *Kōdai Math. Sem. Rep.* **11** (1959), 51–64.

[19] H. Umegaki, Conditional expectation in an operator algebra, IV (entropy and information), *Kōdai Math. Sem. Rep.* **14** (1962), 59–85.

[20] 梅垣壽春・大矢雅則, 量子論的エントロピー, 情報科学講座 A・2・7, 共立出版, 1984.

[21] 梅垣壽春・大矢雅則・日合文雄, 作用素代数入門 —— Hilbert 空間より von Neumann 代数, 共立出版, 2003.

ALE 空間

江口 徹

前書き

　私の研究で知られたものの一つに，ユークリッド領域に於けるアインシュタイン方程式の厳密解で江口–ハンソン (Hanson) 計量（1978 年）と呼ばれるものがあります．これは無限遠で平坦なユークリッド計量に近づくアインシュタイン方程式の解です．自己双対の曲率を持ち，ヤン–ミルズ理論で知られるインスタントン解と似ているので，重力インスタントンとも呼ばれます．2 次元複素平面 $\mathbf{C}^2$ を離散群 $\mathbf{Z}_2$ （複素変数 (z_1, z_2) に $(z_1 \to -z_1, z_2 \to -z_2)$ のように働く）で割って得られる空間を考えると，原点に孤立特異点（A_1 型の特異点）が現れますが，これを膨らます（ブローアップする）ことによって特異点を解消した空間を考えた時，この空間に自然に入る計量が我々が求めたものになっています．江口–ハンソン空間には 3 種類のケーラー・クラスが存在し，ハイパーケーラー多様体の構造を持つことが知られています．また，我々の空間は A_1 型の特異点と密接に関係するので，「特異性を解消した」ことを省略してそのまま A_1 特異点の空間と呼ぶこともあります．我々の空間の無限遠は 3 次元球面ではなく，これを $\mathbf{Z}_2$ で割ったもの，$S^3/\mathbf{Z}_2$ になっています．

　我々の計量は引き続き，ギボンズ (Gibbons) とホーキング (Hawking) によって A_{n-1} 型の特異点の場合に拡張されました．これらの計量は，$\mathbf{C}^2$ を離散群 $\mathbf{Z}_n$ （$(z_1 \to e^{2\pi i/n} z_1, z_2 \to e^{-2\pi i/n} z_2)$ で生成される）で割って生じた A_{n-1} 型特異点を解消した空間に入る計量で，無限遠で $S^3/\mathbf{Z}_n$ の境界を持ちます．無限遠で曲率は零になって平坦にはなるが大域的なトポロジーがユークリッド空間の場合とは異なるという意味で，これらの計量は ALE 空間 (Asymptotically Locally Euclidean Space) と呼ばれるようになりました．また，計量の具体形は知られていませんが，D_n 型や E_n ($n = 6, 7, 8$)

型の ALE 空間が存在することが知られています.

これらの空間はいずれも $SU(2)$ の離散部分群 Γ で $\mathbf{C}^2$ を割って得られる (クライン (Klein) 型) 特異点を解消することによって構成されます. まとめると

離散部分群 Γ	cyclic group $C_n = Z_n$	dihedral group D_n	4 面体群	8 面体群	20 面体群
ALE 空間	A_{n-1} 型	D_{n-1} 型	E_6 型	E_7 型	E_8 型

どうして, ALE 空間に A, D, E 型という名前がついたかと言うと, $\mathbf{C}^2/\Gamma$ のクライン型特異点をブローアップする時, 何本かの射影直線 P^1 が現れますが, これらの互いに交差する様子が, A, D, E 型リー環のディンキン図と一致することが知られているためです. $SU(2)$ の離散部分群と A, D, E リー代数の間の対応関係は, マッカイ (McKay) によって指摘されたものですが, ここではマッカイ対応を用いて ALE 空間の名前がつけられています.

ALE 空間は最も標準的な孤立特異点とその解消に関係するため, ケーラー幾何学で基本的な役割を果たしてきましたが, その物理的な役割については, 決定的な解釈がなかなか定まりませんでした.

しかし, ここ 10 数年の超弦理論の発展の中で, ALE 空間が超弦理論において非可換のゲージ対称性を生成することが発見され, その基本的な重要性が明らかになってきました. すなわち, $\mathbf{C}^2$ を Γ で割った ALE 空間を弦が運動すると, D ブレーンが消滅サイクルに巻き付くことによってゲージ粒子が生成され, Γ に対応する A, D, E 型のゲージ対称性が弦理論に生じます.

$$\text{ALE 空間} \iff \text{A, D, E ゲージ対称性}$$

このため, 素粒子の標準模型で知られる $SU(5)$ や $SO(10)$ のゲージ対称性を超弦理論で実現するためには, ALE 空間が特に重要な役割を果たします.

我々の発見

私は 1978 年にスタンフォード大学の線形加速器研究所 (SLAC) のポスドクになりましたが, ゲージ理論のインスタントン解の発見に刺激されて, ユークリッド領域のアインシュタイン方程式の解で, 自己双対の曲率を持ち, 無限遠で平坦な計量に近づくものを探してみたいと思っていました. バークレー

の理論部のポスドクをしていたハンソン (A. Hanson) という人と知り合いになって協力し仕事をすることになりました.

ハンソンとは，初めは開いた多様体の場合に現れる指数定理の補正項などの計算を調べてみました．そのうちに，計量に関して $SU(2)$ 対称性に基礎をおく簡単なアンザッツを立てて曲率の自己双対性を要求すると，未知関数についての簡単な微分方程式が出て，すぐに答えが見つかることが分かりました．これが江口‒ハンソン解の発見です．その具体的な形は

$$ds^2_{EH} = \left(1 - \frac{a^4}{r^4}\right)^{-1} dr^2 + \frac{r^2}{4}\left(1 - \frac{a^4}{r^4}\right)\sigma_z^2 + \frac{r^2}{4}(\sigma_x^2 + \sigma_y^2) \tag{1}$$

で与えられます．ここで a は任意の実パラメータ．また，$\sigma_x, \sigma_y, \sigma_z$ は $SU(2)$ の左不変微分形式と呼ばれるもので

$$\sigma_x = \sin\psi\, d\theta - \sin\theta\cos\psi\, d\phi, \quad \sigma_y = -\cos\psi\, d\theta - \sin\theta\sin\psi\, d\phi,$$

$$\sigma_z = d\psi + \cos\theta\, d\phi$$

で与えられます．これらは $SU(2)$ の交換関係に相当する

$$d\sigma_z = \sigma_x \wedge \sigma_y, \quad d\sigma_x = \sigma_y \wedge \sigma_z, \quad d\sigma_y = \sigma_z \wedge \sigma_x$$

を満たしています．さらに

$$\sigma_x^2 + \sigma_y^2 + \sigma_z^2 = d\theta^2 + \sin^2\theta\, d\phi^2 + (d\psi + \cos\theta\, d\phi)^2$$

は 3 次元球面の計量を表します．したがって (1) は $r \to \infty$ で平坦な 4 次元ユークリッド計量と一致します．

上の解 (1) で最も問題になるのは $r = a$ での振る舞いですが，$r = a$ 付近で $d\rho^2 = dr^2/(1 - a^4/r^4)$ と変数変換すると $\rho \approx \frac{a^2}{2}\int\frac{dr}{\sqrt{r^2 - a^2}} = \sqrt{a(r-a)}$．これを (1) に代入すると

$$ds^2 \approx d\rho^2 + \rho^2\, d\psi^2 + \frac{a^2}{4}(d\theta^2 + \sin^2\theta\, d\phi^2) \tag{2}$$

を得ます．後ろの 2 項は，半径 a の 2 次元球面の計量になっていて特異性は持ちません．一方，はじめの 2 項 $d\rho^2 + \rho^2\, d\psi^2$ は，平坦な 2 次元面の計量の極座標表示の形をしていて，ψ が方位角の役割を持っています．したがって，ψ が周期 2π を持てば，$r = a$ は (ρ, ψ) 平面の原点になって特異性が解

消し，アインシュタイン方程式の正則解になることが分かります．

しかし，アインシュタイン方程式の研究は長い歴史があるため，我々のような素人が本当に新しい解を見つけることができたのか不安でした．仕方がないのでプレプリントを作ってケンブリッジのホーキングのグループに送ると，直ちに強い反響があり，我々の解が大きなインパクトを与えたことが分かりました．

我々の解の大域的性質を見るために，複素座標 (z_1, z_2) を導入しましょう．極座標 (R, θ, ϕ, ψ) と

$$z_1 = x + iy = R\cos\frac{\theta}{2}\exp\frac{i}{2}(\psi+\phi), \quad z_2 = z + it = R\sin\frac{\theta}{2}\exp\frac{i}{2}(\psi-\phi)$$

の関係があります．ここで (θ, ϕ, ψ) は領域 $0 \leq \theta \leq \pi$, $0 \leq \phi \leq 2\pi$, $0 \leq \psi \leq 4\pi$ を動きます．ところで上で見たように，我々の解が正則であるためには ψ は領域 $0 \leq \psi \leq 2\pi$ を動く必要がありました．すなわち，標準的な領域 $(0, 4\pi)$ の半分に制限されています．この事情は次のように解釈されます．

今，点 (R, θ, ϕ, ψ) と $(R, \theta, \phi, \psi+2\pi)$ を同一視することにすると，領域 $0 \leq \psi \leq 4\pi$ が半分に折り畳まれて $0 \leq \psi \leq 2\pi$ に帰着します．この時，複素座標では点 (z_1, z_2) と $(-z_1, -z_2)$ が同一視されます．すなわち，複素 2 次元空間を群 $\mathbf{Z}_2$ で割った空間 $\mathbf{C}^2/\mathbf{Z}_2$ が得られます．一般に複素 2 次元空間を $SU(2)$ の離散部分群 Γ で割ることが可能ですが，この時は原点 $(z_1, z_2) = (0, 0)$ に特異点が生じ，クライン型の特異点と呼ばれます．

この特異点を解消するには次のような処理を行います．今，$\mathbf{P}^1$ を表す複素数の対 $(w_1, w_2) \neq (0, 0)$ を余分に導入して，関係 $w_1 z_2 - w_2 z_1 = 0$ を課すとします．すると，$z_1 \neq 0$ か $z_2 \neq 0$ であれば $z_2/z_1 = w_2/w_1$, $z_1/z_2 = w_1/w_2$ となって $\mathbf{P}^1$ の一点の座標が確定します．しかし $z_1 = 0$, $z_2 = 0$ の場合は w_1, w_2 の比は任意になるため，$\mathbf{P}^1$ 全体を動くことになります．すなわち原点 $(z_1, z_2) = (0, 0)$ が $\mathbf{P}^1$ に置き換わります．このプロセスがブローアップと呼ばれています．

$\mathbf{C}^2/\mathbf{Z}_2$ 上の多項式は $x = z_1^2$, $y = z_2^2$, $z = z_1 z_2$ で生成され，これらの間には $xy = z^2$ の関係があります．$x, y \to x \pm iy$ と取り直し，さらに $z \to iz$ と取ると，A_1 特異点の標準形

$$x^2 + y^2 + z^2 = 0 \tag{3}$$

を得ます．これをブローアップすると，ϵ をパラメータとして

$$x^2 + y^2 + z^2 = \epsilon^2 \tag{4}$$

と変形されます．x, y, z を実部，虚部に分けて $x = x_1 + iy_1$, $y = x_2 + iy_2$, $z = x_3 + iy_3$ とおくと，

$$\sum_i x_i^2 = \epsilon^2 + \sum_i y_i^2, \quad \sum x_i y_i = 0$$

$y_1 = y_2 = y_3 = 0$ のところに半径 ϵ の 2 次元球面があるのがわかります．またベクトル $\vec{y}$ は動径方向ベクトル $\vec{x}$ と直交するので S^2 の接平面を表します．これは計量を 2 次元平面と 2 次元球面に分解した式 (2) とちょうど対応しています．パラメータ a と ϵ は同一視できて，ブローアップで挿入された $\mathbf{P}^1$ のサイズを表します．

一般の A_n 型特異点は標準形

$$x^2 + y^2 + z^{n+1} = 0 \tag{5}$$

で表されます．簡単のため $n = 2$ の場合を考えて変形すると

$$x^2 + y^2 + (z - 2\epsilon)z(z + 2\epsilon) = 0 \tag{6}$$

のようになります．A_1 特異点の場合のようにして調べると，(6) は $(0, 0, \epsilon)$ と $(0, 0, -\epsilon)$ を中心にして原点で接する二つの 2 次元球面を含むことが分かります．

一般の A_n 型 ALE 空間は，その中に n 個の独立な 2 次元球面を含んでいます．これらが互いに交わる様子は，$SU(n+1)$ のリー環のディンキン図のようになります．図 1 参照．

式 (2) からも分かるように，パラメータ a を変化させて零に近づけると，2 次元球面は半径が小さくなって消滅してしまいます．一般に ALE 空間では，そのパラメータを変化させることによって任意の 2 次元球面をつぶすことができるため，これらの球面は消滅サイクルと呼ばれています．

超弦理論と D ブレーン

我々の発見から 20 年近く経って，90 年代の半ばから双対性や D ブレー

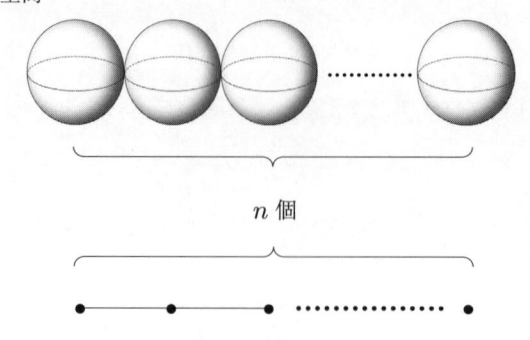

図1 A_n 型特異点のブローアップとディンキン図.

ンの発見など超弦理論に大きな発展が起こりました．この発展の中で ALE 空間が弦理論において果たす基本的な役割が明らかになってきました．すなわち ALE 空間中のタイプ II の弦理論を考えると，D ブレーンが消滅サイクルに巻き付くことにより，新たなベクトル粒子が作られます（ウィッテン (E. Witten)）．これらのベクトル粒子はちょうどヤン–ミルズ理論のゲージ場のように振る舞うため，理論に非可換ゲージ対称性が新たに生成されます．この時，生成されるゲージ群は ALE 空間からマッカイ対応で得られるものになります．すなわち江口–ハンソン空間では $SU(2)$，一般の ALE 空間では $SU(n)$ のゲージ対称性が作られます．

弦理論にはヘテロテック弦理論のように初めから非可換ゲージ対称性が理論の中にあらわな形で現れる場合もありますが，タイプ II の理論のように可換な $U(1)$ 対称性しか見えない場合もあります．しかし，ALE 空間を考えるとタイプ II 理論にも非可換なゲージ対称性が現れることが分かり，5 種類の弦理論が実は全て等価であるという主張の強い証拠となります．現在，A, D, E 特異点を持つ空間を用いて $SU(5)$ や $SO(10)$ のゲージ対称性に基づく素粒子の標準模型を導出する試みが盛んに行われています．我々の発見した空間は 30 年近くたってやっと弦理論の中に住み家を見つけたようです．

将来超弦理論の試みが成功すれば，ALE 空間の発見は超弦理論を用いた素粒子の統一理論への試みに重要な一石を投じたことになると思われます．もともと重力理論におけるトポロジカルな効果を調べる目的ではじめた我々の

研究ですが，もくろみとは大分違ったところで役に立ちそうになってきました．超弦理論の今後の発展に大いに注目したいと思います．

参考文献

[1] T. Eguchi and A. Hanson, "Asymptotically Flat Self-dual Solutions to Euclidean Gravity", Phys. Lett. **B74**: 249, 1978.

統計力学のファインマン・ダイアグラム法

江沢 洋

1 はじめに

筆者が大学院に入った 1955 年の頃，所属した梅沢博臣研究室の興味の一つは超高エネルギーの核子衝突による中間子の多重発生という現象であった．当時の超高エネルギーは，実験室系で 10^{12} eV くらいのものであったが，そのエネルギー E の核子（質量 M）が静止している核子に衝突すると，おおよそ $(E/Mc^2)^{1/4}$ 個の中間子（主として π）が発生する．これが多重発生である．

これに対して当時 E. Fermi の理論 [1] と，それを改良した L.D. Landau [2] の理論があった．Fermi の理論は，核子が衝突すると高温の中間子ガスの，ローレンツ収縮した塊ができ，それが飛び散るという．Landau は中間子ガスの塊が流体力学に従って広がり，ある程度まで冷えたところで中間子が形をなすのだという．いずれの理論でも中間子ガスの状態方程式が大きな役割を担う．彼らは高温だからというので自由ボソンの状態方程式を用いた．

当時は，中間子と核子，中間子同士の相互作用もよくわかっていなかった．そこで，研究室の興味の一つは中間子の状態方程式を通して相互作用を探ろうということだった．それには中間子ガスの統計力学をつくらねばならない．

1955 年に京大基研の松原武生先生が統計力学を場の量子論の形式で書くという論文をだされていた [3]．中間子ガスの統計力学をつくるには，これを使えばよいと思ったが，これから追々述べるように，ことは簡単ではなかった．

2 松原形式

場の量子論と量子統計力学の間には密接な関係がある．系のハミルトニアン H が与えられたとき，場の量子論では時間推進の演算子 $e^{-itH/\hbar}$ の時間 $t \to \pm\infty$ の極限を問題にする．統計力学では状態和，すなわち $e^{-\beta(H-\mu N)}$ のトレースを計算する．ここに β は逆温度，すなわち系の温度 T と Boltzmann

定数の積の逆数，N は粒子数の演算子，μ は化学ポテンシャルである．

松原先生は，量子統計力学を Feynman–Dyson の摂動論の形式に書こうとしたのである [3]．ハミルトニアンが自由項 H_0 と相互作用項 H_1 の和 $H = H_0 + H_1$ という形をしているとし，

$$e^{-\beta(H-\mu N)} = e^{-\beta(H_0-\mu N)} U(\beta) \tag{1}$$

によって U を定義しよう．すると

$$\frac{d}{d\beta}U(\beta) = -H_1(\beta)U(\beta), \quad H_1(\beta) = e^{\beta(H_0-\mu N)} H_1 e^{-\beta(H_0-\mu N)}$$

となるから，相互作用ハミルトニアン密度を $\bar{H}_1(\boldsymbol{x})$ と書いて

$$\begin{aligned}U(\beta)\\ = \sum_{n=0}^{\infty} \frac{(-1)^n}{n!} \int_0^\beta d\tau_n \int d\boldsymbol{x}_n \cdots \int_0^\beta d\tau_1 \int d\boldsymbol{x}_1 \, \mathrm{T}[\bar{H}_1(\tau_n, \boldsymbol{x}_n), \ldots, \bar{H}_1(\tau_1, \boldsymbol{x}_1)]\end{aligned} \tag{2}$$

を得る．ここに T は $[\cdots]$ 内の演算子を左から逆温度 τ_k の大きい順序にならべる演算子である．$\mathrm{T}[\cdots]$ は時間順序積とよばれる．

(2) は場の量子論における S 行列の Dyson 展開によく似ている．場の量子論では，S 行列が Feynman ダイアグラムの方法で便利に計算され，くりこみも行なわれることが知られている．

しかし，松原形式を用いて中間子場の統計力学をつくるのは簡単ではなかった．S 行列に対する Feynman ダイアグラムの方法は，運動量空間で書いたときダイアグラムの各ヴァーテックスでエネルギーと運動量が保存するからこそ遂行できるのだ．この保存法則は Dyson 展開の各項が 4 次元 Minkowski 空間全体にわたる積分だから成り立つのである．

ところが統計力学における対応する積分は，(2) に見るとおり，時間積分に当たる積分の積分区間が有限の $[0, \beta]$ である．これではヴァーテックスにおけるエネルギーの保存が期待できないではないか．このためであろうか，松原先生は τ 積分はそのまま残し，空間変数についてだけ Fourier 変換をした．

そうすると，Feynman ダイアグラム法の簡便さが失われるばかりか，中間子場の統計力学では問題がおこる．くりこみである．Feynman ダイアグ

ラムを使って計算すると,どうしても発散積分が出てくる.それは,できればくりこみで処理したい.ところが,くりこみをするには,表式がローレンツ共変な形に書けていなければならない.空間変数についてだけ Fourier 変換し,τ はそのままにしておくのではローレンツ共変性は望めないのである.

3 Feynman ダイアグラム法の完成

ここで一つの発見があった.それによって量子統計力学でも Feynman ダイアグラムが使えるようになり,くりこみも行なえるようになったのだ [4].

場の量子論では相互作用密度 $\bar{H}_1(\boldsymbol{x})$ は場の演算子の積の形をしている.Fermi 場の演算子は必ず偶数個を含み,それと Bose 場の演算子の何個かとの積である.それらの個数はくりこみ可能という条件で制限されるが ——.というわけで,これからは Bose 場と Fermi 場の演算子を下つき B と F で区別するが,(2) を用いた (1) のトレースの各項は

$$
\begin{aligned}
g_{\mathrm{B}}(\tau,\boldsymbol{x};\tau',\boldsymbol{x}') &= \operatorname{Tr}\{e^{-\beta\mathscr{H}_{\mathrm{B}0}}\mathrm{T}[\varphi(\tau,\boldsymbol{x}),\varphi(\tau',\boldsymbol{x}')]\} \\
g_{\mathrm{F}}(\tau,\boldsymbol{x};\tau',\boldsymbol{x}') &= \operatorname{Tr}\{e^{-\beta\mathscr{H}_{\mathrm{F}0}}\mathrm{T}[\psi(\tau,\boldsymbol{x}),\psi(\tau',\boldsymbol{x}')]\}
\end{aligned}
\tag{3}
$$

の形の因子の積になる.ここに φ と ψ は Bose 場と Fermi 場の場の演算子であり

$$
\mathscr{H}_{\mathrm{B}0} = H_{\mathrm{B},0}, \quad \mathscr{H}_{\mathrm{F}0} = H_{\mathrm{F}0} - \mu N_{\mathrm{F}} \tag{4}
$$

として

$$
\varphi(\tau,\boldsymbol{x}) = e^{\tau\mathscr{H}_{\mathrm{B}0}}\varphi(\boldsymbol{x})e^{-\tau\mathscr{H}_{\mathrm{B}0}}, \quad \psi(\tau,\boldsymbol{x}) = e^{\tau\mathscr{H}_{\mathrm{F}0}}\psi(\boldsymbol{x})e^{-\tau\mathscr{H}_{\mathrm{F}0}} \tag{5}
$$

とおいた.Bose 粒子には粒子数の保存がないので化学ポテンシャルは 0 である.(3) の関数は伝播関数とか Green 関数とかよばれるが,次の著しい性質をもつことが見いだされた.

まず,Bose 場の場合を考えよう.以下,空間座標は省略する.演算子 T は,(2) の下にも述べたように

$$
\mathrm{T}[\varphi(\tau_1),\varphi(\tau_2)] = \begin{cases} \varphi(\tau_1)\varphi(\tau_2) & (\tau_1 > \tau_2) \\ \varphi(\tau_2)\varphi(\tau_1) & (\tau_2 > \tau_1) \end{cases} \tag{6}
$$

である.$\tau > \tau'$ とすれば,トレースは因子の循環的な置き換えを許すから

$$
g_{\mathrm{B}}(\tau,\tau') = \operatorname{Tr}\{e^{-\beta\mathscr{H}_{\mathrm{B}0}}e^{\tau\mathscr{H}_{\mathrm{B}0}}\varphi e^{-\tau\mathscr{H}_{\mathrm{B}0}}e^{\tau'\mathscr{H}_{\mathrm{B}0}}\varphi e^{-\tau'\mathscr{H}_{\mathrm{B}0}}\}
$$

$$= \mathrm{Tr}\,\{e^{-\beta \mathcal{H}_{B0}} e^{(\tau-\tau')\mathcal{H}_{B0}} \varphi e^{-(\tau-\tau')\mathcal{H}_{B0}} \varphi\}.$$

$\tau < \tau'$ の場合にも

$$g_B(\tau,\tau') = \mathrm{Tr}\,\{e^{-\beta \mathcal{H}_{B0}} e^{\tau'\mathcal{H}_{B0}} \varphi e^{-\tau'\mathcal{H}_{B0}} e^{\tau \mathcal{H}_{B0}} \varphi e^{-\tau \mathcal{H}_{B0}}\}$$
$$= \mathrm{Tr}\,\{e^{-\beta \mathcal{H}_{B0}} e^{-(\tau-\tau')\mathcal{H}_{B0}} \varphi e^{(\tau-\tau')\mathcal{H}_{B0}} \varphi\}.$$

どちらの場合も $\tau - \tau'$ の関数だから $\sigma = \tau - \tau'$ とおいて $G_B(\sigma)$ を定義しよう．σ の変域は $[-\beta, \beta]$ である：

$$G_B(\sigma) := g_B(\tau,\tau') \quad (\sigma = \tau - \tau' \in [-\beta,\beta]). \tag{7}$$

こうすると，$-\sigma \in [-\beta, 0]$ に対して

$$G_B(-\sigma) = \mathrm{Tr}\,\{e^{-\beta \mathcal{H}_{B0}} \varphi e^{-\sigma \mathcal{H}_{B0}} \varphi e^{\sigma \mathcal{H}_{B0}}\} = \mathrm{Tr}\,\{e^{-\sigma \mathcal{H}_{B0}} \varphi e^{\sigma \mathcal{H}_{B0}} e^{-\beta \mathcal{H}_{B0}} \varphi\}$$
$$= \mathrm{Tr}\,\{e^{-\beta \mathcal{H}_{B0}} e^{(\beta-\sigma)\mathcal{H}_{B0}} \varphi e^{-(\beta-\sigma)\mathcal{H}_{B0}} \varphi\} = G_B(\beta-\sigma),$$

すなわち

$$G_B(-\sigma) = G_B(\beta - \sigma) \quad (-\sigma \in [-\beta, 0]) \tag{8}$$

が得られる [5]．これは，後に β に関する解析性を加えて KMS 条件とよばれ統計力学の基本にすえられる [6]．これを用いれば，$G_B(\sigma)$ の Fourier 変換は

$$\widetilde{G}_B(\omega_n) = \frac{1}{2} \int_{-\beta}^{\beta} G_B(\sigma) e^{i\omega_n \sigma}\, d\sigma$$
$$= \frac{1}{2} \Big(\int_0^\beta G_B(\sigma) e^{i\omega_n \sigma}\, d\sigma + \int_0^\beta G_B(-\sigma) e^{-i\omega_n \sigma}\, d\sigma \Big)$$
$$= \frac{1}{2}(1 + e^{-i\omega_n \beta}) \int_0^\beta G_B(\sigma) e^{i\omega_n \sigma}\, d\sigma.$$

$\omega_n = \pi n/\beta$ $(n = 0, \pm 1, \pm 2, \ldots)$ であるから

$$\widetilde{G}_B(\omega_n) = \begin{cases} \displaystyle\int_0^\beta G_B(\sigma) e^{i\omega_n \sigma}\, d\sigma & (n = \text{even}) \\ 0 & (n = \text{odd}) \end{cases} \tag{9}$$

となる．

3. Feynman ダイアグラム法の完成 **65**

Fermi 場に対しても，Green 関数は (3) の第 2 式で定義するが，時間に関する順序づけの演算子 T の定義が，Fermi 場の反交換関係のため

$$\mathrm{T}\left[\bar{\psi}(\tau), \psi(\tau)\right] = \begin{cases} \bar{\psi}(\tau)\psi(\tau') & (\tau > \tau') \\ -\psi(\tau')\bar{\psi}(\tau) & (\tau < \tau') \end{cases} \tag{10}$$

に変わる．そのため (8) が反周期性

$$G_\mathrm{F}(-\tau) = -G_\mathrm{F}(\beta - \tau) \quad (\tau \in [-\beta, 0]) \tag{11}$$

に変わり [5]，Fourier 変換は

$$\widetilde{G}_\mathrm{F}(\omega_n) = \begin{cases} 0 & (n = \mathrm{even}) \\ \int_0^\beta G_\mathrm{F}(\sigma)e^{i\omega_n \sigma}\,d\sigma & (n = \mathrm{odd}) \end{cases} \tag{12}$$

となる．$\omega_n = \pi n/\beta$ は変わらない．

(9) から

$$G_\mathrm{B}(\tau) = \frac{1}{\beta}\sum_{n=-\infty}^{\infty} \widetilde{G}_\mathrm{B}(\omega_n^\mathrm{B})e^{-i\omega_n^\mathrm{B}\tau} \quad \left(\omega_n^\mathrm{B} = \frac{2n}{\beta}\pi\right) \tag{13}$$

となり，(12) は

$$G_\mathrm{F}(\tau) = \frac{1}{\beta}\sum_{n=-\infty}^{\infty} \widetilde{G}_\mathrm{F}(\omega_n^\mathrm{F})e^{-i\omega_n^\mathrm{F}\tau} \quad \left(\omega_n^\mathrm{F} = \frac{2n+1}{\beta}\pi\right) \tag{14}$$

を与える．したがって，これらを用いて (2) を書けば，各ヴァーテックスでの τ 積分が消えない，すなわち

$$\int_0^\beta \exp\left[-i\left(\sum_k \omega_k^\mathrm{B} + \sum_l \omega_l^\mathrm{F}\right)\tau\right]d\tau \neq 0 \tag{15}$$

となるのは，そのヴァーテックスでエネルギー保存

$$\sum_k \omega_k^\mathrm{B} + \sum_l \omega_l^\mathrm{F} = 0 \tag{16}$$

が成り立つ場合のみとなる．なぜなら，ω_k^B は $2\pi/\beta$ の正負の偶数倍であり，ω_l^F は奇数倍であるが，Fermi 場は相互作用に必ず偶数個が含まれるからである．こうして，(2) の τ 積分の積分範囲が有限であるにもかかわらず

Feynman ダイアグラムの各ヴァーテックスでエネルギー保存が成り立つことになった．運動量保存は，もともと成り立っているので，Feynman ダイアグラムの方法が量子統計力学でも使えることになった [4]．$\omega_n^{\mathrm{B}}, \omega_n^{\mathrm{F}}$ は今日では松原振動数とよばれている．

その上，相対論的な場の理論の統計力学においては，Green 関数は —— 空間座標依存性も復活して書くと —— Bose 場の場合

$$G_{\mathrm{B}}(\tau, \boldsymbol{x}) = \frac{1}{\beta V} \sum_{\boldsymbol{k}} \sum_{n} \frac{1}{\boldsymbol{k}^2 + (\omega_n^{\mathrm{B}})^2} e^{i(\boldsymbol{k} \cdot \boldsymbol{x} - \omega_n \tau)} \tag{17}$$

という相対論的な Bose 場の Green 関数によく似た形になり，Fermi 場の場合も，ここに書くのは省略するが，同様であることがわかった．こうして，場の理論でくりこみ可能な相互作用については統計力学でもくりこみの方法が適用できることになったのである．

4 その後の発展

われわれの論文 [4] は「量子場の統計力学と中間子の多重発生」という題のせいか発表当時は統計力学の専門家の注意はひかなかった．

しかし，1959 年になって統計力学を場の理論の方法で扱う論文が続々と現れた [7], [8], [9]．このうち [7] と [8] は，われわれの論文を引用している．Abrikosov らは「江沢らは化学ポテンシャルが 0 の場合しか扱っていないが，われわれはそれが 0 でない場合も扱っている」と書いているが，江沢らは中間子には数の保存がないから化学ポテンシャルを 0 としたのであって，必要ならそれを入れることは何でもないのである．Abrikosov は後に「日本人の論文は後で知った」とも言っているが [10]，自分で引用したことを忘れている．

Abrikosov らは，この方法で超伝導を扱って成功し，大きな本にまとめた [11]．これは，この方法の標準的な教科書となり，今日でも使われている．

参考文献

[1] E. Fermi, Progr. Theor. Phys. **5** (1950) 570; Phys. Rev. **81** (1951) 683.
[2] L.D. Landau, Izv. Akad. Nauk SSSR, Ser. Fiz. **17** (1951) 51; Uspekhi Fiz. Nauk **56** (1955) 309.
[3] T. Matsubara, Prog. Theor. Phys. **14** (1955) 351.

[4] H. Ezawa, Y. Tomozawa and H. Umezawa, Nuov. Cim. **5** (1957) 810.
[5] K. Watanabe, O. Kamei, H. Ezawa, Prog. Theor. Phys. **25** (1961) 735.
[6] R. Haag, N.M. Hugenholtz and M. Winnink, Commun. Math. Phys. **5** (1967) 215.
[7] A.A. Abrikosov, L.P. Gorkov and I.E. Dzyaloshinski, Sov. Phys. JETP **9** (1959) 636.
[8] C. Bloch, and C. Dominicis, Nucl. Phys. **7** (1958) 459; **10** (1961) 181; in *Studies in Statistical Mechanics* **3**, eds. J. de Boer and G.E. Uhlenbeck, North Holland, (1965).
[9] P.C. Martin and J, Schwinger, Phys. Rev. **115** (1959) 1342.
[10] 松本秀樹, アブリコソフとその時代, 科学 **76** (2006), no. 6, 635.
[11] A.A. Abrikosov, L.P. Gorkov and I.E. Dzyaloshinski, *Methods of Quantum Field Theory in Statistical Physics*, tr. R.A. Silverman, Prentice Hall, (1963). 松原武生ら訳『統計物理学における場の量子論の方法』東京図書.

私の Random Works

大 久 保 進

小生アメリカに住んで 50 年以上になり日本語を話す機会がほとんどないので（小生の家内がアメリカ人の為）この頃日本語が少し怪しくなりました．それで少し変な日本語になり恐縮ですが，どうぞ我慢して読んで頂ければ幸いと存じます．

小生 1952 年に東大の物理教室を卒業して以来，今までに 320 の論文を色々な物理と数学の雑誌に発表しました．しかし，その多くは今は多分あまり興味がなくなっていると思いますので，ここには今でも歴史的に意味がありそうな論文だけを紹介したいと存じます．

ノーベル賞をとられた小柴さんの一年後に（1954 年）ロッチェスター大学の物理教室の学生として来ました．アメリカにて学生として初めての論文（1957 年）が小生のボスだったマーシャク氏と同じ学生のインドから来たスダーシャンとの共著 [1] です．これはその頃に見つかったスピン 1/2 の Σ 粒子 ($\Sigma^+, \Sigma^0, \Sigma^-$) の magnetic moment が

$$\mu(\Sigma^0) = \frac{1}{2}\{\mu(\Sigma^+) + \mu(\Sigma^-)\} \tag{1}$$

なる関係を満たすという論文です．これは少し後で話す $SU(3)$ の mass-formula に関係があるので，ここで簡単な説明をしておきます．1950 年から Accererator の発展とともに非常にたくさんの粒子が見つかって，それらをどう分類するかということがすぐ問題になりました．これは Gell-Mann と中野–西島さんが独立に hyper-charge（または strangeness）なる量子数 (Y) を導入することで説明されることが分かりました．そうすると electric charge (Q) が Gell-Mann–Nakano–Nishijima 公式（1954 年）

$$Q = I_3 + \frac{1}{2}Y \tag{2}$$

を満たします．ここで $(I_1, I_2, I_3) \equiv \boldsymbol{I}$ は iso-spin operator で量子力学の

angular momentum operator $(J_1, J_2, J_3) \equiv \boldsymbol{J}$ に対応するものです．上記の Σ の場合は $I=1, Y=0$ で eigen-value I_3 of $\Sigma^+, \Sigma^0, \Sigma^-$ は $I_3 = 1, 0, -1$ で，それで Σ^+ の electric charge は $Q = I_3 + \frac{1}{2}Y = 1 + 0 = 1$ と正しく出てきます．Magnetic moment operator μ は Q に linear に比例していますから，

$$\mu = V_3 + \frac{1}{2}S \tag{3}$$

と書くことができます．ここで V_3 はあるベクトル operator $\boldsymbol{V} \equiv (V_1, V_2, V_3)$ の第三成分で S はスカラー量です．一般には V_3 と S を計算することは非常に難しいのですが，量子力学でよく知られているように，スカラー量 (S) とベクトル量 $(\boldsymbol{V})$ については，これらのマトリックス要素は

$$\langle Im|S|Im\rangle = \langle I||S||I\rangle \equiv a, \tag{4}$$

$$\langle Im|V_3|Im\rangle = \langle I||V||I\rangle\langle Im|I_3|Im\rangle \equiv bm \quad (m = I, I-1, \ldots, -I) \tag{5}$$

なる関係を満たします．ここで，a と b は sub-quantum number m には依存しない定数です．

それで Eqs. (3), (4), (5) から（$m = I_3$ とおきかえました）

$$\begin{aligned}\mu(I_3) &= \langle I, I_3|V_3|I, I_3\rangle + \frac{1}{2}\langle I, I_3|S|I, I_3\rangle \\ &= bI_3 + \frac{1}{2}a\end{aligned} \tag{6}$$

となります．それゆえ $\Sigma^+(I_3 = +1), \Sigma^0(I_3 = 0), \Sigma^-(I_3 = -1)$ から

$$\mu(\Sigma^+) = b + \frac{1}{2}a, \quad \mu(\Sigma^0) = \frac{1}{2}a, \quad \mu(\Sigma^-) = -b + \frac{1}{2}a$$

と計算ができ，a and b を消去して，Eq. (1) が導かれます．このことは今考えてみますとあまり面白くない関係式ですが，1957 年代には particle theory にて初めての perturbation theory に無関係な定量的な結果として，少し注目された論文になりました．同じ方法はその後（1962 年）の小生の $SU(3)$ mass-formula [2] に使いました．

1950 年からアメリカで high-energy accelerator に非常に多くの新粒子が見つかり，それを昔のメンデレーエフ周期律のごとくに整理することが重要な問題になってきました．前に述べました Gell-Mann–Nakano–Nishijima formula は重要な発展でしたが，それだけではまだ不完全で，それを含めたもっと大きな symmetry がどう見ても必要で色々な人々が色々な理論を提案しました．そのうちで最も重要な初めての試みは名古屋大学の坂田先生による 1956 年の坂田モデルです．坂田先生は著名な唯物論者ですべてのハドロン（強い相互作用する粒子）は何かもっと基本的の基本粒子の複合体系からできているとの考えから，基本粒子は nucleon $N(= \mathrm{p}, \mathrm{n})$ と新しく見つかったスピン 1/2 の Λ だけで，それ以外のハドロンは $(\mathrm{p}, \mathrm{n}, \Lambda)$ とその反粒子 $(\bar{\mathrm{p}}, \bar{\mathrm{n}}, \bar{\Lambda})$ の bound-state であるという理論を発表しました．プロトン (p) は $I = \frac{1}{2}, I_3 = \frac{1}{2}; Y = 1$ $(Q = 1)$ でニュートロン (n) は $I = \frac{1}{2}, I_3 = -\frac{1}{2}, Y = 1$ $(Q = 0)$ とそれに Λ は $I = Y = 0$ $(Q = 0)$ で Gell-Mann–Nakano–Nishijima formula は自動的に満たされます．これは群論の立場からみると $SU(2) \otimes U(1)$ なる群の理論です．これを少し一般化して 1959 年に池田–小川–大貫氏と山口氏が独立にもう少し大きい $U(3)$ group を考え $(\mathrm{p}, \mathrm{n}, \Lambda)$ がその 3 次元の表現であるという理論を出しました．これは現在，symmetrical Sakata model と呼ばれる理論ですが，一つの問題は Σ 粒子はこの理論だと $\Sigma^+ = \mathrm{p}\bar{\mathrm{n}}\Lambda, \Sigma^- = \mathrm{n}\bar{\mathrm{p}}\Lambda, \Sigma^0 = \frac{1}{\sqrt{2}}(\mathrm{p}\bar{\mathrm{p}} - \mathrm{n}\bar{\mathrm{n}})\Lambda$ なる複雑な複合系となり，$U(3)$ 群の higher dimensional 表現に存しなければならない点です．それでその頃にはよく知られているスピン 1/2 の 8 つの粒子 $N = (\mathrm{p}, \mathrm{n}), \Lambda, \Sigma = (\Sigma^+, \Sigma^0, \Sigma^-), \Xi = (\Xi^0, \Xi^-)$（ここで Ξ^0 は $I_3 = \frac{1}{2}$, Ξ^- は $I_3 = -\frac{1}{2}$ で hypercharge は $Y = -1$ です）を同じように取り扱う Eight-fold way という $SU(3)$ group による理論が Gell-Mann と Ne'eman 氏ら[1]により 1961 年に提唱されました．しかしこの理論は定性的な事実を割合よく説明しますが，定量的な結果がない欠陥がありました．それは，その頃 $SU(3)$ theory の下にある dynamics が全然知られていない為です．それで小生は dynamics に無関係に何か Eq. (1) のような sum-rule が適当な仮定の下で出てこないかどうかということを研究しました．まず第一に $SU(3)$ の群の表現は $SU(2)$ に比べてもっと複雑になります．$SU(2)$ の main quantum number I に対応する量は 2 つの整数 (p, q) $(p \geqslant 0, q \geqslant 0)$ と sub-quantum number I_3 に対応する量が (I, I_3, Y) となります．それで

---

[1] 同じ時期に山口さんが同じことを考えていたのですが，全然発表しませんでした．それで，残念ながら no credit です．

もしも mass-operator が $SU(3)$ 群の下にて，何か Eq. (3) のごとく書かれれば Eq. (6) の formula の代わりに Mass-operator の eigen-value は

$$M(I,Y) = a + bY + c\left[\frac{1}{4}Y^2 - I(I+1)\right] \quad (7)$$

となることが証明できました．ここで a,b,c は I と Y（それに I_3）には無関係な定数です．それで $SU(3)$ の 8 次元 (octet) の表現として $N(I=\frac{1}{2}, Y=1), \Lambda(I=0, Y=0), \Sigma(I=1, Y=0), \Xi(I=\frac{1}{2}, Y=-1)$ にこれを応用して，3 つの unknown a,b,c を消去すればすぐに mass-relation

$$\frac{1}{2}(M(N) + M(\Xi)) = \frac{1}{4}(3M(\Lambda) + M(\Sigma)) \quad (8)$$

が出てきます．これは Eq. (1) に対応する関係式です．Eq. (8) は実験的によく合います．これより，もっと重要になったのは Eq. (7) を 10 次元 (decouplet) の表現に応用することです．その頃はすでにスピン 3/2 のハドロンとして $\Delta(I=\frac{3}{2}, Y=1), Y^*(I=1, Y=0), \Xi^*(I=\frac{1}{2}, Y=-1)$ の 9 個の粒子が存在することが分かっていました．それでこれらが 10 次表現の一部だとすると，残りの 1 個 $\Omega^-(I=0, Y=-2)$ なる粒子が存在するはずで，それにこれらを mass-formula Eq. (7) から

$$M(\Omega^-) - M(\Xi^*) = M(\Xi^*) - M(Y^*) = M(Y^*) - M(\Delta) \quad (9)$$

なる式を満たさねばなりません．Eq. (9) の最後の等式は実験的によく満たされているので，これから $M(\Omega^-)$ を計算すると $M(\Omega^-) \simeq 1670\,\text{MeV}$ になり，これは 1964 年の実験で見つかりました．それで Gell-Mann–Ne'eman の $SU(3)$ 理論が多分正しいということが一般に信じられるようになりました．この理論では坂田モデルと異なり，基本粒子がない点ですが，1964 年に Gell-Mann と Zweig が再び独立に坂田モデルの (p,n,Λ) の代わりに fractional charged quarks (u,d,s) を考えることに発展しました．ここに electric charge の u, d, s は $Q = \frac{2}{3}, -\frac{1}{3}, -\frac{1}{3}$ が異なる点でこれの理論では p, n, Λ は $p = \text{uud}, n = \text{udd}, \Lambda = \text{uds}$ なる bound states となる点が坂田モデルと違います．小生も同じ頃に $SU(3)$ 理論では fractional electric charge が必然に出てくるということは知っていたのですが，quark model まで考えなかったのは残念でした．この quark model は 2009 年にノーベル賞を取

られた小林–益川理論と更に発展して，現在の standard model になります．だがこれは別な話です．

　この頃の思い出として，Ω^- の発見が多分日本の新聞に出たので，その後すぐに日本の仏教学の先生から Gell-Mann–Ne'eman の eight-fold way は仏教の eight-fold way とどういう関係があるのかという御手紙を頂き返事にだいぶ困ったことがありました．

　さて，少し逆戻りしますが，ここに少し異なった話題を述べさせて頂きます．まだ小生がロッチェスターの学生の最後のときの論文 [3] で (1958 年) 少し今のコスモロジー (cosmology) と関係がある話です．1956 年に Lee–Yang の有名な parity (P) violation の論文が出た後，Pauli の TCP theorem (1955 年) だけから出てくる結果を出す論文がたくさん発表されました．ここに TCP theorem とは T (Time-Reversal), C (Charge-Conjugation) と P (parity) の積 TCP はどんなローレンツ変換で不変な local な場の理論でもいつも成り立つという定理です．このことからだけで，粒子の質量はその反粒子の質量と同じであるということがすぐ証明されます．同じことは粒子の total decay life-time とその反粒子の total decay life-time が TCP theorem の結果で同じであることも証明されます．しかし粒子の partial decay rate がその反粒子の partial decay rate と同じかどうかということは TCP theorem だけからでは出てきません．それで小生が研究したのはその例として Σ^+-decay の

$$\Sigma^+ \to p\pi^0 \quad \text{と} \quad \Sigma^+ \to n\pi^+$$

とその反粒子の decay である

$$\overline{\Sigma^+} \to \bar{p}\pi^0 \quad \text{と} \quad \overline{\Sigma^+} \to \bar{n}\pi^-$$

を考えます．ここで (π^+, π^0, π^-) は iso-spin 1 の湯川メソンです．TCP theorem から $\Sigma^+ \to p\pi^0$ と $\Sigma^+ \to n\pi^+$ の decay rate の和はそれに対応する反粒子の $\overline{\Sigma^+} \to \bar{p}\pi^0$ と $\overline{\Sigma^+} \to \bar{n}\pi^-$ の decay rate の和と同じであるということがまず最初に証明できます．しかし，partial decay rate の $\Sigma^+ \to p\pi^0$ がその反粒子の $\overline{\Sigma^+} \to \bar{p}\pi^0$ と同じであるとは言えるかどうかはすぐには分かりません．小生の結論は C かまたは CP が保存されていなければ，これは一般的に正しくないということです．このことがコスモロジーと関係があるのは

次の理由によります．小生の論文を読んで，ロシアの Hydrogen Bomb で有名な Sakharov 氏が，これはなぜ我々の住む宇宙が粒子ばかりで，その反粒子が存在しない，という事実を説明できるという論文を書きました．13-Billion years の前の Big-Bang で宇宙ができたときは粒子とその反粒子は同じ数で出てくるはずなのですが，CP violation の為，粒子とその反粒子の partial decay rate が少し異なる為，その二つの annihilation に少し食い違いが起こり，その為プロトン (p) とエレクトロン (e) のみが残り，その反粒子の p̄ と ē はほとんど生きのこらないという説明です．この考えは，今でも基本的には正しいと考えられていますが，色々と複雑でまだ最終の答えはないようです．

さて再び前の話の続きに戻ります．小生 mass-formula の仕事の後はリー代数 (Lie algebra) の研究特にその higher-order Casimir invariant に関する仕事に熱中しました．その一つとして，ここに 4-th order trace identity を述べておきます．リー群 $SU(2), SU(3)$ と 5-exceptional 群 G_2, F_4, E_6, E_7, E_8 のリー代数は 4-th order Casimir invariant が存在しないことが数学で知られています．その結果として次のことが証明できます [4]．X をこのどれかの irreducible matrix representation (ω) の matrix representation とします．そのときは

$$\mathrm{Tr}(X^4) = K(\omega)(\mathrm{Tr}\, X^2)^2$$

なる関係式が成り立ちます．ここで $K(\omega)$ は

$$K(\omega) = \frac{d(\omega_0)}{2[2+d(\omega_0)]d(\omega)}\left\{6 - \frac{I_2(\omega_0)}{I_2(\omega)}\right\} \tag{10}$$

で与えられます．ω_0 は adjoint representation of the Lie algebra で $d(\omega)$ と $I_2(\omega)$ は irreducible represeutation ω の dimension と 2nd-order Casimir invatiant I_2 の eigen-value です．それで例えば angular momentum algebra $su(2)$ を考えますと $X = J_3$ と取れば ($j = 0, \frac{1}{2}, 1, \frac{3}{2}, 2, \ldots$)

$$\mathrm{Tr}(X^4) = \sum_{m=-j}^{j} m^4, \qquad \mathrm{Tr}(X^2) = \sum_{m=-j}^{j} m^2$$
$$d(\omega) = 2j+1, \quad \text{and} \quad d(\omega_0) = 3$$
$$I_2(\omega) = j(j+1), \qquad I_2(\omega_0) = 1(1+1) = 2$$

ですから，Eq. (10) は

$$\sum_{m=-j}^{j} m^4 = \frac{1}{15}j(j+1)(2j+1)\{3j(j+1)-1\}$$

が j が整数か半整数の場合に成り立ちます．もう一つの例として ω を $su(3)$ の 3 次元の表現と考えますと，マトリックス X は 3×3 の traceless matrix で Eq. (10) は

$$\text{Tr}\,X^4 = \frac{1}{2}(\text{Tr}\,X^2)^2 \qquad (11)$$

になります．これは Cayley–Hamilton theorem からも簡単に出てきますが，小生はこの関係から，X と Y を任意な traceless 3×3 matrices の場合新しい non-associative product $X*Y$ を

$$X*Y = \mu XY + \nu YX - \frac{1}{3}\text{Tr}(XY)E, \qquad (12)$$

$$\mu = \nu^* = \frac{1}{6}(3\pm\sqrt{-3}) \qquad (13)$$

で定義します．ここで E は 3×3 の unit matrix です．そうすると bi-linear product を更に

$$\langle X|Y\rangle = \frac{1}{6}\text{Tr}(XY)$$

と導入すると Eq. (11) を少し変えることにより (X を $X\to X\pm Y$ として)

$$\langle X*Y|X*Y\rangle = \langle X|X\rangle\langle Y|Y\rangle$$

なることが証明できます．これは新しい composition algebra で小生は pseudo-octonion algebra と名づけました．詳細は小生の本 [5] を参照して頂ければ幸いです．これより小生，non-associative algebra に興味が移り，これを物理に応用する本を [5] に出版しました．

もっと最近には小生は non-associative algebra をスペインの Zaragoza 大学の数学者 Elduque 氏と会津大学の数学教授神谷氏と一緒に色々な仕事をしております．これらはだいぶ technical な話になりますので，ここには一つだけ Triality relation と $S(4)$ (Synmetric group of 4 object) で不変なリー環との関係を調べた論文 [6] だけを引用しておきます．

この 2011 年の 3 月に小生，81 才になりますので昔の人生僅か 50 年とい

う言い伝えを考えると誠に感慨無量です.

参考文献

[1] R.E. Marshak, S. Okubo, and E.C.G. Sudarshan: Phys. Rev. **106**, 599–601 (1957)
[2] S. Okubo: Prog. Theor. Phys. **27**, 949–966 (1962)
[3] S. Okubo: Phys. Rev. **109**, 984–985 (1958)
[4] S. Okubo: J. Math. Phys. **23**, 8–20 (1981)
[5] S. Okubo: "Introduction to octonion and other non-associative algebras in physics", Cambridge Univ. Press (Cambridge 1995)
[6] A. Elduque and S. Okubo: J. Algebra **307**, 864–890 (2007)

トポロジカルな弦理論

大 栗 博 司

1 素粒子の統一理論

超弦理論は素粒子の究極の統一理論の候補である．「統一理論」というのは，素粒子とその間の相互作用をひとつの枠組みの中で記述する理論という意味である．たとえば 19 世紀に確立したマクスウェルの理論は電気と磁気の統一理論である．また，現在「素粒子の標準模型」と呼ばれている理論の一部であるワインバーグ・サラム理論では，ベータ崩壊の原因となる弱い相互作用と電磁相互作用が統一されている．

還元主義を基礎とする物理学にとって，統一への志向はひとつの重要な流れである．ドルトンの原子論から始まる過去 200 年の歴史の中で，人類はより高いエネルギーの現象，より小さいスケールの物理を観察することによって，より基本的な法則を発見してきた．たとえば，物質が何からできているかという問いに対する答えは，時代を経るにつれて，原子⇒原子核⇒陽子と中性子⇒クォークと深化してきた．

しかし，このような物理学の歴史的な歩みは，重力を含む統一理論によって完結すると考えられている．その理由はすでに他の解説論文（たとえば，文献 [1]）に書いているのでここでは繰り返さないが，重力が時空間の構造自身を自由度とする特別な力であることによる．ハイゼンベルクの不確定原理が位置と運動量の同時測定の限界を定めているように，一般相対論と量子力学を組み合わせると，短距離現象の測定についての理論的限界が生じる．重力を含む統一理論の完成は，自然界の短距離フロンティアの終焉を意味する．超弦理論が究極の統一理論の候補とみなされているのは，このためである．

私は素粒子論の研究を志して 1984 年に大学院に入学した．その年の夏には，マイケル=グリーンとジョン=シュワルツが，超弦理論を素粒子論に応用する上で障害となっていた量子異常を，ゲージ群が $SO(32)/\mathbb{Z}_2$ もしくは

$E_8 \otimes E_8$ であるときに限って，取り除くことができることを発見した．さらに，その秋にはこれら 2 つのゲージ群を持つヘテロティック弦理論が完成し，複素 3 次元のカラビ・ヤオ多様体を使ったコンパクト化によって超弦理論から 4 次元時空間の素粒子の模型を導出する道筋ができた．これらの相次ぐ発見によって，超弦理論は素粒子論の主要な研究分野となったのである．

2　カラビ・ヤオ多様体

　素粒子の標準模型には，物質の元となるクォークとレプトンと呼ばれる素粒子の組が 3 世代あり，その間の相互作用を伝えるゲージ場，またそのゲージ対称性を破るヒグス機構が備えられている．超弦理論のコンパクト化では，この豊富な内容は，カラビ・ヤオ多様体の幾何学的構造から生み出される．たとえば，クォークとレプトンの世代の数は，カラビ・ヤオ多様体のオイラー数によって定まる．大学院に入学したばかりであった私は，自然界の基本法則がカラビ・ヤオ多様体の幾何に書き込まれているという可能性に強く惹かれた．

　標準模型は 26 個のパラメータを持つ．では，これらのパラメータは，超弦理論から演繹できるのだろうか．一般に，基本理論（超弦理論）から有効理論（素粒子の標準模型）をきちんと導き出すことは，難しい．たとえば，QCD からハドロンの低エネルギー現象を定量的に導くことは格子ゲージ理論の数値計算に頼らない限りは困難で，特にクォークの閉じ込めの基本原理からの理解は長年の課題である．（ただしこの方面では，この数年の間に超弦理論の AdS/CFT 対応の応用から新しい知見が得られている．）同様のことはナビエ・ストークス方程式の大域解についても言える．この二つがクレイ数学研究所のミレニアム問題に取り上げられたことは，これらの本質的な理解が新しい数学の発展を促すとの期待の現れであろう．

　超弦理論から素粒子の標準模型を導出する上の特有な問題として，カラビ・ヤオ多様体の幾何が複雑であることがあげられる．たとえば，非コンパクトな特別の場合を除けば，計量テンソルの具体的な形すらも知られていない．計量テンソルを知らないで，物理量が計算できるのであろうか．トポロジカルな弦理論は，ある種の物理量について，この基本的な問題を解決した．

3 トポロジカルな弦理論 —— 萌芽期

　素粒子模型の重要な物理量のひとつは，物質の質量の起源となるヒグス場と，クォークやレプトンとの結合定数である．スカラー場であるヒグス場と，ディラック場であるクォークやレプトンとの結合定数なので，湯川秀樹の中間子論との類似で湯川結合と呼ばれている．ヘテロティック弦理論のコンパクト化では2種類の湯川結合が現れて，A型の結合は2次元球面からカラビ・ヤオ多様体への正則写像のモジュライ空間の不変量（種数0のグロモフ・ウィッテン不変量），B型の結合はカラビ・ヤオ多様体上の正則形式の周期積分を使って計算できる．また，多様体MについてのA型の湯川結合が，別の多様体$\tilde{M}$についてのB型の湯川結合に等しくなるような，鏡像多様体の対$(M,\tilde{M})$の存在が明らかになった．1990年にフィリップ＝キャンデラスらは，カラビ・ヤオ多様体の例である複素4次元射影空間内の5次超局面の場合に，種数0のグロモフ・ウィッテン不変量が，その鏡像多様体上の周期積分によって一挙に求められることを示し，大きな衝撃を与えた．

　これと同じ時期に，エドワード＝ウィッテンは，弦理論の一般的性質を理解するために，超弦理論を簡単化した「おもちゃの模型」としてのトポロジカルな弦理論を考案していた．弦が時空間の中を運動すると，その軌跡は2次元の面を与える．したがって，弦の運動は，世界面と呼ばれる2次元の面から時空間の中への写像を使って記述することができる．超弦理論の場合には，これにフェルミオン的な自由度が付け加わる．このフェルミオン的自由度に「トポロジカルなひねり」と呼ばれる操作を施したものが，トポロジカルな弦理論である．これを行うと弦の振動の効果が相殺されて，物理量の計算が簡単になる．特に，その分配関数はカラビ・ヤオ多様体の計量テンソルの詳細に依存しないので，前節の最後に述べた問題を回避することができる．

　このトポロジカルなひねりの入れ方には2種類あり，A模型とB模型と呼ばれている．本来の超弦理論では世界面から時空間へのあらゆる写像をたし上げるのであるが，A模型の分配関数には正則写像のみが寄与する．特に世界面が球面のトポロジーを持つ場合には，A模型の分配関数は種数0のグロモフ・ウィッテン不変量の生成関数となる．一方，B模型の分配関数はカラビ・ヤオ多様体上の周期積分で与えられる．これらはまさに，先に述べたヘテロティック弦理論のA型とB型の湯川結合に他ならない．

一般に，2次元の閉じた世界面のトポロジーはオイラー数 $= (2-2g)$ で一意的に定まり，この g は種数と呼ばれる．球面は種数 0 の面であり，トーラスの種数は 1 である．種数は世界面のハンドルの数と考えることもできる．トポロジカルな弦理論の種数 0 の分配関数は，カラビ・ヤオ多様体の計量テンソルの詳細を知らなくても計算をすることができ，その結果は湯川結合という素粒子模型の重要な物理量を与えることがわかった．

4 高い種数へ（参考文献 [2]）

私は 1992 年の秋から 1 年間ハーバード大学で過ごした．渡航以前から種数 0 のトポロジカルな弦理論の計算を高い種数 ($g \geq 1$) の場合に拡張したいという漠然とした望みを抱いていたところ，ハーバード大学ではセルジオ＝チェコッティとカムラン＝バッファが，トポロジカルな弦理論のモジュライ空間（カラビ・ヤオ多様体のモジュライ空間に量子補正を加えたもの）を特徴付ける方程式を研究していた．私はこれがワード・高橋恒等式に他ならないことに気がつき，同様の考え方で，高い種数の分配関数 F_g についても何らかの方程式が見つかるのではないかと思った．実際に数日後にはそのような方程式を大まかに導くことができ，その正確な形はバッファとの議論で確定した．説明なしでその式だけを書いておこう．

$$\bar{\partial}_{\bar{\alpha}} F_g = \frac{1}{2} \bar{C}_{\bar{\alpha}\bar{\beta}\bar{\gamma}} e^{2K} g^{\bar{\beta}\beta} g^{\bar{\gamma}\gamma} \left(D_\beta D_\gamma F_{g-1} + \sum_{g'=1}^{g-1} D_\beta F_{g'} D_\gamma F_{g-g'} \right)$$

これは種数 g についての漸化式になっており，$g=0$ についての情報から逐次に F_g が決定できるという希望が生まれた．

その後，チェコッティとマイケル＝ベルシャドスキーが共同研究に加わり，A 模型の場合には F_g が高い種数のグロモフ・ウィッテン不変量の生成関数となり，B 模型の場合には F_g はカラビ・ヤオ多様体の複素構造の量子化，特に種数 1 の分配関数 $F_{g=1}$ はカラビ・ヤオ多様体上のラプラス作用素の行列式と関係することもわかった．さらに，上記の方程式を種数 g について逐次に解く手法を開発し，いくつかのカラビ・ヤオ多様体について F_g を具体的に計算することができた．コンパクトなカラビ・ヤオ多様体については，今日に至るまで，これが F_g を系統的に計算できる唯一の方法となっている．

高い種数のグロモフ・ウィッテン不変量については，それまで数学ではわ

ずかな場合にしか計算がされていなかった．我々の方法で求めたグロモフ・ウィッテン不変量は，こうした数学の結果を再現するとともに，それを無限の次数にまで拡張するものになった．また，我々の結果から，カラビ・ヤオ多様体 M の種数 1 のグロモフ・ウィッテン不変量と，その鏡像多様体 $\tilde{M}$ 上のラプラス作用素の行列式の間の関係が予想される．この関係については，最近になって数学的な証明が与えられた．

3 節で述べたように，トポロジカルな弦理論の種数 0 の分配関数 $F_{g=0}$ はヘテロティック弦理論の湯川結合と関係することが知られていた．我々は，$g \geq 1$ の場合においても，F_g が超弦理論から導かれる 4 次元の素粒子模型の物理量を与えることを示した．しかし，F_g で計算される物理量がどのような意義を持つのかを理解するのには，さらに約 10 年を要した．

5 ブラックホール（参考文献 [3]）

その後の 10 年ほどの間に，トポロジカルな弦理論の数学的内容は深く理解されるようになった．ラジェシ=ゴパクマーとバッファは，トポロジカルな弦理論における AdS/CFT 対応の類似を発見した．私は，バッファとの共同研究で，これを 3 次元のチャーン・サイモンズ理論に応用し，グロモフ・ウィッテン不変量と，組ひものジョーンズ多項式やその一般化との関係を明らかにした．この関係は，トーリック型のカラビ・ヤオ多様体の場合に，トポロジカルな弦理論の分配関数 F_g をすべての種数 g について一挙に与えるトポロジカル・バーテックスの開発に活用された．

このような流れの中で，2003 年にアンドレイ=オクンコフらによって，ダイマー模型と呼ばれる統計物理学の模型を使ってトポロジカルな弦理論の分配関数を計算する新しい方法が発見された．統計模型では状態数の数え上げが重要である．そこで私は，ダイマー模型の状態が，超弦理論において何らかの物理的状態として解釈できるのではないかと想像した．

カラビ・ヤオ多様体を使って 4 次元にコンパクト化された超弦理論の興味深い状態として，ブラックホールの量子状態がある．その微視的理解は，1974 年のスティーブン=ホーキングのブラックホール蒸発機構の発見以来，理論物理学者を悩ましてきた課題であった．私は，トポロジカルな弦理論の分配関数がブラックホールの状態数と関係するのではないかと予想し，バッファ

やアンドリュー＝ストロミンジャーとの共同研究で，その正確な対応関係を発見した．1993 年に指摘していたトポロジカルな弦理論の分配関数と超弦理論の物理量との関係が，10 年後にその真価を発揮したのである．

トポロジカルな弦理論とブラックホールの状態数の関係は，その後多くの物理学者や数学者によって研究され，特に状態数の壁超え現象についてはマキシム＝コンセビッチやヤン＝ソイベルマンらによって深い数学理論に昇華されている．

私がバッファやストロミンジャーと発見した関係は，オクンコフらのダイマー模型の研究に触発されたものであったが，彼らの模型自身の超弦理論における解釈を与えるものではなかった．私はその後にこの問題を山崎雅人と再訪し，ダイマー模型の状態数を超弦理論における D ブレーンの束縛状態と解釈できることを示している．

過去 20 年間の研究で，トポロジカルな弦理論は豊富な物理的また数学的内容を持つことがわかってきた．しかし，トポロジカルな弦理論は超弦理論のごく一部に光を当てるものである．トポロジカルな弦理論を超えて，超弦理論の未知の領域に切り込む新しい手法を開発していきたいと思っている．

参考文献

[1] 大栗博司：「トポロジカルな弦理論とその応用」，日本物理学会誌 **60**, 850 (2005).
[2] M. Bershadsky, S. Cecott, H. Ooguri, and C. Vafa: "Kodaira–Spencer Theory of Gravity and Exact Results in Quantum String Amplitudes," Comm. Math. Phys. **165**: 311 (1994).
[3] H. Ooguri, A. Strominger, and C. Vafa: "Black Hole Attractors and the Topological String," Phys. Rev. **D70**: 106007 (2004).

ゲージ理論の諸問題

太田 信義

1974 年に高エネルギー物理学国際会議がロンドンで開催された．この会議で，ワインバーグ (Weinberg) は「ゲージ場理論の諸問題」と題する講演を行い，統一ゲージ理論において当面解決を迫られている問題を 3 つ指摘して，その重要性を強調した [1]．その 3 つとは

1. エータ (η) メソンの問題
2. ゲージ階層性の問題
3. 重力理論のくりこみ可能性の問題

である．その後の素粒子論はワインバーグの指摘通り，これらの問題の解決をめぐって展開されてきたといってよいであろう．私の研究もこれに沿っている．

1 エータ (η) メソンの問題

クォークの力学を記述すると考えられている QCD (量子色力学) は，クォークが $SU(3)$ のカラーゲージ理論によって相互作用している理論である．この理論では，よい近似で低質量の u, d, s クォークの質量は 0 としてよい．その場合，カイラル $U_L(3) \times U_R(3)$ 対称性，すなわち $q_{L,R} \equiv \frac{1}{2}(1 \mp \gamma_5)q$ としたとき $q_L \to U_L q_L$, $q_R \to U_R q_R$ の下での不変性がある (U_L, U_R は 3×3 のユニタリー行列)．この自発的対称性の破れにより生じる南部ゴールドストーン (NG) ボソンが π, K, η, η' のメソンであり，現象論的に大きな成功を収めてきた．もちろん，現実にはクォークは質量を持ち，そのため，これらの粒子は質量を得る．しかし，$U(1)$ チャンネルのボソン η に対し，$m_\eta^2 \leqq 3m_\pi^2$ という不等式を導くことができ，また，カレント代数による計算では $\eta \to \pi^+\pi^0\pi^-$ 崩壊幅が非常に小さいはずであり，実験値 $\Gamma(\eta \to \pi^+\pi^0\pi^-) \simeq 200\,\text{eV}$ と矛盾する．

1979 年になって，ウィッテンは QCD の $1/N$ 展開で考えるとこの問題が

解決すると示唆し，ヴェネツィアノが軸性ベクトル場 K_μ に結合する質量 0 の場により η, η' の質量が変化することを示唆した．私がこの問題を詳しく知るようになったのは，雑誌「素粒子論研究」に九後さんが大変わかりやすいまとめをされていて，この問題には 3 つの側面があることを指摘されていたこと [2]，また当時私が在籍していた駒場の素粒子論研究室に，この問題を研究されていた高橋康先生（私の指導教官藤井保憲先生の畏友）が滞在されセミナーをされたこと，さらに駒場のスタッフの 1 員の河原林研先生がその専門家であったことが幸運にも重なったことによる．河原林先生に，ディベッキアの論文について質問されて議論が始まったが，そのうちそれはある種の有効理論でゲージ固定をして議論すると非常にすっきりした理解が得られることがわかった [3]．

$U(1)$ チャンネルには，アノマリーがある ($\partial^\mu j^{(0)}_{5\mu} = 3\frac{g^2}{16\pi^2}\epsilon_{\mu\nu\lambda\sigma}F^{\mu\nu,a}F^{\lambda\sigma,a}$) ので保存カレントはなく，NG ボソンは存在しないという議論ができそうな気がする．しかしアノマリーは全微分 $\partial_\mu K^\mu$ と書けるので，実は保存カレントが作れ，それに対応した NG ボソンが存在することになる．これが何故存在しないかが重大な問題である．これとその他の問題は，9 個の NG ボソンを記述する有効ラグランジアン（カイラルラグランジアン＋アノマリー）を用いて，以下のように解決することがわかったのである [3]．

1. 軸性ベクトル場の質量 0 の場は，QCD のゲージ不変性のために物理的状態としては出てこない [4]．

2. K_μ は非物理的ではあるが，その質量 0 の自由度との混合により，$U(1)$ チャンネルのメソンの質量が変化し，η, η' の質量が矛盾なく理解できる．

3. 同じ機構により，$\eta \to 3\pi$ の崩壊幅が消えなくてよく，実験と矛盾しない．

この仕事は私の博士論文になった．この問題に関連して，現在でも崩壊幅の改善，QCD による K_μ のモードの存在の証明，陽子のスピンの問題，strong CP の問題などが議論されているが，基本的な問題は解明されたと考えている．

2 統一理論としての超対称性を持つ理論と超重力理論

ゲージ階層性の問題とは，大統一の対称性 ($\sim 10^{16}$ GeV) と電弱対称性 ($\sim 10^2$ GeV) の破れはスカラー場を用いて起こされるが，特別な理由がなけれ

ばこれらのスケールは混じってしまうので，何故このように大きな差があるのかという問題である．これを解決するために考えられているのが，超対称性である．現実には超対称性は見つかっていないので，これをいかにして破るかが重要な課題である．しかし単純な自発的対称性の破れでは，質量公式 $\sum_J(-1)^{2J}(2J+1)m_J^2 = 0$ （J は粒子のスピン）が成り立ってしまうのと，自然界には存在しない NG フェルミオンが出てしまうという問題点がある．これに対し私は，先の $U(1)$ 問題と同様に，対称性は自発的に破るが，NG フェルミオンは物理的でない模型を作った．それは 2 つの正と負のノルムを持つ場を結合させて自発的対称性の破れを起こさせるが，それらは物理的状態には 0 ノルムの組み合わせでしか現れない模型なので，Dipole mechanism と呼んだ [5]．

また超重力理論と結合させると，NG フェルミオンは出てこず，超対称性を破ることができること，いわゆる Hidden sector での破れを指摘した [6]．

これに関しても，超対称標準模型とその拡張が今でも活発に調べられており，LHC で超対称性粒子が発見されるのではないかと期待されている．

3 重力の量子論と超弦理論

1984 年グリーンとシュワルツが $SO(32)$ または $E_8 \times E_8$ のゲージ群を持つ超弦理論だけにアノマリーがないことを示し，超弦理論が重力も含む素粒子のすべての相互作用を量子論的に記述する理論になる可能性が高いことを示した．

●弦の BRST 量子化と場の理論

私が超弦理論の勉強を始めた頃，理論の真空（時空が 4 次元になるのかなど）を求めるには，非摂動的解析が不可欠であり，そのためにはローレンツ共変的な場の理論が必要であることが認識されていた．当時はボソン弦のみ BRST 量子化されていたので，超弦理論の BRST 量子化を行った [7]．これが利用されて相互作用のある矛盾のない理論がウィッテンにより開弦理論に対して構成された（閉弦の場合は今のところうまくいっていない）．具体的計算には，Fock 空間による表示が必要である [8]．

●普遍弦理論の研究

一口に超弦理論と言っても種々の超弦理論がある．とくに世界面の超対称性

として $N = 0, 1, 2, 3, 4, \ldots$ がわかっている．これらの関係はどうなるのかが重要な問題となる．1993 年から 94 年にかけて，私はコペンハーゲンに半年ほど滞在していたが，その頃高い超対称性を持つ理論から低い超対称性を持つ理論が自発的対称性の破れで得られることが示唆された．すなわち，普遍弦理論と呼んでいいような理論があって，それからすべての超弦理論が得られるというのである．このことは世界面での超対称性の数が $N = 1 \to N = 0$ となる場合に示されたが，私は超弦理論には実は非常に大きな超対称性から出発して低い超対称性を持つ理論が得られるという階層性が存在することを示した [9]．

●角度を持って交わるブレイン上で実現する超対称性

角度を持って交わるブレイン上で可能な超対称性を分類し [10]，3 次元 CS ゲージ理論の実現する場合を見つけ，そのミラー対称性が IIB 型超弦理論の S デュアリティから理解できることを見いだした．

●ブレイン解，ブラックホール，宇宙論

ブラックホールや初期宇宙などの幾何学を含む解析には，超弦理論の低エネルギー有効理論である超重力理論を用いる必要がある．私は 1997 年に重力とディラトン及び任意階数の反対称テンソル場が結合した系において一般的な静的ブレイン解を導出する有効な方法を開発した [11]．p ブレインとは空間の p 次元に広がった板のようなもののことであるが，超弦理論には $p = 0, 1, \ldots, 9$ がすべて存在する．一般にはそれらが時空に直交して入った配位が可能であり，ブレインの広がりのうち何次元かが重なった場合だけが許される交差規則がある．それを導出し，具体的な解を構成した．このブレインが静的な場合は，ブレインの世界体積をコンパクト化すると，ブラックホール解を得ることができる．extreme 極限で有限のホライゾン面積を持つブラックホールを作るためには，4 次元では最低 4 種類，5 次元では 3 種類のブレインが必要であり，その配位は数種類に限られることがわかった．これらは，超弦理論によるブラックホールの解析に必要不可欠な解である．

2002 年になって，時間に依存したブレイン解が考えられ，S ブレインと呼ばれるようになった．私は，その翌年の 1 月に宇宙関係の研究会に講師として呼ばれ，とある夕方にこのような研究が始まっていることを知ったが，そのとき前記の方法が有効ではないかと思いつき，調べてみると，非常に一般

的な解を構成できることがわかった [12]．この研究の背景には，その前年にケンブリッジであった strings 研究会に参加し，これから時間に依存した解を検討するのが重要だという空気を感じ取ったことがある．そのとき私はこれらの解の使い道を思いつかなかったので，「問題を探している答え」と呼んでいたが，その問題は数ヶ月後に来た．中国の Hefei を訪問しているときに，タウンゼントが高次元アインシュタイン方程式の時間依存解として，内部空間に双曲空間を使えば加速膨張を与える解があることを示していることを発見した．これを見たとたんに，この解の問題とはこのことであることがぴんときた．私はすぐに（旧知であったので）タウンゼントに結果を伝え，私の解がより一般であり双曲空間でなくても同様な解を与えることを知らせた．そしてこの結果を大急ぎで発表することにした [13]．上記の方法はさらにいろいろな場合に使えることがわかり，幅が拡がっている．

これをきっかけとして，初期宇宙のインフレーションに興味を持ち調べたが，この解はどうやっても十分な宇宙膨張を出さない結果になった．それを逃れる1つの方向として，量子論による高次効果を考えると十分な宇宙膨張を起こせる可能性があることに気づき，いろいろなケースについて調べた [14]．この解析ができたのは，2003年1月に前田恵一氏と出会ったことが大きい．残る課題として，これから得られる密度揺らぎなどが観測と一致するのかとか，宇宙の再加熱にどうつながっていくかという問題がある．後者は物質場を導入しなければならないので，超弦理論からどのように物質が出てくるかの問題とも絡めて考えなければいけないので少し時期を待たねばならないと思っている．重力の高次補正効果はブラックホールでも考え，一連の研究へつながった [15]．

今後の課題

その他にも話題はいろいろあるが，紙数もつきてきたので，最後にワインバーグにならって，現在理論物理学が直面している問題について述べてみる．

1. 宇宙項の問題

現在，観測により我々の宇宙は加速膨張していることが確立している．重力は引力であるからこれは普通あり得ないことである．その原因は，膨張を加速する暗黒エネルギーの存在であると考えられており，その第1の候補は

正の宇宙項である．しかし観測と合う膨張を出す宇宙項は非常に小さく，理論的な可能性としては非常に考えにくい．宇宙の加速膨張は，むしろ一般相対論に何らかの修正を迫っているのではないかと思われる．

2. AdS/CFT 対応，熱力学，くりこみ，重力理論

過去 10 年くらいの間に，超弦理論からの示唆として，重力理論のゲージ理論による記述，熱力学的記述の可能性，新たなくりこみ可能理論の可能性などが示唆されている．ここでもやはり重力理論の変革が示唆される．

3. 宇宙の初期やブラックホールに存在する特異点

ビッグバン模型によると宇宙の開闢までさかのぼると，宇宙が 1 点に収縮して特異点になる．ブラックホールにも同様な点がある．これがいかにして解消されるのか，あるいは初期条件がどのように決まるのかはまだわかっていないが，1 つの解決の方向として，重力にかわる行列理論の模型が示唆されている．

以上私の主な研究だけをかいつまんで述べたが，今までたくさんの方にお世話になり，共同研究者にも恵まれた．ここで皆様に深く感謝するとともに，今後もよろしくお願い申し上げたいと思います．

参考文献

[1] S. Weinberg, in Proceedings of the XVII International Conference on High Energy Physics, London, 1974.
[2] 九後汰一郎, 素粒子論研究, **59** (1979) 479; **60** (1979) 135.
[3] K. Kawarabayashi and N. Ohta, Nucl. Phys. **B175** (1980) 477; Prog. Theor. Phys. **66** (1981) 1789. 太田信義, 素粒子論研究, **65** (1982) 1.
[4] H. Hata, T. Kugo and N. Ohta, Nucl. Phys. **B178** (1981) 527.
[5] N. Ohta, Phys. Lett. **B112** (1982) 215; N. Ohta and Y. Fujii, Nucl. Phys. **B202** (1982) 477.
[6] N. Ohta, Prog. Theor. Phys. **70** (1983) 542.
[7] N. Ohta, Phys. Rev. **D33** (1986) 1681; Phys. Rev. Lett. **56** (1986) 440.
[8] N. Ohta, Phys. Rev. **D34** (1986) 3785 [Erratum-ibid. **D35** (1987) 2627].
[9] F. Bastianelli, N. Ohta and J.L. Petersen, Phys. Rev. Lett. **73** (1994) 1199; Phys. Lett. **B327** (1994) 35.
[10] N. Ohta and P.K. Townsend, Phys. Lett. **B418** (1998) 77; T. Kitao, K. Ohta and N. Ohta, Nucl. Phys. **B539** (1999) 79.
[11] N. Ohta, Phys. Lett. **B403** (1997) 218.
[12] N. Ohta, Phys. Lett. **B558** (2003) 213.

[13] N. Ohta, Phys. Rev. Lett. **91** (2003) 061303; Prog. Theor. Phys. **110** (2003) 269; C.M. Chen, P.M. Ho, I.P. Neupane, N. Ohta and J.E. Wang, JHEP **0310** (2003) 058.

[14] K. Maeda and N. Ohta, Phys. Lett. **B597** (2004) 400; Phys. Rev. **D71** (2005) 063520; K. Akune, K. Maeda and N. Ohta, Phys. Rev. **D73** (2006) 103506; N. Ohta, Int. J. Mod. Phys. **A20** (2005) 1.

[15] Z.K. Guo, N. Ohta and T. Torii, Prog. Theor. Phys. **120** (2008) 581; **121** (2009) 253; K. Maeda, N. Ohta and Y. Sasagawa, Phys. Rev. **D80** (2009) 104032.

[16] Z.K. Guo, N. Ohta and Y.Z. Zhang, Phys. Rev. **D72** (2005) 023504; Z.K. Guo, N. Ohta and S. Tsujikawa, Phys. Rev. **D76** (2007) 023508.

[17] R.G. Cai and N. Ohta, Phys. Rev. **D81** (2010) 084061; R.G. Cai, L.M. Cao and N. Ohta, Phys. Rev. **D80** (2009) 024003; Phys. Rev. **D81** (2010) 061501.

[18] T. Ishino, H. Kodama and N. Ohta, Phys. Lett. **B631** (2005) 68;

くりこみと現象論

大野 克嗣

　そもそも筆者が「くりこみ群理論」について知ったのは1972年のde Gennesによるスピン次元 n の ϕ^4-理論の $n \to 0$ 極限と自己回避酔歩 (self-avoiding walk) との対応についての論文 [1] である．これで臨界現象論 [2] の枠内で高分子溶液の平衡物性が論じられるようになった．この対応は高分子溶液の新たな理解を生み出した革新であり，場の理論的方法はこの分野になだれ込み，またたくまにフランスの研究者によって高分子物理は書き直されていった [3]．高分子物理化学者の淘汰と80年代半ばにまで及んだ米国高分子物理の反仏傾向が続いた．

　上に「知った」とは書いたが，筆者は実験化学の学生だったから場の理論など初歩も知らずこれらの展開が理解できたわけではなかった．しかし，70年代の終わり近く川崎恭治先生のセミナーに行くようになり，動的臨界現象論の洗礼を受けているうちに，臨界現象と異なり場の理論的方法は高分子の動的な性質（輸送現象など）には使えないことを知った．場の理論に頼らない対象に即したくりこみ手法が必要である．そこで配座空間くりこみ法を工夫した [4]…．しかし，実情はこうすんなりしたものではなく，場の理論を知らないからたいていのくりこみの解説は筆者には理解不可能であり，Wilson–Kadanoff流の実空間くりこみも（前提の）理解が容易でなかった．だがBogoliubov–Shirkovの場の量子論の教科書（第2版）にあるcounter termを入れてよい理由の説明を読んで，悟った．要するにミクロな世界が確定して存在するというのは厳しく反省すれば経験事実そのものではないのだ．

　微視的世界の（実はよくもわかっていない）記述を変化させてみて（摂動をかけてみて）それに敏感に依存するところは世界の偶発的な部分であるとして括弧に入れ，その結果残る骨組みこそが世界とはこういうものだとわれわれに提示される現象論なのだ．これを悟ると，当面必要な高分子の理論は作れたのである．

ここで言っている現象論は基本理論がわからないからとりあえず経験できることをまとめておこうなどというような「素粒子の現象論」に出てくるような意味ではない．それは世界の確固たる構造の記述であり，何かより精密な理論の近似というものではない．この世界は重ね合わせが成り立つような世界ではないから，諸現象をスペクトル分解して各スケールで起こっていることを別々に理解するわけにはいかない．しかし，各レベルの詳細が要るわけでもない．ポリマーの現象論のためにモノマーの性質で要るのはそれらがつながっていることと大きさを持っていることくらいだ．ほかのことは知らなくていい．われわれのスケールで見る現象世界の合理的理解のために確固たる足場は不要である．素粒子論の詳細はほとんど生物学と無関係なのだ．世界の「真の基本原理」を知ることが世界の理解の足しにあまりならないということでもある．あるレベルの現象論を別のスケールのかなり不完全で適当な記述から見抜くことができるというのがくりこみの教訓である．

くりこみ群理論の舞台は次のように設定される．レベルを特徴付けるパラメタ ξ を導入し，一つのレベルは他のレベルからこのパラメタに関してかけはなれた極限にあるとする．あるレベルの記述を他のレベルの記述と関係づけるには，前者を初期条件にして ξ を時間とみなした一径数半群のようなものの漸近挙動を調べることになる．それがくりこみ流れという力学系である．ミクロとマクロの二つのレベルの関係を例にとると，初期条件（ミクロの記述）を動かしたとき，あるマクロ観測量へのその効果は収束するかしないかである．収束しないときは，この観測量はミクロとマクロの関係に鋭敏に依存するから偶発的諸事情に左右される量である．たとえば物性諸定数はそのような量だと考えられる．そういう量をわかった量として括弧でくくったときに現れる構造は偶発的諸事情に左右されない現象論の骨格であるはずである．他方，初期条件に鋭敏に依る観測量でも，それを支配するくりこみ流れそのものは偶発的諸事情に左右されない．微分方程式へのくりこみの応用はこの事実を活用するのである．

ミクロなレベルに摂動を加え，マクロな観測量がこれでどう変わるか調べる解析的手法は限られているので摂動パラメタについての（形式的）べき級数展開は理論物理で愛用される手法である．得られた摂動級数が ξ に関して一

様収束級数であるならば, もとの状態から解析接続できるのだから $\xi \to \infty$ の極限でも (定性的に) 目新しいことはない. 定性的に何か変わったことがあるならば摂動級数は ξ について一様収束してはならない. つまり摂動は特異でなくてはならないのである. このことに気がつけば, 微分方程式の特異摂動論がくりこみと関係するのは当然なのだが, もちろん話はそんなに理詰めで進展したわけではない [5].

まず古典的な Rayleigh 方程式

$$\frac{d^2x}{dt^2} + x = \epsilon \frac{dx}{dt}\left(1 - \frac{1}{3}\left(\frac{dx}{dt}\right)^2\right) \quad (1)$$

を例に特異摂動論を紹介する. $\epsilon > 0$ とすると調和振動子に減衰項と駆動項が付け加わって, リミットサイクルが生じる. 定性的に話が大きく変わるので, 解を $x = x_0 + \epsilon x_1 + \cdots$ のように ϵ のべきに展開した級数が t について一様収束するはずがない. 特異摂動の典型例である. $x_0 = Ae^{it} + \text{cc}$ と書くとき (cc は複素共役項をまとめて表す)

$$x_1 = \frac{1}{2}te^{it}A(1-|A|^2) - \frac{i}{24}A^2e^{3it} + \text{cc} \quad (2)$$

などが機械的な計算で得られる [6]. べき級数の t についての一様収束性を損なう上式右辺第一項のような項は永年項と昔から呼ばれてきた. 常微分方程式で特異摂動とは, 永年項を生じるようなものは摂動と定義するのがもっとも実際的だろう. 特異摂動論へのくりこみ群論の応用のカギは, 永年項の t は発散である, という観察である. 二つのレベルは遠い昔と知りたい今であり, 前者が微視的世界 (直接手の届かない世界) に, 後者が巨視的世界に対応し, ξ はまさに時間そのものである. A は初期条件で決まるからミクロなパラメタであり, これに発散を「くりこみ」, くりこまれた振幅 $A_R(t)$ が今の挙動, つまり, 長時間後の挙動を表していると考えることができる. 対応したくりこみ流れはその時間発展を記述するはずである. 不都合の元凶である指数関数にかかっている t を $t-\tau$ に置きかえ, この差し引かれた寄与を定数 A を τ の関数 $A_R(\tau)$ で置きかえることで吸収する:

$$x(t) = A_R(\tau)e^{it} + \epsilon\left[\frac{1}{2}(t-\tau)e^{it}A_R(1-|A_R|^2) - \frac{i}{24}A_R^2 e^{3it}\right] + \text{cc}. \quad (3)$$

A_R の τ 依存性は $O[\epsilon]$ の項から来ているので上の展開の一次の項では A_R

は定数と考えてよく、上の式を τ で偏微分することで A_R を決める方程式が得られる(くりこみ群方程式である):

$$\frac{dA_R}{d\tau} = \frac{\epsilon}{2} A_R (1 - |A_R|^2). \tag{4}$$

これは「今」つまり、長時間後の挙動を支配する方程式である．特異摂動論の極意は長時間挙動を見抜くことである，ということがわかる．これはいわゆる逓減摂動理論 [7] がくりこみ理論の枠内で統一的に理解できるということでもある(くりこみ的逓減 [8])．たとえば, 次のタイプの常微分方程式(V をベクトル空間として $X \in V$, L はすべての固有値が左半平面にある対角化可能な V の定線形自己写像)

$$\dot{X} = LX + \epsilon g(t, X) \tag{5}$$

ならば，系統的に次のようにできる．解を ϵ で形式的にべき展開した結果をまとめて次のように書く:

$$X(t) = e^{Lt} A + \epsilon P(t, X). \tag{6}$$

高次項 P は t の指数関数と多項式の積の線形結合である．定数でない多項式と指数関数の積よりなる項が永年項である．これは見ただけで曖昧さなくわかる．t と $e^{\lambda t}$ (λ は L の固有値)の積の線形和で書ける項(共鳴的永年項)を集めて $e^{Lt}\hat{P}$, 非永年項を集めて Q と書くことにすれば，くりこみ条件とくりこまれた解はそれぞれ

$$A - A_R(\tau) + \epsilon \hat{P}(\tau, A) = 0, \tag{7}$$

$$X(t) = e^{Lt} A_R(t) + \epsilon Q(t, A) \tag{8}$$

となる．ただし，Q の中の A は (7) から決めなくてはいけない．(7) から

$$\frac{dA_R}{dt} = \epsilon \frac{\partial \hat{P}(t, A_R)}{\partial t} \tag{9}$$

が得られる(右辺のあらわな t 依存性はない)．これらの式は摂動展開で得られる ϵ の級数を無限次まで足し上げた結果である [8].

以上のような議論を何をくりこむか明確でないとか指導原理が明確でないと評する数学者たちはいるが，彼らが明確に定式化できたようなことはそも

そも曖昧さのない話であったのであり，王手がわからない観客がまだ詰んでいないと騒いでいるような印象を与える．後で数学者達が証明した定理は，後述の千葉逸人氏の仕事を除いて目覚ましくない．典型例はくりこみ解が有限時間のあいだよい近似解であることの証明であるが，これは Gronwall 不等式などが出てくる標準的問題にすぎない．筆者が欲しいと思っていた結果を与えてくれたほとんど唯一の数学的仕事は千葉氏のくりこみ群方程式の不変多様体についての定理である [9]．彼はくりこみ群方程式が（大雑把に言ってその法線方向に十分速やかに収縮するような）双曲不変多様体を持っていれば（要するに Fenichel の定理を満足する条件である），それともとの方程式の不変多様体は微分同相でしかも安定性が一致することを証明した．これで逓減された結果ともとの系との定性的挙動の一致が保証されることとなった．

　微分方程式の特異摂動論というのは広大な分野であり様々な手法が使われる．上に述べたような（数学者も相手にしている）話はまだまだ限られたものである．論文 [6] の内容を作っていた 1994 年の夏何をしていたかといえば，特異摂動論の教科書をかきあつめて，筆者のオフィスに入り浸っていた Chen 君と連日「これはできるか」と問題を出し合っていたのである．そのあげくできた論文は博物学的になってしまった．個々の場合の処方はさほど慣れなくてもわかるが，すべてを網羅する統一理論を全次数について形式的にせよ定式化するのは容易でない．たとえば WKB に相当するくりこみ理論がそこには述べてあり少なくとも最低次の計算結果は数値的には従来の古典的方法よりもよいが，理解されていないと思われる．発展方程式については，少なくとも形式的に上で議論した結果を使うことができるが，一般的に偏微分方程式の特異摂動論のくりこみはほとんど数学になっていないように見える．

　くりこみの思想が非常に一般的だというならば，もっと興味深い，今までの使い方とは異なった応用があっていいはずである．一つの萌芽的例は数理統計との関係である．個々のサンプルがミクロなレベルにあたり，統計量がマクロなレベルに，そしてサンプル数 N が ξ に相当するのである．N サンプル $\{x_i\}$ から作られる部分和を S_N と書くとき，$S_{N+1} - S_N = x_{N+1}$ は時間発展方程式と解釈することができるが，新たなサンプルを加えることを摂動と見る．永年項は N に系統的に依存して増大する項である．最高次は N に比

例しその比例係数が期待値である，というのが大数の強法則である．その次に目立つ発散が $N^{1/2}$ のオーダであるというのが大偏差原理に相当する．この見方は大量データの多変量解析に意味があるかもしれない [10].

向こう見ずなことを書いて本稿を締めくくろう．二つのレベルは小説とそのあらすじであり，ξ は字数であるとするとどうか．こういう意味論的問題が機械的処理で意味のある結果を出すとは考えにくいからこれはたぶん筋の悪い問題である．しかし，ゲノムと表現型ではどうか．これは上に出てきた単純な数理物理的話題よりはるかに小説に近く筋も悪そうである．しかし，何となくものを思わせてくれるような観察事実がないわけではない．よくヒトとチンパンジーのゲノムは 99% 一致するという [11]．ヒトとチンパンジーは大きく違うからこの一致は驚きだ，というのが普通の意見であるが，ヒトとチンパンジーの差など理論物理学者にとってはないに等しい．だが，小説で全体として百字に一字変えると似てもにつかない話になっても不思議はない．ゲノムと小説は大きく違うのだ．工夫の余地はあるかもしれない．

参考文献

[1] P.-G. de Gennes, Phys. Lett. **38A**, 339 (1972).
[2] K.G. Wilson, Phys. Rev. **B4**, 3174, 3184 (1971); K.G. Wilson and J. Kogut, Phys. Rep. **C12**, 75 (1974).
[3] M. Daoud, et al., Macromolecules **8**, 804 (1975).
[4] Y. Oono, J. Phys. Soc. Jpn. **47**, 683 (1979); Adv. Chem Phys. **61**, 301 (1985).
[5] 大野克嗣『非線形な世界』(東京大学出版会, 2009) 第 3 章脚註 87.
[6] Y. Chen, N. Goldenfeld, and Y. Oono, Phys. Rev. **E54**, 376 (1996).
[7] 森肇・蔵本由紀『散逸構造とカオス』第 I 部（岩波, 1994）．
[8] K. Nozaki and Y. Oono, Phys. Rev. **E63**, 046101 (2001).
[9] H. Chiba, SIAM J. Applied. Dynam. Syst., **7**, 895 (2008).
[10] S. Rajaram, Y.-h. Taguchi and Y. Oono, Physica **D205**, 207 (2005).
[11] T. Marques-Bonet, et al., Ann. Rev. Gen., **10**, 355 (2009) Fig. 2.

代数表示の変形論と量子論

大森 英樹

　変な話だが「時空」を扱うのは物理学で「空間」を扱うのは幾何学だといった感覚がある．私はもともと微分幾何をやっていた者であって決して物理学者ではないのだが，しかし「空間」というのも時代に応じてさまざまに解釈されてきた不可思議なものである．幾何学の歴史を一口で述べるとすればそれは「観測」と「直線」とか「点」の概念の発達の歴史と言えると思う．「観測」とは我々の物事の認識に関係し，「直線」とか「点」はその認識の対象の中で最も純粋と思われる概念である．

　以前は「点」は最も基礎的な集合論の中の概念のように思われていて，点集合を最優先で認めてその上の構造物として書かれるのが幾何学であるという理解が主流だったが，最近ではそれがかなり変化しはじめているのでその一端をここで紹介しよう．

1　一般力学系からの変形

　19 世紀の後半に運動学の最終理論のような顔をして登場するのが，一般力学系である．微分幾何の中では接触幾何とか symplectic 幾何と呼ばれているものだが，これはリュウヴィル括弧積とかポアソン括弧積の定義された多様体を相空間（相多様体）と考え，古典的運動を 1 階の微分方程式として扱うものである．

　これらの括弧積は相多様体の接空間に歪対称な双一次形式を定義するが，これらを量子力学が考えやすくなるように代数的に整理したのが BFFLS [1] による deformation quantization の概念である．これは対応原理による初期の量子論に近いものだが，作用素表現を一端捨てて代数的に扱いやすくしていて，微分幾何の立場から考えやすいので，私はここから量子論に入りこんだ者である．手早く要点を述べたいので公準 (A.0–4) を与えて話を始めよう．

　$\mathbb{R}$ を係数体とする 1 を含む位相結合代数 $(\mathcal{O}; *)$ を考える．$f, g \in \mathcal{O}$ に対

し $[f,g] = f*g - g*f$ を**交換子積**と呼ぶ.

(A.0) 任意の $x \in \mathcal{O}$ で $1*x = x*1 = x$.
(A.1) **制御子**と称する $\mathcal{O}$ の元 μ があって $[\mu, \mathcal{O}] \subset \mu * \mathcal{O} * \mu$.
(A.2) $[\mathcal{O}, \mathcal{O}] \subset \mu * \mathcal{O}$.
(A.3) $\mu * \mathcal{O}$ は閉部分空間であり,その補空間 B が存在.
(A.4) $\mu * : \mathcal{O} \to \mu * \mathcal{O}, \, * \mu : \mathcal{O} \to \mathcal{O} * \mu$ が位相線形同型写像.

(A.1) は任意の $a \in \mathcal{O}$ に対して $b \in \mathcal{O}$ があって,$[\mu, b] = \mu * b * \mu$ と書けるという意味であり,(A.2) は任意の $a, b \in \mathcal{O}$ に対して $c \in \mathcal{O}$ があって,$[a, b] = \mu * c$ と書けるという意味である.(A.1) は特別な場合には $[\mu, \mathcal{O}] = \{0\}$ となることもある.(A.3) は位相まで考えての補空間の意味であるから B は線形閉部分空間で $\mathcal{O} = B \oplus \mu * \mathcal{O}$ となっている.ただし,B の選び方は一意的ではない.(A.4) は μ を左からかける $a \to \mu * a$ という演算,μ を右からかける $a \to a * \mu$ という演算がどちらも位相線形同型写像であるというものである.

上の公準から自然にわかることを述べる.まず (A.1) より,$a*\mu = \mu*a - \mu*b*\mu = \mu*(a - b*\mu)$ だから,$\mathcal{O}*\mu \subset \mu*\mathcal{O}$ がわかるが,同様に $\mu*\mathcal{O} \subset \mathcal{O}*\mu$ でもあるから,$\mu*\mathcal{O} = \mathcal{O}*\mu$ である.これより $\mathcal{O}*(\mu*\mathcal{O})*\mathcal{O} \subset \mu*\mathcal{O}$ であることがわかる.一般に $\mathcal{O}*\mathcal{I}*\mathcal{O} \subset \mathcal{I}$ となる線形部分空間を $\mathcal{O}$ の**両側イデアル**と呼ぶが,上のことは $\mu*\mathcal{O}$ が両側イデアルということであり,商空間 $\mathcal{O}/\mu*\mathcal{O}$ には $(\mathcal{O}; *)$ から自然に代数の構造が誘導される.

(A.2) により,$a*b - b*a \in \mu*\mathcal{O}$ であるから,$\mathcal{O}/\mu*\mathcal{O}$ に誘導された代数は可換代数である.

(A.3) により B は自然に商空間 $\mathcal{O}/\mu*\mathcal{O}$ と位相線形同型であるから,この同型を経由して $\mathcal{O}/\mu*\mathcal{O}$ の代数構造をそっくり B に移せば B に位相可換代数の構造が入る.この可換代数を $(B; \cdot)$ と書いておき,これが古典的相空間(状態空間)の点を作りだしている可換代数であると考える.以下ではこれを多様体 M 上の C^∞-関数環として話をする.

$\mathcal{O} = B \oplus \mu*\mathcal{O}$ であったから,これを入れ子にして何度も使うと自然に

$$\mathcal{O} = B \oplus \mu * B \oplus \mu^2 * B \oplus \mu^3 * B \oplus \cdots$$

と展開される．この展開を使って積 $f*g$ とか $[f*\mu^{-1},g]$ などを書いてみると

$$f*g = fg + \mu*\pi_1(f,g) + \mu^2*\pi_2(f,g) + \cdots$$
$$[f*\mu^{-1},g] = \xi_f(g) + \mu*\xi_2(g) + \mu^2*\xi_3(g) + a\cdots$$

のように μ の巾に展開されるが，最初の 1, 2 項のあたりからリュウヴィル括弧積とかポアソン括弧積が飛び出してくることがわかる．このことから，BFFLS [1] は古典的接触多様体，symplectic 多様体で上の (A.0-4) をみたす $\mathcal{O}$ を引きずっているものを deformation quantizable な幾何構造と呼び，すべての接触多様体，symplectic 多様体は deformation quantizable であろうと予想したのである．

これは量子論的世界が本物で，古典的一般力学系の世界はその第一次近似にすぎないという思想を（表現論を捨てて）素直に述べたものだから，deformation quantizable な例はたくさんあるし，この予想に答えるだけならば，構成する $\mathcal{O}$ は μ に関しては（収束性を無視した）形式的巾級数であってかまわない．この予想に対して我々は [3] で任意の symplectic 多様体は deformation quantizable であることを示し，さらに [4] でそれを任意の接触多様体にまで拡張した．しかし，直後に Kontsevitch [2] は場の理論に出てくる驚くべき手段で任意のポアソン多様体が deformation quantizable であることを示している．

2 収束性，非可換性

Deformation quantization の問題は Kontsevitch が最も一般の場合に解いたことになるのだが，構成した $\mathcal{O}$ は μ については形式的巾級数で $\mathcal{O} = B[[\mu]]$ の形であり，$\mathcal{O}$ は可換代数 $(B, \cdot)$ で認識される多様体上の構造物（代数束）として理解できるものである．

しかし，この構造を使って書かれるのは一般力学系での微分方程式にあたるものまでである．微分方程式が書けても解が書けるとは限らない．指数関数を考えればわかるように，解の方は方程式を書くときに使われる代数を超えたところに存在する．解が書けるところにまで話 ($\mathcal{O}$) を広げない限り無意味なのである．

一般論は難しいから，最も簡単な $\mathcal{O}$ として Weyl（ワイル）代数 $W_\hbar(2m)$ を

選んで考える．Weyl 代数 $W_\hbar(2m)$ とは生成元 $(u^1, u^2, \ldots, u^m, v_1, v_2, \ldots, v_m)$ に基本交換関係を

$$[u^i, u^j] = 0 = [v_i, v_j], \quad [u^i, v_j] = i\hbar \delta^i_j, \quad \hbar \in \mathbb{R}_+ \quad ([a,b] = a*b - b*a)$$

を入れて作った代数である．Weyl 代数は微積分の演算子が作る代数を表しているので，量子論で広く使われている代数である．$W_\hbar(2m)$ の元は

$$v_a * u^b + u^i * v_j * u^k + v_i * v_j * u^l$$

といったように表されるが，非可換なので，元の表示が一意的でなく，交換関係を経由してさまざまに表示される．元の表示が一意的でないと，例えば位相線形空間として拡張を考えようとするとたちまち困ることになる．

だから，何か基準を設けて元の表示を一意的にして計算公式を具体的に書こうとするのは当然だが，このやりかたが無数にある．古典的 observables (*c-number functions*) に量子論的 observables (*q-number functions*) を対応させるやりかただから，正規順序表示，反正規順序表示，Weyl 順序表示などいろいろあるが，変形論的見方では，普通の多項式の世界に普通とは違う非可換の積を積公式（e.g. Moyal 積公式）を指定することで与え，この代数が $W_\hbar(2m)$ と同形になるようにするのである．このようにすれば，$W_\hbar(2m)$ を線形位相空間として完備化できるから超越的な元も扱えるようになるのだが，意外なことが次々に起こるので，それを次に 1 変数の場合で説明しよう．

2.1　1 変数の場合　$\mathbb{C}[\zeta]$ を 1 変数の多項式環とし，これを表示のための土台とする．$\mathbb{C}[\zeta]$ で τ をパラメータとして次のような積を入れる．

$$f *_\tau g = \sum_{k \geq 0} \frac{\tau^k}{2^k k!} \partial^k_\zeta f \partial^k_\zeta g \left(= f e^{\frac{\tau}{2} \overleftarrow{\partial_\zeta} \overrightarrow{\partial_\zeta}} g\right) \tag{1}$$

$\tau \in \mathbb{C}$ を deformation parameter と考える．括弧内の書きかたは非可換 deformation を考えるときに便利な記号だが，今は気にしなくてよい．

この公式は一方が多項式であれば計算できるものであるが，普通使われている積とは違う積を入れただけのものである．総和記号下で計算するのに慣れておれば，新しい積 $*_\tau$ は結合律をみたしていることが容易にわかる．特に $\tau = 0$ のときは普通の積と同じものである．しかも $(\mathbb{C}[\zeta], *_0)$ は写像

2. 収束性，非可換性　**101**

$$e^{\frac{\tau}{4}\partial_\zeta^2} : (\mathbb{C}[\zeta], *_0) \longrightarrow (\mathbb{C}[\zeta], *_\tau) \tag{2}$$

で $(\mathbb{C}[\zeta], *_\tau)$ と同型となる．つまり $e^{\frac{\tau}{4}\partial_\zeta^2}$ は逆対応 $e^{-\frac{\tau}{4}\partial_\zeta^2}$ をもち

$$e^{\frac{\tau}{4}\partial_\zeta^2}(f *_0 g) = (e^{\frac{\tau}{4}\partial_\zeta^2} f) *_\tau (e^{\frac{\tau}{4}\partial_\zeta^2} g) \tag{3}$$

が成立する．このことは $\frac{1}{k!}(\frac{\tau}{4}\partial_\zeta^2)^k(f*_0 g)$ を

$$\sum_{p+q+r=k} \frac{\tau^r}{r!2^r}\partial_\zeta^r\Big(\frac{1}{p!}\Big(\frac{\tau}{4}\partial_\zeta\Big)^p f\Big) *_0 \partial_\zeta^r\Big(\frac{1}{q!}\Big(\frac{\tau}{4}\partial_\zeta\Big)^q g\Big).$$

のように分解して考えれば容易にわかる．$I_0^\tau = e^{\frac{\tau}{4}\partial_\zeta^2}$ は **intertwiner** と呼ばれる．

$*$-積で書かれた元を一人歩きさせるために，$\sum a_n \zeta^n$ のように書かれている元を $f_*(\zeta_*)$ と書くことにし，それを $*_\tau$-積で計算したものを $:f_*(\zeta_*):_\tau$ と書き，$f_*(\zeta_*)$ の τ-表示と呼ぶことにする．

積 $*$ を使って，指数関数を定義する微分方程式 $\frac{d}{dt}f_t(\zeta) = \zeta * f_t(\zeta), f_0(\zeta) = 1$ を考える．これは τ-表示では

$$\frac{d}{dt}f_t(\zeta,\tau) = \zeta f_t(\zeta,\tau) + \frac{\tau}{2}\partial_\zeta f_t(\zeta,\tau), \quad f_0(\zeta,\tau) = 1$$

で，解は $f_t(\zeta,\tau) = e^{\frac{\tau}{4}t^2}e^{t\zeta}$ である．これを $:e_*^{t\zeta}:_\tau = e^{\frac{\tau}{4}t^2}e^{t\zeta}$ のように表すことにする．実解析的解の一意性から，指数法則も成立している．

2.2 テータ関数　指数関数 $e_*^{t\zeta}$ を使って $\theta(\zeta,*) = \sum_{n\in\mathbb{Z}} e_*^{2ni\zeta}$ を考えてみよう．

$$:\theta(\zeta,*):_\tau = \sum_{n\in\mathbb{Z}} e^{2ni\zeta - n^2\tau}$$

であるから，これは $\tau = 0$ では発散している式だが，$\mathrm{Re}\,\tau > 0$ では $e^{-n^2\tau}$ が効いて広義一様絶対収束している．実は $\theta(\zeta,\tau) = :\theta(\zeta,*):_\tau$ は Jacobi の楕円 θ-関数 $\theta_3(\zeta,\tau)$ である．さらに Jacobi の楕円 θ-関数 θ_i, $i = 1,2,3,4$ はすべて指数関数の両側無限等比級数の τ-表示なのである：

$$\begin{aligned}\theta_1(\zeta,*) &= \frac{1}{i}\sum_{n=-\infty}^{\infty}(-1)^n e_*^{(2n+1)i\zeta}, & \theta_2(\zeta,*) &= \sum_{n=-\infty}^{\infty} e_*^{(2n+1)i\zeta},\\ \theta_3(\zeta,*) &= \sum_{n=-\infty}^{\infty} e_*^{2ni\zeta}, & \theta_4(\zeta,*) &= \sum_{n=-\infty}^{\infty}(-1)^n e_*^{2ni\zeta}\end{aligned} \tag{4}$$

これらの τ-表示 $\theta_i(\zeta,\tau)$ がとりもなおさず楕円テータ関数なのである.

しかし,次のような奇妙なことにも遭遇する:

$$\sum_{n=0}^{\infty} e_*^{ni\zeta}, \quad -\sum_{-\infty}^{-1} e_*^{ni\zeta}$$

はどちらも $*$-積での $1-e_*^{i\zeta}$ の逆元である.

同じ元の逆元が複数見つかるのだから,これは結合律を乱している.

$$\left(\sum_{n=0}^{\infty} e_*^{ni\zeta}*(1-e_*^{i\zeta})\right)*\left(-\sum_{-\infty}^{-1} e_*^{ni\zeta}\right) \neq \sum_{n=0}^{\infty} e_*^{ni\zeta}*\left((1-e_*^{i\zeta})*\left(-\sum_{-\infty}^{-1} e_*^{ni\zeta}\right)\right)$$

これらのことはもともとの θ-関数でも起こっていたことであるが,$*$-積というものがなかったから,取り上げられたことがなかっただけである.しかし Jacobi にははっきりこの積が意識されていたように思える.複数ある逆元の差の方が面白いということらしい.

上のからくりは連続和でも起こる.$:e_*^{it\zeta}:_\tau = e^{-\frac{\tau}{4}t^2}e^{it\zeta}$ だったから,$\mathrm{Re}\,\tau > 0$ では積分 $\int_{-\infty}^{\infty} :e_*^{it\zeta}:_\tau dt$ が広義一様絶対収束している.特に

$$\int_{-\infty}^{0} :e_*^{it\zeta}:_\tau dt, \quad -\int_{0}^{\infty} :e_*^{it\zeta}:_\tau dt$$

はどちらも ζ の逆元である.

2.3 2 次の指数関数 2 次の指数関数を定義する微分方程式 $\frac{d}{dt}f_t(\zeta) = \zeta^2 * f_t(\zeta)$,$f_0(\zeta) = 1$ ではもっと奇妙なことが起こる.これは τ-表示では

$$\frac{d}{dt}f_t(\zeta,\tau) = \frac{\tau^2}{4}\partial_\zeta^2 f_t(\zeta,\tau) + \tau\zeta\partial_\zeta f_t(\zeta,\tau) + \left(\zeta^2 + \frac{\tau}{2}\right)f_t(\zeta,\tau), \quad f_0(\zeta,\tau) = 1$$

という 2 階の偏微分方程式だが,解の形を $f_t(\zeta,\tau) = g(t)e^{h(t)\zeta^2}$ と予想すると,連立常微分方程式となり,解は

$$:e_*^{t\zeta^2}:_\tau = \frac{1}{\sqrt{1-\tau t}}e^{\frac{t}{1-\tau t}\zeta^2}$$

となることがわかる.$:e_*^{t\zeta}:_\tau$ の場合と違って,τ に条件はつかないかわりに,$t = \tau^{-1}$ に特異点が現れる.

指数関数に特異点が現れるというのは困る現象だが,これは生成元の数が

増えるともっと複雑な形で起こり，しかも，表示に応じて変化する．

このような都合の悪さは行列表現すると行列成分には現れないもののようだが，そうなると行列表現だけではこのような現象は捉えきれないということになるから，もっと深刻になるのである．

参考文献

[1] F. Bayen, M. Flato, C. Fronsdal, A. Lichnerowiz, D. Sternheimer, Deformation theory and quantization I, Annals of Physics 1978, **111**, 61–110.
[2] M. Kontsevitch, Deformation quantization of Poisson manifolds, I, qalg/9709040.
[3] H. Omori, Y. Maeda, A. Yoshioka, Weyl manifolds and deformation quantization, Adv. in Math. 1991, **85**, 224–255.
[4] H. Omori, Infinite dimensional Lie groups, AMS-translation of Mathematical Monographs, 158, 1996.
[5] 大森英樹・前田吉昭，量子的な微分・積分，シュプリンガー・ジャパン，2004.
[6] 大森英樹，数学の中の物理学，東京大学出版会，2004.

量子情報の数理から観ることの数理へ
—— 量子エントロピー，アルゴリズム，適応力学

大矢 雅則

1 はじめに

　私が数理物理の研究を始めたのは，今から 40 年ほど前である．当時，我が国では梅垣，富田，荒木，竹崎，飛田などの諸先生が作用素代数や数理物理の重要な研究をされていたが，日本の大学には数理物理の講座すらほとんどないといった状態であった．そんな中，私は，量子確率・情報に関する先駆的仕事をされていた梅垣先生から誘いを受け，東工大の梅垣ゼミに参加していた．統計物理や場の理論の数理から始まった私の研究は，量子エントロピー，量子アルゴリズム，量子テレポーテーション，情報力学・適応力学，情報遺伝，などの数理的研究につながっていく．ここでは，これらのうちで特に多くの時間を費やしたいくつかの研究の概要を書き綴ってみようと思う．

2 量子エントロピーの研究

　量子情報通信理論は，シャノンの情報通信理論では扱うことのできない量子的な対象を用いた情報の表現と通信を，量子確率論や量子エントロピー論をベースにして取り扱う理論である．初期の量子情報理論は，理論といっても数学的厳密さはほとんどなく，有限次元のヒルベルト空間においてのみ議論されていたり，通信においても入力系や出力系を古典系とし変換のみを量子的に扱うといった半量子的（半古典的）なものであった．量子力学にとって無限次元ヒルベルト空間は不可欠なものであるし，通信においての半量子的な理論は，シャノンの理論と基本的に同じものであり，量子的な特質を取り込むことはできないものである．こうした問題に答えるために，私は，量子統計物理における非可逆過程や開放系の研究の絡みから，物理過程や通信過程は量子状態の変化という一般論の下で数理的に厳密に議論できると考え，その変化を記述する完全正写像（量子チャネルという）の作用素代数的研究を通して，シャノンの一大発見である相互エントロピー（相互情報量）をフォ

ン・ノイマンの量子エントロピーを基にして定める方法を提案した [7, 1]. こうした研究を行ったころは, 量子情報に興味を示す研究者は, 特に我が国では, 数えるほどしか居らず, 多くの研究者は, そうした研究は数学的なもので, 物理工学的には役立つものではないと考えていたようである. そのころから見れば, 現在の学界の風景は, まさに, 隔世の感があり, 量子情報を研究していると称する研究者がそこら中にいる.

古典・量子の両方を特別な場合として含む仕方でエントロピー論を展開するためには, $C*$ 力学系 (または, $W*$ 力学系) においてエントロピー, 相互エントロピーを定める必要があった. $(\mathcal{A}, \mathfrak{S}, \alpha(G))$ を $C*$ 力学系とする. すなわち, $\mathcal{A}$ は $C*$ 代数, $\mathfrak{S}$ は $\mathcal{A}$ 上の状態の全体, $\alpha(G)$ を強連続な自己同型群とし, $\mathcal{S}$ を弱 $*$ コンパクトな $\mathfrak{S}$ の凸部分集合とする. このとき, $\varphi \in \mathcal{S}$ に対して $\mathrm{ex}\,\mathcal{S}$ ($\mathcal{S}$ の端点の集合) を準台として持つ $\mathcal{S}$ 上の正規な極大ボレル測度 μ が存在して

$$\varphi = \int_{\mathcal{S}} \omega\, d\mu$$

と端点分解できる. ここで, 端点とは物理における純粋状態に対応するもので, 他の状態の凸結合に分解できない状態である. この分解は常に一意であるとは限らない. そこで, この分解を与える測度 μ の集合を $M_\varphi(\mathcal{S})$ で表すことにする. このとき, 集合 $\mathcal{S}$ に関する状態 $\varphi \in \mathcal{S}$ のエントロピー $S^\mathcal{S}$ ($\mathcal{S}$-(混合) エントロピー) を次のように定める [8, 2]:

$$S^\mathcal{S}(\varphi) \equiv \inf\{H(\mu);\ \mu \in M_\varphi(\mathcal{S})\}$$

ここで, $P(\mathcal{S})$ は $\mathcal{S}$ の有限分割の全体であり, $H(\mu) \equiv \sup\{-\sum_{A \in \widetilde{A}} \mu(A) \cdot \log \mu(A);\ \widetilde{A} \in P(\mathcal{S})\}$ である. なお, $\mathcal{S} = \mathfrak{S}$ のときは, $S^\mathfrak{S} = S$ と $\mathfrak{S}$ を省略する. この $\mathcal{S}$-混合エントロピー $S^\mathcal{S}(\varphi)$ は基準系 $\mathcal{S}$ から見た φ の不確定さを表す量である. この仕方で $S^\mathcal{S}(\varphi)$ を定めた心は, "状態 $\varphi \in \mathcal{S}$ のエントロピーが, クラウジウスに従って, その状態の有する複雑性を表すものであるとすると, それは $\varphi \in \mathcal{S}$ を作る純粋状態の混ざり方に関わっている" と考えたところにある. なお, $\mathcal{A} = B(\mathcal{H})$, $\mathfrak{S} = \mathfrak{S}(\mathcal{H})$ (= 密度作用素の全体) の場合, $S^\mathfrak{S}(\rho)$ はフォン・ノイマン-エントロピー $S(\rho) = -\mathrm{tr}\,\rho \log \rho$ に一致する. このことより, $\mathcal{S}$-混合エントロピー $S^\mathcal{S}(\varphi)$ は, フォン・ノイマン-エ

ントロピー $S(\rho)$ の自然な拡張になっていることが分かる [3, 2].

次に，C^* 力学系において情報通信を議論するためには，シャノンによって導入され，コロモゴルフ，ゲルファント，ヤグロムなどによって数学的にきちんと議論された相互エントロピーを $C*$ 力学系において定めなければならない．この相互エントロピーは，梅垣，荒木，ウールマンによって定められた量子（非可換）相対エントロピー [3, 2] を用いて定義すればよいと考えた．しかしながら，古典系と異なり量子系では，条件付き確率と同時確率は一般的には存在しないことがウルバニックによって議論されている．それ故，コロモゴルフらと同じ仕方で相互エントロピーを定義することはできない．そこで，私は同時確率測度に代わるものとして，合成状態という概念を導入した [7]. 入力状態空間を $\mathfrak{S}$，出力状態空間を $\overline{\mathfrak{S}}$ とし，$\mathcal{S}$ を $\mathfrak{S}$ の，$\overline{\mathcal{S}}$ を $\overline{\mathfrak{S}}$ の，ある適当（弱 $*$ コンパクトかつ凸）な部分集合として，初期状態 $\varphi \in \mathcal{S}$ がチャネル Λ^*（$\mathfrak{S}$ から $\overline{\mathfrak{S}}$ への写像）により終状態 $\overline{\varphi} \equiv \Lambda^*\varphi \in \overline{\mathcal{S}}$ になったとする．このとき，φ と $\Lambda^*\varphi$ の間の相関を表す合成状態 Φ は C^* テンソル積 $\mathcal{A} \otimes \overline{\mathcal{A}}$ 上の状態で次の (1)–(4) を満たす必要がある：(1) $\Phi(A \otimes I) = \varphi(A), \forall A \in \mathcal{A}$. (2) $\Phi(I \otimes \overline{A}) = \overline{\varphi}(\overline{A}), \forall \overline{A} \in \overline{\mathcal{A}}$. (3) Φ は特別な場合として，古典系の合成状態（同時確率分布）を含む．(4) Φ は φ と $\overline{\varphi}$ の各成分間の相関を示す．

例えば，(1), (2) を満たす合成状態はたくさんあるが，その一つが φ と $\Lambda^*\varphi$ の直積 $\Phi_0 = \varphi \otimes \Lambda^*\varphi$ である．これは φ と $\Lambda^*\varphi$ の成分が相関を持たない場合である．相関を有する合成状態の一つは次のように定めることができる：φ の $\operatorname{ex}\mathcal{S}$（$\mathcal{S}$ の端点の集合）への一つの分解を $\varphi = \int_\mathcal{S} \omega\, d\mu$ とする．そこで，φ の分解を与える測度 μ に関して，(1)–(4) を満たす φ と $\Lambda^*\varphi$ の合成状態として

$$\Phi_\mu^\mathcal{S} = \int_\mathcal{S} \omega \otimes \Lambda^*\omega\, d\mu$$

が考えられる．これは φ が確率測度のときは，通常の同時確率測度に一致する [7, 1]. この合成状態は，その後，非可換系の同時確率に関する一般論を作るために，アカルディと共に行った "リフティング" という概念の導入につながっていく [9].

上記の 2 つの合成状態と梅垣–荒木の量子相対エントロピー $S(\cdot, \cdot)$ を用いると，$\varphi \in \mathcal{S}$ と測度 μ およびチャネル Λ^* に関する相互エントロピーが

$$I_\mu^{\mathcal{S}}(\varphi;\Lambda^*) \equiv S(\Phi_\mu^{\mathcal{S}},\Phi_0)$$

で定められる [7, 2]．さらに，初期状態 $\varphi \in \mathcal{S}$ とチャネル Λ^* に関する非可換（量子）相互 ($\mathcal{S}$)-エントロピーは

$$I^{\mathcal{S}}(\varphi;\Lambda^*) \equiv \sup\{I_\mu^{\mathcal{S}}(\varphi;\Lambda^*);\ \mu \in M_\varphi(\mathcal{S})\}$$

で与えられる [7]．この相互エントロピーは，μ が直交測度のとき，$F_\varphi(\mathcal{S})$ を直交測度の全体とすると，次の $J^{\mathcal{S}}(\varphi;\Lambda^*)$ と一致することが示せる：

$$J^{\mathcal{S}}(\varphi;\Lambda^*) \equiv \sup\left\{\int_{\mathcal{S}} S(\Lambda^* w, \Lambda^* \varphi)\,d\mu;\ \mu \in F_\varphi(\mathcal{S})\right\}$$

なお，これらのエントロピー $I^{\mathcal{S}}$, $J^{\mathcal{S}}$, $S^{\mathcal{S}}(\varphi)$ はコンヌ・ナンホファー・チリングエントロピーや他の力学的エントロピーと深く関わっている [2]．

この量子相互エントロピーは，量子系が $(\mathbf{B}(\mathcal{H}),\mathfrak{S}(\mathcal{H}))$ の場合は，入力状態 ρ とチャネル Λ^* に対して

$$I(\rho;\Lambda^*) = \sup\left\{\sum_n \lambda_n S(\Lambda^* E_n, \Lambda^* \rho);\ \rho = \sum_k \lambda_k E_k\right\}$$

で与えられる．ここで，$\rho = \sum_k \lambda_k E_k$ はシャッテン分解である．また，量子相互エントロピーについては，通信において最も基本的なシャノンの不等式：$0 \leq I(\rho;\Lambda^*) \leq \min\{S(\rho), S(\Lambda^*\rho)\}$ が証明できる．私が上記の仕方で量子相互エントロピーを定義する前に，ホレボ，レビチンらも量子相互エントロピーを考えてはいるが，彼らの議論は有限次元のヒルベルト空間におけるもので，しかも入力系か出力系の少なくとも一方が古典系であり，完全に量子系のそれとは言い難いものであった．上記の量子相互エントロピーは，当然のことながら，彼らのエントロピーを含むものである [2, 3]．量子エントロピー理論の集大成として，梅垣氏との共著 [5] を基にして，ペッツと共に 80 年代後半までの様々な研究をまとめたものがシュプリンガーから出版された著書 [3] である．

3 量子アルゴリズムと量子テレポーテーションの研究

最近，膨大なデータを高速に演算処理する新しい計算機システムとして実現化を期待されているのが量子コンピュータである．量子コンピュータが高速計算を可能にする主な理由は，原子や分子が作る量子干渉性を利用してい

くつかの独立な計算を一度に行うことができることにある．量子コンピュータに関わる研究には，(1) 量子状態の分類の研究：可分状態とエンタングルド状態，(2) 量子アルゴリズムの研究，(3) 量子テレポーテーション過程の研究，(4) 量子暗号の研究，などがある．以下，量子アルゴリズムとテレポーテーションに関して私が行ってきた研究のエッセンスを説明する．

3.1 量子アルゴリズムの研究　ショアーはいかなる因数分解も量子アルゴリズムによると多項式時間で解けることを示した．(現在，我々はこの主張に疑問を持っている [19].) このショアーの研究の後を受けて，私とロシアのステクロフ研究所のボロビッチは，「**NP 完全問題が P 問題になるアルゴリズムが存在するか？**」という 30 年来の問題を研究した．我々は，量子情報理論のスキームに準じた量子アルゴリズムにカオス力学の非線形な状態変化のアイデアを導入することによって，NP 完全問題の一つである SAT (Satisfiability；充足可能性) の問題を多項式時間で解くアルゴリズムを見いだした [14, 15, 2]．詳しいことは割愛せざるを得ないが，以下 NP 完全問題とは何か，を説明し，我々のアルゴリズムの骨子を記しておく．

入力のサイズが n の問題に対して，P 問題，NP 問題，NP 完全問題とは次のものである．

P 問題：ある問題をあるアルゴリズムに従って解くとき，計算機がその問題を解き終わるまでの時間が入力サイズ n の多項式で表せる時間ですむとき，そのアルゴリズムは良いアルゴリズムであるといい，その問題はクラス P (polynominal) に属する問題という．

NP 問題：問題の解の候補を具体的に与えたとき，これが本当に解になっているかを検算することはサイズ n の多項式時間でできるが，解自体を求めることは多項式時間でできるかどうか分かっていない問題のことをいう $(P \subset NP)$.

NP 完全問題：NP に属する問題のうち最も難しい問題をいう．なお，全ての NP 完全問題はどれも同じ難しさであることが分かっている．

SAT 問題：NP 完全問題の一つで，これは，「与えられたブール代数式 (変数，カッコ，**AND** ($\wedge$), **OR** ($\vee$), **NOT** ($\neg$) から構成される論理式) を "真" とする (充足する) 変数の組は存在するか？」という問題である．も

う少し数学的に表すと次のようになる．$x_j \in \{0,1\}$ の集合 $\{x_1,\ldots,x_n\}$ とその部分集合 $X_j \subset \{x_1,\ldots,x_n\}$ に対して，$\overline{X}_j \subset \{\neg x_1,\ldots,\neg x_n\}$, $C_j \subset X_j \cup \overline{X}_j$, $\mathcal{C} = \{C_1,\ldots,C_m\}$ と置き，$f(\mathbf{x}) \equiv \bigwedge_{j=1}^{m}(\bigvee_{x \in C_j} x)$ をブール式と呼ぶ．このとき，SAT 問題は「$f(x)=1$ を満たすような $x = \{x_1,\ldots,x_n\}$ が存在するか？」という問題になる．

私とボロビッチは，この SAT 問題が "量子アルゴリズムとカオス増幅計算" により多項式時間で解けることを示した．その骨子を以下説明しよう．詳しくは最近著わした [2] を参照．入力ベクトル $\mathbf{x} = \{x_1,\ldots,x_n\}$, ブール式 $f(\mathbf{x}) \equiv \bigwedge_{j=1}^{m}(\bigvee_{x \in C_j} x)$ に対して，SAT 特有の計算を行うユニタリー作用素を U_f とする（これはかなり複雑だが具体的に構成できる [18, 2]）．まず，離散フーリエ変換によって初期状態 $|\mathbf{0},0\rangle$ は重ね合わせ $|v\rangle = \frac{1}{\sqrt{2^n}} \sum_\mathbf{x} |\mathbf{x}, 0\rangle$ に変換される．次いで，U_f を用いて，$f(\mathbf{x})$ を計算し終状態 $|v_f\rangle$ が

$$|v_f\rangle = U_f |v\rangle = \frac{1}{\sqrt{2^n}} \sum_\mathbf{x} |\mathbf{x}, f(\mathbf{x})\rangle$$

と求まる．最後の qu ビットを測定し，$f(x)=1$ を得る確率を調べると，それは $r/2^n$ となる．ここで，r は $f(x)=1$ となる個数である．つまり，終状態ベクトルは

$$|v_f\rangle = \sqrt{1-q^2}|\varphi_0\rangle \otimes |0\rangle + q|\varphi_1\rangle \otimes |1\rangle$$

で表せる．ここで，$|\varphi_1\rangle$ と $|\varphi_0\rangle$ は正規化された n qu ビットの状態で，$q = \sqrt{r/2^n}$. 以上で SAT 問題の量子計算は終わる．

そこで，r が測定できるほど大きな値であれば，SAT 問題は解けたことになるが，ベネットは私へのメールで "r が小さければ，解が存在するかどうか分からない（測定できない）のではないか？" という疑問を投げかけてきた．これに関して，2 年間は解答できないでいたが，そのころ "情報力学" の絡みでカオスの研究も行っていたため，突然，カオスを用いれば $q = \sqrt{r/2^n}$ の値を増幅することができるのではないかという考えが浮かんだ．つまり，r が小さい場合も考慮して，q を観測せず，それを増幅することを考える．この増幅のために我々はロジステック写像を用いた．こうして，量子アルゴリズムと非線形な状態変化を組み合わせることによって，NP 完全問題を多項式時間で解くアルゴリズムを示すことができたのである（量子カオスアルゴ

リズム）[14, 17, 2]．我々の方法では，カオスを起こす非線形写像を用いていることから，通常の量子アルゴリズムのみ，すなわち，ユニタリー変換のみで処理するものでなく，ユニタリー計算を越えた計算が必要になる．さらに，私とアカルディは適応力学の考えの下で，同じ問題に対する他のアルゴリズムも示した [15, 2]．そのアルゴリズムは，時間のスケーリングを採る弱結合極限を用いるものである．

最近，これらの非ユニタリーなアルゴリズムの基礎となるチューリング機械として一般化した量子チューリング機械の理論を構成することができ，それを用いて SAT 問題も議論できることが分かってきた [18]．

3.2 量子テレポーテーションの研究 量子テレポーテーションとはアリスが任意の量子状態を，そのままの形で，ボブに送る通信過程である．これができれば，あらゆる情報は量子状態で記述でき，と同時に，量子状態は観測されると容易にその形を変えてしまい盗まれたことが分かるので，情報伝送のセキュリティの面でも通信の革命になるものである．

量子テレポーテーションの数理的記述の基礎を説明しよう [12, 2]．アリスの持つ 2 つの系はヒルベルト空間 $\mathcal{H}_1, \mathcal{H}_2$ で記述されるとし，アリスが送りたい状態を ρ（系 1 にある）とする．また，ボブはヒルベルト空間 $\mathcal{H}_3$ を持つとする．量子テレポーテーション過程は以下の 4 つのステップに分けることができる．

Step 1：アリスの持つ系 2 とボブの持つ系 3 をエンタングルさせる状態 $\sigma \in \mathfrak{S}(\mathcal{H}_2 \otimes \mathcal{H}_3)$ を準備する．

Step 2：アリス は，与えられた ρ と σ の合成状態 $\rho \otimes \sigma \equiv \rho^{(123)}$ において，$\mathcal{H}_1 \otimes \mathcal{H}_2$ 上の適当な射影作用素 $(F_{nm})_{n,m=1}^N$ によって作られた物理量 $F \equiv \sum_{n,m=1}^N z_{nm} F_{nm}$ を一回測定する．アリスは F の固有値の一つ "z_{nm}" を測定結果として得る．この測定後，全系 $\mathcal{H}_1 \otimes \mathcal{H}_2 \otimes \mathcal{H}_3$ における状態は

$$\rho_{nm}^{(123)} = \frac{(F_{nm} \otimes \mathbf{1})\rho \otimes \sigma(F_{nm} \otimes \mathbf{1})}{\mathrm{tr}_{123}(F_{nm} \otimes \mathbf{1})\rho \otimes \sigma(F_{nm} \otimes \mathbf{1})}$$

になる．よって，ボブは次の状態を得る：

$$\Lambda_{nm}^*(\rho) = \mathrm{tr}_{12}\rho_{nm}^{(123)} = \mathrm{tr}_{12}\frac{(F_{nm} \otimes \mathbf{1})\rho \otimes \sigma(F_{nm} \otimes \mathbf{1})}{\mathrm{tr}_{123}(F_{nm} \otimes \mathbf{1})\rho \otimes \sigma(F_{nm} \otimes \mathbf{1})}$$

Step 3：アリスは測定結果 "z_{nm}" をボブに普通の仕方で伝える．例えば，電話で "z_{nm}" を得たことを伝える．

Step 4：ユニタリー作用素の組 $\{W_{nm}\}$ が "Key" として，前もってボブに与えられている．アリスから伝えられた結果 "z_{nm}" に対応する "KEY W_{nm}" を **Step 2** で得られた状態に施すと，ボブの状態は $W_{nm}\Lambda_{nm}^*(\rho)W_{nm}^*$ になる．これが，状態 ρ に一致すれば，テレポーテーションが成功したことになる．

したがって，量子テレポーテーションの問題は，「エンタングルド状態 $\sigma \in \mathfrak{S}(\mathcal{H}_2 \otimes \mathcal{H}_3)$，物理量 $F \equiv \sum_{n,m=1}^{N} z_{nm}F_{nm}$，および，**KEY** $\{W_{nm}\}$ を構成して，任意の状態 ρ に対して，$W_{nm}\Lambda_{nm}^*(\rho)W_{nm}^* = \rho$ とできるか」という問題になる．

この量子テレポーテーションが可能であることは，ベネットなどによって EPR 状態を用いて初めて示された．そこでは，最大なエンタングルド状態（すなわち，等確率振幅で重ね合わされた状態）が使われている．この EPR 状態も最大エンタングルド状態も物理的にコントロールすることが非常に難しいものであるから，私とドイツのフィットナーは，Bose–Fock 空間の数理を用いて，コヒーレント状態をも用いることのできる新たなテレポーテーション・プロトコルを提案した [12]．

量子テレポーテーションには，一回の伝送で，ρ を完全に送るもの（完全量子テレポーテーション；CQT と略記）と，数回の伝送で ρ を完全に送るもの（不完全量子テレポーテーション；ICQT と略記）とに分けられる．情報伝送に限れば，2回，3回，アリスが ρ を送っても構わないので，実質的な差はない．なお，完全な量子テレポーテーションのためには最大エンタングル状態が必要であることと，こうしたエンタングルド状態を長時間維持することは決して簡単なことではないので，CQT より ICQT の方が実現性の高いことは断るまでもない．ベネットなどによる EPR ペアーを用いたプロトコルは CQT の一例であり，大矢・フィットナーの Fock 空間上のコヒーレント状態を用いたプロトコルは CQT と ICQT 両方の例を与えている．さらに，テレポーテーション過程には以下の問題がある：(1) 完全な量子テレポーテーションのためには最大エンタングルド状態が必要であるか？(2) **Step 2**

の状態変化は，最大エンタングルド状態を用いないと，入力状態に関して非線形になるが，線形変換にする方法はないか？(3) 無限次元ヒルベルト空間でテレポーテーションを扱うにはどのようにすればよいか？

私は，ポーランドのコサコウスキーと共に，コンパクト作用素の数理を駆使して (1) と (2) を一度に解決する新たなプロトコルを考えた（KO プロトコル）[16]．問題 (3) の回答の一つは [10] にあるが，KO プロトコルでは原理的にこの問題も解決できる．なお，こうした量子テレポーテーションの数理を用いて，記憶の引き出し・書き換え，および，認識といった脳機能の数理モデルを構成することができるのである [11, 2]．

このテレポーテーションに不可欠な量子エンタングルド状態を長時間維持することは物理的に非常に難しく，そのことがテレポーテーションの実現に向けての大きな障壁の一つになっている．したがって，安定な量子エンタングルド状態とは何かを考えることは重要である．そのためには，量子エンタングルド状態の詳細な分類が必要になるであろう．こうした分類と無限次元ヒルベルト空間におけるエンタグルド状態の研究も，ベラフキン，マョウスキィ，松岡らと行ってきている [21, 22]．

4 情報力学と適応力学の提唱

「自然は芸術を模倣する」とワイルドはいう．我々が理解している自然は芸術を模倣したそれである．20 世紀の文明を作った量子力学．その輝かしい成功を思っても，量子力学が自然それ自体を描いていると断ずることは相当の楽天家でもなければできないであろう．量子力学といえども，我々の理解できる範囲で，自然の一側面を引っ掻いているにすぎない．だとすれば，居直るしかない．自然科学は自然自体を記述しているわけではない，我々の自然への思いを書き表しているのだと．自然自体とか真理とかを下を向いてしか語れないとすれば，我々が我々自身の存在を含めた自然に対峙する仕方，理屈を考えてみよう．こうした思いの下で考えた理屈が情報力学であり適応力学である．

4.1 情報力学 物理系や生命体は我々が扱う複雑なシステムであり，それの示す状態は様々な階層の重なりから作り出されている．こうした複雑な系には様々なレベルのミクロとマクロの層が存在（生命体のように時には混在）

しており，そうした様々な層を記述する状態のあり方とその力学を見いだすことは決して容易なことではない．そこで，個別な系の取り扱いから一時離れて，様々な個別を抽象する方法は何か，階層とは何かを問うことを考えた．この抽象を基にして，例えば，生命体に付随する階層とその総体の示す力学を如何に捉えるかといった問題が考えられる．また，状態の示す性質の一つである複雑さも，多くの場合，個々のシステムに付随して定められ，その個々のシステムの特質を調べる道具の一つにすぎない．複雑さという概念が様々な分野で個別に扱われているといっても，それが持つ科学的意味はほぼ共通なものであるはずだから，それらを統一的に扱う方法が存在するはずである．

　こうした立場から，私は，**情報と深く関わる複雑さの概念を新たに捉え直し，それと状態の変化の力学を融合した"情報力学"** を 1989 年に提唱し，以後，それによって物理学，遺伝学，計算機科学に関わる問題を統一的見地から取り扱い，新たな知見を得ようと試みている．この情報力学提唱の目的の一つは生命の複雑性を探る方法論の確立にあった [6, 2]．

　情報力学は様々な領域を統一的に扱う一つの方法として生み出された理論であると述べたが，それが単に象徴的なものではなく，科学的な道具となるためには，それはきちっとした数理構造を持っていなければならない．その数理の仔細は著書 [4, 2] を参照してもらうことにし，ここでは割愛する．

4.2　適応力学　コペルニクス大学のコサコウスキー，戸川と私は観測や測定尺度に依存する新たなカオス記述法を提案した [13] が，その提案は，ローマのアカルディの局所力学（カメレオン力学）と同様な数理概念に依っていることが分かってきた．その数理は時間と共に変化する状態や観測量に依存する力学であり，2004 年私とアカルディは，それを**適応 (*Adaptive*) 力学**と呼び [17]，その数理を NP 完全問題に適用し，新たなアルゴリズムを見いだした [15]．では，適応力学とは何か？　私がこの力学に考えに至った道程について説明しておこう．

　形而上的想念の働きで様々な存在（現象）が我々に現前される．それらを理解することが人間の智への渇望であろう．こうした思いが人間の存在の源にあることは古今東西何ら変わることはない．ものを理解するに当たって，長い間その中心にあった方法論は還元論（主義）であった．還元論においても，対象の全体がそれを構成する要素各々の働きの単なる寄せ集めであるという

ほど単純ではなく，"全体と個の問題"は存在しており，個々の要素の存在とそれらの相関・結合・統合が全体の理解をもたらしている．しかし，還元論の基本が個々の要素の存在にあることは間違いなく，そしてこのことが，カントやヘーゲルの哲学同様，思考のフラストレーションを起こさせるのである．カントやヘーゲルの哲学において存在の還元が超越的存在へ向かわざるを得なかったように，科学における還元主義もある種の超越が必要になる．だから，還元主義が間違いかというと，決してそうではない．存在とその理解を問うことはギリシャの哲学から現在の学問まで不変である．カントやヘーゲル流の超越的存在という断末魔から初めて抜け出したのが，経済活動を人間存在の原理としたマルクスであり，知ることの原理を求めたフッサールであった．その後，ハイデッガーを経たサルトルは"存在の二元論"を引っ提げマルクスとフッサールの融合を試みた．ものの本質を現象の連鎖に置き換えたフッサールの提言は無限の連鎖として超越を引きずる．存在の自己否定を見いだしたサルトルは行動の原理に窒息する．

　こうした哲学における変化を引き受けると，科学における，還元論は，それに"見ることの方法論"を付け加えることによって大きく変化するものと私は考えている．"見ることの方法論"とは"観測の形態"，"選択と適応"，"操作と認識"などの融合によるものである．それ故，

　「様々な科学における理解は，理解されるもの（観測量）とその方法（測定法）とが分離不可能であること，したがって，ものの存在の理は"あるもの"とそれを"あらしめるもの"を包摂したものでなければならない．」

4.3 適応力学の数理構造　カオスの研究から端を発した適応力学は，大別すると**観測量適応力学**と**状態適応力学**の 2 つのタイプがある．むろん，かなりの現象の理解にはこれらを組み合わせることが必要になることもある．適応力学のこの 2 つの型は以下のように特徴づけられる．

<観測量適応力学> (1) 測定が観測量の捉え方（見方）に依存する力学系；(2) 系の相関（相互作用など）が観測される量のあり方に依存する力学系

<状態適応力学> (1) 測定が状態のあり方（見方）に依存する力学系；(2) 系の相関が相互作用の起きた時点での状態に依存する力学系

　数理のない哲理は危ういものである．上述した"見ることの方法"の数理を作るのは決して簡単なことではなく，私はここ 10 年ほど，様々な方向か

ら,様々な問題の回答を求めながら,その数理を考えている [2]. 最終的な数理にはまだ到達はしていないが,その道程で解けた問題がいくつかあり,まだしばらくこの研究を続けていきたいと考えている.こうした適応力学の考えに則って得られた結果の一部を書いておこう. (1) NP 完全問題 を解くアルゴリズム [2, 14, 15]. (2) カオスの強さを測る尺度の定式化 [2]. (3) 生命現象の中には通常の確率や統計のルールが使えないもの多くあるが,そのような対象に対して新たな確率・統計公式の確立 [20]. (4) ゲノムレベルで遺伝子を比較する数理 [23].

参考文献

[1] M. Ohya (2008), Selected Papers of M. Ohya, World Scientific.
[2] M. Ohya and I. Volovich (2011), Mathematical Foundation of Quantum Information and Computation and Its Applications to Nano- and Bio-systems, Springer-Verlag, TMP series.
[3] M. Ohya and D. Petz (1993), Quantum Entropy and its Use, Springer-Verlag, TMP-series.
[4] R.S. Ingarden, A. Kossakowski and M. Ohya (1997), Information Dynamics and Open Systems, Kluwer Academic Publishers.
[5] 梅垣壽春,大矢雅則 (1984),量子論的エントロピー,共立出版.
[6] 大矢雅則 (2005),情報進化論,岩波書店.
[7] M. Ohya (1983), IEEE Trans. Information Theory, 29, No. 5, 770–774; (1989), Rep. Math. Phys., 27, 19–47.
[8] M. Ohya (1984), J. Math. Anal. Appl., 100, No. 1, 222–235.
[9] L. Accardi and M. Ohya (1999), Appl. Math. Optim., 39, 33–59.
[10] K.-H. Fichtner, W. Freudenberg and M. Ohya (2005), J. Math. Phys., 46, 102103.
[11] K.-H. Fichtner, L. Fichtner, W. Freudenberg and M. Ohya (2010), OSID (Open System and Information Dynamics), 17, Issue: 2, pp. 161–187.
[12] K-H. Fichtner and M. Ohya (2001), Commun. Math. Phys., 222, 229–247.; (2002), Commun. Math. Phys., 225, 67–89.
[13] A. Kossakowski, M. Ohya and Y. Togawa (2003), OSID 10(3): 221–233.
[14] M. Ohya and I.V. Volovich (2003), Rep. Math. Phys., 52, No. 1, 25–33; (2003), J. Opt. B, 5, No. 6, 639–642; (2000), OSID, 7, No. 1, 330–39.
[15] L. Accardi and M. Ohya (2004), OSID, 11–3, 219–233.
[16] A. Kossakowski, M. Ohya (2007), IDAQP (Infinite Dimensional Analysis, Quantum Probability and Related Topics) 10, 411.
[17] M. Ohya (2008), Adaptive Dynamics and Its Applications to Chaos and NPC Problem, Proceedings of international conference in QBIC, 181–216.
[18] S. Iriyama and M. Ohya (2008), OSID, Vol. 15, No. 4, 383–396; (2008), OSID, Vol. 15, No. 2, 173–187.

[19] S. Iriyama, M. Ohya and I.V. Volovich (2011), Remarks on Shor's Quantum Factoring Algorithm, TUS preprint.

[20] M. Asano, I. Basievay, A. Khrennikovz, M. Ohya and I. Yamato (2011); A general quantum information model for the contextual dependent systems breaking the classical probability law, quant-ph/arXiv:1105.4769.

[21] Belavkin, V.P. and Ohya, M. (2002), Proc. R. Soc. Lond. A 458, 209–231.

[22] W.A. Majewski, T. Matsuoka, and M. Ohya (2009), J. Math. Phys. 50, 113509.

[23] T. Hara, K. Sato and M. Ohya (2010), BMC Bioinformatics, 11, 235.

量子測定理論

小澤 正直

1 はじめに

　物理学の諸分野における基本原理には，ほとんどの場合，異論の余地のない数学的表現が与えられている．このような，基本原理の数学的定式化を十分な厳密性の下で系統的に進めるというのが，D. Hilbert が 23 の問題の第 6 番目の問題として提唱した物理学の公理化である．この問題の典型的な成果の一つに挙げられているのが，J. von Neumann による量子力学の公理化であり，1932 年に出版された著書『量子力学の数学的基礎』[1] で完成されたとされる．確かに，1970 年代まで，非相対論的量子力学に関する問題で，この公理系の不備が原因で物理学者の間で決着がつかなかった問題はなかったと言ってよいであろう．しかし，1980 年代に起きた重力波の検出限界を巡る論争 [2] において，この公理系がまだ十分でなかったことが明らかになった．

　量子力学では，「測定」という概念が重要な役割を果たしている．にもかかわらず，J. von Neumann の公理化において「測定の理論」は未完のまま残された．J. von Neumann が公理化した量子力学は，ある状態に準備された対象が既知の相互作用を受けた後，一度だけ特定の物理量を測定するという実験においては，その正しさが完璧に検証されるものであった．しかし，時間的な経過に沿って次々に測定を繰り返す場合にその測定値を正しく予測することに関しては，不十分であった．

　それで長いこと問題が起こらなかったのは，そのような累次的な測定を理論と比較できるほど精密に行う実験技術がなかったためである．ところが，1960 年のレーザーの実現によって，それまで仮説的な存在に過ぎなかった量子状態というものに対する能動的な制御が可能になり，それを精密測定技術に応用する試みが，重力波検出プロジェクトであった．これは，重力波の影響を重力波アンテナと呼ばれる巨視的な物体の運動に変換して，それを時間

的な経過に沿ってモニターする実験であり,重力波の影響は極めて弱いので,その測定は量子力学的物理量の累次的測定と見なされる.当初,共振器型検出器を推進する V.B. Braginsky [3] や C.M. Caves [4] らによって量子非破壊測定法が提案され,干渉計型検出器には,標準量子限界という感度の限界が存在するが,共振器型検出器には,そのような感度の限界が存在しないという説が提唱された.ところが,1983 年に H.P. Yuen [5] は標準量子限界の導出に疑問を投げかけ,収縮状態 (contractive state) 測定という新しい測定法を提案して,標準量子限界が打破できると主張した.だが,当時,どういう測定が可能でどういう測定が不可能かという判定基準が知られてなかったため,この主張はなかなか受け入れられなかった.H.P. Yuen は,1986 年に日本で行われた量子力学の基礎に関する国際会議において,物理的に可能なすべての測定を数学的に特徴付けよという問題を提案した [6].この問題の解決は,実は,筆者がそれより 2 年前に発表した論文に含まれていたのである.

2 量子力学の公理

J. von Neumann [1] による量子力学の公理系は,次のように述べることができる.

公理 1 (状態と物理量の表現) 各量子力学系 **S** には,**S** の状態空間と呼ばれる Hilbert 空間 $\mathcal{H}$ が一意に対応し,**S** の状態は $\mathcal{H}$ 上の密度作用素 (正値でトレースが 1 の作用素) で表現され,**S** の観測可能量は $\mathcal{H}$ 上の自己共役作用素で表現される.

公理 2 (統計公式) 状態 ρ において観測可能量 A を測定すれば,測定値 **x** の確率分布は

$$\Pr\{\mathbf{x} \in \Delta \| \rho\} = \mathrm{Tr}[E^A(\Delta)\rho] \tag{1}$$

で与えられる.(ここで,Δ は数直線 **R** 上の Borel 集合,E^A は A のスペクトル測度を表す.)

公理 3 (時間発展) 系 **S** の時刻 t における状態が $\rho(t)$ で,時刻 t と $t+\tau$ の間,ハミルトニアン H を持つ孤立系ならば,時刻 $t+\tau$ における状態 $\rho(t+\tau)$ は

$$\rho(t+\tau) = e^{-iH\tau/\hbar}\rho(t)e^{iH\tau/\hbar} \tag{2}$$

で与えられる．(ここで，$\hbar$ は所与の単位系における Planck 定数を 2π で割った値である．)

公理 1–3 の下で，過去の状態から未来の測定結果が確率的に予測できる．が，その予測は，一回限りの測定に関して有効で，同一の系に測定を何回も繰り返す場合には測定後の状態を決める公理が必要である．そのために，従来，次の仮説が採用されてきた [1, 7]．

測定公理（von Neumann–Lüders の射影仮説） 状態 ρ において離散的観測可能量 A を測定すると，測定値が $\mathbf{x} = x$ であるという条件の下での測定直後の状態 $\rho_{\{\mathbf{x}=x\}}$ は

$$\rho_{\{\mathbf{x}=x\}} = \frac{E^A(\{x\})\rho E^A(\{x\})}{\mathrm{Tr}\,[E^A(\{x\})\rho]} \tag{3}$$

で与えられる．

3　測定装置の統計的性質

射影仮説は，連続スペクトルを持つ観測可能量に適用できない，離散的観測可能量の測定でも，光子数計測などこの仮説を満たさない測定が広く存在するなどの問題があった．量子力学を任意の累次測定に適用するためには，物理的に可能な最も一般的な測定における状態変化を特徴付ける必要がある．そのために，E.B. Davies と J.T. Lewis [8] は，測定による状態変化を議論するための数学的枠組みを提案した．トレース・クラス作用素の空間 $\tau c(\mathcal{H})$ 上の正写像（正作用素を正作用素に対応させる線形変換）に値を持つ数直線上の Borel 測度 $\mathcal{I}$ で，$\mathcal{I}(\mathbf{R})$ がトレースを保存する $(\mathrm{Tr}[\mathcal{I}(\mathbf{R})\rho] = \mathrm{Tr}[\rho])$ ものをインストルメント (instrument) と呼ぶ．Hilbert 空間 $\mathcal{H}$ で記述される系 $\mathbf{S}$ に対する測定装置を $\mathbf{A}(\mathbf{x})$ で表すことにする．ここで，$\mathbf{x}$ はこの測定装置から出力される測定値を表し，実数値と仮定する．量子力学では，一回ごとの測定値を予言することはできない．量子力学で扱うのは，測定装置の統計的性質である．測定装置 $\mathbf{A}(\mathbf{x})$ の統計的性質は，(i) 任意の状態 ρ における測定値の確率分布 $\mathrm{Pr}\{\mathbf{x} \in \Delta \| \rho\}$，及び，(ii) 状態 ρ で測定した場合，測定結果 $\mathbf{x} \in \Delta$ が得られたという条件の下での測定後の状態 $\rho_{\{\mathbf{x}\in\Delta\}}$ によって完全に定まる．E.B. Davies と J.T. Lewis によれば，インストルメント

$\mathcal{I}$ はある測定装置 $\mathbf{A}(\mathbf{x})$ に対応して，その統計的性質が次式で与えられるというものであった．

$$\Pr\{\mathbf{x} \in \Delta \| \rho\} = \mathrm{Tr}[\mathcal{I}(\Delta)\rho], \tag{4}$$

$$\rho_{\{\mathbf{x}\in\Delta\}} = \frac{\mathcal{I}(\Delta)\rho}{\mathrm{Tr}[\mathcal{I}(\Delta)\rho]}. \tag{5}$$

4 測定過程

H.P. Yuen は，1986 年の講演で Davies–Lewis の提唱に言及して，すべてのインストルメントが物理的に実現可能な測定を表しているとは考えられないと述べている．それでは，どのようなインストルメントが物理的に実現可能といえるのだろうか．この問題の解決には，測定過程に関する議論が不可欠である．測定過程に関する議論は，それまでにも盛んになされてきたが，哲学的な関心から進められることが多く，数理物理学の分野では，先送りされてきた嫌いがあった．

測定の過程は，対象と測定装置の間の相互作用を必ず含み，その相互作用の後で装置に含まれるメータを測定することにより，測定値が得られると考えられる．J. von Neumann は射影測定の統計的性質がこのような記述によっても得られることを示して，射影仮説が他の公理と整合的であることを示した [1]．インストルメントの実現可能性を議論するために，文献 [9] において，この J. von Neumann の議論を一般化して，測定過程の最も一般的な数学モデルを導入した．Hilbert 空間 $\mathcal{K}$，Hilbert 空間 $\mathcal{K}$ 上の密度作用素 σ，テンソル積 Hilbert 空間 $\mathcal{H} \otimes \mathcal{K}$ 上のユニタリ作用素 U，Hilbert 空間 $\mathcal{K}$ 上の自己共役作用素 M からなる 4 つ組 $(\mathcal{K}, \sigma, U, M)$ を一般に Hilbert 空間 $\mathcal{H}$ に対する**測定過程**と呼ぶ．σ が純粋状態のとき，測定過程は**純粋**であると言い，また，$\mathcal{K}$ が可分なとき，測定過程は**可分**であると言う．

測定過程 $(\mathcal{K}, \sigma, U, M)$ は，次のような測定のプロセスを数学的にモデル化したものである．この測定は，対象系と測定装置との相互作用によって行われ，測定値は相互作用後の測定装置のメータ観測可能量 M を測定することによって得られる．ただし，測定装置は，Hilbert 空間 $\mathcal{K}$ で記述され，測定の直前の状態を σ とし，この相互作用の間の合成系の時間発展は，ユニタリ作用素 U で表されるとする．このモデルは，今日では，測定過程の標準モデ

ルとして，広く受け入れられている．

さて，測定装置 $\mathbf{A}(\mathbf{x})$ による測定が，測定過程 $(\mathcal{K}, \sigma, U, M)$ によって記述されるとすると，測定装置 $\mathbf{A}(\mathbf{x})$ の統計的性質は，次のように定められることがわかる．

$$\Pr\{\mathbf{x} \in \Delta \| \rho\} = \mathrm{Tr}[(1 \otimes E^M(\Delta))U(\rho \otimes \sigma)U^\dagger],$$

$$\rho_{\{\mathbf{x} \in \Delta\}} = \frac{\mathrm{Tr}_{\mathcal{K}}[(1 \otimes E^M(\Delta))U(\rho \otimes \sigma)U^\dagger]}{\mathrm{Tr}[(1 \otimes E^M(\Delta))U(\rho \otimes \sigma)U^\dagger]}.$$

ここで，$\mathrm{Tr}_{\mathcal{K}}$ は，Hilbert 空間 $\mathcal{K}$ に関する部分トレースを表す．したがって，$\mathbf{A}(\mathbf{x})$ は実際に次式で定まるインストルメント $\mathcal{I}$ を持つ．

$$\mathcal{I}(\Delta)\rho = \mathrm{Tr}_{\mathcal{K}}[(1 \otimes E^M(\Delta))U(\rho \otimes \sigma)U^\dagger]. \tag{6}$$

このとき，$\mathcal{I}$ を測定過程 $(\mathcal{K}, \sigma, U, M)$ のインストルメントと呼ぶ．このようにして得られたインストルメントは，完全正値性と呼ばれるある特徴的な性質を持っている．ここでインストルメントが**完全正値**であるとは，各 Δ について，$\mathcal{H}$ 上の密度作用素 $\rho_1, \ldots, \rho_n$ 及び有界作用素 $A_1, \ldots, A_n$ に対して，

$$\sum_{i,j=1}^{n} \mathrm{Tr}[A_i^\dagger A_j \mathcal{I}(\Delta)[\rho_j \rho_j]] \geq 0 \tag{7}$$

が任意の n で成立するという条件と同値である．

5 表現定理

さて，インストルメント $\mathcal{I}$ が測定過程 $(\mathcal{K}, \sigma, U, M)$ によって記述されるならば，インストルメント $\mathcal{I}$ は実現可能な測定を記述していると考えられる．すると，問題は，どのようなインストルメントがこのようなモデルを持つかということになる．この問題は次の定理で解決される [10, 9]．

定理 1（完全正値インストルメントの表現定理） Hilbert 空間 $\mathcal{H}$ に対する任意の完全正値インストルメント $\mathcal{I}$ に対して，$\mathcal{H}$ に対するある純粋な測定過程 $(\mathcal{K}, \sigma, U, M)$ が存在して，$\mathcal{I}$ は $(\mathcal{K}, \sigma, U, M)$ のインストルメントである．また，$\mathcal{H}$ が可分のとき，$\mathcal{K}$ も可分とすることができる．

この定理から，任意の完全正値インストルメントは，物理的に実現可能な測定に対応すると考えられる．H.P. Yuen の提案した収縮状態測定は，以前

に J.P. Gordon と W.H. Louisell [11] によって提案された測定の統計の一種と考えられるが，この種の測定の統計が実際に物理的に実現可能であることが，上の定理から得られた [12]．また，実際に，収縮状態測定を行う測定の相互作用を表す Hamiltonian を導くこともでき，それによって標準量子限界が打破されることが示された [13, 14]．

ところで，完全正値インストルメントで記述される測定は，すべて物理的に実現可能であることが示されたが，ここで定義した測定過程では記述できないモデルで実現可能性が示される測定があるかもしれないという疑問が残る．しかし，この問題も解決することができる．実際，「累次測定による測定値の結合確率が状態の混合を保存する」という要請と「ある系の測定が自明的にそれより広い系の測定とも考えられる」という正当性が明らかな 2 つの要請を満たす測定の統計は必ず完全正値インストルメントで記述されることが示され，したがって，物理的に実現可能などんな測定装置の統計的性質も完全正値インストルメントで記述されなければならないのである [15]．

このようにして，量子力学の公理 1-3 に次の一般測定公理を付け加えることができることが明らかになった．

公理 4（一般測定公理） 状態空間 $\mathcal{H}$ を持つ量子系に対する任意の測定装置 $\mathbf{A}(\mathbf{x})$ に対して，完全正値インストルメント $\mathcal{I}$ が一意に存在して，$\mathbf{A}(\mathbf{x})$ の統計的性質は，

$$\Pr\{\mathbf{x} \in \Delta \| \rho\} = \mathrm{Tr}[\mathcal{I}(\Delta)\rho], \tag{8}$$

$$\rho_{\{\mathbf{x}\in\Delta\}} = \frac{\mathcal{I}(\Delta)\rho}{\mathrm{Tr}[\mathcal{I}(\Delta)\rho]} \tag{9}$$

によって定まる．また，任意のインストルメント $\mathcal{I}$ に対して，上記の統計的性質を持つ測定装置が存在する．

1990 年代になって急速に研究が進展した量子情報は，測定の概念が基本的役割を果たしている分野である．この分野の代表的教科書では，この一般測定公理，または，可能な測定値が有限個の場合にそれを簡略化させたものを公理として採用している．

参考文献

[1] J. von Neumann, *Mathematische Grundlagen der Quantenmechanik* (Springer, Berlin, 1932).
[2] J. Maddox, Nature (London) **331**, 559 (1988).
[3] V.B. Braginsky, Y.I. Vorontsov, and K.S. Thorne, Science **209**, 547 (1980).
[4] C.M. Caves *et al.*, Rev. Mod. Phys. **52**, 341 (1980).
[5] H.P. Yuen, Phys. Rev. Lett. **51**, 719 (1983), [see also *ibid.* p. 1603].
[6] H.P. Yuen, in *Proc. 2nd Int. Symp. Foundations of Quantum Mechanics*, edited by M. Namiki *et al.* (Physical Society of Japan, Tokyo, 1987), pp. 360–363.
[7] G. Lüders, Ann. Phys. (Leipzig) (6) **8**, 322 (1951).
[8] E.B. Davies and J.T. Lewis, Commun. Math. Phys. **17**, 239 (1970).
[9] M. Ozawa, J. Math. Phys. **25**, 79 (1984).
[10] M. Ozawa, in *Probability Theory and Mathematical Statistics*, Lecture Notes in Math. **1021**, edited by K. Itô and J.V. Prohorov (Springer, Berlin, 1983), pp. 518–525.
[11] J.P. Gordon and W.H. Louisell, in *Physics of Quantum Electronics*, edited by J.L. Kelly, Jr., B. Lax, and P.E. Tannenwald (McGraw-Hill, New York, 1966), pp. 833–840.
[12] M. Ozawa, J. Math. Phys. **26**, 1948 (1985).
[13] M. Ozawa, Phys. Rev. Lett. **60**, 385 (1988).
[14] M. Ozawa, in *Squeezed and Nonclassical Light*, edited by P. Tombesi and E.R. Pike (Plenum, New York, 1989), pp. 263–286.
[15] M. Ozawa, Ann. Phys. (N.Y.) **311**, 350 (2004).

「ミクロ・マクロ双対性」の方法

小嶋 泉

1 「Duhem–Quine 逆理」と「ミクロ・マクロ双対性」

「量子的ミクロのみ本物で，マクロ古典は粗視化に依る虚像」というのが現代物理学の標準的見方で，それに従うとミクロ理論からマクロ現象を導出する演繹のみが理論的に正しいことになる．ここでは外的自然を対象とする自然科学を論じているので，「真理性」は記述の対象と内容との間の検証可能な一致として了解される．そのとき，推論の正否は導かれた帰結の実験的検証に基づくが，遡って演繹的推論の出発点にあるミクロ量子系に関する理論的仮定自体の正しさは，どう判定・検証され保証されるのか？ それもやはり，実験観測データとの比較以外にないはずだが，「マクロ古典は…虚像」ゆえどんなデータも誤差等「信頼できないマクロ性」を免れないなら，結果的に「マクロ虚像」を以て「本物のミクロ」の品質を保証する本末転倒に陥らないだろうか？ これは「Duhem–Quine 逆理」と呼ばれ，測定量の個数，測定の回数と精度にまつわる有限性のため，記述の対象と内容との間に不可避に介在する普遍的困難である．これに対して，記述領域・側面・精度の制約を明示化して理論内部に取込み，それと整合する形でこのディレンマ突破を図るのが筆者の提唱する「ミクロ・マクロ双対性」[1] とそれに基づく帰納・演繹往復の方法論 [1, 2] である：ちょうど，適切な縮尺の局所地図が対象領域を正確に再現するように，記述・分類・解釈さるべき対象・現象（→対象系）とそこで必要な語彙・参照系・理論枠（→記述系）とは，適切な条件下，相互に表現論的双対の関係で結ばれ，対象系と記述系の「マッチング」=圏論的普遍性の成立により，帰納・演繹間の自由な往復が保証される．以下に，この理論枠がどのように実現されるか概観してみたい．

2 一般化されたセクターとその構造／対称性とその破れ

現代物理学の基礎を与える量子場理論は，時空共変な量子場の代数 $\mathcal{F}$ の

時間空間的振舞を記述する動力学と $\mathcal{F}$ への群 G の変換作用 $G \underset{\tau}{\curvearrowright} \mathcal{F}$ で記述される内部対称性とで構成されるが, 対称性が破れなければ $\mathcal{F}$ の中で測定可能な物理量は G-不変量 $\mathcal{A} := \mathcal{F}^G$ のみで, 非自明な G-変換性を持つ量は観測不能な非物理量である. 普通,「何が測定可能で何がそうでないか?」を問うことは殆どなく, 対称性 G の仮定から物理量の期待値間に想定される関係式が実験結果と整合すれば, それで理論構成が正当化されたと看做されるが, 実はこれは不十分である. 観測不能量まで含む $\mathcal{F}$ で記述された理論の側の [G-力学系 $G \underset{\tau}{\curvearrowright} \mathcal{F}$] と現象の側の [測定可能量 $\mathcal{A} \xrightarrow{\text{状態族 } \{\omega_\alpha\}}$ 測定結果 $\omega_\alpha(A)$, $A \in \mathcal{A}$] との間の gap は, 測定可能量 $\mathcal{A}$ だけから群 G と非自明な G-変換則に従う代数 $\mathcal{F}$ とを一意に定める「逆問題」を解くことなしには埋まらない. D(oplicher–)H(aag–)R(oberts) セクター理論は, DHR 判定基準: $\pi\!\restriction_{\mathcal{A}(\mathcal{O}')} \cong \pi_0\!\restriction_{\mathcal{A}(\mathcal{O}')}$ で選ばれた $\mathcal{A}$ の表現 π=「セクター」の全体を群双対 $\hat{G}$ と同定し, $\mathcal{F}$ と G とを $\mathcal{A}$ のガロア拡大 $\mathcal{F} = \mathcal{A} \rtimes \hat{G}$, ガロア群 $Gal(\mathcal{F}/\mathcal{A}) = G = \hat{\hat{G}}$ として定め, この逆問題を解いた [上の π_0 は $\mathcal{A}$ の真空表現, $\mathcal{A}(\mathcal{O}')$ は $\mathcal{O}$ の spacelike complement $\mathcal{O}'$ 内で測定可能な物理量の C*-環]. この意味で DHR 理論は, 目に見えるマクロデータであるセクター構造 $\hat{G}$ から, ミクロレベルの内部対称性 $G \underset{\tau}{\curvearrowright} \mathcal{F}$ を群双対性 $(G \leftrightarrows \hat{G})$ とガロア拡大 $\mathcal{F} = \mathcal{A} \rtimes \hat{G}$ によって導出するという画期的意味を持つ.

ただしこの理論は, 真空状況とそこからの局所的ズレに focus し既約表現に依拠して「セクター」を扱うため, 群 G は **unitary** 表現された形を取って破れのない対称性に帰着し, 自然界で重要な「対称性の破れ」が扱えない. 量子場 $\mathcal{F}$ の群対称性 $G \underset{\tau}{\curvearrowright} \mathcal{F}$ は, $\mathcal{F}$ の既約 (より一般には因子) 表現 $(\pi, \mathfrak{H})$ で共変性: $\pi(\tau_g(F)) = U(g)\pi(F)U(g)^*$ $(\forall F \in \mathcal{F})$ を満たす G の unitary 表現 $(U, \mathfrak{H})$ が存在すれば**破れない**対称性, そうでなければ**破れた**対称性を記述する. 通常物理で用いる言い方は, G を Lie 群としてその Lie 環表現の生成子の定義不能性を対称性の自発的**破れ**と定義するがこれは不正確で, **対称性の破れは** [$\mathcal{F}$ の表現 $(\pi, \mathfrak{H})$ の因子性 $\mathfrak{Z}_\pi(\mathcal{F}) := \pi(\mathcal{F})'' \cap \pi(\mathcal{F})' = \mathbb{C}1$] と [$G$-表現 $(U, \mathfrak{H})$ の共変性] との**非両立性にある** [3, 2]. つまり, $\mathcal{F}$ の因子表現 $(\pi, \mathfrak{H})$ で G の共変的 unitary 表現が**存在しない**か, または G の共変的 unitary 表現 $(U, \mathfrak{H})$ は存在するが G の破れのため $\mathcal{F}$ の表現 $(\pi, \mathfrak{H})$ の因子

性が破れるか：$\mathfrak{Z}_\pi(\mathcal{F}) \neq \mathbb{C}1$，の二通りの記述がある．論文 [2] では，局所非平衡状態の定式化 [4] を踏まえ，セクター概念を互いに疎な「因子表現」に拡張して自発的に**破れた対称性**を取込むと共に，温度をスケール不変性の破れに伴う秩序変数と同定して，対称性の明示的破れにまで道を開いた．

3　「量子古典対応」と「ミクロ・マクロ双対性」

これを出発点に，「量子古典対応」という物理的直観の持つ深い本質を蘇らせ，数学的方法論として活用可能にしたのが「ミクロ・マクロ双対性」[1] である．古典的マクロ対象を「無限個の量子の集積効果」と見る「量子古典対応」の直観的描像は，マクロ世界しか知らない古典物理学が未知のミクロ量子世界に踏込む際，道案内を務めた重要な発見法的理念である：実際，Bohr 原子模型等の「前期量子論」は「量子古典対応」の精神を体現し，その中核をなす「Bohr–Sommerfeld 量子化条件」が量子力学形成の礎である正準交換関係の発見に導いたのは周知．誕生した量子力学が**有限自由度系**しか扱えない一方，産みの親の「量子古典対応」は「無限個量子の集積」という「**無限自由度量子系**」の数学的扱いなしに理論的定式化が不可能な概念をコアに含むため，永らく忘却の彼方に放置されてきた．「ミクロ・マクロ双対性」は，無限自由度量子系の扱いを可能にした現代の数学的技術水準を踏まえて，「量子古典対応」の重要な核心に数学的定式化を与えて救出する．こうして，量子場のミクロ動力学とそれが産み出す多様なマクロ現象・構造との動的・有機的相互関係を解明する研究の本格的展開が漸く始まった．

ここでは，相対論的量子場の局所熱的状態の数学的定式化 [4] と DHR 理論から抽出した「セクター」概念及び「セクター」＝「純粋相」を選び出す「判定基準」を「方程式」と見るガロア方程式論の視点が重要で，記述対象の物理的状況に応じた量子状態の然るべき族を「方程式」の「解」として選び出せば，自然な物理的解釈が圏論の随伴によって定まる [2]．内部対称性の考察では直接測定に掛らない非物理量を含む量子場の代数 $\mathcal{F}$ が必要だったが，物理的解釈の議論では観測可能量の代数 $\mathcal{A} = \mathcal{F}^G$ が重要になる．ここで中心的働きをする $\mathcal{A}$ の拡張された「セクター」＝「純粋相」は，「中心」が自明な「因子表現」$(\pi, \mathfrak{H}) : \mathfrak{Z}_\pi(\mathcal{A}) = \mathbb{C}1$ の「準同値類」（＝重複度を無視した unitary 同値類）として定義される．「中心」が非自明 $\mathfrak{Z}_\pi(\mathcal{A}) \neq \mathbb{C}1$ な

ら，可換環 $\mathfrak{Z}_\pi(\mathcal{A})$ を「同時対角化」でスペクトル分解すると，それに伴って $\pi(\mathcal{A})''$ がスペクトル $Sp(\mathfrak{Z}) := Sp(\mathfrak{Z}_\pi(\mathcal{A}))$ 上で「セクター」の直積分に中心分解される：$\pi(\mathcal{A})'' = \int_{\chi \in Sp(\mathfrak{Z})}^\oplus \pi_\chi(\mathcal{A})'' d\mu(\chi)$. ここで異なる「セクター」$\pi_1, \pi_2$ 相互は，「unitary 非同値性」よりはるかに強く含意の深い「無縁性 (disjointness)」条件を満たす：i.e., $T\pi_1(A) = \pi_2(A)T\ (\forall A \in \mathcal{A})$ ならば $T = 0$. 可換性を特徴とする古典量は，複数の「セクター」=「純粋相」から成る「混合相」の「中心」$\mathfrak{Z}_\pi(\mathcal{A})$ として現われ，そのスペクトル＝実現値 $\chi \in Sp(\mathfrak{Z})$ によって「純粋相」を識別する「秩序変数」として機能する．「セクター」=「純粋相」は，ミクロ量子系とマクロ古典系＝「環境系」とを分ける「境界」として機能すると共に，両者を「ミクロ・マクロ複合系」=「混合相」に統合する：

←── セクターの作る可視的マクロ ──→				セクター間関係
$\cdots \gamma_N$	セクター γ	γ_2	γ_1	$Sp(\mathfrak{Z})$
$\vdots$	$\vdots$	$\vdots$	$\vdots$	↑ セクター内部
$\cdots \pi_{\gamma_N}$	π_γ	π_{γ_2}	π_{γ_1}	∥
$\vdots$	$\vdots$	$\vdots$	$\vdots$	↓ 不可視のミクロ

物理系の「抽象代数」$\mathcal{A}$ とその元 A に対し，Hilbert 空間上の作用素 $\pi(A) \in B(\mathfrak{H})$ による「具体的表現」は，Gel'fand–Naimark–Segal 表現定理：$(\pi, \mathfrak{H}, \xi) \leftrightarrows \omega(A) = \langle \xi, \pi(A)\xi \rangle$ により $\mathcal{A}$ 上の期待値汎函数である状態概念 $\omega: \mathcal{A} \to \mathbb{C}$ に通じ，状態 ω は非可換ミクロ世界 $\mathcal{A}$ をマクロ期待値 $\omega(A)$ へ橋渡しする "**Micro-Macro interface**" として測定過程を記述する．即ち，抽象代数レベルは測定過程に晒される前の量子系の virtual なあり方に対応し，Hilbert 空間での表現は測定＝マクロ化過程でのミクロ・マクロ相互関係の特定の文脈を選択する．表現以前に古典的自由度を持たない「純量子系」が disjoint 表現を無数に持つ状況は，「古典的マクロ対象＝無限量子の集積効果」という「量子古典対応」の本質を体現する無限自由度量子系固有の現象なのである．こうして，マクロ秩序変数は人為的に外から持ち込まずとも，ミクロ量子系内部から自然に生成し，そのスペクトルがミクロ量子系の取る多様な構造・配置を記述する分類空間を与える．古典的マクロレベルの幾何構造の物理的由来とその数学的「普遍性」はこれで基礎づけられ，ミク

ロ系と種々のマクロ古典レベルとをつなぐ普遍的相互関係が「ミクロ・マクロ双対性」として明確に定式化されるのである．

4 Quadrality scheme と「大偏差戦略」

こうして「ミクロ・マクロ双対性」を軸に物理量とその測定値，ミクロ量子とマクロ古典の双方向的一般的関係が理解されたが，これは時空的に変化発展する物理系のスナップショットである．変化発展の過程を取込み一つの物理系を十全に記述するには，過程を引き起こす「原因」= dynamics と「時間空間」の物理的本性の解明が不可欠で，それには理論的枠組として "quadrality scheme" [1, 5, 6] が有効に機能する：

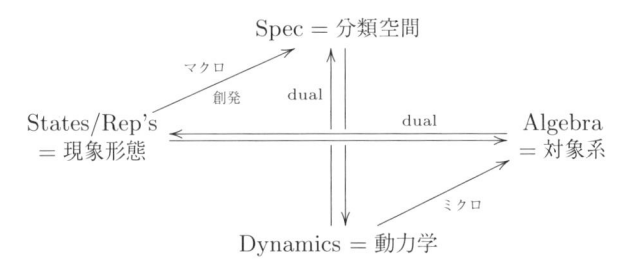

$$
\begin{array}{ccc}
 & \text{Spec} = \text{分類空間} & \\
 & \uparrow \text{マクロ} \quad \text{dual} & \\
 & \text{創発} \quad \Big\updownarrow & \\
\text{States/Rep's} & \xleftrightarrow{\quad \text{dual} \quad} & \text{Algebra} \\
= \text{現象形態} & & = \text{対象系} \\
 & \Big\updownarrow \quad \text{ミクロ} & \\
 & \text{Dynamics} = \text{動力学} &
\end{array}
$$

重要な点は，セクター間構造を記述する秩序変数 $\mathfrak{Z}_\pi(\mathcal{A})$ のスペクトル $Sp(\mathfrak{Z})$ が担う「分類空間」の機能で，その延長上に「時空間」を位置づける視点からの時空の物理的創発の解明 [7] が一つ．第二は，表現の「中心スペクトル」$Sp(\mathfrak{Z})$ 上に与えられた古典確率的データに基づいて対象系の性質を推定する大偏差原理による統計的推論が，ミクロ量子系にも殆どそのまま拡張でき，そこでは量子状態に値を取る確率変数や状態に非線型に依存するエントロピーのような物理量を扱うことができる [6]．この延長上に，Spec や動力学を測定データから統計的に推測する，という「大偏差戦略」が展望される [6]．

参考文献

[1] I. Ojima, Micro-macro duality in quantum physics, 143–161, Proc. Intern. Conf. "Stochastic Analysis: Classical and Quantum", World Sci., 2005; I. Ojima, Micro-Macro duality and emergence of macroscopic levels, Quantum Probability and White Noise Analysis, **21**, 217–228 (2008); R. Harada and I. Ojima, A unified scheme of measurement and amplification processes based on Micro-Macro Duality —Stern–Gerlach experiment as a typical example—, Open Systems and Information Dynamics **16**, 55–74 (2009).

[2] I. Ojima, A unified scheme for generalized sectors based on selection criteria, Open

Systems and Information Dynamics **10**, 235–279 (2003); I. Ojima, Temperature as order parameter of broken scale invariance, Publ. RIMS (Kyoto Univ.) **40**, 731–756 (2004).

[3] I. Ojima, Symmetry breaking patterns, pp. 337–353 *in* "Trends in Contemporary Infinite Dimensional Analysis and Quantum Probability", eds. L. Accardi, et al., Italian School of East Asian Studies, 2000.

[4] D. Buchholz, I. Ojima and H. Roos, Thermodynamic properties of non-equilibrium states in quantum field theory, Ann. Phys. (N.Y.) **297**, 219–242 (2002).

[5] I. Ojima, Meaning of Non-Extensive Entropies in Micro-Macro Duality, J. Phys.: Conf. Ser. 201 012017 (2010).

[6] I. Ojima and K. Okamura, Large deviation strategy for inverse problem, arXiv:quant-ph/1101.3690 (2011).

[7] I. Ojima, Space(-Time) Emergence as Symmetry Breaking Effect, Quantum Bio-Informatics IV, 279–289 (2011) (arXiv:math-ph/1102.0838 (2011)).

超弦理論のコンパクト化と風間・鈴木モデル

風間 洋一

1 はじめに

弦理論は，1960年代の終わり頃に，強い相互作用をするハドロン[1]と呼ばれる一連の粒子群の性質を解明しようとする過程で生まれた理論である．この当初の目的は，幾つかの重大な困難のため挫折するのであるが，1983年グリーンとシュワルツ [1] により，超対称性[2]を備えた弦理論（超弦理論）が量子力学と整合的でしかも有限である可能性を持った重力を含む理論であることが示されるや否や，超弦理論は自然界のすべての力の統一理論の最有力候補として爆発的に研究されることになった．ここにおいて最も重要な課題は，量子力学の要請から 10 次元という高い次元の時空でしか整合的に定義されない超弦理論から，いかにして現実的な 4 次元の理論を作るかという問題であった．ひとつの有力な解決策は，10 次元時空のうち 6 次元部分 M_6 は非常に小さく丸まっていて現在の観測にかからない，とする「コンパクト化」の考えである．そして，残りの 4 次元部分の理論が現実に近い良い性質を持つためには M_6 がカラビ・ヤウ (CY) 多様体でなければならないことがわかり，1987年頃までにそれを実現する幾つかのモデルが考案された．こうした流れの中で，ある意味で最も良い性質を持ったモデルを系統的に構築する方法を開発し，それを用いて具体的に一連の質的に新しいクラスの CY コンパクト化のモデルを構成したのが，鈴木久男氏と私の仕事 [2] である．このモデルは発表後直ちにシュワルツに注目され，彼によって "Kazama–Suzuki model"（以下 KS モデルと呼ぶ）と命名されることとなった．KS モデルは，以後多くの研究者により研究され，超弦理論のコンパクト化の古典的な例として定着したが，数理的な観点からも，2 次元の超共形不変な場の理論の発展において重要な役割を果たしてきた．残念ながら，非専門家に対して KS

---
[1] 陽子，中性子，中間子はこの仲間である．
[2] ボゾンとフェルミオンを入れ替える対称性．

モデルを説明することは非常に難しいが，以下弦理論の簡単な解説を補いながら，その構成の仕方と特徴を述べることにする．

2 弦理論と共形対称性

まず，弦理論とそれを司る重要な対称性である「共形対称性」についてごく手短に説明しよう．弦理論における弦とは，相対論的量子力学に従うミクロな「ひも」のことであり，両端を持つ「開弦」と閉じた「閉弦」に分けられる．以下では簡単のため輪のように閉じた古典的な閉弦を想起してもらえば良い．時刻を t，閉弦に沿って1周するパラメーターを σ ($0 \leq \sigma \leq 2\pi$) で表すと，D 次元のミンコフスキー時空を運動する閉弦の位置は $X^\mu(t,\sigma)$ ($\mu = 0, 1, \ldots, D-1$) という2次元面 (t,σ) 上の D 個の場で表される．σ に関してフーリエ展開すると，$X^\mu(t,\sigma) = \sum_n X_n^\mu(t) e^{-in\sigma}$ となるが，これは1周あたり n 回振動する波の重ね合わせを表す．これを量子化すれば，質量の異なる無限個の調和振動子の集まりが得られる．弦の大きさが極めて小さいとして，これを遠方から眺めれば，点粒子に見えるが，激しく振動するモードはそれだけ大きなエネルギーを持ち，相対性理論からそれは大きな質量を持った粒子と見なされる．このようにして，弦は様々な質量を持った無限の種類の粒子を統一的に表すことができる．

こうした閉弦の運動は，右回りの波と左回りの波の重ね合わせとなり，$X_\pm^\mu(x)$ を任意関数として，$X^\mu(t,\sigma) = X_+^\mu(t+\sigma) + X_-^\mu(t-\sigma)$ と表される．$t = -i\tau$ で定義されるユークリッド的時間 τ を導入して，$z \equiv \tau + i\sigma$, $\bar{z} \equiv \tau - i\sigma$ と定義すると，$t+\sigma$, $t-\sigma$ はそれぞれ $z, \bar{z}$ に比例するから，上記の運動は $X^\mu(z,\bar{z}) = X_+^\mu(z) + X_-^\mu(\bar{z})$ と書くことができる．$X_\pm^\mu$ は任意関数であるから，$z, \bar{z}$ を複素平面上の変数と見なして，$z \to f(z)$, $\bar{z} \to g(\bar{z})$ のような任意の正則および反正則変換を行っても，やはり許される弦の運動を表す．良く知られたように，これらの変換は共形（すなわち等角）変換であるから，「共形変換は弦理論の対称性である」という重要な結論が得られる．任意の整数 n に対して，ϵ を無限小パラメーターとする共形変換 $z \to z + \epsilon z^{-n+1}$ を引き起こす演算子を ϵL_n と記すことにすると，$L_n = z^{-n+1}(d/dz)$ と書ける．これらの無限個の演算子は $[L_m, L_n] = (m-n)L_{m+n}$ という代数を満たすことが容易にわかる．これを古典的な共形代数（あるいはヴィラソロ代

数）と呼ぶ[3]．量子力学を適用すると，ヴィラソロ演算子 L_n は弦を構成する無限個の調和振動子の演算子から作られることになるが，それらのなす代数は量子的な補正を受け，$[L_m, L_n] = (m-n)L_{m+n} + \frac{c}{12}\delta_{m+n,0}(m^3 - m)$ の形になる．c は共形代数の「中心電荷」と呼ばれる実数で，D 次元中の弦に対しては $c = D$ となる．弦理論を司るこの対称性の代数の構造は，L_n の母関数として，$T(z) \equiv \sum_n L_n z^{-n-2}$ という演算子場 $T(z)$ を導入すると，それらの積 $T(z)T(w)$ の $z-w$ に関する次のような極展開（演算子積展開）の情報から読み取ることができる：

$$T(z)T(w) \sim \frac{c/2}{(z-w)^4} + \frac{2T(w)}{(z-w)^2} + \frac{\partial T(w)}{z-w}. \quad (1)$$

自然界に存在するフェルミオンを記述するには，$X^\mu(z,\bar{z})$ に加えて，それと超対称変換で結びつくフェルミオン場 $\psi^\mu(z,\bar{z})$ を導入する必要がある．ψ^μ は c に一成分につき $1/2$ の寄与を与えるので，D 次元の超弦理論での c の値は $c = D + (1/2)D = (3/2)D$ となる．一方，理論の量子論的整合性から $c = 15$ でなければならないことが言えるので，結局超弦理論は $D = 10$ でのみ定義される理論となる．共形対称性およびそれを拡張した超共形対称性は，このような理論の整合性のみならず，超弦のスペクトルや相互作用を司る決定的に重要な対称性なのである．

3 超弦理論とそのコンパクト化

10 次元で定義される超弦理論を 4 次元の理論として解釈するためには，序論で述べたように，残りの 6 次元分 M_6 をコンパクト化するのが自然な考えである．そしてそうして得られる 4 次元理論が現実に近い良い性質を持つためには M_6 がカラビ・ヤウ (CY) 多様体と呼ばれる特殊なケーラー多様体であること，さらに，それを実現するには弦を記述する 2 次元世界面上の場の理論が $N = 2$ の超共形対称性を持てば良いこと，がわかってきた．この対称性を表す $N = 2$ 超共形代数は，$T(z)$ の他にひとつのボゾン的演算子 $J(z)$ と二つの超共形演算子と呼ばれるフェルミオン的な演算子 $G^i(z)$ ($i = 0, 1$) からなる閉じた代数であり，(1) に加えて次の形の演算子積展開で表される：

---

[3] 特に $L_{\pm 1}, L_0$ の部分に注目すると $[L_1, L_{-1}] = 2L_0, [L_0, L_{\pm 1}] = \mp L_{\pm 1}$ のように閉じた部分代数をなしており，角運動量演算子 $L_x \pm iL_y, L_z$ のなす代数と類似の構造を持つ．ただし，今の場合には L_n の添え字 n はすべての整数をとることができるので，無限次元の高い対称性の代数を表している．

$$T(z)J(w) \sim \frac{J(w)}{(z-w)^2} + \frac{\partial J(w)}{z-w}, \quad T(z)G^i(w) \sim \frac{3/2\,G^i(w)}{(z-w)^2} + \frac{\partial G^i(w)}{z-w}, \tag{2}$$

$$J(z)G^i(w) \sim \frac{i\epsilon^{ij}G^j}{z-w}, \quad J(z)J(w) \sim \frac{c/3}{(z-w)^2}, \tag{3}$$

$$G^i(z)G^j(w) \sim \frac{2c\delta^{ij}/3}{(z-w)^3} + \frac{2i\epsilon^{ij}J(w)}{(z-w)^2} + \frac{2T(w)\delta^{ij} + i\epsilon^{ij}\partial J(w)}{z-w}, \tag{4}$$

ここで $\epsilon^{01} = 1 = -\epsilon^{10}$, $\epsilon^{00} = \epsilon^{11} = 0$. \tag{5}

容易にわかるように，このうち，$T(z)$ と $G^0(z)$ は $N=1$ 超共形代数と呼ばれる閉じた部分代数をなしている．この対称性を実現すべく，1985 年頃から，M_6 がトーラスやそれを離散的な群の作用で割って作られるオービフォールドと呼ばれるクラスの比較的簡単な CY 多様体の場合に，T, J, G^i を超弦の 6 次元部分の座標 $(X^I(z,\bar{z}), \psi^I(z,\bar{z}))$ $(I=1,\ldots,6)$ を用いて直接構成する方法が開発され，幾つかのモデルが作られた．これらのモデルは 2 次元の理論としては自由場の理論であり，M_6 を記述する部分の中心電荷は $c = (3/2) \times 6 = 9$ の値を持つ．

こうした状況の中，1987 年ゲプナーは初めて相互作用をしている場を用いて，より非自明な CY 多様体へのコンパクト化を記述する一連のモデルを提唱した．この仕事の根底にある重要な新しい発想は，M_6 部分を記述する理論は，必ずしも時空的な描象を伴うものである必要はなく，正しい中心電荷 ($c=9$) を持つ $N=2$ 超共形理論であれば良い，という認識である．このアイデアに基づいて，ゲプナーはそれ自体は時空描象を持たないが非常に性質の良い $N=2$ ミニマルモデルと呼ばれるクラスのモデルを組み合わせることにより，一連の 4 次元のモデルを構成したのである．ミニマルモデルは，正の整数 k でラベルされ，その中心電荷は $c = 3k/(k+2)$ という 3 を越えない分数の値をとる．最も簡単な例は，$k=3$ すなわち $c=9/5$ を持つモデルを 5 つ加えて $c=9$ を実現するもので，これは quintic と呼ばれる CY 多様体へのコンパクト化を表している．

ゲプナーモデルは非自明な CY 多様体へのコンパクト化を具体的に実現する方法として重要な役割を果たしたが，$c=9$ を実現するのに幾つものモデルを「成分」として組み合わせなければならない点は改善を要する．それは

審美的な見地からだけでなく，各成分から生ずる過剰な $U(1)$ 対称性が量子力学的な不整合を引き起こす危険性があるからである．この欠点は，単独で $c=9$ を実現するモデルができれば解消する．そしてそれを可能にする数理的にも美しい強力な方法を開発したのが次に述べる我々の仕事である．

4 風間・鈴木モデル

中心電荷がちょうど 9 になるような $N=2$ の超共形代数を系統的に構成する問題を考えよう．そこで，一端超対称性は忘れて，共形代数を構成するひとつの強力な方法である「菅原構成法」を利用することを考える．これは，通常のリー代数を拡張した「カレント代数[4]」の生成子を用いてヴィラソロ演算子を構成する方法である．最も簡単な $su(2)$ カレント代数を例にとってこれを説明しよう．$su(2)$ カレント代数は角運動量演算子 J_0^A ($A=1,2,3$) の満たす代数 $[J_0^A, J_0^B] = i\epsilon^{ABC} J_0^C$ を，無限個の生成子を付け加えて拡張したものであり，$[J_n^A, J_n^B] = i\epsilon^{ABC} J_{m+n}^C + \frac{k}{2} \delta^{AB} \delta_{m+n,0}$ の形をとる．定数 k はカレント代数の中心電荷であり[5]，レベルと呼ばれる．上記の代数は，ヴィラソロ代数の場合と同様，母関数として「カレント」を $J^A(z) \equiv \sum_n J_n^A z^{-n-1}$ と定義すると，演算子積展開

$$J^A(z) J^B(w) \sim \frac{\frac{k}{2}\delta^{AB}}{(z-w)^2} + \frac{i\epsilon^{ABC} J^C}{z-w} \tag{6}$$

で表すことができる．菅原構成とは，$J^A(z)$ から (1) を満たすヴィラソロ演算子 $T(z)$ を次のように構成できることを言う[6]：

$$T(z) = \frac{1}{k+2} \sum_A : J^A(z) J^A(z) :, \quad c = \frac{3k}{k+2}. \tag{7}$$

c はヴィラソロ代数の中心電荷である．構造定数が f^{ABC} で与えられる一般のリー代数 $\mathfrak{g}$ の場合にも，g を双対コクセター数として，$T(z)$ 中の係数を $1/(k+g)$ に置き換えれば同様にして中心電荷が $c = k \dim \mathfrak{g}/(k+g)$ のヴィラソロ代数が得られる．このようにして，様々なリー代数を元にして対応する共形代数を作ることができるのである．

さらに多くの種類の共形モデルを作るには，菅原構成法を発展させたコセッ

---
[4] カッツ・ムーディー代数あるいはアフィン・リー代数とも呼ばれる．
[5] ヤコビ律と整合的な中心拡大を特徴付ける量である．
[6] 記号 : : はカレント順序積と呼ばれるものを表すが，詳細は省略する．

ト構成法 [5] と呼ばれる方法が便利である.それは,群 G をその部分群 H で割った剰余類(コセット)G/H に属するカレントのみを用いて $T(z)$ を構成する方法である.この場合,G に加えて H のとり方の自由度があるので,より多くのモデルを構成することができる.

さて,次に超対称性を持った超共形代数の構成に移ろう.それには,フェルミオンの自由度をうまく入れなければならない.ここで我々はまず,上述のコセット構成法をカッツとトドロフ [6] が構成した超対称カレント代数を用いて拡張することを考えた.この代数は,ボゾン的なカレント $J^A(z)$ に加えて,フェルミオン的なカレント $j^A(z)$ からなる.すると若干の工夫ののち,これらのカレントを用いて,前章で触れた $N=1$ 超共形代数を満たす $T(z)$ および $G^0(z)$ を構成することができた.$T(z)$ の形は複雑なので書かないが,$G^0(z)$ の形を記すと

$$G^0(z) = \frac{2}{k}\left(\delta_{\bar{a}\bar{b}} j^{\bar{a}}(z)\hat{J}^{\bar{b}}(z) - \frac{i}{3k} f_{\bar{a}\bar{b}\bar{c}} j^{\bar{a}}(z) j^{\bar{b}}(z) j^{\bar{c}}(z)\right) \qquad (8)$$

となる.ここでバー付きの文字 $\bar{a}$ 等は G/H 部分を走る添え字であり,$\hat{J}^{\bar{a}}$ は,フェルミオン $j^{\bar{a}}$ と独立になるように,もともとのカレント $J^{\bar{a}}$ から適当な部分を引き去って定義したものである.

我々の次なる戦略は,こうして得られた $N=1$ 代数が (1) および (2)–(4) を満たす $N=2$ 代数に持ち上がるための条件を調べることであった.そこで我々は,G^1 として $j^{\bar{a}}$ と $\hat{J}^{\bar{b}}$ からなる次元 3/2 を持つ最も一般的な演算子を考え,それがすでに得られている $T(z)$ を用いて (4) の形の演算子積展開を与える条件を求めた.具体的には $h^1_{\bar{a}\bar{b}}, S^1_{\bar{a}\bar{b}\bar{c}}$ を未定係数として (8) を一般化した

$$G^1(z) = \frac{2}{k}\left(h^1_{\bar{a}\bar{b}} j^{\bar{a}}(z)\hat{J}^{\bar{b}}(z) - \frac{i}{3k} S^1_{\bar{a}\bar{b}\bar{c}} j^{\bar{a}}(z) j^{\bar{b}}(z) j^{\bar{c}}(z)\right) \qquad (9)$$

を考え,これらの未定係数の満たすべき条件を求めたのである.するとまず,$h^1_{\bar{a}\bar{b}}$ に対して一般に $h^1_{\bar{a}\bar{b}} h^1_{\bar{b}\bar{c}} = -\delta_{\bar{a}\bar{c}}$ が成り立たねばならないことがわかった.これは $h^1_{\bar{a}\bar{b}}$ が複素構造を表していることを意味する.さらに,$h^1_{\bar{a}\bar{b}}, S^1_{\bar{a}\bar{b}\bar{c}}$ および構造定数 $f_{\bar{a}\bar{b}\bar{c}}$ の間に幾つかの関係式が成り立つべきことがわかり,しかも,それらが成り立てば,残りの $N=2$ 代数もすべて満たされることが言えた.これらの関係式の詳細およびそれを満たす解の完全な解析と幾何学的解釈は複雑なので省略するが,その中で最も簡明かつ重要なのは,次の解で

ある：
$$S^1_{\bar{a}\bar{b}\bar{c}} = f_{\bar{a}\bar{b}\bar{c}} = 0. \tag{10}$$
これは，複素構造の情報と併せて，剰余類 G/H が「エルミート対称空間」と呼ばれる特殊なケーラー多様体になる条件と一致する．幸いなことに，エルミート対称空間は完全に分類されているので，この構成法による $N=2$ 超共形代数のモデルはすべて列挙することができ，そこに現れるヴィラソロ代数の中心電荷 c の値も具体的にわかる．一例として，$G/H = U(m+n)/U(m) \times U(n)$ というエルミート対称空間の系列を取り上げよう．この場合，$\hat{k} = 1, 2, \ldots$ を $\hat{J}^A$ の作るカレント代数のレベルとすると，$c = 3\hat{k}mn/(\hat{k}+m+n)$ で与えられるので，例えば $\hat{k} = m = n = 3$ ととれば，c の値がちょうど 9 になるモデルが得られる．無論必要ならばゲプナーのように幾つかの KS モデルを組み合わせて $c = 9$ を実現することもできる．

こうして得られた KS モデルは，その構造や表現論が比較的良くわかっている超対称カレント代数に基づいているため，その重要な性質を具体的に調べることができる．例えば，超弦の状態の質量スペクトルを司る「指標」と呼ばれる量をカレント代数の指標等により表すことができる．詳しい説明は省かざるをえないが，この情報は矛盾のない超弦理論が構成できることを示すのに非常に重要な役割を果たす．また，ゲプナーによって開発された方法を応用することにより，KS モデルを基にして，現実的な自然界の統一モデルを構築するのに都合の良いゲージ群を備えたヘテロ弦と呼ばれるタイプの超弦理論を作ることができる．本稿では，最も構造的に美しいエルミート対称空間に基づいたモデルの基本部分のみを説明したが，我々が平行して開発したボゾン場を用いる方法に基づくより広範なモデルも含めて，KS モデルの全容とその応用はまだ未知の部分も多く，現在も研究が続いている．

参考文献

[1] M.B. Green and J.H. Schwarz, Phys. Lett. **B149**, 117 (1984).
[2] Y. Kazama and H. Suzuki, Nucl. Phys. **B321**, 232 (1989); Phys. Lett. **B216**, 112 (1989); Mod. Phys. Lett. **A4**, 235 (1989).
[3] D. Gepner, Nucl. Phys. **B296**, 757 (1988).
[4] H. Sugawara, Phys. Rev. **170**, 1659 (1968).
[5] P. Goddard, A. Kent and D.I. Olive, Phys. Lett. **B152**, 88 (1985).

[6] V.G. Kac and I.T. Todorov, Commun. Math. Phys. **102**, 337 (1985).

下に有界でない作用をもつ場の理論の確率過程量子化

金 長 正 彦

1 はじめに

　場の量子論の数理物理的側面は，公理的アプローチ [1] から生じた構成的アプローチ [2] の研究により，近年めざましい発展を遂げ，数学的に厳密である解析が可能になっただけでなく，その物理的性質の解明にも大いに役立っている．その一方，$\lambda < 0$ の $\lambda\varphi^4$ 理論のような，下に有界でない作用（底なし系）をもつ場の量子論を構成する数理物理学的方法の研究は十分になされているとは言えない．この分野に対する試みとしては数理物理的な厳密性は曖昧であるが，Greensite–Halpern [3] により唱えられた Parisi–Wu [4] の確率過程量子化を利用する方法がある．Greensite–Halpern による方法は，大変興味深い方法ではあるが，Parisi–Wu の確率過程量子化の正当性を保証する経路積分量子化との関係が不明瞭であるという欠点もあった．積分核 [5] を利用した確率過程量子化を用いる，筆者を含めた早稲田グループ[1]により提唱された方法 [6] では，この欠点は解消されている．しかしながら，その数理物理学的側面についての検証は，残念ながら不十分であると言わざるを得ない．その部分への若い研究者の挑戦を期待する意味で，積分核を利用した確率過程量子化ならびに底なし系への応用 [6, 7] について紹介する．

　Parisi–Wu による確率過程量子化のもっとも基本的な仕組みでは，Euclid 化された作用 $S(\varphi)$ が存在する場合，その作用 $S(\varphi)$ に従う場 $\varphi(x)$（ここでは $x \in \mathbf{R}^d$ とする）は，新たに導入されたパラメータ $t \in \mathbf{R}$（仮想時間という）に対して，以下の Langevin 方程式に従う．

$$\frac{\partial}{\partial t}\varphi(x,t) = -\frac{\delta S(\varphi)}{\delta \varphi(x)}\bigg|_{\varphi(x)\to\varphi(x,t)} + \eta(x,t). \qquad (1)$$

ただし，Langevin 方程式の右辺第 1 項は，作用 $S(\varphi)$ を $\varphi(x)$ で汎関数微

---

[1] この研究分野に筆者を導いてくれた故並木美喜雄氏に感謝を捧ぐ．

分して得られる式において,場 $\varphi(x)$ を新たに導入した仮想時間 t にも依存する関数 $\varphi(x,t)$ で置き換えた表現であり,第 2 項 $\eta(x,t)$ は

$$\langle \eta(x,t) \rangle_\eta = 0, \quad \langle \eta(x,t)\eta(x',t') \rangle_\eta = 2\delta^d(x-x')\delta(t-t')$$

の統計性に従うガウス型白色雑音である.作用 $S(\varphi)$ が**下に有界**である場合（例えば $\lambda\varphi^4$ 理論で $\lambda > 0$ の場合），Langevin 方程式 (1) は十分大きい仮想時間 t に対して安定な状態（仮想的熱平衡状態）に達し,その状態の場 $\varphi(x,t)$ を用いて多点関数の期待値 $\lim_{t\to\infty}\langle\varphi(x_1,t)\cdots\varphi(x_n,t)\rangle$ を求めると Schwinger 関数 $G_n(x_1,\ldots,x_n)$ に一致する.すなわち,

$$\lim_{t\to\infty}\langle\varphi(x_1,t)\cdots\varphi(x_n,t)\rangle = G_n(x_1,\ldots,x_n).$$

（確率過程量子化の詳細については,数理物理学的側面も含めて,文献 [8] を参照のこと.）以下では,底なし系の困難を紹介した後（2 節），積分核を利用した確率過程量子化の紹介とその底なし系への具体的な適用（3 節）に触れる.

2 底なし系

$G_1(x), G_2(x_1,x_2),\ldots,G_n(x_1,\ldots,x_n)$ はある種の量子場の Schwinger 関数とする.実際,それらの関数は以下のように経路積分を用いて定義され,

$$G_n(x_1,\ldots,x_n) = \mathcal{N}\int\varphi(x_1)\cdots\varphi(x_n)e^{-A[\varphi]}\prod_x d\varphi(x), \qquad (2)$$

$\mathcal{N}$ は規格化因子であり,$A[\varphi]$ は Euclid 化された作用汎関数である.φ^4 の相互作用を有するスカラー場であれば,$A[\varphi]$ は

$$A[\varphi] = \frac{1}{2}\int[(\partial_\mu\varphi)^2 + m^2\varphi^2]d^dx + \frac{\lambda}{4}\int\varphi^4 d^dx \qquad (3)$$

と表される.(2) 式のような経路積分計算を行う場合,様々な数学的問題が考えられるが,その中でも λ が負値をもつ場合は特別である.その場合,作用 $A[\varphi]$ は下に有界でなく（下限をもたず),経路積分 (2) は明らかに発散する.このような作用を有する系を底なし系と呼ぶ.この底なし系の場の量子論を構成することは,トリビアルでない φ^4 理論の存在を示唆することになり,数理物理学的に興味深いことである [2].

3 一般化された確率過程量子化

積分核を用いた Langevin 方程式に基づく，一般化された確率過程量子化と，その底なし系へ適用について概説する．この量子化では，作用 $A[\varphi]$ で記述される Euclid 化されたスカラー場 φ は，以下の Langevin 方程式で仮想時間発展する（ここでは $\delta/\delta\varphi$ は，汎関数微分の後 $\varphi \to \varphi(x',t)$).

$$\frac{\partial}{\partial t}\varphi(x,t) = -\int d^d x'\, K(x,x';\varphi)\frac{\delta A}{\delta\varphi} \\ + \int d^d x'\, \frac{\delta K(x,x';\varphi)}{\delta\varphi} + \int d^d x'\, G(x,x';\varphi)\eta(x',t). \tag{4}$$

なお積分核 $K(x,x';\varphi)$ は実汎関数，ガウス型白色雑音 $\eta(x,t)$ は以下の統計性に従う．

$$\langle \eta(x,t) \rangle = 0, \quad \langle \eta(x,t)\eta(x',t') \rangle = 2\delta^d(x-x')\delta(t-t'). \tag{5}$$

積分核 $K(x,x';\varphi)$ は実汎関数 $G(x,x';\varphi)$ を用いて以下のように因数分解可能であると仮定する．

$$K(x,x';\varphi) = \int d^d x''\, G(x,x'';\varphi)G(x',x'';\varphi). \tag{6}$$

この Langevin 方程式による仮想時間発展でも，作用 $A[\varphi]$ が下に有界であれば，十分大きい仮想時間 t について熱平衡状態に達することが示され，その場合の分布は経路積分 (2) の分布と一致する．Greensite–Halpern による方法では，この点が示されておらず，底なし系の場の量子論を正しく構成した理論となっているのか曖昧であった．

この量子化法を底なし系に適用する場合，その作用 $A[\varphi]$ を

$$A[\varphi] = A_0[\varphi] + A_{\rm int}[\varphi], \quad A_0[\varphi] = \frac{1}{2}\int[(\partial_\mu\varphi)^2 + m^2\varphi^2]\,d^d x, \tag{7}$$

$$A_{\rm int}[\varphi] = \frac{\lambda}{4}\int \varphi^4\,d^d x, \quad \lambda < 0 \tag{8}$$

と分割し，積分核 $K(x,x';\varphi)$ とその平方根 $G(x,x';\varphi)$ を

$$K(x,x';\varphi) = \delta^d(x-x')K[\varphi], \quad K[\varphi] = \exp\{A_{\rm int}[\varphi]\}, \tag{9}$$

$$G(x,x';\varphi) = \delta^d(x-x')K^{1/2}[\varphi] \tag{10}$$

と選ぶ．これにより，Langevin 方程式 (4) は

$$\frac{\partial}{\partial t}\varphi(x,t) = -K[\varphi]\frac{\delta A_0[\varphi]}{\delta \varphi}\bigg|_{\varphi \to \varphi(x,t)} + K^{1/2}[\varphi]\eta(x,t) \tag{11}$$

と変形される．一般化された確率過程量子化では，この Langevin 方程式 (11) を用いて，通常の確率過程量子化と同様に，Schwinger 関数を計算する．

Langevin 方程式 (11) に基づく計算法の正当性を確認するため，Langevin 方程式 (11) を以下のように仮想時間 t について離散化する．

$$\varphi(x, t+dt) - \varphi(x,t) = -\frac{\delta A_0[\varphi]}{\delta \varphi}K[\varphi]\,dt + K^{1/2}[\varphi]\sqrt{dt}\,N(x,t), \tag{12}$$

$$\langle N(x,t)\rangle = 0, \quad \langle N(x,t)N(x',t')\rangle = 2\delta^d(x-x')\delta_{t,t'}. \tag{13}$$

ここで新たなパラメータ $\bar{t}$ を

$$\bar{t} = \int^t K[\varphi(t')]\,dt' \tag{14}$$

と定義すると，Langevin 方程式 (12) は以下のようになる．

$$\varphi(x, t+dt) - \varphi(x,t) = -\frac{\delta A_0[\varphi]}{\delta \varphi}\,d\bar{t} + \sqrt{d\bar{t}}\,N(x,t). \tag{15}$$

$|\varphi|$ が有限，すなわち $K[\varphi] \not\propto 0$ である領域 Ω に話を限定すれば，十分に微小な量 dt に対して $\varphi(x, t+d\bar{t}) = \varphi(x, t+dt)$ の関係を満たす微小量 $d\bar{t}$ が存在し，その場合 Langevin 方程式 (15) は

$$\varphi(x, t+d\bar{t}) - \varphi(x,t) = -\frac{\delta A_0[\varphi]}{\delta \varphi}\,d\bar{t} + \sqrt{d\bar{t}}\,N(x,t) \tag{16}$$

と変形され，連続極限を取れば，領域 Ω で Langevin 方程式 (12) は

$$\frac{\partial}{\partial \bar{t}}\varphi(x,\bar{t}) = -\frac{\delta A_0[\varphi]}{\delta \varphi}\bigg|_{\varphi \to \varphi(x,\bar{t})} + \eta(x,\bar{t}), \tag{17}$$

$$\langle \eta(x,\bar{t})\rangle = 0, \quad \langle \eta(x,\bar{t})\eta(x',\bar{t}')\rangle = 2\delta^d(x-x')\delta(\bar{t}-\bar{t}') \tag{18}$$

となる．この Langevin 方程式は自由なスカラー場の仮想時間発展を表す自明な方程式と一致し，規格化可能な熱平衡状態を与える．

一方，$|\varphi|$ が十分大きい，すなわち $K[\varphi] \sim 0$, $K^{1/2}[\varphi] \sim 0$ である領域 $\partial\Omega$ では，Langevin 方程式 (12) は

$$\varphi(x, t+dt) - \varphi(x, t) = 0 \tag{19}$$

となり，この場合もスカラー場 φ は，仮想時間 t についてそれ以上発展しないという意味で，熱平衡状態に達する．以上の議論をまとめれば，$\lambda < 0$ な作用 $A[\varphi]$ で定義される底なし系に対して，積分核を利用した Langevin 方程式 (12) の仮想時間発展は，方程式 (16) が表す熱平衡状態に達するという意味で，自明な領域を含む一方，その領域から離れる時間発展も含んでおり，その差が大きくなるにつれて，Langevin 方程式 (12) は方程式 (19) で支配される定常な（熱平衡な）領域に漸近的に近づく．

以上の分析から，底なし系でのスカラー場 φ は Langevin 方程式 (11) により仮想時間発展して十分安定な熱平衡状態に達し，それらを用いて Schwinger 関数を求められることが示された．

4 終わりに

ここでは，底なし系への一般化された確率過程量子化の適用について，Langevin 方程式から見た枠組みを示した．数理物理学的に表現すれば，$\lambda < 0$ な $\lambda\varphi^4$ 理論について Schwinger 関数 $G_n(x_1, \ldots, x_n)$ の基底状態を新たに定義する方法を，ここで示した枠組みは示唆しているのかもしれないが，その厳密な分析は未だ不十分である．数理物理学的に取り組みやすいと考えられる Fokker–Planck ハミルトニアンならびに Fokker–Planck 方程式を用いた枠組みについては文献 [7] にある．文献 [9] には，この Langevin 方程式を用いた枠組みにより，実際に安定な熱平衡状態が再現されるか，$d = 0$ の場合について数値シミュレーションを用いて示した研究もなされており，その安定性と Borel 総和法を用いた摂動論の結果についても分析がなされている．なお文献 [7] で扱っている底なし系は，時空 0 次元底なしエルミート行列モデルであるが，このモデルを量子化することは，2 次元量子重力理論を構成する方法の一つと考えられ，その厳密な数学的基礎が与えられることは，数理物理学だけでなく，他の物理分野にとっても重要である．

参考文献

[1] 荒木不二洋,『場の量子論における公理論的方法』, 日本物理學會誌 第 16 巻 第 7 号, 463–465 に概観と詳細な参考文献リストがある. 成果については, ボゴリューボフ, N.N., A.A. ログノフ, I.T. トドロフ,『場の量子論の数学的方法』, 江沢洋他訳, 東京図書, 1980 年を参照のこと.

[2] 江沢洋, 新井朝雄,『場の量子論と統計力学』, 日本評論社, 1988 年.

[3] Greensite, J. and M.B. Halpern, Stabilizing bottomless action theories, Nucl. Phys. B242, 167–1288.

[4] Parisi, G. and Y.S. Wu, Perturbation theory without gauge fixing, Sci. Sinica **24**, 483–496.

[5] 例えば, Sakita, B., Quantum theory of many-variable systems and fields, World Scientific, Singapore, 1985.

[6] Tanaka, S., M. Namiki, I. Ohba, M. Mizutani, N. Komoike and M. Kanenaga, Stochastic quantization of bottomless systems based on a kerneled Langevin equation, Phys. Lett. B **288**, 129–139.

[7] Kanenaga, M., M. Mizutani, M. Namiki, I. Ohba and S. Tanaka, Langevin Simulation of a Bottomless Hermitian Matrix Model for Two Dimensional Quantum Gravity, Prog. Theor. Phys. **91**, 599–610.

[8] Namiki, M., Stochastic Quantization, Springer, Heidelberg, 1992.

[9] Zavialov, O.I., M. Kanenaga, A.I. Kirillov, V.Yu. Mamakin, M. Namiki, I. Ohba, E.V. Polyachenko, On quantization of systems with actions unbounded from below, Theor. Math. Phys. **109**, 2, 1379–1387.

超局所解析的 S 行列論

河 合 隆 裕

Micro-analytic S-matrix theory とは超局所解析学 (microlocal analysis) の視点を取り入れた解析的 S 行列論の謂であり，超局所解析学とは文献 [1] で確立された「余接束上での局所解析学」を意味する．[1] の主要結果は所謂「線型偏微分方程式系の構造定理」であり，それは一般的な条件の下で任意の線型偏微分方程式系は超局所解析的には次の形の方程式系 $\mathcal{N}$ の直和に同型であることを主張する．

$$\mathcal{N}: \begin{cases} \dfrac{\partial u}{\partial x_j} = 0 \quad (j = 1, 2, \ldots, r) & \text{(1.i)} \\[2mm] \left(\dfrac{\partial}{\partial x_{r+2k}} + \sqrt{-1}\,\dfrac{\partial}{\partial x_{r+2k-1}}\right)u = 0 \quad (k = 1, 2, \ldots, s) & \text{(1.ii)} \\[2mm] \left(\dfrac{\partial}{\partial x_{r+2s+l}} + \sqrt{-1}\,x_{r+2s+l}\,\dfrac{\partial}{\partial x_n}\right)u = 0 \quad (l = 1, 2, \ldots, a) & \text{(1.iii)} \\[2mm] \left(\dfrac{\partial}{\partial x_{r+2s+l}} - \sqrt{-1}\,x_{r+2s+l}\,\dfrac{\partial}{\partial x_n}\right)u = 0 \quad (l = a+1, \ldots, a+b) & \text{(1.iv)} \end{cases}$$

ここで (1.i) は de Rham 系，(1.ii) は Cauchy–Riemann 系として古典的に良く知られたものであり，(1.iii), (1.iv) は "解を持たない微分方程式" (H. Lewy の反例) として著名なものの一例である．この「構造定理」はその系として特性多様体が実の時，解の特異性は陪特性帯に沿って伝播することを示しており，クーラン・ヒルベルトの意味での「数理物理学」の一つの理論的到達点を与える物である．(尚,「陪特性帯に沿っての特異性の伝播」と云う事実は高階常微分方程式の WKB 解析において不可欠な概念「仮想的変わり点」の導入 ([2]) に際しても，一つの指導原理として再び数理物理学との接触点を見い出している．) 又, [1] は, この「一般的な系の構造定理」と同時に,「一般的でない偏微分方程式系」，即ち「極大過剰決定系」の基礎理論も展開している．ここで「極大過剰決定系」とはその特性多様体の余次元が極

大（即ち変数の数）となるものを謂い，古典的数理物理学の中心主題である常微分方程式の自然な拡張となっている．(この系は偏微分方程式系でありながら，常微分方程式と同様にその解空間は局所的に考えても有限次元になる，と云う顕著な特徴を持つ．) これ等の解析の出発点は，佐藤（幹夫）先生により構築された ([3]) microfunction の理論である．それは多様体 M 上の超函数の層，実解析函数の層を各々 $\mathcal{B}, \mathcal{A}$ と記す時，「特異性の層」$\mathcal{B}/\mathcal{A}$ は余接束 $\sqrt{-1}S^*M$ 上に disperse される，即ち余接束上にある層 $\mathcal{C}$ が在って

$$0 \longrightarrow \mathcal{A} \longrightarrow \mathcal{B} \xrightarrow{\mathrm{sp}} \pi_*\mathcal{C} \longrightarrow 0 \quad (\pi: \sqrt{-1}S^*M \to M) \tag{2}$$

なる完全系列を与えることを示している．(尚 [1] とほぼ同時期に全く異った方法論により，C^∞ 函数を "regular" と見做す立場の余接束上での局所解析が Hörmander を中心に展開されておりそれも現在通常 microlocal analysis と呼ばれている．物理学者が C^∞ を "regular" と言うことは無いと思うのでここではこれ以上触れないこととする．)

ここで層 $\mathcal{C}$ のイメージを得て頂く為に次の 2 例を示しておく．以下 supp は層 $\mathcal{C}$ の断面の「台」の意．又，supp sp$f$ は S.S.f とも記し，f の特異性スペクトルと呼ばれる．

(i) 今 φ を $\mathbb{R}^n$ 上の実数値実解析函数であって $\varphi(x) = 0$ なら $\mathrm{grad}_x\varphi(x) \neq 0$ なる条件を満たすものとする．この時

$$\mathrm{supp\ sp}((\varphi+i0)^{-1}) \tag{3}$$
$$= \{(x, i\xi) \in iS^*\mathbb{R}^n;\ \varphi(x) = 0,\ \xi = c\,\mathrm{grad}_x\varphi(x)(c>0)\}$$

(ii) $\quad \mathrm{supp\ sp}((x_1+i0)^{-1}(x_2+i0)^{-1})$
$$= \{(x, i\xi) \in iS^*\mathbb{R}^2;\ x_1 = x_2 = 0,\ \xi_1, \xi_2 \geq 0,\ (\xi_1, \xi_2) \neq 0\}$$
$$\cup \{(x, i\xi);\ x_1 = 0,\ \xi_1 > 0,\ \xi_2 = 0\}$$
$$\cup \{(x, i\xi);\ x_2 = 0,\ \xi_1 = 0,\ \xi_2 > 0\}.$$

さて，このような例を見て「超局所解析学が解析的 S 行列論と組合わされるのは歴史の必然であった」と言いたくなる人もあるだろうが，現実はそうではなかった．この 2 つの理論が溶け合うには，F. Pham が 1972 年–1973 年に佐藤先生と親しく話す機会を得て，巨視的因果律を法的解析構造と捉え

た論文 [4] が microfunction の理論と関係するのではないか，と熱心に説き，さらに佐藤先生が Pham の指摘に触発されて場の量子論の Green 函数を超局所解析学の立場から見直すことを提唱 ([5]) されたことが基本的であった．又，私が Miller fellow に選ばれると云う幸運を，佐藤先生に勧められた線に沿って H.P. Stapp との共同研究で生かせたことも有用であったと思っている．(尚，個人的なことを申せば，Stapp との共同研究は今思い出すと微笑ましくなる程悲壮な覚悟をもって始めたものであった．「明らかに」数学では無い分野に手を染めようとしたからである．尤も，数学の証明で「明らかに」は禁句と言われる通り，この場合も「明らかに」には何の根拠も無かったことが判明したのは私にとっては幸いであった．) さて，Stapp との仕事の主眼点を紹介する為に，いくつかの用語を準備する．まず (超局所と云う限定詞を付けない) 解析的 S 行列論で基本的な概念の一つである Landau 図形 (以下字数節約の為 L 図形と略) 及び関連する記号の定義から始める．(これはグラフ理論的には Feynman 図形と同じであるが，その歴史的由来の違いを強調する為にこの名称が用いられている．) L 図形 D は n 本の外線 L_r，n' 本の内線 L_l，n'' 個の頂点 V_j から成るグラフで，各線は方向付けられているとし，又各 V_j に対し，V_j を端点とする (外又は内) 線が少くとも 3 本は存在するものとする．この時 incidence number $[j:l]$ を L_l が V_j を始点とする時 -1，終点とする時 $+1$，V_j が L_l の端点とならない時 0 として定める．($[j:r]$ も同様．) 以下 $j^{\pm}(l), j(r)$ を各々 $[j^{\pm}(l):l] = \pm 1$ (複号同順)，$[j(r):r] \neq 0$ により定め，さらに L_l 及び L_r には各々質量 μ_l, m_r ($\mu_l, m_r > 0$) が，又，$\{1, 2, \ldots, n'\}$ の部分集合 $\mathcal{S}$ が在って $l \in \mathcal{S}$ の時 L_l には符号 $\sigma_l(= \pm 1)$ が各々与えられているものとする．このような図形 D が与えられた時，$(p, u) = (p_1, p_2, \ldots, p_n; u_1, u_2, \ldots, u_n)$ (p_r, u_r：実 4-vector) が D に対応する Landau–中西方程式の解であるとは，実 4-vector a, k_l ($l = 1, 2, \ldots, n'$), v_j ($j = 1, 2, \ldots, n''$) 及び実数 α_l ($l = 1, 2, \ldots, n'$), β_r ($r = 1, 2, \ldots, n$) が存在して次の条件 (4) が満たされることを謂う．(尚，以下 4-vector p_r 等に対し p_r^2 等はすべて $p_{r,0}^2 - \sum_{\nu=1}^{3} p_{r,\nu}^2$ を意味するものとする．)

$$\begin{cases} \sum_r [j:r]p_r + \sum_l [j:l]k_l = 0 & (j=1,2,\ldots,n'') \\ p_r^2 = m_r^2,\ p_{r,0} > 0 & (r=1,2,\ldots,n) \\ k_l^2 = \mu_l^2,\ k_{l,0} > 0 & (l=1,2,\ldots,n') \\ v_{j^+(l)} - v_{j^-(l)} = \alpha_l k_l & (l=1,2,\ldots,n') \\ u_r + \beta_r p_r = -[j(r):r](v_{j(r)} + a) & (r=1,2,\ldots,n) \\ \sigma_l \alpha_l \geq 0 \quad (l \in \mathcal{S}) \\ \alpha_{l_0} \neq 0 \text{ なる } l_0 \text{ が存在する}. \end{cases} \quad (4)$$

今 $\mathcal{L}(D) \underset{\text{def}}{=} \{(p, \sqrt{-1}\,u); (p,u)\ (u \neq 0)$ は (4) の実解$\}$ と定めると，これは $\mathcal{M} \underset{\text{def}}{=} \{p \in \mathbb{R}^{4n}; p_r^2 = m_r^2\ (r=1,2,\ldots,n),\ \sum_r [j(r):r]p_r = 0$ かつある (r_1, r_2) が在って $p_{r_1} \not\parallel p_{r_2}\}$ として $\sqrt{-1}S^*\mathcal{M}$ 内の variety を定める．これを Landau–中西多様体（以下 LN 多様体と略）と呼ぶ．特にすべての l に対し $\sigma_l = +1$ の時 $\mathcal{L}^+(D)$ と記し正 α LN 多様体と呼ぶ．（以下簡単の為各頂点 V_j において $[j:r] \neq 0$ なる p_r はいずれも平行でないと仮定しておく．）超局所解析的 S 行列論は "$\text{sp}(S) \subset \cup_D \mathcal{L}^+(D)$" なる仮定と，$S$ 行列の unitarity を組合わせて S の構造を調べることを第一目標とする．その議論に際して重要な役割を果たすのが泡図形 B と泡図形函数 $F^B(p) : B$ は L 図形の頂点を $\oplus$ 又は $\ominus$ で置換えた図形，$F^B(p)$ は $\oplus, \ominus$ に各々 S 行列要素又はその複素共軛を対応させ，又，各内線には $\delta^+(k_l^2 - m_l^2)(= \delta(k_l^2 - m_l^2)Y(k_{l,0}))$ を対応させてそれ等の積を作り $\prod_l d^4 k_l$ に関して積分して得られる函数である．超局所解析の一般論により S.S.$F^B(p)$ は "良い点"（"$u \neq 0$ 条件" が満たされる点）では L 図形を用いて記述できることは容易に判り（物理学者の間で "$u \neq 0$ 条件" と呼ばれている条件は $F^B(p)$ の被積分函数が超函数として well-defined になる為の一つの十分条件となっている），その結果を用いて [7] の主要結果，即ち以下で定義する単純可逆点の近傍では $\text{sp}(S)$ は極大過剰決定系の解であると云う定理が unitarity から導出される．今 $p_0^* = (p_0, \sqrt{-1}\,u_0) \in \sqrt{-1}S^*\mathcal{M}$ が単純可逆点であるとは次の条件 (5)–(8) が満たされていることを意味する．

(5) $\mathcal{L}^+(D)$ が p_0^* を含むような L 図形 D がただ一つ存在する．

(6) D は単純図形. (即ちいかなる (j, j') $(j \neq j')$ に対しても V_j と $V_{j'}$ を結ぶ内線は高々 1 本.)
(7) p_0^* の複素近傍 ω で $\mathcal{L}(D)$ の複素化 $\mathcal{L}^{\mathbb{C}}(D)$ は非特異多様体.
(8) $p^* \in \omega \cap \mathcal{L}^{\mathbb{C}}(D)$ に対し (4) により定まる $(\alpha_l(p^*), k_l(p^*))$ $(l = 1, 2, \ldots, n')$ は p^* の正則函数.

定理 1.1 ([6, 7]) 単純可逆点 p_0^* の近傍で sp(S) は ([1] の意味での) 単純極大過剰決定系の解となり, その系の order λ は $2n'' - \frac{3}{2}n'$ により与えられる.

系 1.2 もし $\pi(\mathcal{L}^+(D))$ が非特異実超局面 $\{p \in \mathcal{M}; \varphi(p) = 0\}$ になっていれば p_0 の近傍で S 行列は次の形を持つ (以下 $h_1(p), h_2(p)$ は p_0 の近傍で定義された正則函数):
(i) $-\lambda + 3/2 \notin \{0, 1, 2, \ldots\}$ の時
$$S = \delta^4\Big(\sum_r [j(r):r]p_r\Big)(h_1(p)(\varphi(p) + i0)^{-\lambda+3/2} + h_2(p)), \qquad (9)$$
(ii) $-\lambda + 3/2 \in \{0, 1, 2, \ldots\}$ の時
$$S = \delta^4\Big(\sum_r [j(r):r]p_r\Big)(h_1(p)\varphi(p)^{-\lambda+3/2}\log(\varphi(p) + i0) + h_2(p)). \qquad (10)$$

尚ここでは紙幅の関係で省略せざるを得ないが超局所解析的にはより興味深い "単純縮約点", 即ち一本の内線を潰して得られる L 図形 D' によって定まる LN 多様体との交点, 付近でもやはり S 行列は単純極大過剰決定系の解となり, この事実は物理学者の謂う hierarchy の解析的背景を明らかにするのに有益である. 詳しい説明の代わりに議論の要点を象徴する一つの図 (次頁図 1 参照) を示して読者の悟りの為の材料に供したい. (詳しくは [7] を参照されたい.) 図 1 で, $\mathcal{L}^+(D) = \{(x_2^2, x_2; -2x_2); x_2 \leq 0\}$, $\mathcal{L}^+(D') = \{(0, x_2; 0)\}$, $\pi : (x_1, x_2; \xi_2/\xi_1) \mapsto (x_1, x_2)$ は projection を表す.

上述の定理及びその系は D が「単純」でなくても「高々 2 重線」ならばほぼそのままの形で成立する. しかし, D が N 重線 ($N \geq 3$) を含んだ場合の研究は殆んど手つかずの状態である. この場合 S 行列は極大過剰決定系の解の無限級数である ([8]). ここ迄話が進んで来ると, 数学屋としては, 摂動論

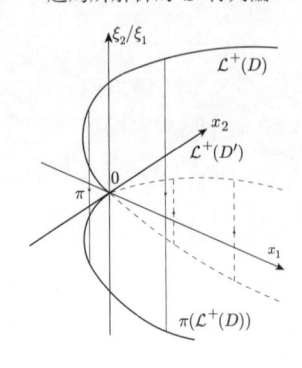

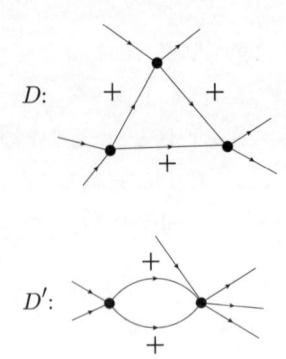

図1

に立ち返って「ではファインマン積分はどうなっているのだろう」と考えたくなる．この方向は [9] によってほぼ最終的な形で肯定的に解決されており，そこで現われる特性多様体（extended Landau 多様体）は物理的に見て自然な概念と思われる．又，個人的な思いとして本稿の最後に付け加えたいのは，物理学者が 4 次元の ϕ^4 模型の摂動展開に改めて resurgent function の観点からもう一度関心を持って頂けないかな，と云う願いである．実際，そのボレル変換が実軸上で特異点を持ったから，即 unitarity と整合しない，とは結論できないことは多分数学屋の共通認識であろうと思われるからである．

参考文献

[1] M. Sato, T. Kawai and M. Kashiwara: Microfunctions and pseudo-differential equations, Lect. Notes in Math., No. 287, p.265, Springer, 1973.
[2] T. Aoki, T. Kawai and Y. Takei: New turning points in the exact WKB analysis for higher-order ordinary differential equations, Analyse algébrique des perturbations singulière, tome I, p.69, Hermann, 1994.
[3] M. Sato: Hyperfunctions and partial differential equations, Proc. Internat Conf. on Functional Analysis and Related Topics, 1969, p.91, Univ. Tokyo Press, 1970.
[4] D. Iagolnitzer and H.P. Stapp: Comm. Math. Phys., **14** (1969), 15.
[5] M. Sato: Recent development in hyperfunction theory and its applications to physics, Lect. Notes in Phys., No.39, p.13, Springer, 1975.
[6] T. Kawai and H.P. Stapp: Microlocal study of S-matrix singularity structure, ibid., p.38.
[7] ＿＿＿＿＿: Publ. RIMS, **12** Suppl. (1977), 155.
[8] ＿＿＿＿＿: Comm. Math. Phys., **83** (1982), 213.
[9] M. Kashiwara and T. Kawai: Publ. RIMS, **12** Suppl. (1977), 131.

ランダム面，large-N ゲージ理論，超弦理論

川合 光

1 Liouville 理論の量子化（文献 [1]）

2次元の向きづけ可能な閉じた面 M 上に計量場と物質場がのっている系を考える．物質場の分配関数 $Z_{物}[g]$ は計量場の汎関数であるから，それを重みとする足し上げ

$$Z(A) = \int \frac{[dg]}{\text{vol(Diff)}} Z_{物}[g] \delta\left(\int_M d^2x \sqrt{g} - A\right) \quad (1)$$

を考えることができる．ここで，経路積分 $\int [dg]$ はすべての可能な計量場 $g_{\mu\nu}$ に関する足し上げを表している．vol(Diff) は可微分同相全体の形式的な体積であり，これで割っているのは，可微分同相で写る計量は同一視することを意味している．ここでは，デルタ関数により，M の体積が A であるような計量だけを足し上げている．以下では，物質場としてセントラルチャージが c のスケール不変な場を考える．物質場がない場合は $c = 0$ である．

よく知られているように，2次元の場合は，可微分同相と局所スケール変換の合成で写る計量を同一視すると，M 上の計量全体のなす空間はの複素構造のモジュライ空間になる．よって，計量全体を可微分同相で割った剰余空間の代表元，すなわち，ゲージスライスとして

$$g_{\mu\nu}(x) = \hat{g}_{\mu\nu}(\tau, x) e^{\phi(x)} \quad (2)$$

の形のものがとれる．これをコンフォーマルゲージとよんでいる．ここで，τ はモジュライであり，$\phi(x)$ はコンフォーマルモードとよばれている．また，$\hat{g}_{\mu\nu}(\tau, x)$ はモジュライが τ となるような任意の計量である．結局，(1) の経路積分はモジュライ空間上の積分とスカラー場 $\phi(x)$ に対する経路積分に帰着する．

$$Z(A)$$
$$= \int d\tau \int [d\phi]_{\hat{g}} \, \Delta_{FP}[\hat{g}] \exp\left(\frac{c-25}{48\pi} S_L[\hat{g}, \phi]\right) Z_{物}[\hat{g}] e^{\kappa_0 A}$$

$$\cdot \delta\Big(\int_M d^2x\,\sqrt{\hat g}:e^{\alpha\phi}:_{\hat g} -A\Big) \tag{3}$$

ここで, κ_0 は裸の宇宙定数であり, くりこまれた宇宙定数が有限になるように調節する. $\int[d\phi]_{\hat g}, \Delta_{FP}[\hat g], :e^{\alpha\phi}:_{\hat g}$ は, それぞれ背景計量が $\hat g_{\mu\nu}$ のときの, スカラー場の経路積分, b-c ゴーストの分配関数, 演算子 $e^{\alpha\phi}$ の正規積を表す. S_L は Liouville 作用とよばれ,

$$S_L[\hat g,\phi] = \int d^2x\,\sqrt{\hat g}\Big(\tfrac{1}{2}\hat g_{\mu\nu}\partial_\mu\phi\partial_\nu\phi + \hat R\phi\Big)$$

であたえられる. ここで, $\hat R$ はから $\hat g_{\mu\nu}$ 定まるスカラー曲率である.

歴史的には, (3) の形が得られるまでにいくつかの曲折があったが, 文献 [1] により, 次の対称性を要求することが自然であることが発見され, 解決を見たのである.

$$\hat g_{\mu\nu}(\tau,x) \mapsto \hat g_{\mu\nu}(\tau,x)e^{\sigma(x)}$$
$$\phi(x) \mapsto \phi(x) - \sigma(x)$$

これは, 物理量が $g_{\mu\nu}(x)$ のみで決まっており, $\hat g_{\mu\nu}(\tau,x)$ と $\phi(x)$ への分解 (2) の仕方によらないということであり, 古典論的にはあたりまえのことである. しかし, 量子化後もこの対称性が成り立つことを要請することにより, 量子化にともなう不定性をなくすことができるのである. 実際, この対称性から, 宇宙項の演算子 $:e^{\alpha\phi}:_{\hat g}$ がスケール次元 2 をもつべきことがわかり, $\alpha = \frac{25-c-\sqrt{(1-c)(25-c)}}{12}$ と定まる.

2 string susceptibility とランダム面のユニバーサリティ
　(文献 [1], [2])

Liouville 理論の応用として, ランダム面の臨界指数を考える. まず, (3) において変数変換 $\phi(x) \mapsto \phi(x) + \frac{1}{\alpha}\log A$ を行うことにより, $Z(A)$ が $Z(1)$ に関係づけられる. その結果, M のオイラー数を χ とすると,

$$Z(A) = const. e^{\kappa_r A} A^{-b\chi-1}, \quad b = \frac{25-c+\sqrt{(1-c)(25-c)}}{24} \tag{4}$$

と書けることがわかる. ここで, κ_r はくりこまれた宇宙定数であり, κ_0 をうまくとってゼロにしてもよい. 以下で見るように, $Z(A)$ はランダム面の性質を表す基本的な量である.

例として, M の 3 角分割のうち, A 枚の 3 角形からなるものが何通りあ

るか $N(A)$ を考える．3 角分割に現れる各 3 角形が同じ大きさの正 3 角形であるとすると，3 角分割をあたえることにより M 上の計量が一つ定まることになる．その計量は 3 角分割の頂点でデルタ関数的な曲率をもつような singular なものである．しかしながら，十分多くの 3 角形からなる 3 角分割を考えると，各点の周りで平均化が起こり，連続な計量 $g_{\mu\nu}(x)$ に近づくと期待される．このように，多様体上の計量についての経路積分を考えるかわりに，可能なすべての単体分割についての足し上げを行うことを dynamical triangulation (DT) とよんでいる．すなわち，DT が量子重力の正則化になっているという予想が立つのである．

もしこの予想が正しければ，A が十分大きいときは上記の $N(A)$ は (4) で $c = 0$ としたものに等しく，

$$N(A) = Z(A) = const. e^{\kappa A} A^{-\frac{5}{4}\chi - 1}$$

となるはずであるが，確かにそうなっていることが行列模型などの計算からわかる．ここで，κ は正則化の詳細に依存した量である．実際，3 角分割のかわりに 4 角分割を考えると κ は異なる値になる．(3) からわかるように，この不定性は宇宙項のくりこみに吸収される．一方，A の冪指数は DT の詳細に依存しないユニバーサルな量であり，string susceptibility とよばれている．ここでは簡単のため物質場がない場合を考えたが，物質場があるときも，(4) は DT 上に物質場をのせた系における $N(A)$ と一致することがわかっている．(4) は文献 [2] の最後の論文で光円錐ゲージを使って球面の場合が求められ，文献 [1] により，ここで述べた完全な形で得られた．

時空が 2 次元の場合は，$Z(A)$ 以外にも種々の量について，DT が量子重力の正しい正則化になっていることがチェックされている．一方，3 次元以上の場合は，そもそも計量場についての経路積分は定義できるのか，あるいは，DT が意味のある連続極限をもちうるのかといった基本的問題も未解決である．

最後に，$c > 1$ の場合についてコメントしておこう．この場合に (4) を素朴に使うと面の数を表す冪指数が虚数になってしまい，無意味な結果となる．実は，c を下から 1 に近づけていくと，ランダム面の揺らぎがどんどん大きくなっていき，ついには面が無限にくびれた分岐ポリマー状になってしまう

ことがわかっている．この意味で，$c > 1$ の素朴なランダム面は存在しないのである（文献 [3]）．

3 2 次元量子重力の局所演算子と Virasoro constraint（文献 [4]）

簡単のため，物質場がない場合を議論する．まず，k 個の境界 $b_1, \ldots, b_k$ をもつ 2 次元の向きづけ可能な面を考える．宇宙定数を t とし，各境界 b_i の長さを l_i に固定した経路積分

$$G^{(k)}(l_1, \ldots, l_k) = \sum_{\text{面のトポロジー}} \int \frac{[dg]}{\text{vol(Diff)}} e^{-t \int d^2x \sqrt{g}}$$

$$\cdot \prod_{i=1}^{k} \delta \Big(\int_{b_i} \sqrt{g_{\mu\nu} \, dx^\mu \, dx^\nu} - l_i \Big)$$

は，k 個のループの間の Green 関数とみなせる量であり，ループ振幅とよばれている．行列模型などをもちいて $l_1, \ldots, l_k$ が小さいときの振る舞いを調べると，

$$G^{(k)}(l_1, \ldots, l_k) = \sum_{n_1=0}^{\infty} \cdots \sum_{n_k=0}^{\infty} C_{n_1, \ldots, n_k} l_1^{n_1 - \frac{1}{2}} \cdots l_k^{n_k - \frac{1}{2}}$$

のように半整数冪で展開できることがわかる．ここで，長さが l のループは $\sum_{n=0}^{\infty} l^{n-\frac{1}{2}} O_{2n+1}$ という演算子に対応していると解釈すると，展開係数 $C_{n_1, \ldots, n_k}$ は Green 関数

$$C_{n_1, \ldots, n_k} = \langle O_{2n_1+1} \cdots O_{2n_k+1} \rangle$$

とみなすことができる．すなわち，物質場のない 2 次元量子重力は局所演算子 $O_1, O_3, \ldots$ で表されることがわかる．

ループ振幅に対する Schwinger–Dyson 方程式はループ方程式とよばれており，行列模型などから容易に求められるが，局所演算子 $O_1, O_3, \ldots$ をもちいてそれを表すと興味深い形になる．すなわち，$O_1, O_3, \ldots$ の Green 関数の母関数

$$F(x_1, x_3, x_5, \ldots) = \langle e^{-(x_1-t)O_1 - x_3 O_3 - (x_5 + \frac{8}{15})O_5 - x_7 O_7 - \cdots} \rangle$$

を導入すると，ループ方程式は

$$L_n F = 0 \ (n \geq -1) \tag{5}$$

のように，Virasoro constraint の形になるのである．ここで，L_n は

$$2L_n = \frac{1}{2}\sum_{p+q=-2n} pq x_p x_q + \sum_{p-q=-2n} px_p \frac{\partial}{\partial x_q} + \frac{1}{2}\sum_{p+q=2n}\frac{\partial}{\partial x_p}\frac{\partial}{\partial x_q} + \frac{1}{8}\delta_{n,0}$$

であたえられ，Virasoro 代数をみたすが，共形場理論における Virasoro 代数との関係は明らかではない．方程式 (5) は無限変数関数に対する無限個の微分方程式であるが，2-reduction された KdV hierarchy の τ 関数で $L_{-1}F = 0$ をみたすものが，その解となっている．

同様の解析は，物質場として (p,q) 共形場をとった場合にも拡張でき，その場合は Virasoro 代数のかわりに，W_p 代数が現れることがわかっている．

4 ランダム面の Hausdorff 次元（文献 [5]）

ランダム面がどれくらい大きく揺らいでぎざぎざしているかを考える．ここでは，物質場がない場合を考える．ランダム面の上に 1 点 P をとり，P からの距離が r 以下である点の集合の面積を $V(r)$ とする．以下で見るように，連続極限では r が大きいとき，$V(r) \sim r^3$ となっていることがわかる．すなわち，物質場がない場合のランダム面の Hausdorff 次元は 3 である．

これを理解するために，P からの距離が r である点の集合 $S(r)$ が r とともにどのように変化するかを考える．$S(r)$ はいくつかのループの集まりであるが，r を増大させるとそれらのループは分裂したり，合体したり，消滅したりするはずである．その様子は次のように記述できる．まず，長さ l のループを消す演算子を $\Psi(l)$，つくる演算子 $\Psi^\dagger(l)$ をとし，その間に通常の交換関係 $[\Psi(l), \Psi^\dagger(l')] = \delta(l-l')$ を設定する．ループが 1 つもない状態を $|0\rangle$ とすると，長さがそれぞれ $l_1,\ldots,l_k$ である k 個のループがある状態は $|l_1\cdots l_k\rangle = \Psi^\dagger(l_1)\cdots\Psi^\dagger(l_k)|0\rangle$ と書ける．ランダム面では，$S(r)$ はそのような状態を確率的に重ね合わせたものであり，結局，Fock 空間の元で表される．

$$|S(r)\rangle = \sum_{k=0}^{\infty}\int_0^\infty dl_1 \cdots \int_0^\infty dl_k \, P(l_1,\ldots,l_k)|l_1\cdots l_k\rangle$$

経路積分のテンポラルゲージでの解析，または，DT のループ方程式の解析から，r を増大させたときの $|S(r)\rangle$ の変化が，次のようにあたえられる．

$$\frac{d}{dr}|S(r)\rangle = -H|S(r)\rangle,$$
$$H = \int_0^\infty dl_1 \int_0^\infty dl_2 \, \Psi^\dagger(l_1)\Psi^\dagger(l_2)\Psi(l_1+l_2)(l_1+l_2) \tag{6}$$

$$+ \int_0^\infty dl_1 \int_0^\infty dl_2 \, \Psi^\dagger(l_1+l_2)\Psi(l_1)\Psi(l_2)l_1 l_2 + \int_0^\infty dl \, \rho(l)\Psi(l)$$

ここで, $\rho(l) = 3\delta''(l) - \frac{3}{4}t\delta(l)$ である. H の 3 つの項は, 順に, 長さが l_1+l_2 のループが 2 つに分裂する効果, 長さが l_1 と l_2 のループが合体する効果, 長さが 0 のループがなくなる効果を表している.

式 (6) をもちいると, $S(r)$ に含まれるループのうち, 長さが l と $l+dl$ の間にあるものの個数の期待値 $n(l,r)$ が次のように求められる.

$$n(l,r) = \frac{1}{r^2}G\Big(\frac{l}{r^2}\Big), \quad G(x) = \frac{3}{7\sqrt{\pi}}\Big(x^{-\frac{5}{2}} + \frac{1}{2}x^{-\frac{3}{2}} + \frac{14}{3}x^{\frac{1}{2}}\Big)e^{-x}$$

これから, $S(r)$ に含まれるループの長さの総和 $\int_0^\infty dl\, l\, n(l,r)$ が r^2 に比例し, それを r で積分して得られる $V(r)$ が r^3 に比例すること, すなわち, Hausdorff 次元が 3 であるがわかる.

5 large-N reduction (文献 [6])

ランダム面と関連した系として, 行列に値をもつ場の理論の $1/N$ 展開がある. もっとも簡単な例として, D 次元空間内のスカラー場 $\phi(x)$ を考える. ただし, $\phi(x)$ は N × N エルミート行列である. 作用は, U(N) 不変なものであれば何でもよいが, 簡単のため ϕ^3 型のものを考える.

$$S = \int d^D x \, N \, Tr\Big(\frac{1}{2}(\partial_\mu \phi)^2 + \frac{m^2}{2}\phi^2 + \frac{\lambda}{3}\phi^3\Big) \tag{7}$$

Large-N 極限, すなわち, λ を固定して N を大きくする極限をとると, planar な Feynman 図だけが効いてくることがわかる. Feynman 図の各頂点は D 次元の空間座標に対応するから, Feynman 図は D 次元空間に埋め込まれた planar なグラフを表していることになり, 頂点に関する積分は埋め込み方についての足し上げと解釈できる. この意味で, 行列場の Large-N 極限は一種のランダム面である.

行列場の Large-N 極限については, large-N reduction とよばれる著しい性質がある. 大まかに言うと, Large-N 極限では行列場は有限個の行列からなる系と等価になる. すなわち, 時空の各点ごとに存在する場の自由度が, 1 点上の場の内部自由度に押し込まれてしまうのである. いいかえると, 時空の自由度が内部自由度から emerge するのである. 具体的には, 上の (7) は以下のような 1 つの行列からなる行列模型と Large-N 極限で等価である (文献 [7]).

$$S = \left(\frac{2\pi}{\Lambda}\right)^D N\, Tr\left(-\frac{1}{2}\sum_{\mu=1}^{D}[P_\mu,\phi]^2 + \frac{m^2}{2}\phi^2 + \frac{\lambda}{3}\phi^3\right) \tag{8}$$

ここで，P_μ は同時対角化可能な D 個のエルミート行列であり，その同時固有値は D 次元の領域 $[-\frac{\Lambda}{2},\frac{\Lambda}{2}]\times\cdots\times[-\frac{\Lambda}{2},\frac{\Lambda}{2}]$ 内に一様に分布しているとする．(8) は (7) から次の形式的な置き換えで得られたものである．

$$\int d^D x \to \left(\frac{2\pi}{\Lambda}\right)^D, \quad i\partial_\mu \to [P_\mu, \ ] \tag{9}$$

この理論の各 Feynman 図を評価してみると，Large-N 極限では，同じ Feynman 図を (7) の理論と思って評価したものと確かに一致していることがわかる．(ただし，紫外のカットオフは Λ とする．)

P_μ として同時対角化可能なものをとるかわりに，たとえば，交換子が c 数となるようなものをとることも考えられる（文献 [8]）．

$$[P_\mu, P_\nu] = iC_{\mu\nu}, \quad C_{\mu\nu} \in \mathbf{R}$$

$C_{\mu\nu}$ が退化していない場合は，行列模型 (8) は D 次元の非可換空間上の場の理論と等価となることが知られている．ただし，右辺の因子 $\left(\frac{2\pi}{\Lambda}\right)^D$ は $\left(\frac{2\pi}{\det C}\right)^{\frac{D}{2}}$ と読み替えることとする．

ゲージ理論に対して置き換え (9) を適用すると，さらに著しい簡単化が起きる．D 次元空間の U(N) ゲージ場の作用は

$$S = -\frac{N}{4\lambda}\int d^D x\, Tr([i\partial_\mu + A_\mu, i\partial_\nu + A_\nu]^2) \tag{10}$$

であたえられるが，これに (10) を適用すると，

$$S = -\left(\frac{2\pi}{\Lambda}\right)^D \frac{N}{4\lambda} Tr([P_\mu + A_\mu, P_\nu + A_\nu]^2) \tag{11}$$

となる．そこで，$P_\mu + A_\mu$ を A_μ と再定義すると，きわめて簡単な形の行列模型

$$S = -\left(\frac{2\pi}{\Lambda}\right)^D \frac{N}{4\lambda} Tr([A_\mu, A_\nu]^2) \tag{12}$$

が得られる．いいかえると，$A_\mu = P_\mu$ は (12) の一つの古典解であるが，(12) をその古典解からのずれで表したものが (11) であり，それは D 次元空間のゲージ理論 (11) に等価だというのである．

しかしながら，このことからただちに (12) が (10) と等価であるとはいえない．それは，$A_\mu = P_\mu$ という古典解が量子揺らぎに対して安定ではないか

らである．実際，A_μ の対角成分 $(A_\mu)_{ii} = p_\mu^{(i)}$ に対する 1-loop 有効作用を計算してみると，

$$S_\text{eff} = (D-2) \sum_{i<j} \log((p_\mu^{(i)} - p_\mu^{(j)})^2)$$

となっている．すなわち，$D > 2$ の場合は固有値の間には引力がはたらいており，固有値分布は 1 点につぶれ，$A_\mu = P_\mu$ という古典解は不安定なのである．これは，A_μ をスカラー行列だけシフトする対称性が自発的に破れていることを意味しており，$U(1)^D$ 対称性の破れとよばれている．これを避けるにはいくつかの可能性がある．一つは，格子ゲージ理論の強結合領域であり，この場合は $U(1)^D$ 対称性は保たれている．また最近，重いフェルミオンを導入する可能性が論じられている．質量を適当に大きくとると，フェルミオン自身は連続極限でデカップルするが，フェルミオンは固有値間に斥力をあたえるため，弱結合でも $U(1)^D$ が破れないというのである．

6 IIB 行列模型（文献 [9]）

上で見たように (12) の形の行列模型は時空が行列の自由度から emerge するという著しい性質をもっている．特に，10 次元超対称ゲージ理論を 0 次元に次元縮小して得られる行列模型は IIB 行列模型とよばれており，超弦理論の構成的な定式化の有力な候補である．

$$S = -\frac{1}{4} Tr([A_\mu, A_\nu]^2) - \frac{1}{2} Tr(\bar{\psi}\gamma^\mu [A_\mu, \psi]) \tag{13}$$

ここで，A_μ は 10 次元のベクトルであり，各成分は N 行 N 列のエルミート行列であり，ψ は 10 次元の Majorana–Weyl スピノルであり，各成分は反可換 c 数を元とする N 行 N 列のエルミート行列である．これが超弦理論を表していると考える理由はいくつかあるが，もっとも直接的な根拠は次のものである．

弦理論の世界面の作用にはいろいろな表し方があるが，Schild ゲージとよばれているゲージをとると，世界面がシンプレクティック構造をもつようになる．実際，このゲージで IIB 型超弦理論の世界面の作用を書くと

$$S = \int d^2\xi \left(\frac{1}{4}\{X^\mu, X^\nu\}^2 - \frac{i}{2}\bar{\psi}\gamma^\mu\{X^\mu, \psi\} \right) \tag{14}$$

となる．ここで，ξ^a $(a = 1, 2)$ は世界面の座標であり，$\{\ ,\ \}$ は世界面を phase space とみなしたときの Poisson 括弧である．古典力学と量子力学の

対応
$$\{\ ,\ \} \leftrightarrow i[\ ,\ ],\quad \int d^2\xi \leftrightarrow Tr \tag{15}$$

を思い出すと，(13) は (14) を形式的に "量子化" したものあることがわかる．すなわち，(14) に現れる X^μ や ψ など phase space 上の関数を N 次のエルミート行列で表したものが (13) である．いいかえると，(13) は (14) の行列による正則化であり，N が無限大の極限で (14) を再現すると考えられる．

　行列による正則化の大きな利点は，弦の多体系を自動的に記述できることである．実際，弦の運動を世界面の作用 (14) によって表すためには，世界面のトポロジーについても足し上げなければならない．ところが，行列による正則化を行うと，いくつかの連結成分からなるものも含め，任意のトポロジーの phase space が自動的に含まれるのである．この他にも，各ループが light front 上にある極限ではループ方程式が光円錐の弦の場の理論を再現するなど，(13) が弦理論の構成的定義になっていると思われる理由がいくつかあげられている（文献 [10]）．今のところ，非摂動効果まで含めて IIB 行列模型を解析できるような強力なツールはできていないが，符号問題などに対する最近の発展を見ると，そう遠くない将来に数値解析が可能になるのではないかと思われる．

参考文献

[1] J. Distler and H. Kawai, Nucl. Phys. **B321**, 509 (1989); F. David, Mod. Phys. Lett. **A3**, 1651 (1988).

[2] T. Eguchi and H. Kawai, Phys. Lett. **114B**, 247 (1982); A.B. Zamolodchikov, Phys. Lett. **117B**, 87 (1982); H. Kawai and Y. Okamoto, Phys. Lett. **B130**, 415 (1983); V. Knizhnik, A. Polyakov, and A. Zamolodchikov, Mod. Phys. Lett. **A3**, 819 (1988).

[3] H. Kawai, Nucl. Phys. Proc. Suppl. **26**, 93 (1992).

[4] M. Fukuma, H. Kawai and R. Nakayama, Int. J. Mod. Phys. **A6**, 1385 (1991); M. Fukuma, H. Kawai and R. Nakayama, Commun. Math. Phys. **143**, 371 (1992).

[5] H. Kawai, N. Kawamoto, T. Mogami and Y. Watabiki, Phys. Lett. **B306**, 19 (1993); N. Ishibashi and H. Kawai, Phys. Lett. **B314**, 190 (1993).

[6] T. Eguchi and H. Kawai, Phys. Rev. Lett. **48**, 1063 (1982).

[7] G. Parisi, Phys. Lett. **112B**, 463 (1982).

[8] H. Aoki, N. Ishibashi, H. Kawai, Y. Kitazawa and T. Tada, Nucl. Phys. **B565**, 176 (2000); N. Ishibashi, S. Iso, H. Kawai and Y. Kitazawa, Nucl. Phys. **B573**, 573 (2000).

[9] N. Ishibashi, H. Kawai, Y. Kitazawa and A. Tsuchiya, Nucl. Phys. **B498**, 467 (1997).

[10] M. Fukuma, H. Kawai, Y. Kitazawa and A. Tsuchiya, Nucl. Phys. **B510**, 158 (1998).

作用素環と共形場理論

河東 泰之

1 場の量子論と作用素環

量子力学も場の量子論ももちろん物理学の理論であるが，数学の立場から大変興味深い構造を持っており，多くの数学的研究が行われてきた．言うまでもなくフォン・ノイマンは，量子力学の初期の時代にその数学的構造を研究した先駆者の一人であるが，彼はさらに数学的研究を進め，マレーと共に作用素環論を創始した．それ以来作用素環論は，純粋に数学的な研究動機と，数理物理学に基づく問題意識の両方が推進力となって発展してきた．その中で場の量子論，特に共形場理論の数学的構造と作用素環論の関係が，私のこの 10 年ちょっとの研究テーマである．本稿ではこれについて説明してみたい．

作用素とはヒルベルト空間の上の線形作用素のことであり，物理学ではよく演算子と呼ばれる．環とは，和と積で閉じている集合のことである．量子力学では物理量は自己共役作用素で表されるが，それはしばしば非有界作用素である．この非有界性が多くの数学的困難をもたらし，単に二つの線形作用素を足すだけでも定義域の問題が生じる．これに対し，有界線形作用素はヒルベルト空間全体で定義されているので，和や積を考えるには何の問題もない．そこで有界線形作用素のなす環を考え，さらに共役演算と適当な位相で閉じているものを考えるのが作用素環論である．

場の量子論の数学的フォーミュレーションはいくつかあるが，ワイトマン場によるものが古くから知られている．この流儀は時空の上の作用素値超関数と，時空の対称性を表す群の射影的ユニタリ表現を考えることになる．しかし，「超」関数を考えなくてはいけないことと，その「値」として生じる作用素がしばしば非有界になることが数学的取扱いを困難にする．これを避けた，作用素環に基づくフォーミュレーションが代数的場の量子論と呼ばれるもので約 50 年の歴史がある．その基本的教科書としてたとえば [3] がある．

代数的場の量子論では，時空領域ごとにそこでの観測可能量を表す自己共役作用素たちをまず考える．これらはしばしば非有界になるが，その場合でもスペクトル分解を考えれば有界線形作用素たちが得られる．これらの生成する作用素環を考えれば，時空領域ごとに作用素環が定まり，これによって作用素環の族ができる．伝統的にこの族を作用素環のネットという．これと，時空対称性を表す群の射影的ユニタリ表現をセットにして考えたものが，代数的場の量子論における数学的対象である．このような物理的考察から期待される性質を，公理として要請することにより，数学の理論の出発点となる．

この枠組みは当初ミンコフスキー空間，特にそれが 4 次元の場合について考えられてきたが，そこでは数学的公理を満たす例がいくらがんばってもこれまで一つしか作れていない．そしてその一つは自由場と呼ばれるもので物理的には興味が小さいという難点があった．一方，2 次元ミンコフスキー空間で共形対称性を考えると重要な具体例がたくさん作れ，数学的に大変面白い世界が広がっていることが近年わかってきた．これを作用素環論の立場から解明することが私の研究テーマである．

2　表現論と部分因子環論

さて代数的な場の量子論では，上述のように作用素環のネットを考えることになる．（時空対称性を表す群の方は今は重要でないのでとりあえず考えないことにする．）多くの代数系においてその線形表現の理論は大変重要である．作用素環のネットは初めから共通のヒルベルト空間に作用しているのだが，別のヒルベルト空間への作用も考えることができる．これを考えることが作用素環のネットの表現論である．理念的にはこのような考え方は簡単なものであるが，実際に何かこれで計算しようとすると，無限次元の作用素環の無限個の族の表現を一斉に考えることはかなり困難である．これについてドプリッカー・ハーグ・ロバーツの 3 人は，かなり一般的な仮定の下で，無限個の作用素環の族の表現を考える代わりにその中の 1 個の作用素環の自己準同型を考えるだけでよいということを見出した．これは作用素環のネットの表現の，大変重要なとらえ方であった．自己準同型たちには合成演算がある．これは作用素環のネットの「テンソル積」にあたる演算であることも彼らは見出した．これは群の表現のテンソル積とよく似た種類の演算である．環の

族の表現に対してテンソル積にあたる演算をどう定義すればよいか，あるいはそもそもそのような演算があるのか，というのは自明からほど遠い問題であるが，彼らによって自己準同型を用いた答えが与えられたのである．またこの準同型は多くの場合自己同型ではない．よってその像は，もとの作用素環の部分環となり，多くの場合真の部分環である．彼らの理論の後，ジョーンズは [4] において因子環と呼ばれる作用素環とその部分因子環に対し，群と部分群の指数に似たタイプの数を導入した．現在ではジョーンズ指数と呼ばれるものである．ジョーンズはこの理論の応用として，結び目のジョーンズ多項式などの華々しい成果を得たが，上のように作用素環のネットの表現から得られる自己準同型については，その像のジョーンズ指数は，平方根を取ると，もとの表現の次元にあたる量になっていることがロンゴによって示された．私はもともと 1990 年ごろからジョーンズ理論を研究していたので，これによって，代数的場の量子論との関連に興味を持ったのである．私とエバンスの 1998 年の本 [2] には代数的場の量子論との関係以前に私が研究していたことがまとめられている．

3 共形場理論と分類理論

さて上の一般論を 2 次元ミンコフスキー空間で考える．今まで時空対称性をはっきりさせていなかったが，ミンコフスキー空間ではミンコフスキー距離を保つ変換のなすポアンカレ群が最も自然に考えられるものである．しかしここでもっとずっと大きな群として共形変換群を考える．これは局所的なスケール変換が各点ごとに違ってもよいというものである．さらに時間，空間座標を t, x として，二つの直線 $\{(t,x) \mid t = \pm x\}$ を考えて，ここへの理論の「制限」という操作ができる．二つの直線の役割は対等なので片方だけ考えることにして，さらに無限遠点を追加して，円周を考える．無限遠点も動かしてよいということで上記の共形変換群をこの設定で考えると，向きを保つ微分同相写像全体の群 $\mathrm{Diff}(S^1)$ となる．また，t と x は一体化したので「時空」にあたるものは円周 S^1 となり，上で考えていた時空領域としては円弧を考えることになる．

よって，数学的公理としては，円弧でパラメトライズされた作用素環のネットと，$\mathrm{Diff}(S^1)$ の射影的ユニタリ表現の組で，いくつかの条件を満たすもの

を考えることになる．条件の一つに，相対論的因果律から生じる局所性の公理がある．これは今の設定では，互いに交わらない円弧に対応する作用素環の元同士は可換である，という形をとる．ほかに共変性の公理，真空ベクトルの存在，正エネルギー条件の公理などがある．正確には [5] をみていただきたい．この公理系を満たす対象を，局所共形ネットと呼ぶ．1990 年代なかばからこの方面の研究が活発化した．

数学的な立場からは，このような局所共形ネットの例を作る，分類する，いろいろな性質の間の関係を調べる，といったことが問題となる．ここで取り上げるのは分類理論である．4 次元ミンコフスキー空間の場合は，一つしか例が作れていないのであるから，分類理論など無意味である．そのため代数的場の量子論では，分類理論はあまり研究されていなかったが，共形場理論の設定で初めて意味のある分類理論が得られた．これが私のこの方面の主要な業績 [5] である．以下ではこの理論の説明とその後の発展について説明する．

分類するには不変量がつきものである．ここではそれは表現論から得られる．作用素環のネットが主要な対象であるが，$\mathrm{Diff}(S^1)$ の射影的ユニタリ表現の方を先に考える．これは無限次元リー群の射影的ユニタリ表現であるが，これはある無限次元リー代数のユニタリ表現を導く．このリー代数が，有名なヴィラソロ代数である．この表現で，ヴィラソロ代数の元である中心電荷は正の実数に写される．この像の実数も中心電荷と呼ぶ．この値は，0 と 1 の間では，1 に収束する離散的な値を取り，1 以上ではすべての実数値を取りうることがわかっている．この数値がまず，一番簡単な不変量である．

次いで表現論を，上の意味でのテンソル積演算と共に考える．局所共形ネットの状況では，表現たちが組み紐圏を呼ばれるものをなすことがわかっている．通常の群の表現論では，$\pi \otimes \sigma$ と $\sigma \otimes \pi$ は明らかにユニタリ同値である．今はこれを少し弱めたものが成り立つのである．弱くなった分，数学的により興味深い現象が生じることが重要である．

局所共形ネットの表現は，有限群のユニタリ表現といろいろな点で似ているのだが，一つの有限群の表現においては，ユニタリ同値の意味で異なる既約表現は有限個しかない．この有限性がコンパクト群の中で有限群を特徴づけている．これと同様に，既約表現は有限個しかないという条件を局所共形ネットについて考えてみよう．この種の条件は量子群の方でよく考えられて

おり，有理的という名前で呼ばれている．この名前は，この状況下でさまざまな数値パラメータが有理数値を取ることから来ている．局所共形ネットについては，この有理的という条件を少し強めた，完全有理的という条件を我々が [7] で導入し，その作用素環的必要十分条件を与えた．この判定条件は使いやすい形をしており，近年の研究で重要な役割を果たしている．

次に重要な道具が，α 誘導表現の理論である．通常の群の表現論では，群 G とその部分群 H があるときに，G の表現を H に制限することは簡単であり，逆に H の表現を G に「誘導」することができる．局所共形ネットの表現論において同様のことを行いたいのである．すなわち，局所共形ネットが二つあって包含関係があるときに，小さい方の表現を大きい方に「誘導」したい．これを α 誘導表現という．α という名前に特に意味はなく，普通の群の場合と区別したかっただけである．これについては，ロンゴ・レーレンの導入，シューによる独立な発展，まったく別の状況でのオクネアヌのモジュラー不変行列との関連付けなどがあり，それらを統合して我々が [1] で統一的な一般論を確立した．

[7] と [1] を合わせて応用することにより，ロンゴと私は 2004 年に [5] において，中心電荷の値が 1 未満の場合に，局所共形ネットの分類定理を得た．これは中心電荷の値に条件が付いているとはいえ，代数的場の量子論の歴史で初めての分類定理であり，かつ我々の分類リストにはこれまで知られている方法では作れていなかった新しい例が入っている．この分類や，例の構成の手法はその後さまざまな状況に応用されている．

4 他の話題との関連

その他の関連する話題として最初にあげるべきものは頂点作用代数の理論である．これは，S^1 上のワイトマン場の集合をそのまま代数的に公理化したもので，S^1 の作用素値超関数は作用素係数のフーリエ級数に展開できることに基づく．これは，局所共形ネットと同じ物理的構造を違う数学的手法で公理化したものなので，一般的な弱い仮定の下で，局所共形ネットと頂点作用素代数は 1 対 1 に対応していると期待される．現在そのような形の定理はまったく得られていないが，個別のケースについては片方で得られた結果や技法をもう片方に翻訳する結果はたくさんある．表現論のコントロールにつ

いては作用素環的手法の方が優れていると考えられるが，代数的な具体的計算については頂点作用素代数の方が進んでいる．たとえば，最も有名な頂点作用素代数の例は，モンスター群を自己同型群に持つムーンシャイン頂点作用素代数だが，これに対応する局所共形ネットは近年 [6] で構成された．

さらに最近は超対称性を取り入れた進展があり，私も現在は非可換幾何学との関連などに重点を置いて研究を進めている．

参考文献

[1] J. Böckenhauer, D.E. Evans & Y. Kawahigashi, *On α-induction, chiral projectors and modular invariants for subfactors*, Commun. Math. Phys. **208** (1999), 429–487.

[2] D.E. Evans & Y. Kawahigashi, "Quantum Symmetries on Operator Algebras", Oxford University Press, 1998.

[3] R. Haag, "Local Quantum Physics", Springer-Verlag, 1996.

[4] V.F.R. Jones, *Index for subfactors*, Invent. Math. **72** (1983), 1–25.

[5] Y. Kawahigashi & R. Longo, *Classification of local conformal nets. Case c < 1*, Ann. of Math. **160** (2004), 493–522.

[6] Y. Kawahigashi & R. Longo, *Local conformal nets arising from framed vertex operator algebras*, Adv. Math. **206** (2006), 729–751.

[7] Y. Kawahigashi, R. Longo & M. Müger, *Multi-interval subfactors and modularity of representations in conformal field theory*, Commun. Math. Phys. **219** (2001), 631–669.

C^* 環上の流れについて

岸 本 晶 孝

作用素環の勉強を始めたころ，1970 年代半ばに境氏が C^* 環上の「強連続な 1 径数自己同型群」とりわけその無限小生成作用素たりうる「(非有界な) 微分作用素」の研究を提唱した．数学的には，C^* 環上の (有界な) 微分作用素，言い換えれば「一様連続な 1 径数自己同型群」の研究が完結し始めたことから当然の進展であり，物理学的には，C^* 環上の強連続な 1 径数自己同型群が物理系の時間発展を記述することから，その数学的枠組みを明らかにすることは望ましいことといえた．わたしは後者の立場を無条件に受け入れたようである．以下折に触れて「強連続な 1 径数自己同型群」について調べてきた．問題意識は数理物理にあり，具体的問題の多くは物理的感覚から発生したといえるが，得られた結果が形式主義の表土をうがちどれほど数理物理の真髄に迫りえたかについては心もとない．

初期の結果は Bratteli, Robinson 両氏の本 [2] 及び境氏の本 [13] にまとめられている．その他に Pedersen 氏の本 [12] にも数学の立場から関連した事項 (特に接合積，スペクトル理論) が述べられている．さて，C^* 環の正確な定義は前述のどれかの本を見ていただくとして，とりあえず，ヒルベルト空間上の線形有界作用素のノルム閉な $*$ 環として表現されるものとして了解すればこと足りる．以下において特に断らない限り C^* 環の可分性を仮定する．最初に統計力学モデルに現われる重要な C^* 環のクラスである AF 環 (近似的有限次元 C^* 環) の定義を与えておく．

定義 1.1 C^* 環 A が AF 環であるとは，A のなかに有限次元部分 C^* 環の増大列 (A_n) があって，その和集合 $\bigcup_n A_n$ が A で稠密になることである．

なお n 次複素正方行列の全体 M_n は C^* 環である．有限次元 C^* 環はそのような環の有限直和である．AF 環のなかでもさらに特殊な UHF 環といわれる C^* 環がある．これは単位元 1 を有する AF 環 A で，上記の (A_n) として，$1 \in A_n$，かつ $A_n \cong M_{k_n}$ を満たす自然数列 (k_n) があることを意味

する．例えば，$k_n = 2^n$ であれば，A は無限個の M_2 のテンソル積ともみなされ，量子格子系の物理量のなす C* 環として現われる．

以下に「強連続な 1 径数自己同型群」の定義を与えるが，ここではこれを単に「流れ」という．

定義 1.2 α が C* 環 A 上の流れであるとは，各実数 $t \in \mathbf{R}$ に対して，A の自己同型写像 α_t が指定され以下の条件を満たすことをいう．$\alpha_0 = \mathrm{id}$, $\alpha_s \alpha_t = \alpha_{s+t}$ であり，各 $x \in A$ に対して $t \mapsto \alpha_t(x)$ が（ノルムで）連続である．（ただし id は恒等写像．）

行列環 M_n 上の流れ α は次の形で与えられる．$h = h^* \in M_n$ で，$\alpha_t(x) = e^{ith} x e^{-ith}$, $x \in A$. このとき $\alpha_t = \mathrm{Ad}\, e^{ith}$ と書く．AF 環上の流れとしてすぐに考え付くのは以下のものである．

定義 1.3 AF 環 A 上の流れ α が AF 流れであるとは以下の形で与えられることをいう．A の有限次元部分 C* 環の増大列 (A_n) が存在し，$A = \overline{\bigcup_n A_n}$, $\alpha_t(A_n) = A_n$.

このとき $h_n = h_n^* \in A_n$ が存在し，$\alpha_t|A_n = \mathrm{Ad}\, e^{ith_n}|A_n$, $h_{n+1} - h_n \in A_{n+1} \cap A_n'$. ここで，$A_{n+1} \cap A_n' = \{x \in A_{n+1} \mid xy = yx, y \in A_n\}$. 逆にこの後者の条件を満たす列 (h_n) を与えれば α が決まる．つまり AF 環上の AF 流れは，(A_n) を指定し，然るべき $h_n = h_n^* \in A_n$ を指定することによって決まる．$\{h_n\}$ で生成される C* 環が可換であることからこれは古典物理系の時間発展に対応する．

定義 1.4 単位元をもつ C* 環 A 上の流れ α に対して，u が α コサイクルであるとは，u は $\mathbf{R}$ から A のユニタリ群 $U(A) = \{u \in A \mid uu^* = u^*u = 1\}$ への連続関数で，次を満たすことをいう．$u_s \alpha_s(u_t) = u_{s+t}$. このとき，流れ $t \mapsto \mathrm{Ad}\, u_t \alpha_t$ を α のコサイクル摂動という．（A が単位元をもたない場合のコサイクルについては [8] を参照．）

$h = h^* \in A$ に対して，微分方程式 $du_t/dt = u_t \alpha_t(ih)$, $u_0 = 1$ で定まる $t \mapsto u_t$ は α コサイクルである．これで定まる α コサイクルを $u^{(h)}$ と書くことにすると，一般の α コサイクルは，$v \in U(A)$ と $h = h^* \in A$ を用いて，$t \mapsto v u_t^{(h)} \alpha_t(v)^*$ で与えられる．

定義 1.5 C^* 環 A 上の流れ α に対して，その生成作用素 δ_α が A 上の線形作用素として以下のように定義される．その定義域 $D(\delta_\alpha)$ は $\lim_{t\to 0}(\alpha_t(x) - x)/t$ が存在するような $x \in A$ の集合であり，$\delta_\alpha(x)$ はその極限．このとき，$D(\delta_\alpha)$ は A の稠密な部分 $*$ 環であり，ノルム $x \mapsto \|x\| + \|\delta_\alpha(x)\|$ のもとで完備なバナッハ $*$ 環になる．また，$D(\delta_\alpha)$ の普遍 C^* 環として A が再構成される．さらに δ_α は $D(\delta_\alpha)$ 上の関数として次の性質をもつ．$\delta_\alpha(xy) = \delta_\alpha(x)y + x\delta_\alpha(y), \delta_\alpha(x)^* = \delta_\alpha(x^*)$．この性質を指して，$\delta_\alpha$ を微分（または微分作用素）という．

C^* 環 A の可換部分 C^* 環 C が極大であるとは，$C = A \cap C'$ が成り立つことである．AF 環 A の極大可換部分 C^* 環 C が正規であるとは，A の有限次元部分 C^* 環の増大列 (A_n) が存在して，$A = \overline{\bigcup_n A_n}$ かつ $\bigcup_n (C \cap A_n \cap A'_{n-1})$ が C を生成すること $(A_0 = \{0\})$．AF 流れのコサイクル摂動は次で特徴付けられる．

定理 1.6 ([4, 6]) α を AF 環 A 上の流れとする．このとき次は同値．

1. α は AF 流れのコサイクル摂動である．
2. A に有限次元部分 C^* 環の増大列 (A_n) が存在して以下を満たす．$A = \overline{\bigcup_n A_n}, \lim_n \sup_{t \in [0,1]} \operatorname{dist}(A_n, \alpha_t(A_n)) = 0$.
3. $D(\delta_\alpha)$ は A の正規極大可換部分 C^* 環を含む．

ここで A の二つの部分 C^* 環 B, C の間の距離 dist は次を満たす $\varepsilon > 0$ の下限として定義される．$\forall x \in B \ \exists y \in C \ \|x - y\| \leq \varepsilon \|x\|$ 及び B と C を入れ替えて得られる条件．上の条件を満たす α を近似 AF 流れという．

定義 1.7 AF 環上の流れ α が AF 核をもつとは，$D(\delta_\alpha)$ がバナッハ $*$ 環として AF であることをいう．つまり，$D(\delta_\alpha)$ の有限次元部分 $*$ 環の増大列 (A_n) で，$\bigcup_n A_n$ が $D(\delta_\alpha)$ で稠密であること．

α が何であれ，$D(\delta_\alpha)$ の有限次元部分 $*$ 環の増大列 (A_n) を，$\bigcup_n A_n$ が A で（C^* ノルムで）稠密であるようにとれることはわかっている．AF 流れは AF 核をもつ．また α が AF 核をもてば，α が次の意味で内部近似可能であることもわかる [13]．

定義 1.8 C^* 環 A 上の流れ α が内部近似可能であるとは，A の列 (h_n) で次を満たすものがあることをいう．$h_n^* = h_n$，かつ各 $x \in A$ に対して $\alpha_t(x) = \lim_n \mathrm{Ad}\, e^{ith_n}(x)$ が有界な t に対して一様に収束する．

内部近似可能な流れのコサイクル摂動はまた内部近似可能である．一般の非自明な（正確には antiliminary な）C^* 環上には非自明な（正確には Connes スペクトル [12] が $\mathbf{R}$ 全体であるような）内部近似可能な流れが存在する．またそのような流れが存在すれば C^* 環は非自明である．また，これと類似の条件で使いやすいものとして，「連続的に内部近似可能」の条件もある [7]．また内部近似可能でない流れも存在する．C^* 環が可換ならば内部近似可能な流れは恒等的である．C^* 環が単純であるなど高度に非可換であっても，内部近似可能でない流れが存在する可能性が高い [5, 3]．

定義 1.9 C^* 環 A 上の流れ α に対して (π, U) が共変表現であるとは，あるヒルベルト空間 $\mathcal{H}$ が存在し，π は A から $\mathcal{H}$ 上の全有界作用素の環 $B(\mathcal{H})$ への $*$ 準同型であり，U は $\mathcal{H}$ 上の強連続な 1 径数ユニタリ群で，以下を満たすことである．$U_t \pi(x) U_t^* = \pi \alpha_t(x)$，$x \in A$．$\mathcal{H}$ を π の表現空間といい，$\mathcal{H}_\pi$ と書く．π が単射ならば，(π, U) を忠実な共変表現という．

定義 1.10 ([10]) A 上の流れ α が準対角的であるとは，忠実な共変表現 (π, U) が存在し，（可分な）$\mathcal{H}_\pi$ 上の有限階数の射影の増大列 (E_n) で以下の条件を満たすものがあることをいう．$\lim_n E_n = 1$，$\lim_n \|[E_n, \pi(x)]\| = 0$ $(x \in A)$，$\lim_n \sup_{t \in [0,1]} \|[U_t, E_n]\| = 0$．$C^*$ 環 A 上の流れ α が強準対角的であるとは，すべての共変表現に対して上記の条件が成り立つことをいう．

上の条件から α, U に関する部分を除いたものを C^* 環 A が満たすとき，A は準対角的（または強準対角的）であるといわれる．すべての C^* 環が準対角的（または強準対角的）であるというわけではない．しかし，AF 環は強準対角的であり，このときには上の条件は流れ α のみに対する条件である．AF 流れが強準対角的であることは容易にわかる．

定理 1.11 準対角的 C^* 環 A 上の内部近似可能な流れは準対角的である．

定義 1.12 $L^2(\mathbf{R})$ を実軸 $\mathbf{R}$ 上の 2 乗可積分な関数のなすヒルベルト空間，U を $U_t \xi(s) = \xi(s-t)$ で定義された $L^2(\mathbf{R})$ 上の 1 径数ユニタリ群，

$K = K(L^2(\mathbf{R}))$ を $L^2(\mathbf{R})$ 上のコンパクト作用素全体とする．$B = \prod_{n=1}^{\infty} K$ を K 内の有界列のなす非可分な C* 環，$B_0 = \bigoplus_{n=1}^{\infty} K$ を K 内の 0 に収束する列のなす C* 環とする．K 上に $t \mapsto \mathrm{Ad}\, U_t$ で流れ γ を定義し，さらに B 上に $(x_n) \mapsto (\gamma_t(x_n))$ で自己同型 $\overline{\gamma}_t$ を定義する．これは $\overline{\gamma}_s \overline{\gamma}_t = \overline{\gamma}_{s+t}$ を満たすが $t \mapsto \overline{\gamma}_t(x)$ は $x \in B$ によっては連続でない．B_γ を，これが連続となるような x 全体のなす C* 環とする．$B_0 \subset B_\gamma$ であり，B_0 は B_γ のイデアルなので，商 C* 環 B_γ/B_0 が構成でき，その上に流れ $\overline{\gamma}$ が自然に作用する．(可分な) C* 環 A 上の流れ α に対して，埋め込み $\pi : A \to B_\gamma/B_0$ で $\overline{\gamma}_t \pi = \pi \alpha_t$ が存在するとき，α を MF 流れという．つまり，(A, α) が特定の非可分な $(B_\gamma, \overline{\gamma})$ のなかに実現されるときこれを MF 流れという．

上記で γ, α を無視し，A が B/B_0 に埋め込まれるとき，A を MF 環という [1]．準対角的流れは MF 流れである．また AF 環上の (一般の核型 C* 環上の) MF 流れは準対角的である．MF 流れはある意味で行列環上の流れによる近似が可能である．

定義 1.13 C* 環 A 上の流れ α と $\beta \in \mathbf{R}$ に対して，A 上の状態 ω が (α, β)-KMS 状態であるとは，以下の条件を満たすことをいう．$\omega(xy) = \omega(y\alpha_{i\beta}(x))$．ただし $x \in A$ は $t \mapsto \alpha_t(x)$ が複素平面上の正則関数に拡張できるようなものとする．(KMS 状態は時間発展 α の物理系における温度 $T = 1/k\beta$ での平衡状態と目されるものである [2]．)

定理 1.14 単位元をもつ C* 環 A 上の MF 流れ α はすべての $\beta \in \mathbf{R}$ に対して KMS 状態をもつ．このことを α は KMS 条件を満たすという．

単位元をもつ AF 環上の流れに対していままでに導入した性質をまとめておくと以下のようになる．

近似 AF $\Longrightarrow$ AF 核 $\Longrightarrow$ 内部近似可能 $\Longrightarrow$ 準対角的 $\Longleftrightarrow$ MF $\Longrightarrow$ KMS

2 番目の右矢印は逆が成り立たない．他の詳細はいまだ不明であり，今後の課題である．上に挙げたいずれの性質もコサイクル摂動に関して不変である．以下少しく視点を変える．

C* 環 A 上の流れ α をコサイクル摂動を除いて本格的に分類しようとすれば，当然その接合積 $A \times_\alpha \mathbf{R}$ を分類することになる．(正確にはその分類ととも

に，その上の双対流れ $\hat{\alpha}$ の分類．竹崎高井双対定理 [12] による．）KMS 条件を満たすような α に対しては，単純な単位元をもつ A に対しても $A\times_\alpha \mathbf{R}$ は複雑なイデアル構造をもちたくさんの（非有界な）トレースをもつ．$A\times_\alpha \mathbf{R}$ の分類には少なくともそのイデアル構造とトレース構造の決定が不可欠であるが，現在のところそれ以外の不変量は見つかっていない．前段落までに述べた α に対する性質が $A\times_\alpha \mathbf{R}$ の性質としてどう反映されるかも不明である．

定義 1.15 C^* 環 A 上の流れ α がエネルギーギャップをもたないとは次の条件を満たすことである．すべての α 不変な遺伝的 C^* 部分環 B と $\lambda > 0$ に対して，α スペクトルが $(-\lambda, \lambda)$ に入る $x \in B$ の全体は C^* 環として B を生成する．（遺伝的の定義は [12] 参照．）

フーリエ変換 $\hat{f}$ の台が $(-\lambda, \lambda)$ に入るような $f \in L^1(\mathbf{R})$ と $x \in B$ に対して，$\alpha_f(x) = \int f(t)\alpha_t(x)\,dt$ とおく．上の条件はこのような $\alpha_f(x)$ の全体が B を生成するということである．

定理 1.16 ([9]) 単純な C^* 環 A 上の流れ α に対して，すべての $t \neq 0$ に対して α_t が内部的でないとする（つまり単位元のある場合にユニタリ u を使って $\alpha_t = \mathrm{Ad}\, u$ とできない）．このとき次は同値．

1. α はエネルギーギャップをもたない．
2. すべての $A\times_\alpha \mathbf{R}$ の原始的イデアルは $\hat{\alpha}$ のもとで単調増加または単調減少．

α に対する多少の条件のもとで接合積 $A\times_\alpha \mathbf{R}$ 上の（下半連続な）トレースはすべてもとの A の KMS 状態から得られることがわかる [11]．よって $A\times_\alpha \mathbf{R}$ に対するイデアル構造とトレース構造に対するある程度の知見が得られたことになるが分類はまだまだこれからの問題である．

参考文献

[1] B. Blackadar and E. Kirchberg, Generalized inductive limits of finite-dimensional C*-algebras, Math. Ann. **307** (1997), 343–380.

[2] O. Bratteli and D.W. Robinson, *Operator algebras and quantum statistical mechanics*, I, II, Springer, 1979, 1981.

[3] A. Kishimoto, A Rohlin property for one-parameter automorphism groups, Comm. Math. Phys. **179** (1996), 599–622.

[4] A. Kishimoto, Examples of one-parameter automorphism groups of UHF algebras, Comm. Math. Phys. **216** (2001), 395–408.

[5] A. Kishimoto, Non-commutative shifts and crossed products, J. Funct. Analysis **200** (2003), 281–300.

[6] A. Kishimoto, Approximate AF flows, J. Evolution Equation, **5** (2005), 153–184.

[7] A. Kishimoto, Lifting of an asymptotically inner flow for a separable C^*-algebra, Abel Symp., **1** (2006), 233–247.

[8] A. Kishimoto, Multiplier cocycles of a flow on a C^*-algebra, J. Funct. Analysis, **235** (2006), 271–296.

[9] A. Kishimoto, C^*-crossed products by **R**, II, Publ. RIMS, Kyoto Univ., **45** (2009), 451–473.

[10] A. Kishimoto and D.W. Robinson, Quasi-diagonal flows, to appear in J. Operator Theory.

[11] A. Kishimoto, C^*-crossed products by **R**, III: traces, Acta Mathematica Sinica, **27** (2011), 1259–1282.

[12] G.K. Pedersen, *C^*-algebras and their automorphism groups*, Academic Press, 1979.

[13] S. Sakai, *Operator algebras in dynamical systems*, Cambridge Univ. Press, 1991.

行列模型と非可換ゲージ理論

北澤 良久

ゲージ理論は，Yang と Mills により電磁気理論の非アーベル群への拡張として 1954 年に提唱された．南部による対称性の自発的破れ，Higgs 機構等を取り入れて，電磁気と弱い相互作用を統一するゲージ理論が Weinberg と Salam によって 1967 年に提唱された．'t Hooft によりゲージ理論のくりこみ可能性が 1971 年に証明され，理論的整合性が明示された．実験的にも 1974 年にゲージ論が予言するチャーム (C) クォークと反 C クォークの束縛状態である J/Ψ 粒子の発見によって，ゲージ論が素粒子の相互作用を記述する理論として広く認知された．強い相互作用に関しても，南部, Gell-mann 等によって $SU(3)$ をゲージ群とするゲージ理論 (QCD) が提唱され，1973 年に Gross–Wilczek と Politzer によって強い相互作用の顕著な実験的性質：エネルギースケールが高くなるほど相互作用が弱くなること (Asymptotic freedom) を説明することが明らかとなった．

QCD は，$SU(3)$ をゲージ群とするが，クォークは基本表現（3 重項），グルーオンは随伴表現（8 重項）に属す．クォークは分数電荷を持つが，クォークやグルーオンは実験的に観測されておらず，ハドロンの中に閉じ込められていると考えられている．Asymptotic freedom によりクォークとグルーオンは，低エネルギー領域ほど強く相互作用している．クォークの閉じ込めは，QCD の真空の性質が関与していると考えられている．すなわち QCD の真空は，QCD の電場の侵入を許さないため，クォークの作る電場はひも状に絞られる．このひもの張力のために，クォークを取り出すためには無限のエネルギーを要する．このクォークの閉じ込めの説明は，超伝導体において磁場が絞られる現象と類似している．実際電場と磁場を入れ替えた（双対）関係になっている．

現象論的に強い相互作用はひも理論的特徴を持つことが知られている．ハドロンの励起系列は，ひもが回転している状態として理解できる．さらに強

い相互作用は，ひも特有の性質を示す．このように強い相互作用の解はある種のひも理論であると考えられる．ひも理論と QCD の関係を明確化したのは，'t Hooft による $SU(N)$ ゲージ理論における N 無限大極限の考察である．グルーオンは随伴表現に属するため，基本表現とその複素共役の積として表現される．基本表現を右向きの矢印，複素共役表現を左向きの矢印で表すと，クォーク，反クォーク，グルーオンのプロパゲーターは，以下のように図示される．

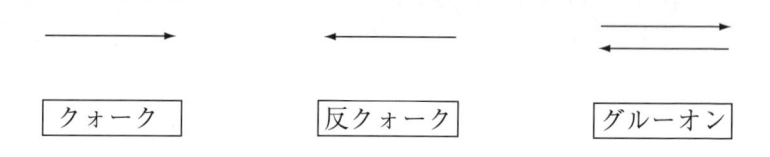

図 1　$SU(N)$ ゲージ理論のプロパゲーター

　ゲージ理論の振幅は，摂動論的に相互作用頂点をプロパゲーターでつないで構成される．$SU(N)$ ゲージ理論の真空振幅を考えよう．各振幅に対応するファインマン図形は，特定のトポロジーの 2 次元面上に描くことができる．

　例えば右図は，ディスクの上に描くことができる．図形の各ループには，ゲージ群の因子 N が付随する．2 重線は，グルーオン，1 重線は，クォークのプロパゲーターであるが，グルーオンの相互作用に $1/N$，クォークとグルーオンの相互作用に $(1/N)^{1/2}$，因子を付随させると右図は，因子 N を与える．N の冪数 1 は，ディスクのトポロジーを指定するオイラー数に

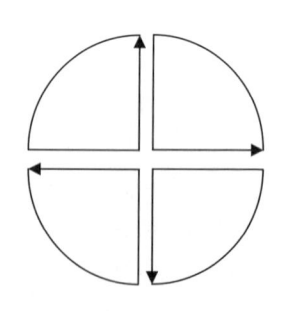

図 2　$SU(N)$ ゲージ理論のファインマン図形

他ならない．この例のように各ファインマン図形には，対応する 2 次元面とそのオイラー数で指定される N の冪乗が付随する．

　一方ひもは，時空を伝搬すると 2 次元的世界面を描く．ひもの振幅は，結

合定数を g とすると g の冪乗に比例するが，その冪数は世界面のオイラー数に他ならない．このように，ゲージ理論の振幅とひもの振幅に対応がつけられ，ひもの結合定数と $1/N$ を同定できる．$SU(N)$ ゲージ理論の N 無限大極限（ラージ N 極限）では，球面と同じトポロジーを持つファインマン図形（プラーナーダイアグラム）のみが寄与する．すなわちゲージ理論のラージ N 極限は，ある種の弦理論を与えると予想される．強い相互作用の解析的理解を目指す研究は，ラージ N 極限において理論を解きある種のひも理論を導く戦略を取る．一方クォークの閉じ込め機構の理解においては，2 次相転移理論と場の理論の統一的な理解の進展が大きな役割を演じた．ゲージ理論は場の理論の一種であるが，2 次相転移の理論と無限自由度を対象にするという点で共通点を有する．実際場の理論は，2 次相転移点と 1 対 1 に対応する．クォークの閉じ込めは，ゲージ理論に対応する古典統計系（格子ゲージ理論）の問題に帰着できる．格子ゲージ理論にクォークを閉じ込める相があることは明らかであるが，物理的にクォークが閉じ込められていることを示すためには，弱結合極限においても閉じ込めが継続することを示す必要がある．この問題を解析的に証明することは困難であるが，数値的な研究が可能であり，強い相互作用の有効な研究手段となっている．

クォークの閉じ込めを判定するためには，ゲージ不変なオペレーター Wilson loop の期待値を計算することが必要である．このオペレーターの期待値は，クォーク・反クォーク間のポテンシャルを与える．ラージ N 極限において，ダイナミカルなクォークループの寄与は $1/N$ のオーダーであり無視できる．Wilson loop の多点相関関数は，連結成分は $1/N^2$ のオーダーで無視できるため 1 点関数の積に一致する．

江口と川合 [1] は，ラージ N 極限において，Wilson loop の期待値が時空の体積によらないことを，Wilson loop の従う Schwinger–Dyson 恒等式を用いて 1981 年に示した．Bhanot, Heller, Neuberger は，この同等性は理論の持つ $U(1)$ 対称性が自発的に壊れないことを前提としており，弱結合領域では同等性が成り立たないことを示した．彼らはまた，ゲージ場の対角成分が，運動量と同様の働きをすることを指摘した．Parisi は，ゲージ場を固定した外場として導入すると，運動量と同様の働きをすることを指摘した．

Gross と北澤 [2] は，N 次元のエルミート行列を自由度とする場の理論の

$U(N)$ 不変なオペレーターの期待値は，対応する時空依存性を落とした 0 次元行列模型において，行列の対角成分を一様分布に固定 (Quench) することによって，ラージ N 極限で再現されることを摂動論的に示した．例えば図 2 は 4 ループ振幅であるが，矢印で示した $U(N)$ 対称性に付随する保存量 (色) の流れと運動量の流れを同一視できる．この同一視によって，場の理論のプロパゲーターとバーテックスが行列模型から再現される．これらの研究によって，ラージ N 極限においては，行列自由度から運動量のような時空固有の自由度を生成する機構が存在することが明らかとなった．

Gonzalez-Arroyo と大川 [3] は，ゲージ理論に非自明な境界条件を課すこと (Twist) によって磁束を導入すると，場の理論と 0 次元行列模型間にラージ N 極限において同様な同等性が存在することを指摘した．2 次元ゲージ理論を例にとると，Twist した境界条件を満たす 2 つの N 次元ユニタリー行列，$P, Q, PQ = ZQP, Z^N = 1$ が基本的な役割を演ずる．この 2 つの行列を時空の x 方向，y 方向の並進演算子と同一視することによって，場の理論と 0 次元行列模型間に対応が生ずる．$Q = \exp(ix), P = \exp(iy)$ と置くと，(x, y) は正準交換関係 $[x, y] = 2\pi i/N$ を満たす．(x, y) は $x \sim x + 2\pi, y \sim y + 2\pi$ と周期的に同一視できるため，2 次元トーラス空間の座標である．正準交換関係は，量子力学で位相空間が量子化されるのと同様に，(x, y) 空間が N 個の量子に量子化されていることを示す．すなわちこの空間は，非可換トーラスに他ならない．

$Q^k P^l = \exp(ikx)\exp(ily)$ なる行列は，2 次元運動量 (k, l) を有する非可換トーラス空間の平面波と同一視できる．k と l は N を上限とする整数値をとるが，それは N 次元ユニタリー行列の自由度が N^2 であることに対応する．高次元の非可換トーラスは，直積空間を考えることによって同様に構成できる．非可換トーラス空間の平面波は可換でなく，$Q^k P^l Q^m P^n = Z^\# Q^m P^n Q^k P^l$, $\# = kn - lm$ より交換すると位相 $2\pi\#/N$ を生ずる．プラーナーダイアグラムについてこの位相は相殺するが，非プラーナーダイアグラムでは相殺しない．ループ運動量積分を実行すると $\# > N$ の運動量領域では，位相の振動によってプラーナーダイアグラムのみ寄与することが結論される．この意味で Twist した行列模型は，場の理論とラージ N 極限で同等性が成立する．

1984 年には，超弦理論の摂動論的理解において大きな進歩があった．弦の作用は弦の描く世界面の計量を含むため，2 次元量子重力理論とみなせる．弦の作用は 2 次元計量の局所スケールによらない（コンフォーマル不変性）が，この特徴は弦理論がゲージ粒子や重力子等のマスレス粒子を含む一因であり，量子論的にも保持する必要がある．Polyakov は，コンフォーマル不変性を活用した 2 次元場の理論の研究を進展させ，コンフォーマル不変性が理論の状態や相関関数の決定に大きな役割を果たすことを明らかにした．また特殊な次元（臨界次元）以外では，2 次元計量の局所スケール自由度の量子化が必要であるが，その有効作用を決定した．Green, Schwarz は臨界次元（10 次元）のカイラルな超弦理論の理論的整合性を明らかにした．クォーク・レプトンの相互作用は，左右非対称（カイラル）であり，Green, Schwarz の研究は，超弦理論を素粒子相互作用の統一理論候補として確立する大きな要素となった．Gross 等は，現象論的に現実的な，ボゾン弦と超弦を張り合わせたヘテロ弦理論を提唱した．Witten 等は，6 次元を特殊な空間にコンパクトすることによって，4 次元カイラルゲージ理論を構成する処方箋を与えた．

1995 年には，弦理論の非摂動論的性質の理解に関して大きな進展があった．ひもには，閉じたひも（閉弦）と開いたひも（開弦）の 2 種類があるが，弦理論には D-ブレーンと呼ばれる $p+1$ 次元的に時空に広がった自由度が存在することが明確に認識された．D-ブレーンにはひもの端点が付着するので，開弦理論とは D-ブレーン上の弦理論に他ならない．D-ブレーンを介して，閉弦理論と開弦理論の関係が明らかになり，様々な弦理論の統一的理解が可能となった．

D-ブレーンには，開弦が付随するので，D-ブレーンの低エネルギー有効理論は，ゲージ理論である．超弦理論からこのように導出されるゲージ理論は，最大限の超対称性を有する．N 枚の D-ブレーンが存在すると，ひもの 2 つの端点にはそれぞれ N 通りの選び方があるので，N^2 個のゲージ粒子が存在する．この理論は $U(N)$ ゲージ理論に他ならない．$p+1$ 次元的に広がった Dp ブレーンには，$p+1$ 次元ゲージ理論が誘起される．

ここで点状の D-ブレーン ($p=0$) を考えてみよう．この場合，対応するゲージ理論は 1 次元 $U(N)$ ゲージ理論であるが，1 次元の場の理論は量子力学に他ならない．ゲージ場は，N 次元のエルミート行列なので，行列を自

由度とする量子力学となる．弦理論には弦のみならず，D-ブレーン等様々な次元を持った広がった自由度が存在する．それゆえひもが最も基本的な自由度という視点を超えて，行列を自由度とする量子力学が弦理論の非摂動論的定式化に有効ではないかという提案が，Susskind 等 [4] によってなされた．

D-ブレーンに対応するゲージ理論は，10 次元超対称ゲージ理論を $p+1$ 次元に次元を落として得られるものであるが，石橋・川合・北澤・土屋 [5] は，江口・川合的に 0 次元に次元を落とした模型を超弦理論の非摂動論的定式化の観点から研究した．行列模型の運動方程式は，$U(N)$ ゲージ理論の運動方程式から時空依存性を落としたものに他ならない．この運動方程式のラージ N 極限の解として，2 次元非可換空間が存在する．すなわち時空座標に対応する 10 個の行列 A_i の内の 2 つの次元 (A_1, A_2) を正準変数 $(p, q), [q, p] = i$ と同一視する．偶数次元の非可換空間は，直積空間によって同様に構成できる．これらの解は，D-ブレーンと同じ対称性を有する．D-ブレーンにはゲージ理論が誘起されるが，北澤と共同研究者 [7] は，実際これらの古典解上には，非可換ゲージ理論が誘起されることを示した．2 次元非可換空間を例にとり，行列を古典解と揺らぎに分割する $(A_1 = p + a_1, A_2 = q + a_2, A_3 = \Phi_3, \ldots, A_9 = \Phi_9)$．ゲージ場 (a_1, a_2) とスカラー場 $(\Phi_3, \ldots, \Phi_9)$ は，このようにして行列自由度から出現する．古典解として，n 枚の D-ブレーン（n 重直積空間）を採用すると，超対称非可換 $U(n)$ ゲージ理論が得られる．Connes [6] 等は行列模型の非可換トーラス上へのコンパクト化を研究した．

前述したように，非可換ゲージ理論の平面波は行列と同様，交換すると位相が付随する．この位相の大きさは，平面波の運動量スケールに依存する．同一スケールの運動量を持つ平面波を交換した時に生ずる位相は，運動量のスケールの 2 乗に比例する．位相が 1 のオーダーの時，対応する運動量スケールを非可換スケールと呼ぶ．N 次元行列模型から 2 次元非可換ゲージ理論を構成した時，非可換スケールは $p^2 \sim N$ となる．Twist した行列模型に関して述べたように，非可換スケールより大きな運動量積分に関しては，この位相の振動効果により，プラーナー振幅のみ寄与する．一方非可換スケールより小さな運動量に関しては位相が無視できるので，通常のゲージ理論と同様な振幅を与える．非可換ゲージ理論は，行列模型から自然に構成されるが，小運動量スケールでは通常の場の理論，大運動量スケールではラージ N ゲー

ジ理論的振る舞いをする．

ラージ N 極限ではプラーナーダイアグラムのみ寄与し，通常の場の理論では，すべてのトポロジーを持つダイアグラムが寄与するので，上記の振る舞いを弦理論的に解釈すると，弦の相互作用の強さはエネルギースケールの増大に伴って減少する．超弦理論の低エネルギー有効理論は超重力理論であるが，実際このような振る舞いをする超重力理論の古典解が存在する．この古典解の最大の特徴は，弦理論に特有な2階反対称ゲージ場を伴うことである．Seiberg, Witten 等によって非可換幾何学は，弦理論において2階反対称ゲージ場の導入によって実現されることが示された．

ゲージ理論のゲージ不変なオペレーターは Wilson loop であるが，非可換ゲージ理論のゲージ不変なオペレーターは何であろうか？ 北澤は共同研究者 [8] と，行列模型を用いた明白にゲージ不変な構成法を与えた．行列模型は $U(N)$ 対称性を有するが，非可換ゲージ理論のゲージ対称性は，$U(N)$ 対称性に起因する．行列模型において $U(N)$ 対称なオペレーターは，行列積のトレースを取ったものである．具体的にオペレーター $\mathrm{Tr}\exp(ik_j A_j)$ を考えよう．j は時空の次元を指定する添字で，1 から 10 まで足し合わせる．ここで行列を非可換古典解の周りに展開する $(A_j = x_j + a_j)$．古典解を挿入した部分は，平面波 $\exp(ik_j x_j)$ に他ならない．非可換時空においては，座標は運動量とも同定できるので，平面波は時空の並進演算子 $\exp(id_j p_j)$ とも解釈できる．ここで d_j は k_j と大きさは同じで，直行するベクトルを表す．それゆえゲージ場に関しては，ベクトル d_j で指定される経路 C についての積分が現れる．このように非可換ゲージ理論のゲージ不変なオペレーターは，開いた経路にそった Wilson line 演算子である．この演算子に付随する運動量の大きさは，経路の端点の距離に比例する．

Wilson line 演算子は，超重力自由度と結合する演算子を構成するためにも必要である．北澤 [9] は，超対称性に基づいて超重力自由度と結合する Wilson line 演算子の構造を研究した．

非可換ゲージ理論のノンプラーナーダイアグラムは，非可換位相のために，外線運動量が紫外カットオフの役割を演ずる．この特徴は弦理論と共通するものであるが，ノンプラーナーダイアグラムの振幅にも Wilson line 演算子が現れる．

184 行列模型と非可換ゲージ理論

　超弦理論は，ゲージ理論と重力理論の統一を予言するのみならず，時空の微視的構造に関して豊かな描像を提供している．行列模型は，時空と物質の統一的理解にとって，将来に渡ってさらに大きな役割を演ずると期待される．この本質的問題に関する研究課題の一つは，行列模型及び非可換ゲージ理論に対して，重力理論的観点から理解を深めることであろう．超弦理論においては，閉弦と開弦の双対性が存在するため，ゲージ・重力対応が成立すると考えられる．この種の対応が期待される重力の古典極限を超えて，Wilson line演算子が関与するノンプラーナーダイアグラムの振る舞いを，量子重力的観点から理解する可能性を指摘したい．

参考文献

[1] T. Eguchi, H. Kawai, Phys. Rev. Lett. **48**: 1063, 1982.
[2] D.J. Gross, Y. Kitazawa, Nucl. Phys. **B206**: 440, 1982.
[3] A. Gonzalez-Arroyo, M. Okawa, Phys. Lett. **B120**: 174, 1983.
[4] T. Banks, W. Fischler, S. Shenker, L. Susskind, Phys. Rev. **D55**: 5112–5128, 1997.
[5] N. Ishibashi, H. Kawai, Y. Kitazawa, A. Tsuchiya, Nucl. Phys. **B498**: 467–491, 1997.
[6] A. Connes, M. Douglas, A. Schwarz, JHEP **9802**: 003, 1998.
[7] H. Aoki, N. Ishibashi, S. Iso, H. Kawai, Y. Kitazawa, T. Tada, Nucl. Phys. **B565**: 176–192, 2000.
[8] N. Ishibashi, S. Iso, H. Kawai, Y. Kitazawa, Nucl. Phys. **B573**: 573–593, 2000.
[9] Y. Kitazawa, JHEP **0204**: 004, 2002.

数学的散乱理論発展の流れの中で

黒 田 成 俊

「私の研究」について書け，といわれると筆者の場合昔に戻らざるを得ない．ずっと以前に書いたことの繰り返しになるかもしれないことはお許し頂いて，1950年代半ばからの「数学的散乱理論」発展の流れの中で筆者が得たささやかな結果について述べていく．舞台は，量子力学の数理物理である．

1. ポテンシャル $V(x)$ を通じて相互作用する 2 粒子系の Hamiltonian は

$$H = -\Delta + V(x) \quad (\Delta \text{ の前の係数が } 1 \text{ になる単位系をとっている}) \quad (1)$$

のように書かれる．ここで $\Delta = \partial^2/\partial x_1^2 + \partial^2/\partial x_2^2 + \cdots$ は Laplacian で，$H_0 = -\Delta$ は自由粒子の Hamiltonian，$V(x)$ はポテンシャルと呼ばれる実数値関数である．(1) の作用素を我々は **Schrödinger 作用素**と呼んでいる．研究の対象となるのは，H のスペクトルの構造，H を対象とする散乱理論の数学，はたまた時間を含む Schrödinger 方程式

$$i\frac{\partial}{\partial t}\psi(x,t) = H\psi(x,t) \quad (2)$$

の解 $\psi(x,t)$ の $t \to \pm\infty$ における漸近挙動等々である．

量子力学の数学的構造を，量子力学のオブザーバブルは Hilbert 空間における自己共役作用素で表わされる，と規定したのは J. von Neumann ([10]) であるが，von Neumann の研究は抽象的なレベルのものであった．(1) の H が然るべき Hilbert 空間での自己共役作用素として実現することを初めて示したのは，筆者の恩師加藤敏夫先生である（1944 頃までに完成，出版は 1951 ([4]))．先生のこの論文は，Schrödinger 作用素の数理物理（数学サイドから見た）の基礎を築いたものと位置付けられている．先生はさらに学位論文 (1951) において，固有値の摂動論に関する数学的な理論を完成されている．

筆者が大学院学生として当時の東大物理学科の加藤先生の研究室に入れて

頂いた 1955 年は丁度こういう時で，いうなれば Schrödinger 作用素の数理物理の青春時代であった．もっとも，筆者が加藤研究室を志望したのは，そういう状況を知っていて意欲を燃やしたというような立派な話ではなく，物理学科の学生だった筆者が，自分は物理よりは数学に向いているかなと思ったのと，先生の講義に感銘を受けたからであったに過ぎない．加藤研究室が物理学科にあってそこに入れたのは，筆者にとっては全くの幸運であった．

2. (1) の H を，後の便宜上 H_1 とし，

$$H_1 = H_0 + V, \quad (H_0\varphi)(x) = -\Delta\varphi(x), \quad (V\varphi)(x) = V(x)\varphi(x) \quad (3)$$

と書いて抽象的な枠組へ一般化すれば，

$$H_1 = H_0 + V, \quad H_0, H_1 \text{は Hilbert 空間における自己共役作用素} \quad (4)$$

となる．V に対する適当な条件のもとで，H_0 と H_1 のスペクトル理論的な性質などを研究しようというのが，量子力学の数理物理の一つの出発点である．

固有値の摂動論（V の前に結合定数 ε を付けた $H_\varepsilon = H_0 + \varepsilon V$ の固有値 $\lambda(\varepsilon)$ が ε のべき級数あるいは漸近級数としてどのように表わされるかを解明する）の数学的理論が加藤先生の研究で完成したあと，1950 年代半ばからは，加藤先生の主導のもとで研究の主眼は連続スペクトルに移っていった．

連続スペクトルの問題ではスペクトルの変化を問題にすることは難しく，どんな V に対して連続スペクトルは変わらないか（連続スペクトルの安定性）が最初の問題になる．技術的なことを詳述する余裕はないが，最小限必要な概念を略述して理論の雰囲気を伝えることを試みよう．

(A) 連続スペクトルの部分集合として**絶対連続スペクトル**というものがある．それを $\sigma_{\mathrm{ac}}(H)$ と表わす．(B) 作用素の族として**トレース族**，**Hilbert–Schmidt 族**というものがある．自己共役の場合に限れば，V のスペクトルが離散固有値 $\{\lambda_j\}$ と $\lambda = 0$ だけからなり，λ_j を多重度の数だけ反復して $\sum |\lambda_j| < \infty$ ($\sum |\lambda_j|^2 < \infty$) という条件が成り立つとき，$V$ はトレース族 (Hilbert–Schmidt 族) に属するという．(C) 以下，H_0 のスペクトルが絶対連続な部分だけからなる場合だけを考える．(4) の状況のもとで時間を含む Schrödinger 方程式とその解

$$i\frac{\partial}{\partial t}\psi_j(x,t) = H_j\psi_j(x,t), \quad \psi_j(x,t) = e^{-itH_j}\psi_j(x,0) \quad (5)$$

を考え，それらから作られる作用素

$$W_\pm(H_1, H_0) = \lim_{t \to \pm\infty} e^{itH_1} e^{-itH_0}, \quad S = W_+(H_1, H_0)^* W_-(H_1, H_0) \quad (6)$$

をそれぞれ**波動作用素** (wave operator)，**散乱作用素** (scattering operator) と呼ぶ．物理的な散乱過程では，$W_\pm$ を定義する極限が存在し S がユニタリ作用素になると期待されるが，波動作用素が存在して**完全**と呼ばれるある性質を持つと，S はユニタリで，さらに $\sigma_{ac}(H_1) = \sigma_{ac}(H_0)$ が成り立つ．

Hilbert 空間の中でのこのような定式化は（絶対連続スペクトルの導入は別として），つとに J.M. Jauch ([3]) によって与えられている．

3. 作用素論的な次の定理が連続スペクトルの研究の出発点となった．

定理 1（Kato–Rosenblum の定理，1957） (4) において，V がトレース族に属するならば，H_0, H_1 に対する波動作用素は存在して完全である．

(3) の V はトレース族には属しないから，この定理だけでは Schrödinger 作用素が扱えない．V がトレース族という仮定を H_0 に対して相対化してみるのが次のステップである．筆者は [7] で $|V|^{1/2}(H_0 + 1)^{-1}$ が Hilbert–Schmidt 族に属するならば，(3) の系に対して波動作用素の完全性が成り立つことを証明した．この結果は (3) に応用可能で例えば

$$|V(x)| \leq \frac{M}{(1+|x|)^\delta}, \quad \delta > 3 \quad (x \text{ の空間は 3 次元の場合}) \quad (7)$$

ならば波動作用素の完全性が成り立つことが出てくる．振り返ってみると，相対化することは当然のステップであり，筆者の寄与はといえば，吉田耕作先生の線形作用素の半群の理論の吉田近似が有効に使えることに気付き，V に課する仮定と証明技法のバランスをとって定理に到達する，それをやや粘り強くかつ丹念にやっただけなのだが，Schrödinger 作用素に関して V の球対称性などを仮定しない最初の結果であったようで，その後暫く引用される機会も多かった．ここでも筆者は幸運であった．

4. 上に述べたアプローチは，数学的散乱理論における時間を含む方法 (time-dependent method) と呼ばれる．対して，定常的な方法 (stationary method) と呼ばれるアプローチがある．(3) の H_0 は純正な固有値，固有関数を持たないが，平面波が「一般化された固有関数」である．詳しく書けば

の $\varphi_0(x,k)$ がそれである．この $\varphi_0(x,k)$ を摂動して H_1 に対する2組の一般化された固有関数 $\varphi_\pm(x,k)$ を，Lippmann–Schwinger の方程式と呼ばれる方程式

$$\varphi_0(x,k) = ce^{ikx}, \quad H_0\varphi_0(x,k) = k^2\varphi_0(x,k) \tag{8}$$

$$\varphi_\pm(x,k) = \varphi_0(x,k) - \frac{1}{4\pi}\int \frac{e^{\mp i|k||x-y|}}{|x-y|} V(y)\, dy \tag{9}$$

の解として作り，それを用いて H_1 のスペクトルや散乱理論の研究をすることができる．これを数学的に完全な形で遂行したのが，筆者の先輩の池部晃生さんの有名な論文 ([2]) である．(9) の解として求まった $\varphi_\pm(x,k)$ を使って波動作用素を表わし，その完全性を示すことができる．波動作用素の方法に比べれば，Schrödinger 作用素へのより直接的なアタックといえよう．完全性を与える条件は (7) で $\delta > 2$ まで改良される．

5. この時点ではトレース族による摂動（Kato–Rosenblum の定理）は時間を含む方法のみで取り扱い可能，一方 Schrödinger 作用素では定常的方法がよりよい結果を与えていた．どちらかというと作用素論指向が強い筆者は，トレース族の場合と Schrödinger 作用素を同時に扱えるような抽象的定常論を作り，そしてあわよくば (7) の δ に関する仮定を改良できないかと考えるようになった（$\delta > 1$ が限界であることは知られていた）．それから数年，あれこれとやって，最後は加藤先生との共同研究で出来上がったのが数学的散乱理論における抽象的定常理論 (abstract stationary theory) である ([6])．Schrödinger 方程式に応用すると，条件はその段階では $\delta > 2$ にとどまり，一つアイデアが足りなくて改良できなかったが，その後加藤先生が 1969 年に $\delta > 1$ のもとで完全性を示され，さらに S. Agmon が $\delta > 1$ のもとでより強い完全性が成り立つことを示した．Agmon の方法は，偏微分方程式の大家ならではの方法であったので，偏微分方程式の研究者が散乱理論に親しみを持つ一つの契機になったようである．

抽象的定常論はかなり技術的な面があり，ごくかいつまんだ解説をすることすら難しい．始めから一般化された固有ベクトルを考えるのは適切でなく，レゾルベントが主役である．作用素 $R_j(z) \equiv (H_j - zI)^{-1}$ を H_j のレゾルベントと呼ぶ．z が実数でなければ逆作用素 $R_j(z)$ が存在して連続な作用素と

なる. しかし, 極限 $\lim_{\varepsilon\downarrow 0} R_j(\lambda\pm i\varepsilon)\equiv R_j(\lambda\pm i0)$ (λ は実数) は作用素に関する最も自然な位相では存在するとは限らない. ところが, 作用素の空間に適当なノルムを導入するとこの極限が存在する. これを**極限吸収原理** (limiting absorption priciple) という. そして, $F_j(\lambda)\equiv R_j(\lambda+i0)-R_j(\lambda-i0)$ が H_j のスペクトル測度と関係する量となる. あとは, $F_0(\lambda)$ と $F_1(\lambda)$ がうまく関係付けられるような定式化を探していけばよい. ちなみに, (9) の右辺第 2 項は, $R_0(k^2\pm i0)V$ にあたるものである. こうしてできた抽象的定常論は完成度が高いものだったと思うが, ややとっつきにくい面もあったかもしれない. [6] に加えて, 実用性とのバランスを主眼にしたもう一つの解説を書いておけばよかっただろうか.

1970 年代の終わり頃から, 数学的散乱理論は物理からは位相空間 (phase space) の方法, 数学からは漸近解析 (asymptotic analysis) の方法を取り入れた新しいフェーズに入った. 筆者は, 漸近解析は不得手で, 加えて忙しくなったり, 本を書くのに時間を使ったりで, 第 1 線からやや退いてしまった. だが, 次のジェネレーションの多くの方々が, 世界に伍して華々しく活躍されているのを見ていることができるのは幸いである. [8] では, この転換期に差し掛かったところまでを教科書風に解説した. その後のストーリーの一部は, 田村英男, 谷島賢二, 磯崎洋さんの協力を得て座談的に書いた [9] に含まれている. 関心がおありの方はこれらを見て頂きたい.

6. 残った紙面で雑感を少し. 筆者が最初に書いた論文 (Proc. Japan Acad., 1958) では, トレース族の定義の $\sum|\lambda_j|<\infty$ を $\sum|\lambda_j|^p<\infty$, $p>1$ に置き換えると, そのような作用素による摂動では絶対連続スペクトルは安定とは限らないこと, したがって定理 1 の結論は成り立たないことを証明した. von Neumann の結果 ($p=2$) の拡張で, 拡張がうまくいった種は今読み返すと他愛もないトリックだったが, 簡明に述べられる結果なので生き残って, 最近リバイバルしている. ここでも筆者は幸運であった.

後年, 筆者は一度だけ, Schrödinger 作用素の固有値の数値計算に関係する仕事をしたことがある (鈴木俊夫氏との共同研究, Japanese J. Appl. Math., 1990). そのときのアイデアは結構気に入っていたのだが, フォローアップしなかったので, 鈴木氏の別の方向の研究につながったとはいえ, この論文自

体はほとんど知られることなく終わってしまった．これに限らず，些細でつまらなく見える次のステップや手近な応用をとにかくやってみることが，次につながったのかもしれない．

筆者が院生の頃は，ブルバキ時代も終わっていず，数学的散乱理論などやっていると，何か特殊なことをやっているのではないかと，ちょっと肩身が狭い思いがしたような気がする．だからと言って，やみくもに一般的な勉強をすればよいというものでもなく，そんな失敗をした経験もある．F. Dyson に Birds and Frogs という面白いエッセーがある ([1])．高く飛んで広く見る bird と，ぬかるみに住んで近くの花を愛でる frog，数学にはどちらも欠かせないという（Dyson 自身は frog だそうである）．自信を持って frog を目指せる人は，これもまた希有の人であろう．

参考文献

[1] F. Dyson, Birds and Frogs, Notices Amer. Math. Soc. **56** (2009), 212–223.

[2] T. Ikebe, Eigenfunction expansions associated with the Schroedinger operators and their application to scattering theory, Arch. Rational Mech. Anal. **5** (1960), 1–34.

[3] J.M. Jauch, Theory of the scattering operator, Helv. Phys. Acta **31** (1958), 127–158.

[4] T. Kato, Fundamental properties of Hamiltonian operators of Schrödinger type, Trans. Amer. Math. Soc. **70** (1951), 195–211.

[5] T. Kato, Perturbation Theory for Linear Operators, Springer 1966; Classics in Mathematics の 1 冊として再刊 (1995).

[6] T. Kato and S.T. Kuroda, Theory of simple scattering and eigenfunction expansions, F.E. Browder, ed., Functional Analysis and Related Fields, Springer, 1970, pp. 99–131.

[7] S.T. Kuroda, Perturbation of continuous spectra by unbounded operators, I, II, J. Math. Soc. Japan, **11** (1959), 247–262; **12** (1960), 243–257.

[8] 黒田成俊, スペクトル理論 II, 岩波講座基礎数学, 1979.

[9] 黒田成俊, 量子力学の数学的基礎, 現代物理学の歴史, I, 荒船次郎, 江沢洋, 中村孔一, 米沢富美子編, 朝倉書店, 2004, pp. 28–41.

[10] J. von Neumann, Mathematische Grundlagen der Quantenmechanik, Springer, 1932; 井上健, 広重徹, 恒藤敏彦訳, 量子力学の数学的基礎, みすず書房, 1957.

KZ 方程式と量子位相不変量

河 野 俊 丈

1 はじめに

KZ 方程式は 2 次元共形場理論において，共形ブロックの空間が満たす微分方程式として Knizhnik–Zamolodchikov [6] において導入された．私自身が，KZ 方程式に興味をいだいた動機は，やや異なっていて，後述するように，微分方程式の可積分条件，基本群の普遍的な線形表現の構成などと関わっている．このような視点から KZ 方程式を眺めることにより，対応する組みひも群の線形表現が量子群の対称性をもつことを見いだすことができた．さらに，この表現を用いて，3 次元多様体の位相不変量，組みひも群の有限型不変量などの一連の量子位相不変量が構成される．

2 無限小組みひも関係式と可積分条件

複素線形空間 $\mathbf{C}^n$ の超平面の集合 $\mathcal{A} = \{H_1, \ldots, H_l\}$ をとる．また，H_j, $1 \leq j \leq l$ を定義する線形形式を $f_j : \mathbf{C}^n \to \mathbf{C}$ とする．このとき，超平面に極をもつ対数微分形式

$$\omega_j = \frac{1}{2\pi\sqrt{-1}} d\log f_j = \frac{1}{2\pi\sqrt{-1}} \frac{df_j}{f_j}, \quad 1 \leq j \leq l \tag{1}$$

と正方行列 $X_1, \ldots, X_l$ を用いて，行列に値をとる微分形式 $\omega = \sum_{j=1}^{l} X_j \omega_j$ をとる．これを超平面の補集合 $M(\mathcal{A}) = \mathbf{C}^n \setminus \bigcup_{j=1}^{l} H_j$ 上の自明なベクトル束の接続形式とみなす．ベクトル束の水平切断は全微分方程式 $d\Phi = \Phi\omega$ の解に対応する．この接続の可能積分条件は $\omega \wedge \omega = 0$ と表されるが，これを，行列 $X_1, \ldots, X_l$ の関係式で示すと，$\mathrm{codim}_{\mathbf{C}}(H_{j_1} \cap \cdots \cap H_{j_m}) = 2$ であるような超平面の極大な集合 $\{H_{j_1}, \ldots, H_{j_m}\}$ に対応して

$$[X_{j_p}, X_{j_1} + \cdots + X_{j_m}], \quad 1 \leq p < m \tag{2}$$

が満たされるという条件になる.関係式 (2) で定義される Lie 環は超平面族の補集合 $M(\mathcal{A})$ の基本群のベキ零完備化と関連していて,この Lie 環の表現を用いて M の基本群の表現を組織的に構成することができる.私は 1980 年代前半に,青本和彦の研究 [1] などに触発されて,このような基本群のモノドロミー表現に興味をもっていた.当時,私が在職していた名古屋大学では,土屋昭博らによって,共形場理論の数学的な構築が進められており,私が考察していた微分方程式は KZ 方程式として,共形場理論に自然に現れることを知った.

まず,背景にある組みひも群について説明しよう.複素平面 $\mathbf{C}$ の順序のついた n 個の点の配置空間を

$$F_n(\mathbf{C}) = \{(z_1, \ldots, z_n) \in \mathbf{C}^n \mid z_i \neq z_j, \ i \neq j\}$$

で定義する.配置空間 $F_n(\mathbf{C})$ を座標の置換で定義される対称群の作用でわった商空間の基本群が n 本のひもからなる組みひも群であり,B_n で表す.組みひも群 B_n の要素は,図 1 に示したように,異なる n 個の点を交わらないように n 本のひもで結んだ組みひもで表される.

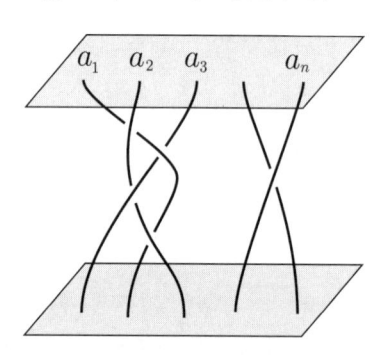

図 1 n 本のひもからなる組みひも群

組みひも群は 20 世紀のはじめに E. Artin によって導入された.生成元として図 2 に示した σ_i, $1 \leq i \leq n-1$ がとれて,基本関係式

$$\sigma_i \sigma_{i+1} \sigma_i = \sigma_{i+1} \sigma_i \sigma_{i+1}, \quad i = 1, \ldots, n-2 \tag{3}$$

$$\sigma_i \sigma_j = \sigma_j \sigma_i, \quad |i - j| > 1 \tag{4}$$

3. KZ 方程式と量子群の対称性   **193**

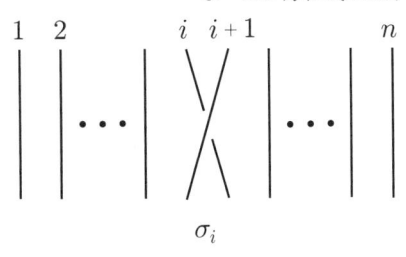

図 2 組みひも群の生成元 σ_i

をもつことが Artin によって示されている.1980 年代の V.F.R. Jones によ る結び目の多項式不変量の発見 [5] を嚆矢として,組みひも群の理論は,量子群,共形場理論,作用素環論などさまざまな分野との関係が見いだされて発展し現在に至っている.$\mathbf{C}^n$ の座標関数を $(z_1,\ldots,z_n)$ として,配置空間 $F_n(\mathbf{C})$ を $z_i = z_j$ で定義される超平面 H_{ij}, $1 \leq i \neq j \leq n$ の補集合とみなすと,可積分条件 (2) は

$$[X_{ik}, X_{ij} + X_{jk}] = 0, \quad (i,j,k \text{ は相異なる}) \tag{5}$$

$$[X_{ij}, X_{kl}], \quad (i,j,k,l \text{ は相異なる}) \tag{6}$$

と表される.この関係式は論文 [7] で導入され,無限小組みひも関係式とよばれている.

3　KZ 方程式と量子群の対称性

Knizhnik–Zamolodchikov [6] によって定式された共形場理論はアフィン Lie 環の対称性をもち,分配関数の正則部分のなす共形ブロックの空間は KZ 方程式を満たす.これは配置空間 $F_n(\mathbf{C})$ 上の可積分接続として定式化される.複素単純 Lie 環 $\mathfrak{g}$ とその表現 $r_j : \mathfrak{g} \to \mathrm{End}\,(V_j)$, $1 \leq j \leq n$ をとる. Lie 環 $\mathfrak{g}$ の Cartan–Killing 形式についての正規直交基底を $\{I_\mu\}$ として, $\Omega = \sum_\mu I_\mu \otimes I_\mu$ とおく.Ω のテンソル積 $V_1 \otimes \cdots \otimes V_n$ の i 番目と j 番目の成分への作用を Ω_{ij} で表し,

$$\omega = \frac{1}{\kappa} \sum_{i,j} \Omega_{ij} \, d\log(z_i - z_j) \tag{7}$$

とおく．ここで，κ はパラメータである．前節のように，これを接続形式とみなすと，Ω_{ij} が無限小組みひも関係式を満たすことから，全微分方程式 $d\Phi = \Phi\omega$ は可積分であり，これを KZ 方程式とよぶ．偏微分方程式系で表すと

$$\frac{\partial \Phi}{\partial z_i} = \frac{1}{\kappa} \sum_{j, j \neq i} \frac{\Phi \Omega_{ij}}{z_i - z_j}, \quad 1 \leq i \leq n \tag{9}$$

となる．

KZ 方程式のモノドロミー表現によって，パラメータを κ とする組みひも群の表現が構成される．これは，対称群のテンソル積への置換表現の変形を与える．私は，$\mathfrak{g}$ が A 型 Lie 環の場合にこのようにして得られる組みひも群の表現を研究し，[8] で Jones [5] が結び目の多項式不変量の構成に用いた岩堀–Hecke 代数の表現が自然に現れることを示した．このような組みひも群の表現は，Drinfel'd と神保道夫によって定義された量子群，つまり，普遍展開環 $U(\mathfrak{g})$ の量子変形 $U_q(\mathfrak{g})$ の対称性を用いてとらえることができる．これは，さらに一般的な状況で，Drinfel'd [3] によって証明された．共形場理論においては，パラメータ κ が，レベルとよばれる整数と双対 Coxeter 数の和となり，対称性を表す量子群は q が 1 のベキ根の場合に対応する．

KZ 方程式の解は [15] などで示されたように多変数超幾何積分として表示することができて，量子群の対称性は積分サイクルの空間への作用を用いて記述することができる．また，KZ 接続は Gauss–Manin 接続としてとらえることができる．このような方面の発展については Varchenko [17], Looijenga [13] などを参照していただきたい．

4 3 次元多様体の量子位相不変量の構成

前節までに述べた共形場理論は種数 0 の場合，つまり，点付きの Riemann 球面の場合であるが，一般の種数のときの共形場理論が [16] などによって，アフィン Lie 環の表現の理論を用いて，幾何学的に構成された．ここでは，共形場理論は一般の種数の Riemann 面 Σ のモジュライ空間上のベクトル束の理論として定式される．共形ブロックの空間 $\mathcal{H}_\sigma$ には，Virasoro Lie 代数の対称性を用いて，自然に射影的平坦接続が入る．Riemann 面の向きを保つ微分同相写像全体をイソトピーで分類した群を写像類群とよぶ．種数

g の Riemann 面の写像類群を M_g で表す．共形場理論に現れる Riemann 面のモジュライ空間上のベクトル束のホロノミーとして写像類群の射影表現 $\rho: M_g \to \mathrm{GL}(\mathcal{H}_\sigma)$ が得られる．

Jones 多項式の発見の数年後，M. Atiyah によって提出された，Jones 多項式を 3 次元幾何学的にとらえる問題に答える形で，Witten が Chern–Simons ゲージ理論による 3 次元多様体の位相不変量を提唱した．3 次元多様体は 3 次元球面内のリンクについて Dehn サージェリーという手法で得ることができるが，Witten 不変量の Dehn サージェリーによる記述を与えたのが Reshetikhin–Turaev [14] である．

一方，3 次元多様体は，2 つのハンドル体をその境界ではりあわせる，次の Heegaard 分解とよばれる方法でも与えることができる．図 3 のように球体に g 個のハンドルをはりあわせた図形を種数 g のハンドル体とよび，H_g で表す．ハンドル体 H_g の境界が種数 g の閉曲面である．M をコンパクトで向きの付いた境界のない 3 次元多様体とする．M はある種数のハンドル体 H_g と写像類群の要素 h を用いて $M = H_g \cup_h (-H_g)$ と表すことができる．これは，H_g とその向きを反対にした $-H_g$ のそれぞれの境界を h ではりあわせることを表していて，Heegaard 分解とよばれる．Heegaard 分解を用いると，Witten 不変量を，共形場理論と直接結びつく形で表示することができる．

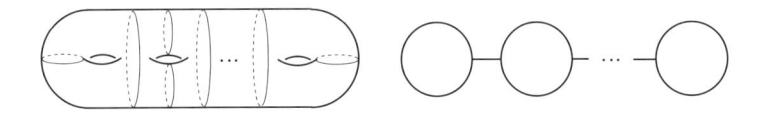

図 3 曲面の分解とその双対グラフ

ここでは，$\mathfrak{g} = sl_2(\mathbf{C})$ の場合を扱う．共形場理論におけるホロノミー表現においては，前節で述べた組みひも群の表現に加えて，モジュラー群の表現が重要な役割をはたす．種数 1 の共形ブロックの空間は，レベル K のアフィン Lie 環の指標 $\chi_\lambda(\tau)$, $\lambda = 0, 1, \ldots, K$ ではられている．ここで τ は複素上半平面に属し，変換 $\tau \mapsto -1/\tau$ に対して，これらの指標は S 行列を用いて

$$\chi_\lambda\left(-\frac{1}{\tau}\right) = \sum_\mu S_{\lambda\mu} \chi_\mu(\tau) \tag{9}$$

と変換される．

共形ブロックの空間 $\mathcal{H}_\Sigma$ の基底は次のように組み合わせ的に記述することができる．レベルとよばれる非負整数 K を固定する．Riemann 面を図 3 のように 3 つの穴の空いた球面の和に，閉曲線によって分解しその双対グラフをとる．共形ブロックの空間 $\mathcal{H}_\Sigma$ の基底は，この双対グラフのそれぞれの辺に 0 から K までの整数 λ を各頂点で，フュージョン則とよばれる適合条件を満たすように，ラベル付けしたものと一対一対応する．ここで，$\lambda_1, \lambda_2, \lambda_3$ がフュージョン則を満たすとは 3 つの整数の和が偶数でかつ

$$|\lambda_1 - \lambda_2| \leq \lambda_3 \leq \lambda_1 + \lambda_2, \quad \lambda_1 + \lambda_2 + \lambda_3 \leq 2K \tag{10}$$

が成立することである．このような共形ブロックの空間の基底について，ホロノミー表現 ρ を具体的に記述することができる．論文 [9] では，3 次元多様体 M の Heegaard 分解と写像類群のホロノミー表現 ρ を用いて，レベル K の Witten 不変量を

$$Z_K(M) = S_{00}^{-g+1} \langle v_0^*, \rho(h) v_0 \rangle \tag{11}$$

と表示した．ここで，v_0 はすべての辺に 0 を与えたグラフに対応し，v_0^* は双対空間 $\mathcal{H}_\Sigma^*$ の双対基底である．写像類群のホロノミー表現は，円分体の整数環上定義されていることが知られているが，その像などの詳しい構造については，最近の研究 [4] などを参照していただきたい．

5 組みひもの有限型不変量と反復積分

第 2 節で述べた超平面の補集合の基本群のモノドロミー表現は Chen [2] の反復積分を用いて表示することができる．Chen の理論はループ空間の de Rham コホモロジーを反復積分によって記述するものであり，詳細については [11] などをご覧いただきたい．ここでは，1 次微分形式の反復積分のみについてふれる．M を可微分多様体として，$\omega_1, \ldots, \omega_k$ を M 上の 1 次微分形式とする．M 上の曲線 $\gamma : [0,1] \to M$ に対して $\gamma^* \omega_i = f_i(t)\, dt$, $i = 1, \ldots, k$ と表す．ユークリッド単体

$$\Delta_k = \{(t_1, \ldots, t_k) \in \mathbf{R}^k \mid 0 \leq t_1 \leq \cdots \leq t_k \leq 1\}$$

に対して，$\omega_1, \ldots, \omega_k$ の γ に沿った反復積分を

$$\int_\gamma \omega_1 \omega_2 \cdots \omega_k = \int_{\Delta_k} f_1(t_1) f_2(t_2) \cdots f_k(t_k)\, dt_1\, dt_2 \cdots dt_k \tag{12}$$

で定義する.

変数 $X_1, \ldots, X_l$ についての非可換ベキ級数環を $\mathbf{C}\langle\langle X_1, \ldots, X_l \rangle\rangle$ で表し, $\mathcal{N}$ を可積分条件 (2) で定まるイデアルとする. 第 2 節の $M(\mathcal{A})$ の基本群のモノドロミー表現の普遍的な表示として準同型写像

$$\Theta_0 : \pi_1(M, \mathbf{x}_0) \longrightarrow \mathbf{C}\langle\langle X_1, \ldots, X_l \rangle\rangle / \mathcal{N}$$

が, $\omega = \sum_{j=1}^l \omega_j \otimes X_j$ を用いて, 反復積分の無限和

$$\Theta_0(\gamma) = 1 + \sum_{k=1}^\infty \int_\gamma \underbrace{\omega \cdots \omega}_{k}$$

で与えられる. これを, 配置空間 $F_n(\mathbf{C})$ の場合に適応すると, 組みひも群 B_n のすべての有限型不変量を組織的に構成することができる. このような反復積分による有限型不変量の構成は Chern–Simons 摂動理論とも関連していて, Kontsevich [12] による Vassiliev 不変量の反復積分表示の原型ともなった.

参考文献

[1] K. Aomoto, Fonctions hyperlogarithmiques et groupes de monodromie unipotents, J. Fac. Sci. Univ. Tokyo **25** (1978),149–156.

[2] K.-T. Chen, Iterated path integrals, Bull. of Amer. Math. Soc. **83** (1977), 831–879.

[3] V.G. Drinfel'd, Quasi-Hopf algebras, Leningrad Math. J. **1** (1990), 1419–1457.

[4] L. Funar and T. Kohno, Images of quantum representations and finite index subgroups of mapping class groups, preprint 2011, arXiv:1108.4904v1.

[5] V.F.R. Jones, Hecke algebra representations of braid groups and link polynomials, Ann. Math. **126** (1987), 335–388.

[6] V.G. Knizhnik and A.B. Zamolodchikov, Current algebra and Wess–Zumino–Witten models in two dimensions, Nuclear Phys., **B247** (1984), 83–103.

[7] T. Kohno, Série de Poincaré–Koszul associée aux groupes de tresses pures, Invent. Math. **82** (1985), 57–75.

[8] T. Kohno, Monodromy representations of braid groups and Yang–Baxter equations, Ann. Inst. Fourier **37** (1987), 139–160.

[9] T. Kohno, Topological invariants for 3-manifolds using representations of mapping class groups I, Topology **31** (1992), 203–230.

[10] 河野俊丈, 場の理論とトポロジー, 岩波書店, 2008 年.

[11] 河野俊丈, 反復積分の幾何学, シュプリンガー・ジャパン, 2009 年.
[12] M. Kontsevich, Vassiliev's knot invariants, Adv. Soviet Math. **16**, 137–150 (1993).
[13] E. Looijenga, Topological interpretation of the KZ system, preprint 2011, arXiv: 1003.2033v6.
[14] N. Reshetikhin and V.G. Turaev, Invariants of 3-manifolds via link polynomials and quantum groups, Invent. Math. **103** (1991), 547–597.
[15] V. Schechtman and A. Varchenko, Hypergeometric solutions of the Knizhnik–Zamolodchikov equation, Lett. in Math. Phys. **20** (1990), 93–102.
[16] A. Tsuchiya, K. Ueno and Y. Yamada, Conformal field theory on universal family of stable curves with gauge symmetries, Advanced Studies in Pure Math. **19** (1990), 459–566.
[17] A. Varchenko, *Special Functions, KZ Type Equations, and Representation Theory*, Regional Conference Series in Mathematics **98**, American Mathematical Society 2003.
[18] E. Witten, Quantum field theory and the Jones polynomial, Commun. Math. Phys. **121** (1989), 351–399.

Chern–Simons 幾何的量子化について

郡 敏昭

1 幾何的（前）量子化について

量子化と言うとき，数学では"古典的な系"に"量子的な系"を対応させる過程を意味している．これは，古典系や量子系を数学として理解する仕方によって様々に解釈される．ここでは，シンプレクティク多様体 (M,ω) にヒルベルト空間 $\mathcal{H}$ を対応させ，M 上のなめらかな関数 $f: M \longrightarrow \mathbf{R}$ に自己共役な作用素 $A_f: \mathcal{H} \longrightarrow \mathcal{H}$ を対応させて，次の 4 つの条件が満足されるようにする "幾何的量子化" を考える：(**I**) 関数のポアソン括弧式は，作用素の交換積に移る：$A_{\{f,g\}} = [A_f, A_g]$．(**II**)【線形対応】$A_{af+bg} = aA_f + bA_g$, $a,b \in \mathbf{C}$．(**III**)【正規化】$1 \longrightarrow \sqrt{-1}\cdot$恒等写像．(**IV**)【最小性】$M$ 上のなめらかな関数からなるある系が，その系の中に各点で異なる値を取るような 2 つの関数を含むとき，対応する作用素の系は $\mathcal{H}$ に既約に作用する．

幾何的量子化においては，シンプレクティク多様体 (M,ω) に対応させるヒルベルト空間 $\mathcal{H}$ として，シンプレクティク多様体 M 上の直線束を考え，その切断の空間を採用する．この直線束を，シンプレクティク形式 ω を曲率とする接続を持つように構成することが最初の課題となる．それを M の幾何的（前）量子化と言う．(M,ω) が有限次元多様体のときには表現論の trace 公式や同変指数定理と関連して多くの重要な研究がなされている [7]．一方，物理学においては経路積分法によるヤン・ミルズ ゲージ場の量子化が早い時期になされ，またチャーン・サイモンズ関数をラグランジュアンとする 2 次元位相的量子場の研究も盛んになされてきた．この論説では，4 次元多様体上の平坦接続のモジュライ空間の幾何的（前）量子化を構成する．

2 曲面上の平坦接続のモジュライの幾何的（前）量子化

この節では [1, 3, 4] の内容を，幾何的（前）量子化にかぎって構成しなおして紹介する．

Σ をコンパクト，連結な曲面とする．Σ 上のリー群 $G = SU(2)$ を構造群とする自明な主束を $P = \Sigma \times G$ とする．P 上の接続の全体を $\mathcal{A} = \mathcal{A}(\Sigma)$ とする．$\mathcal{A}$ の接空間は $T_A\mathcal{A} = \Omega^1(\Sigma, Lie\,G)$．ここに $Lie\,G$ は G のリー環 $su(2)$ である．P のゲージ変換群 $\mathcal{G} = \mathcal{G}(\Sigma)$ は G 値 C^∞ 写像で，ある固定点 $p_0 \in \Sigma$ での値が $1 \in G$ となるものの全体であり，$g \in \mathcal{G}$ は接続 $A \in \mathcal{A}$ に $g \cdot A = g^{-1}Ag + g^{-1}dg$ で作用する．接続のモジュライ空間は $\mathcal{B}(\Sigma) = \mathcal{A}(\Sigma)/\mathcal{G}(\Sigma)$．$\mathcal{A}$ 上の 2 次微分形式を

$$\omega_A(a,b) = \frac{i}{2\pi} \int_\Sigma tr(a \wedge b), \quad a,b \in \Omega^1(\Sigma, Lie\,G) \tag{1}$$

で定めると，$(\mathcal{A}, \omega)$ はシンプレクティク多様体となる．曲面 Σ はある（向きのついた）3 次元多様体 N の境界になっている：$\Sigma = \partial N$ として，主束 $N \times G$ 上の接続全体を $\mathcal{A}(N)$，ゲージ群を $\mathcal{G}(N)$ と書く．$\mathbf{A} \in \mathcal{A}(N)$ の Chern–Simons 関数 $CS(\mathbf{A})$ を $CS(\mathbf{A}) = \frac{1}{8\pi^2} \int_N tr(\mathbf{A} \wedge d\mathbf{A} + \frac{2}{3}\mathbf{A} \wedge \mathbf{A} \wedge \mathbf{A})$ で定義する．いま $\pi_2(SU(2)) = 0$ だから任意の $g \in \mathcal{G}(\Sigma)$ は N 上の $\mathbf{g} \in \mathcal{G}(N)$ に延長され，また $\pi_3(SU(2)) = \mathbf{Z}$ だから $\mathbf{g}$ の巻き数 $C_3(g) = CS(\mathbf{g}^{-1}d\mathbf{g})$ は，延長 $\mathbf{g}$ に依存せず g のみに依る整数を $\mathrm{mod}\,\mathbf{Z}$ で定める．Chern–Simons 関数 $CS(\mathbf{A})$ の $\mathbf{g}$ でのゲージ変換による変化を調べると，$(\delta CS)(\mathbf{g}; \mathbf{A}) \equiv CS(\mathbf{g} \cdot \mathbf{A}) - CS(\mathbf{A}) = \frac{1}{8\pi^2} \int_\Sigma tr(dg\,g^{-1}A) + C_3(g)$ となり N の境界 Σ 上の量 $g = \mathbf{g}|\Sigma$，$A = \mathbf{A}|\Sigma$ のみで表示される．そこで $g \in \mathcal{G}$，$A \in \mathcal{A}$ に対して右辺を $\Gamma_\Sigma(g, A)$ と置く．これは $\mathrm{mod}\,\mathbf{Z}$ で定義され，$\delta\Gamma = \delta(\delta CS) = 0\,\mathrm{mod}\,\mathbf{Z}$ となる．すなわち Polyakov–Wiegmann の公式が得られる：

$$\Gamma_\Sigma(fg, A) = \Gamma_\Sigma(f, A) + \Gamma_\Sigma(g, f \cdot A) \quad \mathrm{mod}\,\mathbf{Z}. \tag{2}$$

公式 (2) より $\Theta_\Sigma(g, A) = \exp 2\pi i \Gamma_\Sigma(g, A)$ は $U(1)$ 値コサイクル：$\Theta_\Sigma(f, A)\Theta_\Sigma(g, f \cdot A) = \Theta_\Sigma(fg, A)$ となるので，Θ_Σ を推移関数とする $\mathcal{B}(\Sigma)$ 上のエルミート直線束 $\mathcal{L}(\Sigma) = \mathcal{A}(\Sigma) \times \mathbf{C}/\mathcal{G}(\Sigma) \xrightarrow{\pi} \mathcal{B}(\Sigma)$ が定義される．ここに $g \in \mathcal{G}$ は $(A, c) \in \mathcal{A}(\Sigma) \times \mathbf{C}$ に $g \cdot (A, c) = (g \cdot A, \Theta_\Sigma(g, A)c)$ として作用する．さて，曲率 $F_A = dA + A^2$ が 0 となる接続 A を平坦接続と言う．平坦接続のモジュライ空間を $\mathcal{M}^\flat(\Sigma) = \{A \in \mathcal{A}(\Sigma) : F_A = 0\}/\mathcal{G}(\Sigma)$ として，直線束 $\mathcal{L}(\Sigma)$ を $\mathcal{M}^\flat(\Sigma) \subset \mathcal{B}(\Sigma)$ へ制限したエルミート直線束 $\mathcal{L}^\flat(\Sigma) = \pi^{-1}(\mathcal{M}^\flat(\Sigma))$ が得られるが，$\mathcal{L}^\flat(\Sigma)$ は次式で定義されるエルミート接続を持つ：

2. 曲面上の平坦接続のモジュライの幾何的（前）量子化

$$\theta_A(a) = \frac{i}{4\pi} \int_\Sigma tr(A \wedge a), \quad a \in T_A \mathcal{A}. \tag{3}$$

エルミート接続 θ の曲率は式 (1) のシンプレクティク形式 ω（の $\mathcal{M}^\flat(\Sigma)$ への reduction）である．平坦接続のモジュライ空間 $\mathcal{M}^\flat(\Sigma)$ の幾何的（前）量子化が得られた．

以上述べた理論は Σ が境界 $\partial \Sigma$ を持つ曲面の場合に拡張される．Σ をコンパクト，連結な曲面 $\widehat{\Sigma}$ の開部分多様体で，向きのついた境界 $\partial \Sigma$ を持つとする．また N を $\partial N = \widehat{\Sigma}$ を有向境界とする 3 次元多様体とする．主束 $\Sigma \times G$ 上の接続全体の空間 $\mathcal{A}(\Sigma)$ には式 (1) のシンプレクティク形式 ω が定義される．ゲージ変換群 $\mathcal{G}(\Sigma)$ の部分群 $\mathcal{G}_0(\Sigma) = \{g \in \mathcal{G}(\Sigma);\ g|\partial \Sigma = 1_{\partial \Sigma \times G}\}$，すなわち境界で恒等写像となるゲージ変換の群を考え，各々の $g \in \mathcal{G}_0(\Sigma)$ は $\widehat{\Sigma} \setminus \Sigma$ で 1 として $\mathcal{G}(\widehat{\Sigma})$ の元 $\widehat{g}$ へ延長しておく．$\Gamma_0(g, A) = \frac{1}{4\pi} \int_\Sigma tr(dg\, g^{-1}) \wedge A + C_3(\widehat{g})$ とすると，$A \in \mathcal{A}(\Sigma)$ の $\widehat{\Sigma}$ への任意の延長を $\widehat{A}$ として $\Gamma_0(g, A) = \Gamma_{\widehat{\Sigma}}(\widehat{g}, \widehat{A})$ が成り立つので，式 (2) より $\Gamma_0(fg, A) = \Gamma_0(f, A) + \Gamma_0(g, f \cdot A) \bmod \mathbf{Z}$ となる．$g \in \mathcal{G}_0(\Sigma),\ A \in \mathcal{A}(\Sigma)$ に対し $\Theta_0(g, A) = \exp 2\pi i \Gamma_0(g, A)$ は $U(1)$ 値コサイクルとなり，前節で述べたと同様に Σ 上のモジュライ空間 $\mathcal{B}(\Sigma) = \mathcal{A}(\Sigma)/\mathcal{G}_0(\Sigma)$ 上のエルミート直線束 $\mathcal{L}(\Sigma) = \mathcal{A}(\Sigma) \times \mathbf{C}/\mathcal{G}_0(\Sigma) \xrightarrow{\pi} \mathcal{B}(\Sigma)$ が定まる．平坦接続のモジュライ $\mathcal{M}^\flat(\Sigma)$ へ制限した直線束 $\mathcal{L}^\flat(\Sigma) \longrightarrow \mathcal{M}^\flat(\Sigma)$ は，やはり式 (3) で定義されるエルミート接続を持っておりその曲率はシンプレクティク形式 ω となる．$\mathcal{M}^\flat(\Sigma)$ の幾何的（前）量子化が得られた．

ループ群の作用 LG を $\partial \Sigma$ 上の pointed な G 値写像の全体とすると，$\pi_1(G) = 1$ であるから $LG \simeq \mathcal{G}(\Sigma)/\mathcal{G}_0(\Sigma)$．$\mathcal{G}(\Sigma) \times \mathbf{C}$ の群構造が，$\mathcal{G}(\Sigma)$ 上の実数値 2-コサイクル γ：

$$\gamma(g_1, g_2) = \exp\Big(2\pi i \int_\Sigma tr(dg_2\, g_2^{-1} \wedge g_1^{-1}\, dg_1)\Big), \quad g_1, g_2 \in \mathcal{G}(\Sigma)$$

により定義される．一方 $f \in \mathcal{G}_0(\Sigma)$ の延長 $\widehat{f} \in \mathcal{G}(\widehat{\Sigma})$ の巻き数を $C_3(\widehat{f})$ として，$\mathcal{N} = \{(f, \exp 2\pi i C_3(\widehat{f}));\ f \in \mathcal{G}_0(\Sigma)\}$ は $\mathcal{G}(\Sigma) \times \mathbf{C}$ の正規部分群になる．この商群 $\widehat{LG} = \mathcal{G}(\Sigma) \times \mathbf{C}/\mathcal{N}$ が LG の中心拡大を与える．

さてゲージ変換群 $\mathcal{G}(\Sigma)$ は平坦接続の空間 $\mathcal{A}^\flat(\Sigma)$ にシンプレクティクに作用することがわかる．したがって $LG = \mathcal{G}(\Sigma)/\mathcal{G}_0(\Sigma)$ はモジュライ $\mathcal{M}^\flat(\Sigma) = \mathcal{A}^\flat(\Sigma)/\mathcal{G}_0(\Sigma)$ にシンプレクティクに作用する．この作用を直線

束 $\mathcal{L}^\flat(\Sigma)$ に持ち上げるには上に述べた中心拡大が必要である．すなわち $\widehat{LG}$ が $\mathcal{L}^\flat(\Sigma)$ に，LG の $\mathcal{M}^\flat(\Sigma)$ への作用と equivariant に，作用することが示せる．

3 4 次元多様体上の平坦接続のモジュライの幾何的（前）量子化

$\widehat{M}$ をコンパクト，連結な 4 次元リーマン多様体で，有向 5 次元多様体 N^5 の境界になっているとする．M を $\widehat{M}$ の開部分多様体，∂M をその境界とする．M 上のリー群 $G = SU(n),\ n \geq 3$ を構造群とする自明な主束を $M \times G$，接続の全体を $\mathcal{A}(M)$，ゲージ変換群を $\mathcal{G}(M)$，また境界で恒等写像となる部分ゲージ変換群を $\mathcal{G}_0(M) = \{g \in \mathcal{G}(M);\ g|M = 1_{M \times G}\}$ とする．$\mathcal{G}_0(M)$ の元 g は $\widehat{M} \setminus M$ 上では恒等写像として $\mathcal{G}(\widehat{M})$ の元に延長される．$\mathcal{A}(M)$ 上の $\mathcal{G}_0(M)$-不変な閉 2 次形式が，$a, b \in T_A \mathcal{A}(M)$ に対して，

$$\omega_A(a,b) = \frac{1}{8\pi^3}\int_M Tr[(ab-ba)F_A] - \frac{1}{24\pi^3}\int_{\partial M} Tr[(ab-ba)A]$$

として定義される．ここに F_A は A の曲率である．ω は平坦接続のモジュライ空間 $\mathcal{M}^\flat(M)$ 上に reduction を持ち，その閉 2 次形式を定める（$\partial M = \emptyset$ のときは 0 である）．N^5 上の Chern–Simons 関数のゲージ変換による変化を調べて，式 (2) と同じく，M 上の Polyakov–Wiegmann の公式が得られる．このとき $g \in \mathcal{G}(\widehat{M})$ を N^5 に延長するために $\pi_4(G) = 0$ が必要だから $G = SU(n),\ n \geq 3$ を仮定している．この公式から前節と同様に $\mathcal{M}^\flat(M)$ 上のエルミート直線束 $\mathcal{L}^\flat(M)$ が構成される．$M = \widehat{M}$ のとき $\mathcal{L}^\flat(M)$ は平坦直線束であり，M が $\widehat{M}$ の真の部分多様体なら $\mathcal{L}^\flat(M)$ 上には $-i\omega$ を曲率とするエルミート接続がある．$\mathcal{M}^\flat(M)$ の幾何的（前）量子化が得られた．

3.1 $S^3 G$ の作用　$M = D^4 : 4$ 次元半球面，$\partial M = S^3$ とする．リー群 $C^\infty_{pointed}(S^3, G)$ の単位元の連結成分 $S^3 G$ のアーベル拡大 $\widehat{S^3 G}$ が J. Mickelsson により構成された [4, 6]．$S^3 G = \mathcal{G}(M)/\mathcal{G}_0(M)$ は $\mathcal{M}^\flat(M)$ に無限小シンプレクティクに作用し，$\widehat{S^3 G}$ は $\mathcal{L}^\flat(M)$ に，$S^3 G$ の $\mathcal{M}^\flat(M)$ への作用と equivariant に，作用する．

主束 $\widehat{S^3 G}$ の随伴直線束を Wess–Zumino 束 $WZ(S^3)$ と言い，S^3 の disjoint union Γ に対する $WZ(\Gamma)$ も定義される．$WZ(\Gamma)$ を"対象"に，境界 Γ の同境を与える 4 次元多様体 Σ からの境界制限写像による $WZ(\Gamma)$ の逆像

束の切断 $WZ(\Sigma)$ を "射" にするカテゴリーは，Atiyah–Segal による位相量子場の公理を満たす [2]．この公理に，Polyakov–Wiegmann 公式から導かれる $WZ(\Sigma)$ 上の積構造を要請する公理を加え 4 次元 Wess–Zumino–Witten 理論が得られる [5].

参考文献

[1] Atiyah, M.F. and Bott, R., *Yang–Mills equations over Riemann surfaces*, Phil. Trans. R. Soc. Lond. A. 308 (1982).

[2] Atiyah, M.F., *The geometry and physics of knots*, Lezioni Lince, Cambridge University Press, Cambridge (1990).

[3] Meinrenken, E. and Woodward, C., *Hamiltonian loop group actions and Verlinde factorization*, J. Differential Geometry **50** (1998), 417–469.

[4] Mickelsson, J., *Kac–Moody Groups, Topology of the Dirac Determinant Bundle and Fermionization*, Commun. Math. Phys. **110** (1987), 175–183.

[5] Kori, T., *Four-dimensional Wess–Zumino–Witten actions*, J. Geom. and Phys. **47** (2003), 235–258.

[6] Kori, T., *Chern–Simons pre-quantizations over four-manifolds*, Diff. Geom. Appl. **29** (2011), 670–684, doi:10.1016/j.difgeo.2011.07.004.

[7] Vergne, M., *Geometric quantization and equivariant cohomology*, First European Congress in Mathematics, Progress in Mathematics 119, Birkhauser, Boston (1994).

時空の物理学に魅せられて

小玉　英雄

　私はこれまで，ブラックホールや宇宙全体の動力学など，重力が重要な役割を果たす系を中心に研究を行ってきた．本稿では，それらのうち特に数理的な色彩の強い，ゲージ不変摂動論および正準量子重力理論について研究の内容を簡単に紹介する．

1 重力系の摂動論

　線形摂動は非線形力学系の振舞いを研究する際に最も基本的な方法である．重力系も例外でない．例えば，重力理論として一般相対論を仮定すると，重力場の方程式である Einstein 方程式は，計量テンソルの 2 階微分については線形であるが，全体としては複雑な有理式型の非線形微分方程式となっている．これに対し，その摂動方程式は当然，線形で Einstein 方程式より簡単な構造を持っている．ただし，その研究には次のような技術的障害がある．

　i) ゲージ不変性：Einstein 方程式の一般共変性を反映して，摂動方程式の解に物理的に意味を持たないゲージモードが混在する．
　ii) 連立性：発展方程式部分は 4 次元でも 6 コの 2 階偏微分方程式の連立系となっており，次元が上がるとさらに大きな連立系となる．

これらのうち最初の障害を取り去る方法としては，ゲージ固定法とゲージ不変法の 2 つがある．ここで，ゲージ固定法とは，摂動変数である時空計量の摂動 $h_{\mu\nu}(x)$ にゲージ条件という余分な条件を課すことによりゲージ変換の自由度を取り除く方法である．これに対して，ゲージ不変法はゲージ変換で不変な量のみを用いて摂動方程式を書き換える方法である．この説明だけだと，明らかにゲージ不変法がすぐれているという印象を与えると思われるが，一般的な問題ではこの方法は実用的でない．その理由は，一般的な背景時空で摂動変数 $h_{\mu\nu}(x)$ からゲージ不変量を作ろうとすると非局所的な方程式が得

られるためである．しかし，背景時空が対称性を持つ場合には状況が変わる．

1.1 宇宙論 第ゼロ近似では宇宙は空間的に一様等方な時空（FLRW 時空）で記述される．そこで，現実の宇宙をそれからの小さなずれと見なして，そのずれの生成や時間発展を調べることにより，現在の宇宙の天体とその分布の起源や形成過程を明らかにすることができる．

n 次元の一様等方な空間 Σ は定曲率なので，（局所的に）Euclid 空間 E^n，球面 S^n，双曲空間 H^n のいずれかと同型である．対応して，時空の等長変換群はそれぞれ $G = \mathrm{ISO}(n, \mathrm{RF}), \mathrm{SO}(n), \mathrm{SO}(n-1,1)$ を部分群として持ち，摂動方程式はこの変換群で不変となる．このため，$h_{\mu\nu}$ の空間を G の作用に関して既約分解すると，各既約成分は時間のみの関数 $h_k(t)$ と表現で決まる Σ 上の調和テンソル $(T_k)_{\mu\nu}(x)$ の積で表され，摂動方程式は同型な既約表現に対応する関数の組 $\{h_{k,\alpha}(t)\}$ の間の閉じた常微分方程式となる．同様の分解をゲージ変換にも適用すると，ゲージ自由度は各既約表現では有限となる．したがって，組 $\{h_{k,\alpha}(t)\}$ の代数的な組み合わせによりゲージ不変量を構成することが可能となる．

この方法を用いた宇宙のゲージ不変摂動論は，最初 J. Bardeen により提案され [1]，その後様々な人々により実用的な形に拡充された．私も佐々木節氏（京大基礎研）らと共同でこの拡充においていくつかの貢献をした．特に，Bardeen の定式化を宇宙物質が多成分の場合に拡張し，それを用いて，空間曲率ゆらぎと曲率ゆらぎを伴わない成分間の相対的ゆらぎ（等曲率ゆらぎ）の振舞いの違いと相互転換 [2]，長波長極限でのゆらぎの振舞いと空間的に一様な摂動との対応，普遍的な曲率ゆらぎ解の存在 [3] など宇宙ゆらぎのダイナミクスの一般的特性を明らかにした．

以上の研究は主に 4 次元宇宙モデルを対象としたものであったが，その後 1999 年に，高次元統一理論を背景として，ブレーンワールドモデルと呼ばれる高次元宇宙モデルが登場し注目を浴びた [4]．このモデルでは，負の宇宙項を持つ 5 次元時空 $\mathscr{M}$ の $\mathbb{Z}_2$ オービフォールド $\mathscr{M}/\mathbb{Z}_2$ を考え，我々の宇宙をそのオービフォールド境界と見なす．その摂動論の研究のため，石橋明浩氏（近畿大），瀬戸治氏（北海学園大）と共同で，FLRW 時空を背景時空とするゲージ不変摂動論を低い対称性を持つ背景時空へと一般化した [5]．背景時空としては，位相的には直積型 $\mathscr{M}^{m+n} \approx \mathscr{N}^m \times \mathscr{K}^n$ で，r を $\mathscr{N}$ 上の

関数として，計量が次の形を持つ場合を考えた：

$$ds^2(\mathcal{M}) = ds^2(\mathcal{N}) + r^2 d\sigma^2(\mathcal{K}) \tag{1}$$

この背景時空では，$\mathcal{K}$ が定曲率空間だと，ゆらぎが FLRW 時空の場合と同様に有限次元表現に分解され，Einstein 方程式はゲージ不変な $\mathcal{N}$ 上の偏微分方程式系に帰着される．具体的には，Isom($\mathcal{K}$) の既約表現の等方群に対する変換性に基づいて，ゆらぎはスカラ型，ベクトル型，テンソル型に分類され，それぞれ調和テンソルによる展開で $\mathcal{N}$ 上の有限個の関数系に分解される．特に，テンソル型摂動方程式は $\mathcal{N}$ 上の 1 成分 2 階波動方程式に帰着される．我々は，さらに $m=2$ の場合にはベクトル型のゲージ不変摂動方程式が，また $\mathcal{N}$ が 2 次元定曲率時空の場合にはスカラ型のゲージ不変摂動方程式が，それぞれ 1 成分のマスター方程式に帰着されることを示した．また，ブレーンワールドモデルに対応する境界を持つ時空の場合に，その境界にあたる 4 次元宇宙のゲージ不変摂動論と 5 次元のゲージ不変摂動論の対応および発展方程式の数学的構造を明らかにした．

1.2 ブラックホール ブラックホールは重力方程式の非線形性が重要な役割を果たす代表的な対象で，その分類，安定性，形成過程の研究は決して容易でない．例えば，一般相対論における非回転の球対称なブラックホールを表す Schwarzschild 解は一般相対論が発表された翌年の 1916 年に発見されているが，回転する正則なブラックホール解である Kerr 解はその約 50 年後の 1963 年になってようやく発見されている．その後様々な研究を経て，現在では，漸近的に平坦，すなわち無限遠で Minkowsky 時空に近づく正則な 4 次元真空ブラックホール解はこれら 2 つの解に限られることが知られているが（ブラックホール一意性定理），その証明が完成したのは比較的最近である [6, 7]．この状況は高次元になるとより深刻となる．例えば，5 次元では，ホライズンが球に同相なブラックホール解（Myers–Perry 解）[8] に加えて，漸近的に平坦かつホライズンが $S^2 \times S^1$ に同相な回転ブラックリング解や複数のブラックホールとブラックリングの複合系を表す解が発見されている [9]．これらの解については，もはや 4 次元のように全体の質量や角運動量で解が一意的に決まるという単純な一意性定理は成り立たず，またこれ以外にどのような解があるかもわかっていない．6 次元以上ではこのよう

な非自明なホライズン位相を持つ正則ブラックホール解が存在するかどうかも不明である．

このような状況で，高次元でのブラックホール解について情報を得る手段として，Myers–Perry 解などの既知の解の摂動安定性の解析が重要となる．この観点から，私と石橋氏は共同で，上に述べた高次元時空のゲージ不変摂動論を高次元ブラックホールの摂動解析に用いることを考えた．ポイントは，非回転の静的な高次元ブラックホール解の計量が (1) の形を持つことである．我々は試行錯誤の末，この静的なブラックホール解に対しては，スカラ型を含むすべてのタイプの摂動について，摂動方程式が 1 成分 2 階常微分型自己共役作用素 L に対する固有値問題 $\omega^2 \Phi = L\Phi$, $L = -d^2/dx^2 + V(x)$ に帰着できることを示し，それを用いて，高次元球対称ブラックホールが摂動的に安定であることを証明した．さらに，類似の定式化を電荷を持つブラックホールにも拡張した [10, 11]．

2 量子重力

一般相対論と量子論は，それぞれ重力相互作用，自然法則の量子性を記述する物理理論の基本的な枠組みであるが，これらは非常に相性が悪い．そこで，両者を統合した新たな枠組みである量子重力理論を構築する努力が長い間続けられてきたが未だに完成からはほど遠い状況にある．最も有力な候補は，重力を含む自然界のすべての相互作用に対する整合的統一理論を与える超弦理論であるが，この理論は時空構造そのものの動力学をきちんと記述できる枠組みにはなっていない．もう一つの候補は，一般相対性理論の正準的量子化を出発点として重力の量子論を作る試み（正準量子重力理論）である．この試みは統一理論としての性格を持たず，また未だに何か定量的予言を厳密に与えることができる段階にはなっていない．しかし，このアプローチの持つ困難は，実は，すべての量子重力理論に共通するものであり，いつか解決しなければならないという観点からは，その研究は普遍的な重要性を持つ．私もこの観点から，量子拘束条件の取り扱いおよび宇宙論への応用を中心として，正準量子重力理論の研究を行った．

2.1 正準量子重力理論の定式化 重力理論を含めて任意関数の自由度を持つ対称性（ゲージ不変性）を持つ理論は，正準形式に書き換えると発展方程式以

外に正準変数の取り得る値（初期値）を制限する拘束条件 $\{h_\alpha(p,q) = 0\}$ が現れる．この拘束条件はゲージ変換を生成する正準母関数となっており，（関数自由度の意味で）両者の数が一致する．このような系の量子論を最初に組織的に議論したのは P.A.M. Dirac で，彼の与えた定式化は現在 Dirac 形式と呼ばれている [12]．この定式化では，まず拘束条件を忘れて量子論を作り，その後，第 1 種拘束条件に対応する作用素を $\hat{h}_\alpha$ として，全状態空間 $\mathscr{H}$ のうち条件 $\hat{h}_\alpha \Phi = 0\ (\forall \alpha)$ を満たす状態 Φ を物理的状態として抽出する．その全体を $\mathscr{H}_{\text{phys}}$ として，さらに物理的作用素として $O\mathscr{H}_{\text{phys}} \subset \mathscr{H}_{\text{phys}}$ を満たす作用素 O のみを考える．

この定式化を Einstein 重力の正準理論に形式的に適用すると様々な困難が生じる．その中で特に深刻な問題は，理論の一般共変性のためハミルトン関数自体が拘束条件の線形結合となり（完全拘束系），物理状態に対する時間発展が失われ，さらに時間が観測可能量から排除されてしまうことである．この結果として，Dirac 拘束条件は $\mathscr{H}$ の中に解を持たない．私は，Dirac 形式の思想を尊重しつつこれらの困難を回避するため，完全拘束系の古典論の分析に基づいて，完全拘束系の新たな量子論の枠組みを提案した [13]．基本的なアイデアは，量子拘束条件を状態 $\Phi \in \mathscr{H}$ に対して課すのではなく，$\mathscr{H}$ 上の線形汎関数 Ψ に対する双対的な条件 $\Psi(\hat{h}_\alpha u) = 0\ (\forall u \in \mathscr{H})$ とすることである．この双対拘束条件は，$\mathscr{H}$ の線形集合を $\mathscr{N} = \sum_\alpha \text{domain}(\hat{h}_\alpha)$ とするとき，$\Psi(u + \mathscr{N}) = \Psi(u)\ (\forall u \in \mathscr{H})$ と同等である．線形汎関数 Ψ は各状態 $u \in \mathscr{H}$ に対してそれが実現される相対確率を $|\Psi(u)|^2$ により与える．$\mathscr{N}$ は時間発展の方向を表すので，それと横断的な線形閉集合（非因果集合）$\mathscr{L}\ (\mathscr{L} \cap \mathscr{N} = 0)$ が同時刻での状態集合を与える．また，2 つの非因果的集合 $\mathscr{L}_1, \mathscr{L}_2$ に対して，時間発展写像 $\phi : \mathscr{L}_1 \to \mathscr{L}_2$ が $\phi(u) - u \in \mathscr{N}$ により定義される．

ここで大切な点は，Ψ は $\mathscr{H}$ 上の有界汎関数ではなく，また $\mathscr{N}$ は $\mathscr{H}$ で密な非閉集合となることである．このため，同時状態集合には極大なものが存在せず，また一般に時間発展写像 $\phi : \mathscr{L}_1 \to \mathscr{L}_2$ は $\mathscr{L}_1$ 全体で定義されない非有界写像となる．特に，時間発展のユニタリ性は一般に破れる．私は，作用素集合 $\{\hat{h}_\alpha\}$ の commutant に対応する保存量作用素集合の作る von Neumann 代数 $\mathscr{C} = \{\hat{h}_\alpha\}'$ が I 型の因子のみを持つ場合には，自然な同時

状態集合の族が存在し，その間の時間発展写像が定数倍を除いてユニタリ性を持つことを示した [13]．この定式化を実際に一般相対論の量子化に適用することはまだできていないが，この結果は私の定式化が少なくとも通常の量子論を包含し得ることを示している．

2.2　コンパクト Bianchi モデル　現実的な無限自由度重力系の量子論を構成することは，非常に困難である．そこで，正準量子重力の研究では有限自由度を持つ空間的に一様な宇宙モデルがしばしば用いられた．特に，一様群が空間に単純推移的に作用する Bianchi モデルは 3 次元 Lie 群の分類に基づいて I–IX の 9 種類に分類され [14]，その量子論は 1960 年代終わり頃から研究が行われている．ただし，空間が S^3/Γ となる IX 型以外のすべての Bianchi 群は可解非コンパクトなので，その量子論を構成するには適当なコンパクト化が必要となる．私は，細谷暁夫氏（東工大）のグループの研究 [15] に基づき，3 次元極大幾何学の Thurston 分類と Bianchi 分類の対応を詳しく調べることにより，すべてのコンパクト Bianchi モデルについてモジュライ自由度まで含めた正準構造を完全に決定した [16]．

参考文献

[1] Bardeen, J.: *Phys. Rev.* **D22**, 1882 (1980).
[2] Kodama, H. and Sasaki, M.: *Prog. Theor. Phys. Suppl.* **78**, 1–166 (1984); *Int. J. Mod. Phys.* **A1**, 265 (1986); ibid. **2**, 491 (1987).
[3] Kodama, H. and Hamazaki, T.: *Phys. Rev.* **D57**, 7177 (1998).
[4] Randall, L. and Sundrum, R.: *Nucl. Phys.* **B557**, 79 (1999).
[5] Kodama, H., Ishibashi, A. and Seto, O.: *Phys. Rev.* **D62**, 064022 (2000).
[6] Heusler, M.: *Living Rev. Rel.* **1**, 6 (1998).
[7] Kodama, H: *J. Korean Phys.Soc.* **45**, S68 (2004).
[8] Myers, R.C. and Perry, M.J.: *Ann. Phys.* **172**, 304 (1986).
[9] Emparan, R. and Reall, H.: *Living Rev. Rel.* **11**, 6 (2008).
[10] Kodama, H. and Ishibashi, A.: *Prog. Theor. Phys.* **110**, 701 (2003); ibid. **111**, 29 (2004); (2003); Ishibashi, A. and Kodama, H.: *Prog. Theor. Phys.* **110**, 901 (2003).
[11] Kodama, H.: *Lect. Notes Phys.* **769**, 427 (2009).
[12] Dirac, P.: *Can. J. Math.* **2**, 129 (1950).
[13] Kodama, H.: *Prog. Theor. Phys.* **94**, 475, 937 (1995).
[14] 佐藤文隆・小玉英雄著：一般相対性理論（岩波書店）．
[15] Koike, T., Tanimoto, M. and Hosoya, A.: *J. Math. Phys.* **35**, 4855 (1994); Tanimoto, M., Koike, T. and Hosoya, A.: *J. Math. Phys.* **38**, 350 (1997).
[16] Kodama, H.: *Prog. Theor. Phys.* **99**, 173 (1998); ibid. **107**, 305 (2002).

W^*-環の特徴付け定理

境 正 一 郎

　私は主として作用素環論を 60 年近く研究してきた数学者です．私の研究成果の主なものは，私の 2 つの著書 C^*-algebras and W^*-algebras [12, 13], Operator algebras in dynamical systems (The theory of unbounded derivations in C^*-algebras) [14, 15] と日本数学会「数学」の 4 つの論説 [16, 17, 18, 19] に述べられています．特に著書 C^*-algebras and W^*-algebras は A. Pietsch の近刊書 History of Banach spaces and linear operators [10] の Chronology にもあげられていますので，単に作用素環の研究者だけでなく他分野の方々にも知られていると思います．ここでは，この本の主要なテーマの 1 つであった私の論文 Characterization of W^*-algebras [11] について，少し詳しく述べたいと思います．この論文も Pietsch の Chronology の 1956 年の所に A. Grothendieck の topological vector spaces に関する一連の論文，G. Choquet の integral representation に関する論文と一緒にあがっていますので，多くの方々に知られていると思います．この論文は作用素環論だけでなく topological vector spaces, Banach spaces, Banach algebras, operator algebras (not necessarily selfadjoint), operator spaces, mathematical physics, quantum information theory 等に関する論文，書物に広く紹介または拡張されていますので，私の論文の中で最も多く引用されている論文の 1 つです．作用素環は 20 世紀数学の 2 大特色である抽象化と量子化を兼ね備えた，20 世紀数学の申し子のような分野であることは，Pietsch も上記の本の Introduction で the post Banach period (1932–1958) の the list of achievements の 1 つに C^*-algebras and W^*-algebras をあげていますし，H. Schaefer は Topological vector spaces 第 2 版（1999 年）[20] で第 6 章に C^*- and W^*-algebras という章を加えていることからもうかがえます．

　作用素環論は行列環の最も自然な無限次元への拡張であり，有限の自由度

W^*-環の特徴付け定理

から無限の自由度への拡張です．また可換から非可換へ，物理学的な言葉で言えば，古典から量子化へ最も有効に拡張された研究対象で，Banach algebras の中でも最も深く最も広く研究されている分野です．作用素環論は 1929 年 J. von Neumann によって創始され，1936 年から始まる F. Murray–J. von Neumann による 3 論文と von Neumann による 2 論文で基礎が確立されました．Murray–von Neumann は作用素環を常に複素 Hilbert 空間上の単位作用素を含む有界線型作用素のつくる自己随伴複素多元環で弱位相で閉じた環と定義し，Rings of operators と名付けました．しかし，この定義では Rings of operators が Hilbert 空間に従属し都合の悪い点も見られます．例えば，Hilbert 空間 $\mathcal{H}$ 上の有界線形作用素全体のつくる Rings of operators を $B(\mathcal{H})$ として，Hilbert 空間 $\mathcal{K} = \mathcal{H} \oplus \mathcal{H}$ 上で作用素 $\tilde{a} = a \oplus a\ (a \in B(\mathcal{H}))$ を考えると，$\widetilde{B(\mathcal{H})} = \{\tilde{a} : a \in B(\mathcal{H})\}$ は $B(\mathcal{H})$ と $*$-環として $*$-同型ですが，$\{B(\mathcal{H}), \mathcal{H}\}$ と $\{\widetilde{B(\mathcal{H})}, \mathcal{K}\}$ は空間的には同型でありません．即ち $\mathcal{H}$ から $\mathcal{K}$ 上へのユニタリ写像 u で $uau^* = \tilde{a}\ (a \in B(\mathcal{H}))$ となるものはありません．従って Rings of operators $B(\mathcal{H})$ と Rings of operators $\widetilde{B(\mathcal{H})}$ は本質的に異なったものとなります．また，L^∞-空間は L^2-空間上の可換な Rings of operators と考えることができますが，classical analysis では L^∞-空間は L^2-空間とは独立した，それ自身の実在です．従って Rings of operators を非可換解析学と考えるためには Rings of operators を Hilbert 空間から自由にしなければなりません．von Neumann は早くからこのような考えをもっていたようです．即ち代数的に $*$-同型な Rings of operators をすべて表すような抽象的な環が存在するか？即ち，Rings of operators の space-free な特徴付けが存在するか？という問題です．実際，von Neumann [8] は 1943 年に Rings of operators の ultra-weak topology は代数的な $*$-同型で不変であることを示しています．一方，I. Gelfand–M. Naimark [4] は von Neumann の問題を解決することはできませんでしたが，1943 年に一様位相の下で閉じた $*$-環（この環を Segal は C^*-環と名付けました．C は closed の C です）の space-free な特徴付けに成功しました．I. Segal は Rings of operators については Gelfand–Naimark の定理のような特徴付けは不可能と考えたようで，互いに代数的に $*$-同型な Rings of operators の類を weakly closed の W にちなんで W^*-環と名付けました．他方，C. Rickart や I. Kaplansky

は Gelfand–Naimark の定理に刺激されて，Rings of operators で同様な特徴付けを求めて B_p^*-環や AW^*-環を導入しましたが，いずれも成功しませんでした．私は W^*-環の space-free な特徴付けを 1956 年に得ましたが，同様な特徴付けを求めて Grothendieck が研究中であったことが 1955 年の実 L^1-空間の特徴付けに関する彼の論文 [5] の Added in proof で私の特徴付けに関する結果を紹介していることから判ります．今日では世界の多くの作用素環研究者が W^*-環の定義に私の定理を使っています．

Wikipedia, the free encyclopedia の von Neumann algebra では，von Neumann 環の 3 つの定義をあげ（第 1 の定義は Rings of operators の定義，第 2 の定義は von Neumann の bicommutant 定理），第 3 の定義として私の特徴付け定理をあげ，C^*-環の Gelfand–Naimark の定理に対応するものとしています．また，von Neumann 環と W^*-環を厳密に区別して，von Neumann 環は Hilbert 空間上に適当な unital faithful action をもった W^*-環と考える研究者も少なくありません．このような立場で書かれた書物に [1, 9, 20] があります．また，V. Sunder は Encyclopedia of Mathematical Physics [21] の von Neumann algebra の項で私の特徴付け定理を abstract von Neumann algebra と呼んでいます．ところで，Pietsch [10] は Kaplansky の 言葉として "フランスの数学者は名前をつけるのが好きで，C^*-環を Gelfand–Naimark 環，W^*-環を von Neumann 環と名付けた" と述べた後，この争いは C^*-環が勝ち，W^*-環は敗れた．しかし現在は W^*-環が大勢であると書いています．Google 等で見ると，Pietsch の言は正しいように思われます．いずれにしても私が作用素環の研究を始めた頃は von Neumann 環という言葉はなかったです．今日，日本では作用素環の研究者の多くが von Neumann 環という名付けを使っているようです．これは個人の自由ですから統一する必要はありません．Wikipedia, the free encyclopedia でも von Neumann algebras または W^*-algebras と書いてあります．

さて，私の W^*-環の特徴付け定理を述べることにします．そのために，まず Rings of operators の特質を明確にすることから始めます．$\mathcal{H}$ を複素 Hilbert 空間，$B(\mathcal{H})$ を $\mathcal{H}$ 上の有界線形作用素全体のつくる複素多元環とする．$a \in B(\mathcal{H})$ に対し，

$$\sup_{\substack{\|\xi\|,\|\eta\|\leq 1 \\ \xi,\eta\in\mathcal{H}}} |(a\xi,\eta)| = \sup_{\substack{\|\xi\|\leq 1 \\ \xi\in\mathcal{H}}} \|a\xi\| = \|a\| \quad (\text{ここで }(\cdot,\cdot)\text{ は }\mathcal{H}\text{ の内積})$$

が成立する. ノルム $\|\cdot\|$ の下で $B(\mathcal{H})$ は Banach 環となる.

$$(a\xi,\eta) = (\xi,a^*\eta) \quad (\xi,\eta\in\mathcal{H})$$

により a の随伴作用素 a^* を定義する. $a \mapsto a^*$ $(a\in B(\mathcal{H}))$ は $B(\mathcal{H})$ 上で対合である. 即ち,

$$(\lambda a + b)^* = \bar{\lambda}a^* + b^*, \quad (ab)^* = b^*a^*,$$
$$(a^*)^* = a \quad (a,b\in B(\mathcal{H}), \lambda\in\mathbb{C}\text{ (複素数)}).$$

さらに,

$$\|a^*a\| = \sup_{\substack{\|\xi\|\leq 1 \\ \xi\in\mathcal{H}}} (a\xi,a\xi) = \|a\|^2 \quad (a\in B(\mathcal{H}))$$

が成立する.

τ を $B(\mathcal{H})$ のトレイス関数とする. $a\in B(\mathcal{H})$ に対し $\tau((a^*a)^{1/2}) < +\infty$ のとき, 作用素 a をトレイス類作用素といい, $\|a\|_1 = \tau((a^*a)^{1/2})$ を a のトレイス・ノルムという. $T(\mathcal{H})$ を $\mathcal{H}$ 上のトレイス類作用素全体とする. $f\in T(\mathcal{H})$ に対し $\hat{f}(x) = \tau(fx)$ $(x\in B(\mathcal{H}))$ とすると, $\hat{f}$ は $B(\mathcal{H})$ 上の線形汎関数である. さらに,

$$\|\hat{f}\| = \sup_{\substack{\|x\|\leq 1 \\ x\in B(\mathcal{H})}} |\tau(fx)| = \|f\|_1$$

が成立し, $f\mapsto\hat{f}$ は $T(\mathcal{H})$ から $B(\mathcal{H})^*$ の中への等距離線形写像である (ここで $B(\mathcal{H})^*$ は $B(\mathcal{H})$ の双対 Banach 空間).

さらに $T(\mathcal{H})$ は Banach 空間で, f と $\hat{f}$ を同一視すると $T(\mathcal{H}) \subset B(\mathcal{H})^*$. $\mathcal{F}$ を $\mathcal{H}$ 上の finite rank 線形作用素全体とすると, $\mathcal{F}$ は $T(\mathcal{H})$ の線形部分空間で, $T(\mathcal{H})$ で稠密である. $B(\mathcal{H})$ の弱位相は $\sigma(B(\mathcal{H}),\mathcal{F})$ であり, $B(\mathcal{H})$ の単位球 S は $\sigma(B(\mathcal{H}),\mathcal{F})$-コンパクトである. 従って局所凸位相空間の Polar 定理により, $\mathcal{F}$ の単位球を $\mathcal{F}_1$ とすると,

$$\sup_{f\in\mathcal{F}_1} |f(x)| = \|x\| \quad (x\in B(\mathcal{H})).$$

即ち，$B(\mathcal{H})$ はノルム空間 $\mathcal{F}$ の双対空間である．従って $\mathcal{F}$ の閉包である Banach 空間の双対 Banach 空間である．故に $T(\mathcal{H})^* = B(\mathcal{H})$. R を $\mathcal{H}$ 上の Ring of operators とすると，R は $\sigma(B(\mathcal{H}), \mathcal{F})$-closed. $\sigma(B(\mathcal{H}), T(\mathcal{H}))$ は $\sigma(B(\mathcal{H}), \mathcal{F})$ より強い位相であるから，R は $\sigma(B(\mathcal{H}), T(\mathcal{H}))$-closed である．従って，Banach 空間の定理によって R は双対 Banach 空間で，その前双対 Banach 空間の 1 つは $T(\mathcal{H})/R^\circ$（ここで R° は R の $T(\mathcal{H})$ における polar である）．この事実より R の前双対 Banach 空間の 1 つは $\{f|_R : f \in T(\mathcal{H})\}$ である．$T(\mathcal{H})/R^\circ = R_*$ と記すと，R_* は R の前双対 Banach 空間の 1 つである．

$\{a_\alpha\}$ を R の一様有界な positive 作用素の増大有向集合とすると，R の中に l.u.b. a_α が存在し l.u.b. $a_\alpha = \sigma(R, R_*)\text{-}\lim a_\alpha$ となる．

定義 1 R 上の正値線形汎関数 φ が normal であるとは，R の任意の一様有界な positive 作用素の増大有向集合 $\{a_\alpha\}$ に対し，l.u.b. $\varphi(a_\alpha) = \varphi(\text{l.u.b. } a_\alpha)$ が成立することである．

補題 1 (J. Dixmier [2]) 次の条件は同等である．(1) φ が normal, (2) $\varphi \in R_*$.

補題 2 R_1, R_2 を Rings of operators on $\mathcal{H}_1, \mathcal{H}_2$ とする．ρ が R_1 から R_2 の上への *-同型写像（即ち，$\rho(a) = 0 \iff a = 0$, $\rho(\lambda a + b) = \lambda \rho(a) + \rho(b)$, $\rho(ab) = \rho(a)\rho(b)$, $\rho(a^*) = \rho(a)^*$）とすると，ρ の下で位相 $\sigma(R_1, R_{1*})$ と $\sigma(R_2, R_{2*})$ は homeomorphic である（ここで，R_{1*}, R_{2*} は前記の R_* に対応するもの）．

証明 $\rho(\text{l.u.b. } a_\alpha) = \text{l.u.b. } \rho(a_\alpha)$ となることは容易に証明できる．従って ρ は normality を保つ．$R_* = T(\mathcal{H})/R^\circ$ より，任意の $f \in T(\mathcal{H})/R^\circ$ は normal 正値汎関数の一次結合である．故に ρ は homeomorphic.

次に，C^*-環における Gelfand–Naimark の定理について述べる．C^*-環の第 1 の定義は $B(\mathcal{H})$ の複素 *-部分環 A で $B(\mathcal{H})$ 上の uniform norm $\|\cdot\|$ によって定義される距離に関して閉じている環をいう．このような環

を Banach 環の中で space-free に定義することを可能にしたのが Gelfand–Naimark の定理です．しかし，次に述べる第 2 の定義は Rickart によって B^*-algebras と呼ばれたもので，$B^* = C^*$ を示すために Gelfand–Naimark は $1 + x^*x$ $(x \in A)$ が invertible であることを仮定した．さらに，この仮定が取り除けることを予想した．この予想を解決したのが深宮政範 [3], J. Kelley–R. Vaught [7] の 2 論文と Kaplansky の Remark [6] でした．しかし今日では $B^* = C^*$ の形のものを Gelfand–Naimark の定理と呼んでいる．

定義 2 複素 Banach 環 A が次の 2 条件を満たすとき C^*-環という．

(1) A 上に対合と呼ばれる写像 $x \mapsto x^*$ $(x \in A)$ があり，

$$(\lambda x + y)^* = \overline{\lambda} x^* + y^*, \quad (xy)^* = y^* x^*,$$
$$(x^*)^* = x \quad (x, y \in A, \ \lambda \in \mathbb{C} \ (複素数)).$$

(2) $\|x^*x\| = \|x\|^2$ $(x \in A)$.

さて，私の W^*-環の定義を述べます．

定義 3 複素 Banach 環 M が W^*-環であるとは次の 2 条件を満たすことである．

(1) M は C^*-環である．

(2) M は Banach 空間として双対 Banach 空間である．即ち前双対 Banach 空間 M_* が存在して，$(M_*)^* = M$ である．

このとき，次の定理が成立する．

定理 1 ([11]) M を W^*-環とすると，適当な Hilbert 空間上の Ring of operators R と，M から R の上への *-同型写像 π が存在して，π は isometric で M の位相 $\sigma(M, M_*)$ と R の位相 $\sigma(R, R_*)$ は π の下で homeomorphic である．

一般に双対 Banach 空間は 2 つ以上の前双対 Banach 空間をもつことがある. 例えば c_0 を 0 に収束する複素数列全体とすると, c_0 は単位元をもたない可換 C^*-環と考えることができる. 一方 c を収束するすべての複素数列とすると, c は単位元をもった可換 C^*-環と考えることができる. c_0^* と c^* は共に l^1 型 Banach 空間であるから, Banach 空間として isometrically isomorphic である. 一方, C^*-環の単位球が端点をもつための必要十分条件は単位元をもつことである (cf. [11]). 従って c_0 と c は Banach 空間として isometrically isomorphic ではない. しかし, W^*-環については次の定理が成立する.

定理 2 ([11]) 2 つの Banach 空間 F_1, F_2 に対し, $F_1^* = M = F_2^*$ ならば, F_1, F_2 を M の双対 Banach 空間 M^* に canonically に埋蔵すると $F_1 = F_2$. 従って, M は唯一つの前双対 Banach 空間をもつ.

この定理は定理 1 と補題 2 より明らかです. 定理 2 は $M = L^\infty$ のとき L^1 が唯一つの前双対 Banach 空間であることを意味します. この事実は定理 2 以前には知られていなかったと思います. 勿論, Grothendieck [5] は私と独立にこの事実を実 L^∞ について証明しました. 定理 2 は reflexive でない Banach 空間で唯一つの前双対 Banach 空間をもつ双対 Banach 空間の研究を刺激しました. また, 定理 1 と定理 2 は dual Banach algebras, dual operator algebras (not necessarily selfadjoint), W^*-modules, W^*-categories, dual operator spaces 等の研究を刺激し, これらに関係した多くの論文が発表されています.

W^*-環の単位球 S は $\sigma(M, M_*)$ コンパクトであり, 前双対 Banach 空間の一意性により S をコンパクトにする M 上の局所凸位相はすべて S 上で同相である. さらに γ を S をコンパクトにする M 上の任意の局所凸位相とするとき, 局所凸空間の Polar 定理により M 上の γ-位相による双対位相空間を X とすると $X \subset M_*$ となる. 従って $\sigma(M, M_*)$ はこれらの弱位相 $\sigma(M, X)$ の中で最も強い位相である. また $\sigma(M, M_*)$-位相は ultra-weak topology と同相である. 従って W^*-環の研究は主として位相 $\sigma(M, M_*)$ を使って行われます.

参考文献

[1] C. Constantinescu, C^*-algebras, Vol. 1–5, Mathematical Library, North-Holland (2001).

[2] J. Dixmier, Formes linéaires sur un anneau d'opérateurs, Soc. Math. France **81**, 9–29 (1951).

[3] M. Fukamiya, On a theorem of Gelfand and Neumark and the B^*-algebra, Kumamoto J. Sci. Ser. A **1**, 17–22 (1952).

[4] I.M. Gelfand, M.A. Naimark, On the imbedding of normed rings into the ring of operators on a Hilbert space, Math. Sbornik **12** (2), 197–217 (1943).

[5] A. Grothendieck, Une caractérisation vectorielle métrique des espaces L^1, Canad. J. Math. **7**, 552–561 (1955).

[6] I. Kaplansky, Math. Reviews **14**, 884 (1953).

[7] J.L. Kelley, R.L. Vaught, The positive cone in Banach algebras, Trans. Amer. Math. Soc. **74**, 44–55 (1953).

[8] J. von Neumann, On some algebraical properties of operator rings, Ann. of Math. (2) **44**, 709–715 (1943).

[9] T.W. Palmer, Banach algebras and the general theory of $*$-algebras, Vol. 2, Encyclopedia of Mathematics and its Applications 79, Cambridge Univ. Press (2001).

[10] A. Pietsch, History of Banach spaces and linear operators, Birkhäuser (2007).

[11] S. Sakai, A characterization of W^*-algebras, Pacific J. Math. **6**, 763–773 (1956).

[12] _____, C^*-algebras and W^*-algebras, Ergebnisse der Mathematik und ihrer Grenzgebiete, Band 60, Springer (1971).

[13] _____, C^*-algebras and W^*-algebras, Reprint of the 1971 edition, Classics in Mathmatics, Springer (1998).

[14] _____, Operator algebras in dynamical systems, The theory of unbounded derivations in C^*-algebras, Encyclopedia of Mathematics and its Applications 41, Cambridge Univ. Press (1991).

[15] _____, Operator algebras in dynamical systems, The theory of unbounded derivations in C^*-algebras, paperback re-issue, Cambridge Univ. Press (2008).

[16] _____, Recent topics on examples of II_1 factors (Japanese), Sûgaku **24**, 81–89 (1972).

[17] _____, Unbounded derivations in C^*-algebras (Japanese), Sûgaku **32**, 308–322 (1980).

[18] _____, Theory of derivations in operator algebras and its applications (Japanese), Sûgaku **45**, 97–110 (1993).

[19] _____, Separability, nonseparability and the diamond principle for operator algebras (Japanese), Sūgaku **60**, 23–45 (2008).

[20] H. Schaefer, Topological vector spaces, second edition, Graduate Texts in Mathematics 3, Springer (1999).

[21] V.S. Sunder, von Neumann algebras: introduction, modular theory and classification theory, Encyclopedia of Mahematical Physics, Vol. 5, Elesevier (2006).

カオス的トンネル効果とジュリア集合

首藤 啓

1 動的トンネル効果

粒子が古典的に到達できない領域に量子力学の確率波がしみ出す現象はトンネル効果と呼ばれる．量子力学の教科書にある 1 次元のトンネル効果が常にエネルギー障壁によって隔てられた状態間で起こるのに対し，多次元系では古典粒子の進行を妨げるのはエネルギー障壁だけではなくなる．1 次元上のトンネル効果はその素性と性質のよく知られるものであるが，関与する自由度自身が複数存在するような状況，すなわち多次元トンネル効果についての理解は未だ十分ではない．その大きな理由は，系が多次元になると一般に対応する古典力学にはカオスが発生し，状態間遷移の問題が古典論においてすでに自明でなくなることにある．一般の多次元系では，ひとつの位相空間内に可積分軌道とカオス軌道とが共存・混在し，さまざまな不変集合がひとつの位相空間内を非一様，また自己相似的に棲み分ける（図 1 参照）．位相空間内にある無数の不変構造は古典粒子に対する障壁の役割を果たし，その結果，トンネル遷移の進む環境は 1 次元系のそれとはまったく異なったものになる．このような位相空間中に形成された動的障壁を越えるトンネル効果は「動的トンネル効果」と呼ばれる [1].

動的トンネル効果を見るために以下の 2 次元保測写像

$$F : \begin{pmatrix} p' \\ q' \end{pmatrix} = \begin{pmatrix} p - V'(q) \\ q + T'(p') \end{pmatrix} \quad (1)$$

を考える．$T(p), V(q)$ はそれぞれ運動量，ポテンシャルを表す．2 次元保測写像の量子力学は，経路積分の離散版である以下の時間推進核

$$K_n(p, p') = \langle p' | \hat{U}^n | p \rangle = \int \cdots \int \prod_j dq_j \prod_j dp_j \exp\left\{ \frac{i}{\hbar} S_n(p, p') \right\} \quad (2)$$

を導入することでその時間発展を考えることができる．$S_n(p, p')$ は写像 F

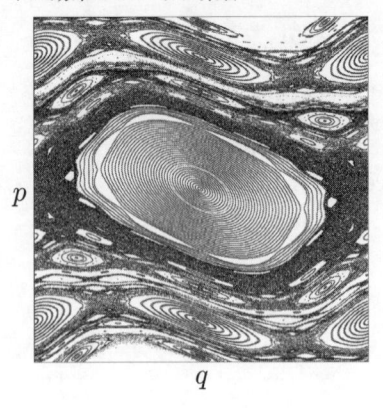

図1 混合位相空間の例

を生成する作用を表す．

いま仮に始状態を $p = p_a$，および終状態を $p' = p_b$ をそれぞれ可積分領域，カオス領域に取ることができたとする．それは始状態，および終状態をつなぐ写像 F の軌道は実位相空間上には存在しない，すなわち，

$$(\mathcal{A} \cap \mathbb{R}^2) \cap F^{-n}(\mathcal{B} \cap \mathbb{R}^2) = \emptyset \tag{3}$$

であることを意味する．ここで，

$$\mathcal{A} \equiv \{(q,p) \in \mathbb{C}^2 \mid p = p_a \in \mathbb{R}\}, \quad \mathcal{B} \equiv \{(q,p) \in \mathbb{C}^2 \mid p = p_b \in \mathbb{R}\} \tag{4}$$

である．一方，量子力学的な遷移確率はトンネル効果によりゼロにはならない．

トンネル効果は波動現象であり純量子的効果であるが，複素空間を用いることで古典力学の言葉で表現することができる．具体的には，時間推進核 $K_n(p, p')$ を与える多重積分を鞍点法で評価することで行われる．鞍点条件を満足する多次元空間上の点は保測写像 F が記述する古典軌道となることから $K_n(p, p')$ は古典軌道の WKB 和

$$K_n^{\text{WKB}}(p, p') = \sum_{\gamma} A_n^{(\gamma)}(p, p') \exp\left\{\frac{i}{\hbar} S_n^{(\gamma)}(p, p') + i\frac{\pi}{2}\mu^{(\gamma)}\right\} \tag{5}$$

で近似される．ここで γ は，初期条件 $p = p_a$，終条件 $p' = p_b$ を満たす複素

軌道を表し，$A_n^{(\gamma)}(p,p')$, $S_n^{(\gamma)}(p,p')$, $\mu^{(\gamma)}$ は各軌道の振幅因子，古典作用，共役点に付随するマスロフ位相である．

2　2 次元複素力学系におけるジュリア集合

　量子的な遷移確率を複素空間を走る古典軌道を用いて記述するアイデアは，1 次元トンネルに対するインスタントンの考え方と基本的に同じものと考えて良い．最大の違いは，インスタントンがカオスの発生しない可積分系に対するものであるのに対し，動的トンネル効果が問題になる多次元系ではまったく異なる種類の複素軌道がその遷移を記述することである．以下に示すように，近年の多次元複素力学系に関する数学的な知見は動的トンネル効果を記述する複素軌道の理解に本質的な役割を果たす．最も詳しい結果が得られているものはエノン写像と呼ばれる $\mathbb{C}^2$ から $\mathbb{C}^2$ への多項式写像

$$P:\begin{pmatrix}x'\\y'\end{pmatrix}=\begin{pmatrix}y\\y^2-x+a\end{pmatrix} \tag{6}$$

である．アフィン変換 $(p,q)=(y-x,y-1)$，ならびにパラメータの変換 $c=1-a$ によって写像 P は先の写像 F における $T(p)=p^2/2$, $V(q)=q^3/3+cq$ の場合に移ることに注意したい．Bedford–Smillie は写像 P に対するグリーン関数を

$$G^\pm(x,y)\equiv\lim_{n\to+\infty}\frac{1}{2^n}\log^+\|P^{\pm n}(x,y)\| \tag{7}$$

によって導入し，エノン写像に対するポテンシャル論を展開した [2, 3]．ここで，$\log^+ t\equiv\max\{\log t,0\}$ である．グリーン関数 $G^\pm(x,y)$ は複素ラプラシアン $dd^c\equiv 2i\sum_{j,k=1}^{2}\frac{\partial^2}{\partial z_j\partial\bar{z}_k}dz_j\wedge d\bar{z}_k$ を作用させることにより $(1,1)$-カレント（線形汎関数を係数にもつ微分形式）

$$\mu^\pm\equiv\frac{1}{2\pi}dd^cG^\pm \tag{8}$$

を誘導する．得られた $\mu^\pm$ は，いわゆる（前方ないし後方）ジュリア集合と以下の関係にある：

$$\mathrm{supp}\,\mu^\pm=J^\pm\equiv\partial K^\pm. \tag{9}$$

ここで，

$$K^\pm=\{(x,y)\in\mathbb{C}^2\mid\lim_{n\to\infty}P^{\pm n}(x,y)\text{ は }\mathbb{C}^2\text{ で有界}\} \tag{10}$$

は写像 P の前方ないし後方滞留点集合である．さらに Bedford–Smillie は，$\mu \equiv \mu^+ \wedge \mu^-$ が写像 P の最大エントロピー不変測度を構成し，μ は混合的かつ双曲測度（いわゆるリアプノフ数が正になること）であることを証明した．上記の結果はエノン写像のパラメータ c 如何に依らず成立することに注意したい．すなわち，位相空間上に可積分領域とカオス領域とが混在する状況であっても成り立つ．

3 ジュリア集合とトンネル軌道

以上に加えて [4] において置かれた作業仮説，すなわち，(A) $K^\pm$ は内点をもたないこと，(B) $J = J^* \equiv \operatorname{supp} \mu$，の二つを認めるならば，以下の理由によりジュリア集合上の軌道はトンネル効果が要請するものを表現していることがわかる．まず可積分軌道の乗る KAM (Kolmogorov–Arnold–Moser) 曲線は作業仮説 (A) が正しければ $J = J^+ \cap J^-$ に含まれることになる．(B) が成り立っていればただちにそれらは J^* に含まれることが導かれる．ところが，上に述べたようにその台が J^* になっている不変測度 μ は混合性，従ってエルゴード性をもつ．このことより，実位相空間上の異なる不変集合は複素空間上のジュリア集合を介してすべてつながっていることになる．実位相空間上の KAM 曲線の近傍には，いくら写像を繰り返しても，他の KAM 曲線の近傍，もしくはカオス領域に近づくことができないものが存在するが，写像を複素領域にまで広げると，KAM 曲線のいかなる近傍も写像を繰り返すことで必ず他の KAM 曲線の任意近傍と交わりをもたせることができる．これにより動的トンネル効果の担い手がジュリア集合上の軌道であることが推察される．

ジュリア集合が動的トンネル効果の古典対応物であることを示すより具体的な数値的，および厳密な結果を以下に示す．まず，半古典プロパゲータ $K_n^{\mathrm{WKB}}(p, p')$ に寄与する軌道は

$$\mathcal{M}_n^{a,b} = \mathcal{A} \cap F^{-n}(\mathcal{B}) \tag{11}$$

と表されることに注意する．図 2 に見るように，和 (5) の中で寄与の大きいもの（より具体的には $|\operatorname{Im} S_n^{(\gamma)}(p, p')|$ の小さい軌道）は前方滞留点集合 K^+ と深い関係があることが予想される [4]．

この予想は，Bedford–Smillie らの結果を基に得られる以下の厳密な結果

(a)　　　　　　　(b)

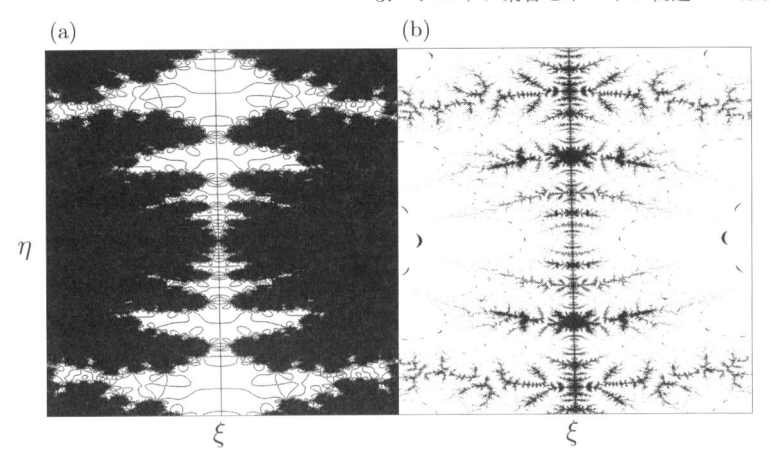

図2 (a) 半古典プロパゲータ $K_n^{\mathrm{WKB}}(p,p')$ に寄与する複素古典軌道の初期値集合 $\bigcup_{p_b\in\mathbb{R}}\mathcal{M}_n^{a,b}$. 中央を縦に走る鎖状構造が最も寄与の大きい軌道を表す. 周辺の黒い部分からの寄与は無視することができる. (b) 前方滞留点集合の初期条件面による断面 $K^+\cap\mathcal{A}$.

によって裏付けられる [4].

定理 エノン写像 P の実面上でのトポロジカルエントロピーが正のとき, $J^+\subset\overline{\mathcal{C}}\subset K^+$ が成り立つ. ここで,

$$\mathcal{C}\equiv\{(q,p)\in\mathcal{M}_\infty\mid \mathrm{Im}\,S_n(q,p)\ \text{が絶対収束}\} \tag{12}$$

である (上記作業仮説 (A) が正しければ, さらに $\overline{\mathcal{C}}=J^+$ が成り立つことに注意). ただし, $\mathcal{M}_\infty\equiv\bigcup_{p_b\in\mathbb{R}}\mathcal{M}_\infty^{*,b}$. $\mathcal{M}_\infty^{*,b}$ は $\mathcal{M}_n^{*,b}=\bigcup_{p_a\in\mathbb{R}}\mathcal{M}_n^{a,b}$ の $n\to\infty$ でのハウスドルフ極限として定義される.

よく知られるように, 1次元多項式写像 $z_{n+1}=z_n^2+c$ に代表される複素力学系は, ジュリア集合・マンデルブロー集合の名前で知られる美しいフラクタル図形を生み出す. しかしながら, これまで物理において複素力学系はフラクタルを体感するための抽象的な例題でこそあれ現象の記述手段として認識されることはなかった. 一方, 複素力学系の研究自身も物理現象を解析・解釈することを目的として発展してきたわけではない. そのような状況の中, ここで概括したように, 複素力学系, 特に多次元複素力学系が動的トンネ

効果に象徴される非可積分系の量子現象を記述する（恐らく）必要にしてかつ十分な，そして最も自然な古典対応物になっていることがわかってきた．紙数の都合で詳しく触れることはできないが，カオス系における純量子効果の中には複素力学系を介さなければ解釈不能なものすら存在することも強調しておきたい．また，上記作業仮説 (B) にあるような複素力学系の重要な未解決問題が，カオス系の量子効果の理解に直結していることは偶然にしては出来過ぎのように思われる．

参考文献

[1] M.J. Davis and E.J. Heller, *J. Chem. Phys.* **75**, 246 (1981).
[2] E. Bedford and J. Smillie, *Invent. Math.* **103**, 69 (1991); *J. Amer. Math. Soc.* **4**, 657 (1991); *Math. Ann.* **294**, 395 (1992).
[3] E. Bedford, M. Lyubich and J. Smillie, *Invent. Math.* **112**, 77 (1993).
[4] A. Shudo, Y. Ishii and K.S. Ikeda, *J. Phys. A: Math. Theor.* **35**, L225 (2002); *Europhys. Lett.* **81**, 5003 (2008); *J. Phys. A: Math. Theor.* **42**, 265101 (2009); *J. Phys. A: Math. Theor.* **42**, 265102 (2009).

手順の分離と統合
—— 指数積分解，秩序形成，およびエントロピー生成

鈴木増雄

1 量子解析・指数積分解および量子–古典対応 [1–6]

1.1 量子解析 [2] 一般に，演算子 A の関数 $f(A)$ に対して，"A に関する微分"を考え，それを古典的な（c-数に関する）微分と非可換性（A と dA が非可換であること）による量子微分の効果とに分離・統合する筆者の定式化を「量子解析」を名づけた [2]．数学の分野では，すでに Gâteaux 微分 $df(A) = \lim_{h\to 0}\{f(A+h\,dA)-f(A)\}/h$ などが定義されているが，これは dA に関する汎関数積分で表されることが多く見通しも悪く扱いにくい．そこで，$\delta_A B = [A,B] = AB - BA$ で定義される超演算子 δ_A（通常これは内部微分と呼ばれる）ともとの演算子 A の適当な関数 $f_1(A,\delta_A)$ を用いて $df(A) = f_1(A,\delta_A)\,dA$ と表せるとき，$f_1(A,\delta_A)$ を $f(A)$ の量子微分と呼び，$df(A)/dA$ と書くことにする．

この記法は c-数に関する通常の微分と形を共通にして扱い易くするが，中味は異なる．これは，2 つの内部微分 $\delta_{f(A)}$ と δ_A の比で表すこともでき，また，次の公式も成り立つ：

$$\frac{df(A)}{dA} = \frac{\delta_{f(A)}}{\delta_A} = \frac{f(A)-f(A-\delta_A)}{\delta_A} = \int_0^1 f^{(1)}(A-t\delta_A)\,dt. \qquad (1)$$

ただし，$f^{(n)}(x)$ は $f(x)$ の n 階微分を表す．また，δ_A の逆は存在しないが，A と δ_A は互いに可換であり，(1) の分子は δ_A に比例するので形式的に "δ_A で割る" ことが一意的に可能となる．この定式化では，(1) からわかる通り，A と dA が可換なときは，(1) の δ_A が無視でき積分が不要となり通常の微分 $f^{(1)}(A)$ に帰着する．これは，古典的微分と非可換性（量子効果）との分離・統合（t の積分）を表しており，量子解析の真骨頂である．また，$\delta_A, \delta_{f(A)}, df(A)/dA$ は互いに可換な超演算子であることに注意すると，$\delta_{f(A)} = (df(A)/dA)\delta_A$ と変形でき，任意の演算子 B の関数 $g(B)$ と $f(A)$ の交換関係は，$[f(A), g(B)] = \delta_{f(A)} g(B) = (df(A)/dA)[A, g(B)]$ の公式を

用いて容易に計算できることになる．さらに，同様にして B^n に対する超演算子 $\{\delta_j; \delta_j B^n = B^{j-1}(\delta_A B)B^{n-j}\}$ を用いて，次の n 階量子微分

$$\frac{d^n f(A)}{dA^n} = n! \int_0^1 dt_1 \int_0^{t_1} dt_2 \cdots \int_0^{t_{n-1}} dt_n\, f^{(n)}(A - t_1\delta_1 - \cdots - t_n\delta_n) \quad (2)$$

が筆者によって導入された [2]．これらを用いると，次の量子テイラー展開が証明できる [2]：$f(A + xB) = \sum_{n=0}^\infty (x^n/n!)(d^n f(A)/dA^n) \cdot B^n$．

この量子解析は物理の分野などで様々な応用がされつつある．演算子 A がパラメータ t の関数 $A(t)$ のとき，$df(A(t))/dt$ は量子微分を用いて $df(A(t))/dt = (df(A(t))/dA(t)) \cdot (dA(t)/dt)$ と表される [2]．これと (1) の公式とを組合わせると，非平衡統計力学の基本公式である von Neumann 方程式で記述される密度行列 $\rho(t)$ の任意の関数 $f(\rho(t))$ の時間微分が再び von Neumann 方程式と全く同形の式で表されることが簡潔に導かれる [2]．この定理を用いると，"エントロピー演算子" $\log \rho(t)$ に対する摂動展開公式などが一般的に求められ，これはもとの密度行列に対する "指数摂動展開" と解釈することができ，非線形非平衡系のくりこみ的取扱いをするのに便利である [2]．その他，e^{A+B} や $\log(A+B)$ の B に関する展開などに，量子テイラー展開公式は利用されている [2]．

1.2 指数積分解 [3]

多くの理論的な問題の形式的な解は指数演算子 $e^{x(A+B)}$ を用いて表される．ここで，演算子 A と B は互いに非可換であり，このままでは，解の性質は具体的にはわからない．しかし，個別の指数演算子 e^{xA} や e^{xB} の具体的な表式は求まることが多い．その場合には，それらの積 $e^{xA}e^{xB}$ などの性質も容易にわかる．しかも，ユニタリ性やシンプレックな性質は保存される．この積はもとの $e^{x(A+B)}$ と比較すると，x の 1 次までしか一致しない．このままでは x の 1 次近似式に過ぎないが，$e^{x(A+B)} = (e^{\frac{x}{n}(A+B)})^n$ と変形してから $e^{\frac{x}{n}(A+B)} \simeq e^{\frac{x}{n}A}e^{\frac{x}{n}B}$ と近似すると，$n \to \infty$ では，限りなくもとの表式に近づく．これが Trotter 公式である．これは，要するに，手順の分離 [1] を行ってから同じ操作を n 回繰り返すことで統合化している．実際に応用する場合には，n は有限であるから，積に分解する公式の近似が高いほど効率が良い．よく知られているように [3]，$e^{\frac{x}{2}A}e^{xB}e^{\frac{x}{2}A}$ と対称化すると，2 次近似式となる．一般に $e^{t_1 xA}e^{t_2 xB}e^{t_3 xA}\cdots e^{t_M xA}$ の表式でパラメータ $\{t_j\}$ を適当にとって，$e^{x(A+B)}$ の m 次近似式を構成することは大変面倒な

問題となる [2]. 筆者は, 漸化式の方法を発見して, 任意の次数の公式を解析的に与えることに成功した [3]. すなわち, $2m$ 次近似公式 $S_{2m}(x)$ を用いて, $2m+2$ 次の近似公式が $S_{2m+2}(x) = S_{2m}(p_m x)S_{2m}((1-2p_m)x)S_{2m}(p_m x)$ によって与えられる. ただし, $p_m = 1/(2-2^{1/(2m+1)})$ である [3]. さらに, $S_{2m+2}^*(x) = (S_{2m}^*(q_m x))^2 S_{2m}^*((1-4q_m)x)(S_{2m}^*(q_m x))^2$ のようにすると, 安定性と収束性が非常に良くなる. ただし, $q_m = 1/(4-4^{1/(2m+1)})$ である [3]. これらの公式 (特に 4 次式 $S_4^*(x)$) は計算物理学の基礎公式として, 公けに普及している多くのプログラムに実装されている [3].

1.3 量子–古典対応と量子モンテカルロ法 [4–6] 指数分解公式で各指数演算子の間に完備直交系 $\{|\alpha_j\rangle\}$ による単位演算子 $\sum_j |\alpha_j\rangle\langle\alpha_j| \equiv 1$ をそう入して各指数演算子の行列要素を c-数で表し格子で表現すると, d 次元量子系は $(d+1)$ 次元古典系に変換されることを筆者は一般的に定式化した. この変換 (Suzuki–Trotter 変換, または略して ST 変換と呼ばれている) を用いると, 量子系のモンテカルロ計算が可能になる [4–6]. これを量子モンテカルロ法と名づけた [4–6] (フェルミ系では, 1 次元系を除いては, 負符号の問題が現れる [5]). この量子–古典対応は, ディラックの相対論的電子論の帰結として出て来るスピンという, もともと量子的対象である系を古典的に表現することであり, 古典的ラグランジュンを量子化するファインマンの経路積分法とは逆の発想に基づくものである.

最近, 宇宙物理学の分野でも, AdS/CFT 対応 (J. Maldacena, 1997 年) という一種の量子–古典対応がブラックホールのエントロピー計算などに偉力を発揮している. 物性物理学の分野で筆者によって 1976 年に提案された上記の ST 変換に基づく量子–古典対応 [4] も量子情報の分野におけるエンタングルメントエントロピーの研究に量子転送行列法 [21] を通して役立ちつつある. このように, 2 種類の対応則が, エントロピーの概念を通して関連してきたことは大変興味深い.

2 相転移・包絡線およびコヒーレント異常法

相転移の中で特に臨界現象を示す 2 次相転移は, 無限系にして初めて自発的に対称性の破れが起る自然現象であり, 限りなく大きなゆらぎを取り扱わなければならない. そのゆらぎは相関関数で表される.

2.1 相関等式,オルンシュタイン・ゼルニケの相関関数および無限系の定式化

イジング模型のような可換系(古典系)では次のような相関等式が存在する [7]. 共通の変数を含まない 2 つの関数 f と g を考える.系のハミルトニアン $\mathcal{H}$ を,g に含まれる変数(g 変数)を含む部分ハミルトニアン $\mathcal{H}_g$ とそれ以外の $\mathcal{H}'$ とに分ける:$\mathcal{H} = \mathcal{H}_g + \mathcal{H}'$. このとき,$\mathcal{H}_g$ に関して部分トレース(1 種のくりこみだった!)をとった g の 平均 $\langle g \rangle_{\mathcal{H}_g} \equiv \text{Tr}_g\, g \mathrm{e}^{-\beta \mathcal{H}_g}/\text{Tr}\,\mathrm{e}^{-\beta \mathcal{H}_g}$ を定義する ($\beta = 1/k_B T$) と,これは g 変数以外の変数を含んでいるので,f と $\langle g \rangle_{\mathcal{H}_g}$ との相関を考えることができる.このとき,$\langle fg \rangle = \langle f \langle g \rangle_{\mathcal{H}_g} \rangle$ という等式が成り立つ [7]. 特に,イジング模型 $\mathcal{H} = -\sum J_{jk} S_j S_k$ ($S_j = \pm 1$) では,$\langle S_i S_j \rangle = \langle \tanh(\beta S_i \sum_k J_{jk} S_k) \rangle$ が成り立つ.これらの相関等式はキャレン・鈴木の恒等式と呼ばれ,多数の応用が報告されている [7]. 特に,上の $\langle S_i S_j \rangle$ に対する恒等式を平均場近似して,$R \equiv |i-j|$ が大きいとして漸近評価すると,相関関数 $C(R) \equiv \langle S_i S_{i+R} \rangle$ のオルンシュタイン・ゼルニケ型 $C(R) \sim \mathrm{e}^{-\kappa R}/R$; $\kappa \propto T - T_c$ が得られる [7]. この式は,臨界現象を定性的に議論する際には基本となっている.

この恒等式は,厳密な計算や計算機実験(シミュレーション)の検算に使われる他にも,無限系の統計力学を定式化する数学的取扱いとしての C^* 代数における KMS 条件 $\langle \Delta A \Delta B(t) \rangle_\omega = \mathrm{e}^{\beta \hbar \omega} \langle \Delta B(t) \Delta A \rangle$ ($\hbar \to 0$ ではトリビアル)の古典的対応条件式の役割も果たしていることを強調しておきたい.すなわち,任意の相関関数に対して,有限の部分相互作用の情報だけを用いて,相関恒等式がすべて成立するという条件によって,無限大となるもとの $\mathcal{H}$ を使わずに,ギブズの平衡統計集団が規定される.これは有限系でも有効に応用できる(幾何学的対称性の高い有限系では,状態和の計算よりも簡潔に相関がこの恒等式によって求められる).

2.2 リー・ヤンの円定理とグリフィス不等式の量子スピン系への拡張

強磁性イジング模型では,状態和の零点はすべて複素フーガシティ $z = \exp(-\beta \mu_B H)$ 平面の単位円周上にある.この定理を基にリーとヤンは相転移の一般論,特に,磁場があるときは相転移は起らず,磁場が零の場合に自発的対称性の破れの起るメカニズムを明らかにした.この定理は後に強磁性量子スピン系にも拡張された [8]. 一方,この円定理と相対関係(最近筆者によって見い出された円定理との相互関係)にあるグリフィスの不等式が知ら

れている．すなわち，強磁性イジング模型の相関はすべて正または零であり（第1不等式），任意の相互作用を強くすると，任意の相互関係は強くなるか変化なし（第2不等式）である．これらは，厳密には解けない模型の相転移の有無を可解模型と比較して論ずるのに有効に利用されている．筆者は，一般化された量子スピン系（XY 模型）に，これらを拡張した [9]．

2.3 拡張された平均場近似列とコヒーレント異常 [10–13]　Wilson のくりこみ群の理論で明らかにされた通り，臨界現象の真の振舞いを知るには，ゆらぎを短波長から徐々に長波長に至るまで取り込んでいかなければならない．その操作（くりこみ群）の固定点から相転移点 T_c^* が求まり，固定点への近づき方から臨界指数 $\nu, \gamma, \ldots$ が求まる．ところで，ファン・デル・ワールスやワイス以来百年以上も長く使われてきた平均場理論は真の臨界指数を求めるにはもう全く役に立たないのだろうか．平均場近似の理論も長い歴史があり，大きなゆらぎを取り込み，良い T_c の値を求めようと工夫がされてきた．しかし，どんなに大きなクラスターの平均場近似を作っても，クラスターの境界に，その外側の無限の自由度の効果を表す平均場や有効場をかける限り，こうして得られる臨界指数はすべて一番簡単なワイスの平均場近似の結果，すなわち古典的な値 ($\gamma = 1, \beta = \frac{1}{2}, \ldots$) と全く同じである．一方，相転移温度 T_c は，クラスターが大きくなるにつれて少しずつ改良され，真の相転移点 T_c^* に近づく．このような状況のもとで，「平均場近似をどのように改良し発展させても真の臨界現象に迫ることはできない」という常識を覆したのが，筆者の提唱した「コヒーレント異常法」である [10–13]．ここではその考え方だけを説明するために，強磁体の磁化率の臨界指数 γ の求め方を説明する．任意の大きさのクラスター平均場（またはそれに相当する適当な）近似に対する磁化率 $\chi_0(T)$ が近似的な相転移点 T_c の近傍で $\chi_0(T) \sim \bar{\chi}(T_c)/\varepsilon; \varepsilon \equiv (T - T_c)/T_c$ の形に求まったとする．係数（留数）$\bar{\chi}(T_c)$ は特異点 T_c の関数として変化する．クラスターサイズが無限大になると，真の磁化率 $\chi_0^*(T)$ は $\chi_0^*(T) \sim (T - T_c^*)^{-\gamma}; \gamma > 1$ のように振舞うはずである．したがって，取扱う近似の度合が良くなるにつれて，すなわち，T_c が真の相転移点 T_c^* に近づくにつれて，$\bar{\chi}(T_c)$ は異常に増大する．これを「コヒーレント異常」と呼ぶ [10–13]．そこで，$\bar{\chi}(T_c) \sim 1/(T_c - T_c^*)^\psi$ とおいて，いくつかの平均場近似列から $\bar{\chi}(T_c)$ と T_c の関係を数値的に外挿し，

コヒーレント異常指数 ψ を評価する．臨界指数 γ は $\gamma = 1 + \psi$ という「コヒーレント異常関係式」から求められることが包絡線の理論やスケーリング則から導ける [10–13]．他の物理量に関する臨界指数 $\beta, \nu, \ldots$ などに対しても同様のコヒーレント異常関係式が導かれている [10–13]．この方法は多くの平衡・非平衡系に応用され，極めて高い精度で様々な臨界指数が評価されている [10–13]．この方法は言わば，「近似の解析接続」である．この理論は個々の近似の特徴を包絡線的に捉えて真の臨界現象の様子を探究するものである．すなわち，これは，平均場近似を用いて古典的振舞いをまず分離し取り出して，残りのゆらぎを包絡線的に統合するものであり，「手順の分離と統合」の典型的な例になっている [1]．

3 秩序形成，定常状態およびエントロピー生成

3.1 線形応答，エルゴード性，運動の定数および応答関数不等式 [15]

久保亮五の線形応答理論 [16] に関連して，着目している物理量に系の運動の定数が部分的に含まれている場合（非エルゴード的物理量の場合）には注意が必要である [15]．すなわち，応答関数が発散したり，振動数 $\omega = 0$ の極限応答 $\chi(0)$ が断熱磁化率 χ^S や等温磁化率 χ^T と一致しないことが起る．これらに対して，一般に不等式 $\chi(0) \leq \chi^S \leq \chi^T$ が証明されている [15]．

3.2 秩序形成，ゆらぎ増大則および相乗効果 [17]

自然界で無秩序状態から秩序が形成される過程を理論的に解明することは，自然科学の研究としてもっとも基本的なテーマである．個々の現象に応じてそれを支配する方程式も自由度（変数の数）も異なり，それらの研究は極めて複雑である．それらをできる限り簡単化して，しかも秩序生成の本質を失わないようにした模型が 1 変数の秩序パラメータ x に関する "不安定な" 非線形ランジュヴァン方程式 $dx/dt = \alpha(x) + \eta(t)$ である．ただし，$\alpha'(0) = \gamma > 0$，および $\eta(t)$ はガウシャン・白色ノイズであり，$\langle \eta(t)\eta(t') \rangle = 2\varepsilon\delta(t-t')$ を充たす．アインシュタインのブラウン運動の理論では，$\alpha(x) = -\gamma x$ と線形で，しかも $\alpha'(0) < 0$（安定）であり，$\gamma \propto \varepsilon$ という関係を充たすが，不安定系では，γ と ε は独立である．このランジュヴァン方程式は現在でも解析的には解けない．筆者は 1970 年代にこれを秩序発生の時間 t_o（オンセットタイムと呼ばれる）の近傍で本質を取り出せるような漸近評価法を発見した [17]．それ

は, $g\varepsilon \to +0, t \to \infty$ かつ $\tau \equiv (g\varepsilon/\gamma^2)e^{2\gamma t} = $ 一定 とする極限で解析的な解を構成する方法であり,"秩序生成のスケーリング理論"と呼ばれている. ランジュヴァン方程式を大域的に扱う方法として,時刻 t で x という値をとる確率 $P(x,t)$ に対するフォッカー・プランク方程式がある:$\frac{\partial}{\partial t}P(x,t) = (\mathscr{L}_{\text{ドリフト}} + \mathscr{L}_{\text{拡散}})P(x,t)$. ただし,$\mathscr{L}_{\text{ドリフト}} \equiv -\frac{\partial}{\partial x}\alpha(x)\cdot, \mathscr{L}_{\text{拡散}} \equiv \varepsilon\frac{\partial^2}{\partial x^2}$ で定義される 2 つの演算子は互いに非可換であり,形式解を与える指数演算子 $\exp(t(\mathscr{L}_{\text{ドリフト}} + \mathscr{L}_{\text{拡散}}))$ はこのままでは役に立たない.上に述べたスケーリングの極限では,$P^{(\text{sc})}(x,t) = e^{t\mathscr{L}_{\text{ドリフト}}}e^{\tilde{t}\mathscr{L}_{\text{拡散}}}P(x,0)$ と "積の形" で与えられることが示されている [17]. 拡散効果を表す"時間"はくり込まれた変数 $\tilde{t} = (1-e^{-2\gamma t})/(2\gamma)$ となっている. このスケーリング解を用いて,秩序平均 $\langle |x| \rangle_t$ やゆらぎ $\sigma(t) \equiv \langle (|x| - \langle |x| \rangle_t)^2 \rangle = \langle x^2 \rangle_t - \langle |x| \rangle_t^2$ を積分で表すことができる [17]. この結果から,秩序発生時間はゆらぎがピークを示す $\tau \simeq 1$ の条件より,$t_o \simeq (1/2\gamma)\log(\gamma^2/g\varepsilon)$ と与えられる. これより,ゆらぎの強さ ε や非線形性 g が大きいほど秩序が形成され易いことがわかる [17]. これを "秩序生成の相乗効果" という. この理論は,多くの自然現象の研究に拡張・応用されている [17, 18]. 秩序とゆらぎを逆転させた振舞いを示す双対現象が生命や文明の変化に一般的に見られる.

3.3 輸送現象におけるエントロピー生成 久保理論 [16] では,輸送係数は平衡系での時間相関関数で厳密に与えられるが,エントロピー生成の問題は今に至るまでエネルギー保存則など熱力学的にしか議論されていなかった. 最近筆者は,外場の高次まで考慮し,密度行列 $\rho(t)$ の対称性によって $\rho(t) = \rho_{\text{対称}}(t) + \rho_{\text{反対称}}(t)$ と分離して,もとのフォン・ノイマン方程式を扱うことにより,エントロピー生成 ($= \text{Tr}\,\mathscr{H}\rho'_{\text{対称}}(t)/T(t) = \sigma_E E^2/T(t) > 0$) が $\rho_{\text{対称}}(t) = \rho_0 + \rho_2(t) + \cdots$ の高次(最低次は $\rho_2(t)$)から導けることを発見した [19](ただし,$\mathscr{H}$ は系のハミルトニアンである). 定常状態もこの対称性分離の方法で定式化できる. すなわち,熱を外に取り出す緩和項をフォン・ノイマン方程式につけ加えることにより定常密度行列が求まる. これを用いて,エントロピー生成や"定常温度"$T_{\text{st}}(\equiv T(\infty))$ などを定式化することに成功した [19]. この理論によって,プリゴジンの主張する「不可逆性とエントロピー生成」という命題の本質が,久保流の第 1 原理的スキームで電気伝導などの輸送現象に対しては解明されたことになる.

物理の法則は変分原理で定式化されると概念的に本質的な理解に達したと考えられる．オンサーガやプリゴジンの研究によって，非平衡定常状態はエントロピー生成最小の原理で規定されることが，線形応答の範囲では知られている．プリゴジン達はこれを非線形の場合に拡張することを長年試みてきたが，その安定性条件を提唱するだけにとどまった．最近，筆者 [19] によって，非線形輸送現象にも適用できる「エントロピー生成（エネルギー散逸）最小の原理」が新しい視点で定式化された．ファインマンが線形電気回路で論じたように筆者も電気回路に着目し，その抵抗 $\{R_j\}$ がそこを流れる電流 $\{I_j\}$ や両端の電圧 $\{V_j\}$ に依存する非線形応答の場合には何故単位時間当りのジュール熱最小の原理が成り立たないのかを追及しているうちに，新しい原理を発見した．それは，瞬間のジュール熱発生ではなく，零からその値になるまでの変化をすべて積分した値（「積分エントロピー生成」）が最小になるという原理である．線形の場合はたまたま両者の値が因子 1/2 を除いて一致するため，正しい法則を与えるのである．この原理は，空間的に連続な一般の電気伝導，熱伝導，化学反応などにすべて成り立つことがわかった．外力が複数ある場合の非線形応答の変分原理や"部分的相反定理"は研究中である．

4 おわりに —— その他の研究について

上述の他にも，TFD [20]，量子転送行列 [21] やトポロジカル相互作用法 [22] などの定式化も行った．また，スピングラスの非線形磁化率 $\chi_2(T)$ が相転移点 T_{sg} で負に発散することがランダウの現象論を拡張して一般的に示された [23]．さらに，臨界緩和指数 Δ がファン・ホーヴェの古典論 $\Delta = \gamma$ （平衡系の臨界指数だけで非平衡系の値も記述されるとする理論）とは異なるという当時の常識を覆す理論を提唱した [24]．これは後にくりこみ群の理論などによって確証された．最近，熱伝導に対するくりこまれた力学的定式化にも成功した [19]．すなわち，熱界とそれに共役な物理量を導入し，くりこまれたフォン・ノイマン方程式を提唱し，それを摂動展開し熱伝導度の公式を導いた．これで上のエントロピー生成の理論と合わせて，線形応答理論に残っていた課題が解消された．

参考文献

[1] M. Suzuki, Prog. Theor. Phys. Suppl. **69** (1980) 160; 鈴木増雄,「統計力学」岩波物理学叢書（岩波書店, 2000 年）

[2] M. Suzuki, Commun. Math. Phys. **183** (1997) 339; Prog. Theor. Phys. **100** (1998) 475; Rev. Math. Phys. **11** (1999) 243.

[3] M. Suzuki, Phys. Lett. **A146** (1990) 319, J. Math. Phys. **32** (1991) 400; Phys. Lett. **A165** (1992) 387; Physica. **A191** (1992) 501; J. Phys. Soc. Jpn. **61** (1992) 3015; Proc. Japan. Acad. **69**, Ser. B (1993) 161.

[4] M. Suzuki, Prog. Theor. Phys. **56** (1976) 1454.

[5] M. Suzuki ed. *Quantum Monte Carlo Methods in Equilibrium and Nonequilibrium Systems* (Springer-Verlag, Berlin Heidelberg, 1987).

[6] M. Suzuki ed. *Quantum Monte Carlo Methods in Condensed Matter Physics* (World Scientific, Singapore, 1993).

[7] M. Suzuki, Phys. Lett. **19** (1965) 267; Int. J. Mod. Phys. **B16** (2002) 1749, M. Suzuki and R. Kubo, J. Phys. Soc. Jpn. **24** (1968) 51.

[8] M. Suzuki and M.E. Fisher, J. Math. Phys. **12** (1971) 235; T. Asano, J. Phys. Soc. Jpn. **29** (1970) 350.

[9] M. Suzuki, J. Math. Phys. **14** (1973) 837.

[10] M. Suzuki, J. Phys. Soc. Jpn. **55** (1986) 4205; ibid **57** (1988) 2310.

[11] M. Suzuki, M. Katori and X. Hu, J. Phys. Soc. Jpn. **56** (1987) 3092.

[12] M. Suzuki et al. *Coherent Anomaly Method—Mean Field, Fluctuations and Systematics*, (World Scientific, Singapore, 1995).

[13] 鈴木増雄,「相転移の超有効場理論とコヒーレント異常法」物理学最前線 29, 大槻義彦編（共立出版, 1992 年）.

[14] K.G. Wilson, Phys. Rev. **B4** (1971) 3174, 3184.

[15] M. Suzuki, Physica. **51** (1971) 277; P. Mazur, Physica. **43** (1969) 533.

[16] R. Kubo, J. Phys. Soc. Jpn. **12** (1957) 570.

[17] M. Suzuki, Prog. Theor. Phys. **56** (1976) 77, 477, ibid **57** (1977) 380, ibid Suppl. **64** (1978) 402; Adv. Chem. Phys. **46** (1981) 195; Int. J. Mod. Phys. **B26** (2012) 1250001.

[18] K .Kawasaki, M.C. Yalabik and J.D. Gunton, Phys. Rev. **17** (1978) 455.

[19] M. Suzuki, Physica. A **390** (2011) 1904, **391** (2012) 1074; J. Phys: Conf. Ser. **297** (2011) 012019, および Physica A (2012, 印刷中) ; Prog. Theor. Phys. Suppl. (2012); Proceedings of MSQBIC 2011, edited by M. Ohya et al. (World Scientific, Singapore, 2012).

[20] M. Suzuki, J. Phys, Soc. Jpn. **54** (1985) 4483; J. Stat. Phys. **42** (1986) 1047.

[21] M. Suzuki, Phys. Rev. **B31** (1985) 2957; Physica. **A321** (2003) 334; J. Stat. Phys. **110** (2003) 945; A. Sugiyama, H. Suzuki and M. Suzuki, Physica. **A353** (2005) 271; M. Suzuki and M. Inoue, Prog. Theor. Phys. **78** (1987) 787 および M. Inoue and M. Suzuki, Prog. Thor. Phys. **79** (1988) 645.

[22] M. Suzuki, Prog. Theor. Phys. **113** (2005) 1391; M. Suzuki, H. Suzuki and S.-C. Chang, J. Math. Phys. **46** (2005) 33301.

[23] M. Suzuki, Prog. Theor. Phys. **58** (1977) 1151.

[24] M. Suzuki, H. Ikari (Yahata) and R. Kubo, J. Phys. Soc. Jpn. **26** Suppl. (1969) 153; H. Yahata and M. Suzuki, J. Phys. Soc. Jpn. **27** (1969) 1421.

可積分系への道

高崎 金久

　私が初めて研究と呼べることを行って学術雑誌に論文を掲載してから，そろそろ 30 年近くになる．その間，ほぼ一貫して「可積分系[1]」をおもな研究対象としてきた．可積分系は古典力学に由来する「古典可積分系」と量子力学・量子場理論や統計力学に由来する「量子可積分系」に大別される．その意味では私の研究対象はおもに古典可積分系である．ただし，古典可積分系と言っても，近年は量子力学・量子場理論や統計力学と関わる話題も少なくない．

　可積分系の研究の道に入ることになったきっかけは，佐藤幹夫先生が 1981 年に東京大学で行った集中講義の内容に触れたことである．この集中講義は佐藤先生が今日「ソリトン方程式」と総称される代表的な可積分系について前年に得た画期的な成果 [1, 2] を紹介するものだった．じつは私自身は修士論文の仕上げやその後始末のために，この集中講義には出られなかった．しかし集中講義のことは間接的には聞いていて，佐藤先生の集中講義の内容を手書きのノートにまとめた村瀬元彦氏に強く勧められたこともあり，研究テーマをソリトン方程式に方向転換することにした．当時の指導教員であった小松彦三郎先生は，私のこのような勝手な振る舞いを許すだけでなく，その後京都の佐藤先生の下で学ぶ便宜も図ってくださった．

　こうしてめでたく佐藤先生のお膝元でソリトン方程式を勉強することになったが，ソリトン方程式に対する佐藤先生の方法は，シューア函数やグラスマン多様体など，それまで私にはあまりなじみのない概念を駆使するものであり，それらを「逆散乱法」などの伝統的方法とともに学ぶ必要があった．時折，佐藤先生が自ら基礎的な概念や取り組むべき問題を説明されたが，それはまだ私に消化できるものではなかった．また，佐藤先生と平行して伊達悦

---

[1] かつては「完全積分可能系」あるいはさらに長い「非線形完全積分可能系」などという言葉が用いられたが，最近は手短かに可積分系と呼ぶことが多い．

郎，神保道夫，柏原正樹，三輪哲二の各先生も精力的にソリトン方程式の研究を進めていたが [3]，そこではホロノーム量子場の理論（佐藤・三輪・神保先生の 1970 年代後半の成果）に由来する道具や無限次元リー代数の表現論が用いられていて，さらに縁遠いものに思われた．そこで，当時先輩格の大学院生だった上野喜三雄氏に直接の指導を仰ぐことにした．

上野氏は私にいくつかの課題を提示し，それらを目標にしてソリトン方程式の勉強を進めることを提案した．提案された課題のうちで今でもはっきり覚えているものが 2 つある．ひとつは，ソリトン方程式（特に，さまざまなソリトン方程式の親玉として佐藤先生によって導入された「KP 階層」）の「ハミルトン構造」を理解することである．もうひとつは，「戸田格子」と呼ばれる可積分系を KP 階層の理論と同様のやり方で扱うことだった．この提案に対して，私は一見して敷居の高そうなハミルトン構造の問題を避けて，戸田格子の問題を目標として選んだ[2]．この選択がその後の私の研究の方向を決めることになった．

戸田格子は戸田盛和氏によってソリトン理論の発展の初期に導入された，いわば日本製可積分系第 1 号である [4]．当初は「指数格子」と名付けられたこの格子力学系では，1 次元的に配置された質点系（s 番目の質点の変位を q_s と表す）が指数函数的なポテンシャルによって力を及ぼし合うもので，その運動方程式は

$$\frac{d^2 q_s}{dt^2} = g^2 e^{q_{s-1}-q_s} - g^2 e^{q_s-q_{s+1}}$$

という形になる（g^2 は結合定数である）．代表的なソリトン方程式である KdV 方程式

$$\frac{\partial u}{\partial t} + 6u\frac{\partial u}{\partial x} + \frac{\partial^3 u}{\partial x^3} = 0$$

が x を座標とする連続空間のソリトン現象を記述するのに対して，戸田格子は s を座標とする離散空間のソリトン方程式である．

少し長くなるが，この戸田格子に対して上野氏と行った研究の背景を紹介しよう．もう少し詳しい説明や文献については岩波数学辞典や丸善現代数理科学事典の私が執筆した項目 [5, 6] などを参照されたい．

---

[2] KP 階層のハミルトン構造については，まもなく渡邊芳英氏によってひとつの解答が与えられ，その後もさまざまな観点から研究が続いた．

そもそもソリトン方程式とは，非線形微分方程式（KdV 方程式の場合には $u\partial u/\partial x$，戸田格子の場合には $e^{q_{s-1}-q_s}$ と $e^{q_s-q_{s+1}}$ が非線形性をもつ項である）でありながら，逆散乱法などの方法によって系統的に解を求めたり，解に対して一種の重ね合わせができるような方程式のことである．ソリトン方程式という名称の由来である「ソリトン解」は逆散乱法によって得られる重要な特殊解であるが，逆散乱法はソリトン解以外の一般的な解も記述できる．その意味でソリトン方程式（より一般的には可積分系）は「解ける」方程式である[3]．

逆散乱法を適用するには，方程式を「ラックス形式」という形に表現する必要がある．KdV 方程式のラックス形式はラックス (P. Lax) 自身によって導入されたもので，

$$\mathfrak{L} = \partial_x^2 + u(x,t) \quad (\partial_x = \partial/\partial x)$$

という微分作用素を用いて方程式を

$$\frac{\partial \mathfrak{L}}{\partial t} = A\mathfrak{L} - \mathfrak{L}A$$

という形（ラックス方程式と呼ばれる）に表す（A は 3 階の微分作用素だが，具体的な形は省く）．さらに，$t_3 = t$ から始まる無限個の時間変数 $t_3, t_5, t_7, \ldots$（KP 階層との関係で，奇数によって番号付けている）を導入して，$2k+1$ 階の微分作用素 A_k に伴うラックス方程式

$$\frac{\partial \mathfrak{L}}{\partial t_k} = A_k\mathfrak{L} - \mathfrak{L}A_k$$

を一斉に考えることもできる．これは方程式が無限個の保存則（あるいは対称性）をもつことを反映している．この連立ラックス方程式系を「KdV 階層」という．逆散乱法などの解法はこの連立系にも適用できる．

KdV 方程式に対してこのような見方が確立されると，さまざまな方程式を同様のやり方で扱う研究が活発に行われた．戸田格子に対しては，フラシカ (H. Flaschka) が

$$\mathfrak{L} = a(s,t)e^{\partial_s} + b(s,t) + a(s-1,t)e^{-\partial_s} \quad (\partial_s = \partial/\partial s)$$

---

[3] 微分方程式を解くことを伝統的な用語で「積分する」という．可積分系という言葉の「可積分」とは「解ける」という意味である．

という差分作用素[4]を用いるラックス形式（A も差分作用素である）を導入して，KdV 方程式と同様の逆散乱法を確立した．

他方，逆散乱法などとはまったく異なる「双線形化法」が広田良吾氏によって 1970 年代半ばに提案された．たとえば KdV 方程式の場合には，u を新たな従属変数 f によって

$$u = 2\frac{\partial^2 \log f}{\partial x^2}$$

と表して，f の選び方に残る多少の自由度を利用することによって，もとの方程式を双線形方程式

$$(D_t D_x + D_x^4) f \cdot f = 0$$

に書き直すことができる．ここで広田氏独特の記法

$$D_x^m D_n f(x,t) \cdot g(x,t) = (\partial_x - \partial_{x'})^m (\partial_t - \partial_{t'})^n f(x,t) g(x',t')|_{x'=x, t'=t}$$

を用いた．1970 年代後半にはこの「双線形形式」を駆使するソリトン方程式の研究もさかんに行われた．

佐藤先生の KP 階層は KdV 階層とその一般化（$\mathfrak{L}$ を高階微分作用素に置き換えたもの）を特別な場合として含む「普遍的な」ソリトン方程式である．そのラックス形式は微分作用素の代わりに ∂_x の負べきを含む「擬微分作用素」（佐藤先生の用語では「マイクロ微分作用素」）

$$L = \partial_x + u_2 \partial_x^{-1} + u_3 \partial_x^{-2} + \cdots$$

によって定式化されるもので，無限個の時間変数 $t_2, t_3, \ldots$ に対するラックス方程式

$$\frac{\partial L}{\partial t_k} = B_k L - L B_k$$

からなる（B_k は L からある手続きで得られる一連の微分作用素である）．また，双線形化法の従属変数 f がここでは「τ 函数」τ（ホロノーム量子場の理論における τ 函数と概念的に似ていることからこのように呼ばれる）として見直され，上の連立ラックス方程式系は τ 函数に対する無限個の双線形方程式に書き直される．さらに，無限次元グラスマン多様体の言葉を用いて，

---

[4] e^{∂_s} は s の函数 $f(s)$ に対して $e^{\partial_s} f(s) = f(s+1)$ と作用するものとみなす．s が連続変数ならば，これはテイラー展開で正当化できるが，s が離散変数で導函数が意味をもたない場合も形式的にこのように解釈するのである．

これらの方程式の構造と解自体の構造が説明できる．擬微分作用素を行列値係数に拡張した「多成分 KP 階層」についても同様のことが言える．これらが佐藤先生たちによって得られた驚くべき結果 [1, 2, 3] だった．

上野氏と私はこの KP 階層の戸田格子版を作ることをめざした．フラシカの差分作用素は KdV 方程式のラックス作用素の差分版であるから，ここで用いるべきものは佐藤先生の擬微分作用素に相当する，いわば「擬差分作用素」であろうと思われた．試行錯誤の後，ここでは KP 階層の場合のような 1 個の作用素ではなくて，

$$L = e^{\partial_s} + u_1 + u_2 e^{-\partial_s} + u_3 e^{-2\partial_s} + \cdots,$$
$$\bar{L} = \bar{u}_0 e^{-\partial_s} + \bar{u}_1 + \bar{u}_2 e^{\partial_s} + \bar{u}_3 e^{2\partial_s} + \cdots$$

という 2 種類の擬差分作用素[5]が現れること，また，これによって 2 系列の時間変数 $t = (t_1, t_2, \ldots), \bar{t} = (\bar{t}_1, \bar{t}_2, \ldots)$ をもつラックス方程式系が考えられることがわかった．さらに，τ 函数を導入して，これらの連立ラックス方程式系を無限個の双線形方程式に書き直すこともできた．こうして得られたのが「戸田階層[6]」である [7, 8]．戸田階層も無数のソリトン方程式を含む普遍的ソリトン方程式であり，多成分化すればさらに多くのソリトン方程式をその中に取り込むことができる．

可積分系の勉強を本格的に始めてから 1 年ほどでこういうことができたのだから，当時はずいぶん幸運な時代だった．この成果については肯定的な評価と否定的な評価があったが，佐藤先生は特に何も言われなかった．私自身はあくまで可積分系の勉強の一里塚と考えて，次の目標として高次元可積分系の問題に取り組んだ．

その後，戸田階層についてはほとんど放置した状態がしばらく続いたが，思いがけないことに，1990 年代に入ってから物理学者によってある種の弦理論 ($c = 1$ 弦理論) などに応用されるようになった．私もこの動向に便乗していくつかの論文を書いた．また，そのような研究を通じて，戸田階層の理論に「無分散極限」という新たな側面が付け加わった [10]．

---

[5] 諸般の事情でもとの論文 [7, 8] とは記号を変えたので注意されたい．
[6] フラシカのラックス作用素から得られる階層と区別する意味で「2 次元戸田階層」と呼ばれることもある．戸田階層のまとまった解説は拙著 [9] にある（初めての書き下ろし本だったので，残念ながら誤植が多い）．

2000 年代に入っても戸田階層の思いがけない応用が見出されている．まず，無分散極限（無分散戸田階層）が流体力学（Helle–Shaw セル）や等角写像の問題にも応用できる，ということがウィーグマン (P. Wiegmann) らによって指摘された．これがひとつの契機になって，さまざまな可積分系の無分散極限がさかんに研究されるようになった．また，リーマン球面に対するグロモフ・ウィッテン不変量やフルヴィッツ数などの位相不変量の母函数が戸田階層の特殊解とみなせる，ということがオクニコフ (A. Okounkov) らによって指摘された．これはゲージ理論や弦理論と戸田階層との新たな接点である．このような観点から，最近は私自身も物理学者と協力して，ゲージ理論に関連する統計力学的模型（溶解結晶模型）と戸田階層の関係を研究している [11]．戸田階層の世界はまだ奥が深いようである．

参考文献

[1] M. Sato, Y. Sato, Soliton equations as dynamical systems on an infinite dimensional Grassmannian manifold, 数理解析研究所講究録 **439** (1981), 30–46.

[2] M. Sato, Y. Sato, Soliton equations as dynamical systems on an infinite dimensional Grassmannian manifold, Lect. Notes. Num. Anal. **5** (Kinokuniya, 1982), pp. 259–271.

[3] E. Date, M. Jimbo, M. Kashiwara, T. Miwa, Transformation theory for soliton equations III, J. Phys. Soc. Japan **50** (1982), 3806–3812; Transformation theory for soliton equations VI, J. Phys. Soc. Japan **50** (1982), 3813-3818; ditto IV, Physica **4D** (1982), 343-365; ditto V, Publ. RIMS., Kyoto Univ., **18** (1982), 1111–1120.

[4] M. Toda, Vibration of a chain with a non-linear interaction, J. Phys. Soc. Japan **22** (1967), 431–436; Wave propagation in anharmonic lattice, J. Phys. Soc. Japan **23** (1967), 501–596.

[5] 「ソリトン」,『岩波数学辞典』第 4 版（岩波書店, 2007）.

[6] 「ソリトン」,『現代数理科学事典』第 2 版（丸善, 2009）.

[7] K. Ueno, K. Takasaki, Toda lattice hierarchy, Adv. Stud. Pure Math. **4** (Kinokuniya, 1984), 1–94.

[8] K. Takasaki, Initial value problem for the Toda lattice hierarchy, Adv. Stud. Pure Math. **4** (Kinokuniya, 1984), 139–163.

[9] 高崎金久,『可積分系の世界 —— 戸田格子とその仲間』（共立出版, 2001）.

[10] K. Takasaki and T. Takebe, Integrable hierarchies and dispersionless limit, Reviews in Mathematical Physics **7** (1995), 743–808.

[11] T. Nakatsu and K. Takasaki, Melting crystal, quantum torus and Toda hierarchy, Commun. Math. Phys. **285** (2009), 445–468.

野武士の始めた日本の作用素環
—— 私が引き継いだもの

竹崎 正道

> 日本に作用素環の種を蒔いた日本作用素環第一世代の中村正弘,鶴丸孝司,竹之内脩,冨田稔,武田二郎,御園生善尚,梅垣壽春,境正一郎の諸先達の先生方に本文を捧げます.

1 序

編集部からの『私の研究』と言う題で書いて欲しいと言う依頼を引き受けて以来熟慮の結果私自身の研究自体よりも,山あり谷ありの数学研究生活がどの様にして続けられたのかを書く事で次の世代への伝言にしたいと言う思いが強くなって来ました.そして,自分の辿った道を反省して見ると,日本の作用素環の先達の辿った道に就いて述べない訳には行かないと言う思いも強くなって来ました.

本文は『数学のたのしみ』に執筆した『数学との出会い』[Tk6] の続編です.紙幅の関係もあり,此処では繰り返しませんが,私は第二次大戦の戦中,戦後の混乱の中で真実に飢えていたと書きました.虚偽が横行した時代の中で数学一筋に徹した土田先生との出会い,又順々と静かに数学の美しさを語る鶴丸先生に導かれて数学の道を歩み始めた私にとって,数学をする事は自己発見の道でもありました.Dedekind の実数論を工学部教養部の時考え方研究社の『解析入門』で自習した時,連続性が長い論証の末に確立される事に感激しました.当たり前を当たり前と受け流さない事が確かさの為に必要なのだと思い知らされました.戦前・戦中にこんな態度で自分の考えを確かめる事が国の指導者達にあったら,あんな戦争にならなかったろうと言う思いもありました.本当の数学に出会う為に,工学部から理学部数学科へと進路を変更して数学を学び続ける道を選びました.

私が進学した時の東北大学数学教室では,作用素環のグループが一番活気に溢れていましたし,自分の数学の世界を土台から創ると言う私自身の望みにも一番近く思えました.事実,作用素環の創始者 John von Neumann は

基礎論から数学研究者として名乗りを挙げた人でもありました．それで，作用素環と私の出会いは極く自然な成り行きでした．とは言え，作用素環の道が平坦だった訳ではありません．どんな道のりだったのかが本文の主題です．その為に，日本の作用素環の成り立ちに就いて述べますが，私が直接関わったり見聞した事が中心になりますので，仙台で起きた事に多くを割く事になる事を許して下さい．仙台以外の場でも幾つか劇的な事があったのだろうと想像しています．例えば 1980 年夏にカナダの Kingston で開催された三週間に及んだ American Mathematical Society の作用素環夏期学校では冨田・竹崎理論も中心話題でしたが，特別講演に立たれた冨田稔先生は

『私が数学を始めた時私の指導教官は芋畑で芋掘りをしていた….』

と言う言葉で，講演を始められました．

2 日本の作用素環は野武士集団が始めた

東北大の作用素環の草創期を語る為に中村正弘先生に登場して頂きましょう．上海で敗戦を迎えて帰国・復員[1]された中村先生は戦場に散った戦友の霊に靖国神社で参拝された後，1946 年に仙台へ戻られました．鶴丸，中村両先生は泉信一先生門下生でした．戦争中の空白と戦後の混乱は，二人に自立して数学研究に進む事を強制しました．梅垣，御園生，武田の泉門下の学生セミナーに中村，鶴丸両先生が参加しましたが，間もなく五人だけの自主ゼミになってしまいました．チームは F.J. Murray と J. von Neumann の不朽の名連作 Rings of Operators の論文に取り掛かりました．無謀とも見える企てですが，戦時下の知的飢餓の反動と新生日本を若い力で築くと言う意気がチームを後押ししました．毎週三回のセミナーで怒声が飛び交い，セミナーが始まると安普請の木造建ての研究室内には留まって仕事をする事が出来ないと，チーム外の人々から苦情が出る程だったそうです[2]．筆者が数学教室に進学した 1954 年でもその伝説は残っていました．ある時は，セミナー出席者全員が黒板の前に集まってしまって議論する光景もあったとか．一日おきのセミナーは過酷なものでしたが，弱音を吐く人は居ませんでした．しかし，過酷な日程のセミナーで，講演者が立ち往生する事もしばしばだったそうで

---

[1] 復員（ふくいん）は，軍隊の体制を「戦時」から「平時」に戻し，兵隊を戦地から母国へ帰還させる事です．
[2] この頃の東北大の数学教室は片平町の木造建ての中にありました．

す．ある時は，立ち往生に口惜しがった講演者が二階のセミナー室の窓から飛び降りたと言うハプニングのエピソードを耳にした事もありました．

平和が戻った直後の 1945 年から 1950 年代初めにかけて，戦時中には誰も近づく事も出来なかった F.J. Murray と J. von Neumann の六連作 Rings of Operators に挑む研究が米国とフランスを中心に活発に推進されました．然し，文献は敗戦国日本には入りませんでしたから，中村・鶴丸チームの挑戦は難渋を極めました．幸いに占領軍の米国文化センターの図書室に米国の数学雑誌（Annals of Mathematics, Transaction of American Mathematical Society 等）が入っていました．チームの参加者は手分けして，論文を手書き等で模写して研究会の資料にしたそうです．筆者も手書きとタイプで模写された論文を拝見した事があります．作用素環論の大戦後の第一次ブームは 1955 年位に一応収束します．難儀を極めた中村・鶴丸チームの挑戦も 1953 年位に漸く世界のレベルに届くところまでこぎつけました．1954 年の東北数学雑誌を開くとその事を感知出来ます．チームには境正一郎先生や鈴木登氏も参加して陣容に厚みが出て来ました．

この頃，中村先生は作用素環論の根源は抽象代数で成功を収めた Artin や Brauer と Nöther の単純環にあると観ました．鶴丸先生と御園生先生は先ず手始めにテンソル積で研究成果を挙げました．梅垣先生は作用素環を確率論の非可換版と捉えました．武田先生は作用素環を Banach 空間として捉えてその共役空間を調べる事を実行され，C* 環の第二共役空間は von Neumann 環である事を示しました．その土台の上に，境先生が，I.M. Gelfand や I. Kaplansky 等世界の指導的な数学者も成功しなかった von Neumann 環の特徴付けを見事に完全な形で成し遂げられました [Sak1]．

この時期には仙台以外でも，九州大の冨田稔先生，東大から岡山に移られた竹之内脩先生，戦時中から連続幾何を進められた前田文友先生と原爆症で亡くなられた非可換積分論の小笠原藤七郎先生等が広島で活躍を始められていました．

然し，こんな風にして船出をした仙台の作用素環グループでしたが，中村先生が大阪学芸大（現教育大）に転出され，F 先生が教授として着任されると事情が一変します．F 先生は着任当初から，作用素環論の将来性に大きな疑問を抱いておられました．事実，国外では 1950 年代初頭から指導的な役

割を果たして来た I. Kaplansky, I.E. Segal, J. Dixmier 等が作用素環から離れました．日本国内では，作用素環は終わりと言うムードが強く出て来ていましたから，F 先生の危惧は日本全体の指導的立場にいた数学者達の空気を代表したものでした．1955 年に富山淳，斉藤貞四郎が大学院に進学し，1956 年に著者が進学しました．然し，F 先生の危惧とは逆に若い学生達は梁山泊のムードをまだ漂わせていた作用素環へと自然と惹かれて行きます．未だ，中村先生は夏休みには仙台へ来て非公式セミナーの音頭を取っていました．著者が大学院へ進学した 1956 年には仙台の作用素環グループの水準は世界と並ぶ所まで来ていました．然し，国内では作用素環終末論も声高に呼ばれる時期にもなりつつありました．そして，1957 年には J. von Neumann の死が伝えられます．

この時代に，東京で新数学人集団（略称 SSS）と言う学生と若い助手が中心になったグループが誕生しました[3]．若者こそが日本の数学の担い手だと言う意気が漲っていました．学生運動の活動家も参加していました．然し，学生運動が忙しいから勉学が出来ないと言う議論は論外でした．著者はこのグループの呼び掛けに呼応して 1955 年に東京で開催された全国会議に始めて参加しました．そこで，

『若者が数学研究の中心にならなければ，日本で数学の将来の展望は開けない！』

と大いに焚き付けられて仙台へ戻りました．論文の数が減り作用素環終末論が唱えられたにも拘らず境の上述の結果等，作用素環では深い結果が得られていました．海外でも，例えば R. Kadison に依り C^*-環の既約表現は代数的にも既約である事 [Kdsn]，等の驚くべき深い結果が得られたのは 1957 年でした．著者はこんな深い結果が出る分野が死んでいる訳は無いと信じました．そして，Kadison の上の結果が東北流の技法でもっと深い所まで行ける事等を観察しました．そして，俗論は研究者にとっては余り当てにならない事を悟りました．

然し，F 先生が世の中を知る者として，若い学生達が皆作用素環に向かう事に危機感を持たれたのは当然でした．この時代の著者達三人は誰からも邪魔されずに自分達の数学が出来る事丈で幸せでした．境先生は相変わらず深

---

[3] 実際に出来たのは 1953 年．

い結果を得ては，夜中に口笛を吹きながら片平町の木造の研究室を後にされるのでした．夜遅くまで響くタイプの音と口笛は境先生の新しい結果の信号でした[4]．

後年，Dusa McDuff に会った時に何故作用素環を続けなかったのかを訊いた事があります．答えは

> 『誰も私の作用素環の結果を褒めて呉れなかったから…』

と言うものでした．私は驚いて

> 『貴女の結果は世界中で話題になっていました…．私も貴女の結果を講義で取り上げました．』

と答えました．然し，内心私の数学への姿勢と McDuff さんとでは大きな隔たりがある事を感じざるを得ませんでした．

3 渡米と帰国断念 ── 学園紛争

3.1 東大紛争・全国学園紛争激化の兆候の中での渡米
著者が渡米したのは，所謂東大紛争が医学部の枠を超えた学園紛争となり，更に全国的な広がりを見せる兆候が出始めた 1968 年 8 月でした．著者が修士修了後十年で研究・教育に少し自信も出て来た時で，東北大学に助教授として奉職中でした．この年の東北大数学の 4 年生は勉学に熱心で積極的に教官とも接触を保ちました．著者は自分の学生時代と重なる部分の多い彼等の態度を積極的に評価し，そして期待もしていました．彼等は東大紛争とは一味違う学問を大事にする学生運動で，講座制で身動きが出来ない東北大学の数学教室のあり方を良い方向に向かう力になるかも知れないと期待を膨らませました．当時は各講座毎のセミナーは部外に非公開でしたし，談話会もありませんでした．図書も嘗ては部外者にも公開されていたのに，制度が整備されるに連れて，閉鎖的になっていました．助教授達がセミナー公開と談話会開設を申し入れた事もありましたが，実りませんでした．東大紛争が医学部の制度を巡る紛争から全学の学問・研究のあり方，特に閉鎖的講座制にまで批判の矛先を向け始めていましたから，著者が感じていた大学の抱える問題と共鳴する部分も多くありました．学園紛争が正しい方向を維持出来るならば良いがと言う思いを強く持ちながらの渡米でした．

---

[4] この頃はスプリングタイプライターでしたから，結構大きな音がしました．

3.2 日本人の結果は日本人で正当化を！ 冨田・竹崎理論のはしり 米国ではベトナム戦争反対の動きが学生達の間で静かに広がり始めていました．著者自身は燃え盛り始めた学園紛争を余所に渡米して来たと言う意識もあり，研究に打ち込みました．Penn 大では義務は全くありませんでした．招待して呉れた R. Kadison 教授から

『何もしなくて良い．ゆっくりして行けば良い』

と言われた時は身震いが出ました．此れは大変な所へ来たと思いました．『のんびりして行けば良い』と言われて『はい，そうですか』と構えられる程の度胸はありません．当然の事ながら，彼の期待の大きさと寛大さに報いるべく研究に精を出す事になりました．日本から持って行った問題を片付けた後，冨田先生の理論が国外では全く拒否されている事を何とかしなければならないと自分に義務を課しました．先ず冨田理論の詳細且つ完璧な講究録を創る事から始めました．数多くある間違いを全部正しました．簡略化は二の次でした．一度間違いと多くの人々から拒否された理論の正当性を認めさせる事は至難の業です．更に完璧を期す為に，記号を彼と意図的に逆にしました．J. von Neumann が Hilbert 空間の内積を物理学者と線形部分と反線形部分を逆にした故事に習った訳です．この記号を逆にした事つまり $\Delta = SF$ を $\Delta = FS$ とした事が後に私の時間と物理の時間が反対に流れる理由です．冨田先生の通りにして置けばこのすれ違いは起きませんでした．量子統計力学の平衡条件を表すものが冨田理論で完全に説明される事にも気付きました．こうして，補充・補強されたものが今日冨田・竹崎理論と呼ばれるものに成長しました．

3.3 II_1 型因子環無限個構成のニュースが足止めに 1968 年の暮れに上述の McDuff が II_1 型因子環を無限個構成したと言うニュースが入りました．著者は早速コピーを一部仙台へ送りました．客分である著者が日本の研究者全員にコピーを配る事は出来るはずもありません．

『このコピーを全国の皆さんに伝えて下さい』

と言う伝言を添えました．然し，年が明けて春になりそろそろ学年も終わりと言う気分がキャンパスに漲り始めた頃でした．吉田耕作先生の還暦を祝う函数解析国際会議で来日した M. Atiyah と角谷先生から II_1 型因子環無限

個構成が出来た言うニュースが伝えられたが，真偽を知りたいと言う質問が舞い込んで来ました．早速，仙台に送ったコピーに就いて調べて見ると，仙台ではこの大ニュースを外に出さない様に箝口令が引かれたと言う事実が判明したのです．そして，学生運動も本道から外れて，研究室から研究資料を持ち出したり，更にそれを売り飛ばしたりと言う堕落が伝えらました．此れ等の情報を得て帰国する事の是非に就いて考えざるを得ない事になりました．でも，二年で帰国予定で渡米したのですから，帰国しない事がすんなり決心出来た訳ではありません．家族や娘の教育の問題もありました．更に半年悩み続ける事になります．

3.4 ICM 招待を断念か帰国断念か 二年目は前から尊敬していた H.A. Dye がいる UCLA に移りました．そこには，カミソリの様な切れ味で有名な R. Arens も健在でした．UCLA では冨田・竹崎理論と McDuff の II_1 型因子環無限個構成を中心にして，作用素環の講義をしました．聴講して呉れたのは，後に双対論で名を挙げた M. Walter と著者と長年の共同研究者になった C.E. Sutherland でした．そんな秋に IMU から ICM70, Nice での招待講演者への招待状が届きました．その旨を東北大の上司に伝えると，一度帰国してから出席せよと言う返事が帰って来ました．此れは当時一ドル三百六十円時代ですから，帰国してから改めてヨーロッパへ飛ぶとなると航空券は約半年の給料と等価です．つまり出席を諦めよと言う宣告でした．此れで，春以来迷っていた帰国するかどうかの問題に結論がでました．帰国しない事を告げると H.A. Dye は UCLA で教授のポストを用意すると申し出て呉れました．

3.5 日本の作用素環グループを学園紛争の泥沼から救え こうして，私は学園紛争に明け暮れる日本に帰国しない事になりました．日本の大学の状況は泥沼の様でした．入って来るニュースは暗いものばかりです，私の仲間は皆苦労していました．数学どころではないと言う嘆きが伝わって来ます．自分に出来る事が何も無い事に，非力を嘆きました．同時に，仲間の分も頑張らなければと言う高揚した気分にもなりました．こんな時，Penn 大で一緒に仕事をして，私の帰国に就いての悩みを春に聞いていた E. Størmer から『一年の客員教授のポストが在るが…』と誘いの手紙が来ました．私自身は一年のポストでは受けられないと返事を投函した直後に，富山氏の事を思い浮かべ

ました．彼を国外に連れ出す事で日本の作用素環の灯を消さない事が出来るかも知れないと閃きました．直ぐに E. Størmer に事情を説明して，助けを求めました．彼からはそのポストは私の返事と同時に次の人に回ってしまったが，Copenhagen の G.K. Pedersen に連絡して見ると言う返事が帰ってきました．Copenhagen には作用素環のゴッドファーザー R.V. Kadison が滞在中でした．彼は早速 Newcastle upon Tyne の J. Ringrose とも連絡を取り富山氏の国外退避に力を貸して呉れました．結局 G.K. Pedersen が頑張って富山氏を Copenhagen に一年招待する事が決まりました．こうして，富山氏は Copenhagen でその後の作用素環研究に絶大な影響を与える有名な講義録を執筆して，期待に応えます．又，彼と G.K. Pedersen や C. Akemann との微分子論の共同研究も始まりました．

この頃に，Tulane 大学[5]の D. Topping から作用素・作用素環の一年プロジェクトを 1970 年にやるので参加して欲しいと言う招待が舞い込みました．此れ幸いと私の一学期参加と共に斉藤貞四郎氏の参加を持ち掛けました．彼は斉藤貞四郎氏の仕事は意中にありましたから，喜んで招待する事を引き受けて呉れました．斉藤貞四郎氏は 1970/71 年の滞在中に作用素論の講義録をものにされて期待に応えました．然し，斉藤氏が着任して間もなく私が到着する数日前にプロジェクトの主要メンバーの D. Topping が癌で急死してしまう悲劇もありました．この時期は日本の作用素環の第二世代の活躍が目立った時でもありました．前述の富山，斉藤両氏の他に荒木不二洋氏のこの時期の活躍も目立ちます．荒木氏は Princeton で学位を得て帰国されたと言う経歴もあり，国内よりも国外での知名度が高く度々国外へ出て素晴らしい結果を連発されていました．特に 1972 年初めからカナダの Kingston に半年滞在された時は今でも引用される重要な 10 編の大論文を仕上げます．然し，日本国内の状況はまだまだ落ち着いて研究の出来ると言う様なものではありませんでした．

3.6 日本の作用素環を救う為には目標を掲げよう　こうして，二三の数学者を国外に退避させても日本の作用素環全体を救う事からは程遠いのは明らかでした．学園紛争に巻き込まれているのは日本全体の学問に従事している人々

---

[5] 先年ハリケーン Katrina で破壊し尽くされて有名になった New Orleans にある．九大の幸崎秀樹氏が帰国前に奉職した事もあります．

ですから，もっと何か抜本的な対策が必要でした．然し，著者にはそんな力はありません．日本の文部省にそんな対策を期待しても無駄な事も明らかでした．日本の数学全体を救う事等は夢の又夢でした．然し，私が直接・間接関わった日本の作用素環論グループの崩壊を手をこまねいて眺めている事は出来ないと感じていました．著者は此処で，日本の作用素環専門家達に何か目標を挙げる事が，彼等を目の前の紛争から精神的に逃れる道案内になるかも知れないと思いました．私が帰国を断念した時から，日米合同作用素環セミナーを日本で開催する事が皆の支えになり得ると考えました．その為に R.V. Kadison 教授と竹之内脩先生に連絡を取りました．お二人とも乗り気になって呉れました．その間若干の紆余曲折はありましたが，1974 年春に日本側は荒木不二洋先生を代表とし，米国側は Kadison 氏を代表として京都の数理解析研究所で第一回日米合同作用素環セミナーが開催されました．ヨーロッパからの数名の参加者を得て成功でした．此れを機に日本の作用素環グループが世界で形成されつつあった作用素環グループの輪の中に組み込まれる事が実現しました．第二回目は 1977 年春に UCLA で開催されました．自宅で 100 人を越すパーテーを開く冒険もしました．日本からも大勢の方が正式代表でない方も参加して呉れた事が嬉しくて，張り切ってしまいました．この頃から，日本の作用素環グループがまとまりを見せ始めて，世界とも繋がる様になりました．ヨーロッパでの研究会[6]にも参加する仲間が増えて来ました．1970 年代始めの頃の暗さから抜けた様な気分にもなってきました．

4 聞き漏らした囁き

著者は自分の数学は何時の頃からかは，自覚している訳ではありませんが，対話で成り立っていると思っています．問題を意識した瞬間から，その問題の出しているメッセージを先ずは聞き取る事から始める様に務める事にしています．それは幾つかの苦い経験もあったからですが….問題を解こうと言うよりも，その問題と一緒に遊ぶと言う感覚です．言い換えると，問題を転がしてあちこちの角度から鑑賞して観ると言う感じです．つまり，その問題と仲良しになって行くつもりで付き合う訳です．

---

[6] この辺のエピソードは Schrödinger Institute のニュースレターにも書きました [Tk7]．

4.1 のぼせると囁きは聞こえない

修士論文を済ませて，次の目標を von Neumann 環 $\mathcal{M}$ 上の正規汎関数 φ の極分解に焦点を当てました．先ず $\varphi(a) = \|\varphi\|$ となる $\mathcal{M}$ の単位球の元 a に着目しました．そして，その様な元の中で端点を探す事も思い付きました．然し，此処で著者は短絡して，a が単位球全体の端点である事を直接示そうと夢中になってしまいました．実は，此処で $\varphi(a) = \|\varphi\|$ となる様な単位球の中の a 全体は単位球の境界面になっている事から始めるべきだったのでした．そうすると，境界面の端点は全体の端点と言う事が見えた筈でした．自分の端点を探すと言うアイデアに間違いは無いと夢中になり，のぼせてしまいました．疲れて諦めた頃，東京工大に赴任して半年後に境先生から，極分解の結果を知らせて来ました．先生は沈着に線形写像の標的の端点の逆像は単位球の境界面である事，そしてそこの端点は単位球の端点である事を示して証明を完結させておられました．難しい論議は一切ありませんでした．著者が如何にのぼせていたかを思い知らされました．

4.2 囁きは繰り返さない

此れは，Pennsylvania 大学の Michael J. Fell と一緒にセミナー後に帰宅する郊外電車へと向かう途中に起こった事です．著者は Michael に

『von Neumann 環 $\mathcal{M}$ の射影子 $e \in \mathrm{Proj}(\mathcal{M})$ による縮小環 $\mathcal{M}_e$ 上の忠実な正規正汎関数 φ と $\mathcal{M}_{1-e}$ 上の忠実な正規正汎関数 ψ の modular 自己同型群 $\{\sigma_s^\varphi\}$ と $\{\sigma_s^\psi\}$ が同時に $\mathcal{M}$ 全体に $\{\sigma_s^{\varphi+\psi}\}$ として拡大されるのは不思議ですね…』

と話し掛けました．Michael も

『うん，そうだねえ…』

との生返事でした．著者は $\mathcal{M}_e$ 上の自己同型と $\mathcal{M}_{1-e}$ の自己同型を勝手に与えては $\mathcal{M}$ 上の自己同型に拡大されない事は知っていました．然し，郊外電車で三十分も揺られて帰宅した時には，その疑問は綺麗に忘れてしまっていました．1969 年の三月の事でした．それから，四年後の 1972 年の春に新鋭 Alain Connes から Cocycle Derivative の結果の報告を受けました．メールの封を開けた途端に全体の物語を理解しました．そして，Michael との Pennsylvania 大学から駅までの間の会話の光景が蘇って来たのでした．あ

の時帰宅して直ぐに，Michael との会話の中身をきちんと検討して置けば良かったと思いました．多分，この時にそれをやって置けば，III 型環の構造定理もその時点で出来ていたでしょう．この話を Alain にした時，彼も

『通勤電車三十分のミラクルか…』

と言って高笑いでした．然し，III 型環の構造定理や Cocycle Derivative が未完であった事が Alain Connes の作用素環参入のきっかけになったのかも知れませんから，どちらが良かったかは何とも言えないと思っています．

5　世界の作用素環も野武士集団が支える
　　── 数学の分野は死なない，死ぬのは数学者

　今，作用素環は大きく花を開かせています．我が国の作用素環研究水準は世界の最先端にあります．然し，その歴史を顧みると面白い事に気付きます．J. von Neumann の死後作用素環が世界の数学の中心と見られている場所に作用素環として市民権を得る事に成功したのは California 州の UC Berkeley 位です．後は，米国東部の名門校 Princeton, Harvard, MIT, 等々では作用素環の研究者はいません．又ヨーロッパでも Cambridge, Oxford, Paris や Moscow 等にも作用素環の研究者はいませんでした．Paris の Dixmier は作用素環を自分の主領域と主張した事は無いとフランスで内部事情に詳しい人から著者は聞かされた事があります．何があったのか著者には判りませんが，J. von Neumann の死後 Princeton には反 von Neumann の空気が残りました．晩年に研究所外での活動が多くなった J. von Neumann と研究所所長の R. Oppenheimer の不仲が伝えられた事もありました．兎に角，作用素環の研究は数学の都から遠い所で推進されました．Berkeley は反骨精神のメッカです．1960 年代から 1980 年代まで，作用素環の中心地は Philadelphia, Copenhagen, Oslo, Marseille, Newcastle upon Tyne, Swansea, Berkeley, Heidelberg, Warsaw, Los Angeles, Kingston, British Columbia, Rome, 米国中西部等でした．

　日本でも作用素環の基礎固めは地方が中心になりました．著者は此処で地方の果たす役割の大きさを痛感しています．数学は世界中何処でも文献と情報が手に入り，仲間が居れば研究出来るものです．沸き立っている中央よりも地方の方が落ち着いた研究が出来る事が少なくありません．

著者が活躍を始めた 1950 年代後半の作用素環の表面的後退期に作用素環に自信を持っていたのは米国の R. Kadison, H.A Dye, そして我が国の中村，冨田位でしょう．Kadison と Dye は直接 J. von Neumann や F. Murray との交流の経験を持っていました．中村は J. von Neumann に絶対の信頼を寄せ，彼の写真を大阪教育大の研究室に掲げてセミナーを開いて後進を育成していました．冨田は自分自身のプログラムを持っていました．この時期に富山と著者は長い時間掛けて数学のある分野の死滅と生成に就いて討論をした事があります．1960 年代始めです．そこで

『数学の分野は死なない．死ぬのは死んだと言った数学者だ！』

と言う結論を得た事があります．

6 主張の無い論文や講演は駄目！

在外生活も幾年か過ぎて言葉や習慣にも慣れて来ると，当然の事ながら此れまで眼につかなかった事が見えて来ました．一番痛切に感じたのは自分の言葉の力の限界でした．会話が通じる様になると，上達が止まってしまいました．娘からは『パパの英語は聞くに堪えないから，家では絶対英語を使って呉れるな！』と言う宣告を告げられる始末でしたから，深刻さも判って頂けるでしょう．同時に，論文の書き方に就いても見えて来た事があります．私達が日本で受けた教育と訓練では，論文の序文は長々しく書いてはいけないと言うものでした．先達から見れば，つたない英語で序文をくどくど書いても仕様が無いと言う事だったのでしょう．然し，国外に出て気づいたのは，序文は論文の顔だと言う事でした．論文を手にして最初に眼を通すのは序文です．そこで，読者は手にしている論文を更に読み込むだけの価値が在るかどうかの判断を下します．そして，世の尊敬を集める様な数学者は序文に全力を注ぎ込む事も学びました．私はこうして段々と序文に努力を注ぎ込む様になりました．そこで，見えて来た事は序文を書く努力の中で，実は自分自身を見詰め直していると言う事でした．論文の中身の反省と同時に其処に至るまでの経過を反省し，又其処に盛り込む主張を考える中で自分の数学への姿勢に否応無しに反省を迫られると言う厳しさを体験する様になります．こうした反省の体験を通じて自分の数学が磨かれて行く事の発見でした．共著の論文の場合は事態はもっと深刻ですし，序文書きを通じて交わされる掛け値

無しの真剣な討議でお互いの数学観・価値観が鍛えられました．例えば，私と Alain Connes の共著の論文 [CnTk] では 1975 年の春カナダの Kingston から飛来した彼の Los Angeles 滞在の一週間の殆ど凡てを序文の検討に費やしました．又，荒木, R. Haag, D. Kastler, の三氏と共同研究をドイツの Bielefeld で行った時 [ArKstHgTk] Hamburg から駆けつけて来た Haag さんと Kastler さんが三日間連続で口角泡を飛ばしての大論戦で，序文をどうするかの議論に明け暮れました．親友であるお二人がこんなに妥協せずに論争する姿に感動を覚えました．同時に言葉を大事にするとはこう言う事かと厳粛な気持ちになりました．生涯忘れられない光景として脳裏に残っています．日本では絶対に見られない光景でした．更に，序文をしっかり書く事で次が見えて来ると言う事も体験しました．考えて見れば，それは当然な事で，序文書きは主張・反省・総括を土台にしているのですから，その過程の中で次が見えて来ない様では，本物では無いと言う事でもあります．

講演も始めは，講演内容を間違いなく時間内に収める事で精一杯でした．然し，会話力も幾らか上達して，仲間との会話にも参加出来るようになって，講演への判断力も着いて来ると自分の講演の拙さが気になって来るのも当然と言えば当然です．そして，主張を持た無い講演が高い評価を得る事が無いと言う事も同時に学びました．日本人は主張をはっきりさせる事を嫌う文化を持っています．日本人数学者の講演では時に意図的に主張を隠す講演をする事も眼につきましたが，そんな講演は場合によっては聴衆の怒りを買う事も経験させらました．

7 むすび —— 本物は難しく無い

最後になりましたが，著者が一番大事にしている設問は自然な問題と自然な解答です．自然な問題は自然な答えが帰って来ます．著者が失敗したと後悔するのは何時も自然な問いと答えに眼をつぶった時でした．著者の名前を付けて呼ばれる双対定理を発見した時は驚きました．証明も難しくありませんでした．その結果から色々な事が次々と出て来ました．その時は自分で恐ろしい位でした．この発見で，本当に深い数学は実は難しくないと言う確信を得る事が出来ました．難しくなるのは自然でない周り道や山越えの道を通るからだと思う様になりました．但し，本当の数学の道が難しく無いと言う

事と道のりが短いと言うのは違います. 道程は長くとも良い景色を通る道は
困難な道ではありません. 私は作用素環の道程は今では結構長い道になった
と思っています. 此れは著者や仲間達が一生懸命努力した成果が並んでいる
からです. そして, その成果は結構鑑賞に耐える美しさを持っています. だ
から, 風景を楽しみながら歩むゆとりがあれば, 色々な事に気付きます. そ
して, 風景の中に潜んでいる囁きに耳を傾けると良い音楽が聞こえ又美しい
風景が広がっているでしょう. そんな感じで著者は研究を続けて来ました.

参考文献

[ArKstHgTk] Araki, Huzihiro; Kastler, Daniel; Takesaki, Masamichi; Haag, Rudolf, *Extension of KMS states and chemical potential*, Comm. Math. Phys., **53** (1977), no. 2, 97–134.

[Cnn1] A. Connes, *Une classification des facteurs de type III*, Ann. Scient. Ecole Norm. Sup. **4ème Sèrie, 6** (1973), 133–252.

[Cnn2] A. Connes, *Classification of injective factors*, Ann. of Math., **104** (1976), 73–115.

[Cnn3] A. Connes, *Noncommutative geometry*, Academic Press, (1994), xiii+661pp.

[CnTk] A. Connes and M. Takesaki, *The flow of weights on factors of type III*, Tôhoku Math. J., **29** (1977), 473–575.

[FcTk] A.J. Falcone and M. Takesaki, *The non-commutative flow of weights on a von Neumann algebra*. J., Funct. Anal. **182** (2001), 170–206.

[Jns1] V.F.R. Jones, *Index for subfactors*, Invent. Math., **72** (1983), 1–25.

[Kdsn] R. Kadison, *Irreducible operator algebras*. Proc. Nat. Acad. Sci. U.S.A. **43** (1957), 273–276.

[McD] D. McDuff, *Uncountably many* II_1 *factors*, Ann. Math., **90** (1969), 372–377.

[RO] F.J. Murray and J. von Neumann, *On rings of operators*, Ann. Math., **37** (1936), 116–229.

[RO-0] J. von Neumann, *Zur Algebra der Funktionaloperatoren und Theorie der normalen Operatoren*, Math. Ann., **101** (1929), 370–427.

[Sak1] S. Sakai, *A characterization of* W^*-*algebras*, Pac. J. Math., **6** (1956), 763–773.

[Sak2] S. Sakai, *An uncountable number of* II_1 *and* II_∞ *factors*, J. Functional Analysis **5** (1970), 236–246.

[Tk1] M. Takesaki, *Tomita's theory of modular Hilbert algebras and its applications*, Lecture Notes in Mathematics, Springer-Verlag, **128** (1970), Heidelberg, New York, Hong Kong, Tokyo.

[Tk2] M. Takesaki, *Duality for crossed products and the structure of von Neumann algebras of type* III, Acta Math., **131** (1973), 249—310.

[Tk3] M. Takesaki, *Theory of Operator Algebras*, I, Springer-Verlag, (1979), Heidelberg, New York, Hong Kong, Tokyo.

[Tk4]	M. Takesaki, *Theory of Operator Algebras*, II, Springer-Verlag, (2002), Heidelberg, New York, Hong Kong, Tokyo.
[Tk5]	M. Takesaki, *Theory of Operator Algebras*, III, Springer-Verlag, (2002), Heidelberg, New York, Hong Kong, Tokyo.
[Tk6]	竹崎正道,数学との出会い,日本評論社,数学まなびはじめ,第一集,(2006), ISBN 4-535-78515-5, 181–197.
[Tk7]	M. Takesaki, *A Summer of the Bandol–Ellmau Free Institute of Mathematics and Mathematical Physics*, ESI News, **Vol. 4, Issure 1** Summer, (2009), 3–4.

「なぜ磁石があるのか」に答える数理物理学

田 崎 晴 明

私たちのまわりのすべての物質は原子からできている．だから，身のまわりの物質の性質や現象のほとんどは，原子や電子が量子力学の法則に従うことを用いれば理論的に理解できるはずだ[1]．水が $0°C$ で凍ることも，部屋に置いたコーヒーから湯気が立って次第に冷めていくことも，（おそらくは）私たちのような生き物が複雑な化学反応のネットワークを利用して生きていることも，すべては「多体系の量子力学」の高級な「応用問題」なのだろう．現象に関わっているすべての原子核と電子が従うシュレーディンガー方程式を適切な初期状態のもとで解析すれば，これらの現象は再現できることになる．

言うまでもなく，これはまったくの「絵に描いた餅」だ．私たち人類の理論的な能力は実に貧弱で[2]，複雑に相互作用し合って時間発展する数多くの粒子についてのシュレーディンガー方程式を解くことなど到底できない．

とすると，私たちは身のまわりで起きている様々な現象を物理の立場から理解することはできないのだろうか？

必ずしもそうではない．多くの場合，現象が生じる物理的なストーリーの最も肝心な部分を抽出した理論モデルが作れる．このようなモデルを研究すれば，理解したい現象の物理的な本質に光をあてることができるのだ[3]．以下では，「なぜ磁石があるか？」という問に，そのような理想化したモデルの一つを通して迫った私自身の研究を紹介したい．

1 磁石とは何か？

磁石（強磁性体）には誰もが子供の頃から親しんでいるが，なぜ磁石が存在するかをミクロ物理から理解するのは有名な歴史的難問である．たとえば，

---

[1] 日常的な状況では物質中での原子核反応が大きな役割を演じることはないと仮定した．
[2] とはいうものの，私たちが生存競争を生き延びるために脳を進化させたことを思えば，これほどに高度で抽象的な思考ができるのは驚くべきことなのかもしれない．
[3] これは，研究している現象が手軽に出てくる「やらせ」のモデルを作るのとは違う．理解したい現象の「難しさ」もきちんと取り入れるのが本当の理想化したモデルである．

鉄がなぜ磁石になるのかは未だにしっかりと理解されていない.

強磁性体はマクロな磁気モーメントをもっているが,その大部分は物質中の電子のスピン磁気モーメント(以下,単にスピンと呼ぶ)から来ている.物質中の電子のスピンがバラバラの方向を向いていれば,物質全体として大きな磁気モーメントはもたない(磁石にはならない).無数の電子のスピンがほぼ同じ向きにそろってマクロな磁気モーメントを生み出しているのが強磁性体である.私たちは,どのような**条件**のもとで,どのような**機構**で,**数多くのスピンが同じ向きにそろうか**を問題にする.

量子力学で学ぶように,相互作用のない電子系(理想電子気体)では「一つの一電子エネルギー固有状態には一つの電子しか入れない」という排他律を守ればエネルギー固有状態が簡単に作れる.特に基底状態は一電子エネルギー固有状態を「下から順に詰めていった」状態になる[4].各々の一電子状態に上向きと下向きスピンの電子が一つずつ入るので,この状態は全体としては磁気モーメントをもたない.**相互作用がなければスピンはそろわないのだ**.

強磁性の出現を理解するためには,どうしても電子のあいだの相互作用を取り入れなくてはならない.ここで重要なのはクーロン相互作用である[5].電子はマイナスの電荷をもっているので二つの電子が近くに来れば互いに反発する——この(少なくともマクロなスケールでは)慣れ親しんだ相互作用が磁性(そして,数多くの「強相関現象」)を生む鍵なのだ.

しかし,クーロン相互作用が働くだけで,本当に強磁性が生じるのだろうか? 素朴に考えれば,スピンのそろった二つの電子に働くクーロン力も,スピンが逆向きの二つの電子に働くクーロン力も同じだ.反発し合うだけで「スピンがそろう」ということはあり得ないように思える.

古典力学ではこの直観は正しい.しかし,電子が量子力学に従うフェルミ粒子であることを考慮すると,「二つの電子の名前を入れ替えても状態は変わらない」性質とクーロン相互作用の微妙な絡み合いの結果,スピン間に実効的な相互作用が生じるのだ.これがハイゼンベルクの交換相互作用である.

もちろん,交換相互作用が強磁性的な傾向をもつかどうかは自明ではない

---

[4] 一電子エネルギー固有状態に縮退がないと仮定している.
[5] 磁気双極子相互作用は小さいので(短距離の現象を考えるなら)無視してよい.

し[6]．さらに，マクロな系で無数の電子のスピンが同じ方向にそろうかというのは，二電子の相互作用とは別の次元の非自明な問題である．目標は，**数多くの電子からなる量子多体系の基底状態において，量子効果とクーロン相互作用の相乗効果だけですべての電子のスピンがそろいうることを，具体的なモデルで疑いの余地なく示すことである**．

2　ハバード模型と最初の「練習問題」

ハバード模型とは，固体中の電子のふるまいを格子上のモデル[7]として理想化し，電子は，(i) 大きさ $1/2$ のスピンをもつフェルミ粒子であり，(ii) いずれかの格子点[8]の上にいて，(iii) 格子点から格子点へ定められた（量子力学的）遷移振幅で跳び移り，(iv) 二つの電子が同じ格子点の上に来ると[9]クーロン相互作用のためエネルギーが U だけ上がるとしたモデルである[10]．現実の固体に比べれば単純なモデルだが，それでも，相互作用 U が入っているため一般に解くことはできず，どのような多彩な「物理」を含んでいるかは未だに完全にはわかっていない．量子多体効果とクーロン相互作用が絡み合って非自明な現象を生み出す様子を調べるために格好の最小モデルなのである．

ハバード模型で「スピンがそろう」仕組みを知るための練習問題として，図1のような三つの点からなる格子に二つの電子が入った系を考える．電子はそれぞれ（z 軸を量子化軸にして）上向きと下向きのスピンをもつとする．

電子は三つの格子点の上を図のような遷移振幅 t, t' で跳び移り，同じ格子点にやってきたときはクーロン相互作用する．電子の配置は 9 通りあるのでハミルトニアンを 9×9 の行列として表示できる．このハミルトニアンの固有状態を調べよう．ハミルトニアンは二つの電子の合成スピンと交換するので，各々の固有状態は全スピンが 1 か 0 かのいずれかである．前者の場合「スピンがそろっている」，後者の場合「スピンがそろっていない」と言おう．

図 2 (a) に，遷移振幅を $t = t'/2 > 0$ と選んで相互作用 U の大きさを変えたときの，スピンがそろっていない状態の最低のエネルギーを実線で，スピンがそろっている状態の最低のエネルギーを点線で描いた．相互作用が小

---
[6] 実際，多くの場合，交換相互作用は反強磁性的である．
[7] 立方格子など簡単な格子をとることが多いが，ここでは少し複雑な格子を考える．
[8] 格子点は原子のまわりの一つの軌道に対応する．軌道の縮退はないと仮定している．
[9] 排他律のため，二つの電子のスピンは逆向きでなくてはならない．
[10] より詳しい入門はたとえば [1, 2] を見よ．

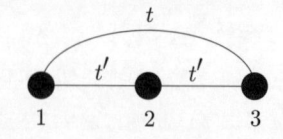

図1 二電子の系を考えるための格子．t, t' は電子の遷移振幅．

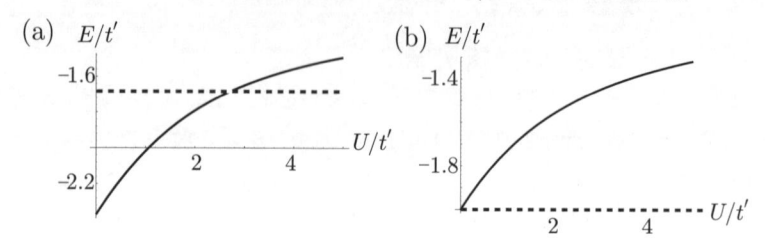

図2 スピンがそろっていない状態の最低エネルギー（実線）とスピンがそろっている状態の最低エネルギー（点線）とを相互作用の大きさ U/t の関数としてグラフにした．(a) $t = t'/2 > 0$ のとき，(b) $t = t' > 0$ のとき．

さいあいだは実線のほうが下にあるので基底状態ではスピンはそろわないが，相互作用が十分大きくなると大小関係が逆転して基底状態でスピンがそろうことがわかる．これは $t > 0$ の系では一般的に見られるふるまいである．一方，符号を変えて $t < 0$ とすると，相互作用の大きさに関係なくいつでも基底状態でスピンはそろわない[11]．スピンをそろえるためには遷移振幅の符号が重要なのだ．詳しくは解説 [1] を参照していただきたい．

$t = t' > 0$ と選んだ場合は例外的で，エネルギーのグラフは図 2 (b) のようになる．$U = 0$ のとき既にスピンがそろっている状態とそろっていない状態のエネルギーが縮退していて，クーロン反発力が少しでも入ると，そろっている状態が基底状態になる．この場合「スピンが特別にそろいやすい」と言える．

3 田崎モデル ── 「練習問題」をつないで

1990 年代の初め頃，私は多数の電子を含むハバード模型を舞台に基底状態で強磁性を示す厳密な例を作りたいと考えていた．「紙と鉛筆で磁石を作ろう」というわけだ．当時，ハバード模型での強磁性は $U \uparrow \infty$ での特別な例

---
[11] t' の符号を変えても性質は変わらない．

だけが知られていた．ハバード模型では数値計算も通常の摂動計算もまったく役に立たないので，これこそ数理物理の力が試される問題だった．

私の方針（の一つ）は，図 1 の系をたくさんつなぎ合わせて大きな系を作り，そこにたくさんの電子を入れることだった．図 1 の系には「強磁性を生む力」があるから，これでマクロな強磁性体が作れる可能性がある．

だがこのアイディアには難点がある．量子力学的によれば電子は波のように格子の中をどんどん広がっていく．多数の電子の系では，図 1 に対応する部分に着目しても電子のふるまいは「練習問題」の場合とはまったく異なるのだ．

この困難を克服するための最初のアイディアは，モデルを工夫することで量子力学的な干渉効果をうまく利用し，電子が格子の中を広がっていかないようにすることだった．このような特別なモデルは（ある理由があって）図 2 (b) のように「スピンがそろいやすい」状況にもなっている．こうして作った格子は図 3 (a) のように，まさに図 1 をつなぎ合わせた形をしている．このモデルについて，**電子の個数が黒い格子点の個数とちょうど等しいとき，遷移振幅とポテンシャルを上手に調整すれば任意の相互作用 $U > 0$ について基底状態が完全な強磁性を示すことを**（数学としても）厳密に証明することができた[12]．これは今日「平坦バンド強磁性」と呼ばれている強磁性体の理論モデルの初期の例で[13]，田崎モデルとも呼ばれている．

実は，この特別なモデルについての結果は問題を考え始めて比較的すぐに得られた．しかし，このモデルはもともと「（$U = 0$ でも）電子が広がらない」という特別な性質（バンドが平坦ということに対応する）をもった，ある意味で病的なモデルである．クーロン相互作用 U が（正であれば）どんなに小さくても強磁性が出現するのも特殊性の現れなのだ．練習問題で言えば図 2 (a) の場合のような，「特別ではない状況」で強磁性を示すモデルを作るのが私の次の課題になった．

これは数学的にも物理的にも当たり前とはほど遠い課題で，私は数年間ずっとこの（流行とは無縁の，どちらかという趣味的な）一つの問題を必死で考

---
[12] 証明は今となっては容易である．興味のある方は解説 [2] をご覧いただきたい．
[13] 私は「最初の例」のつもりだったのだが，ほんの何ヶ月か前に私とほぼ同年代の Mielke という数理物理学者がきわめてよく似た例について厳密な結果を証明していたことを後で知った．

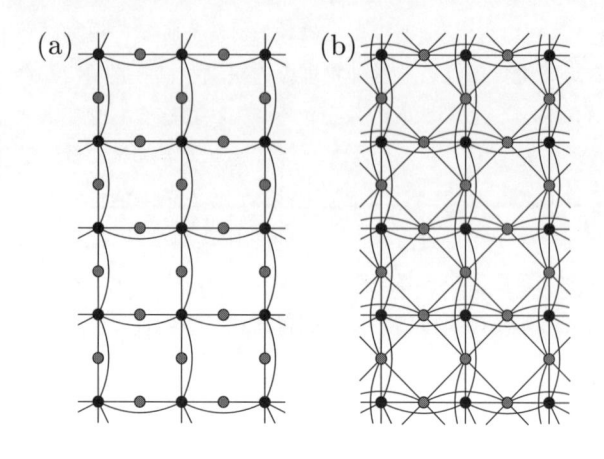

図3 図1をつなぎ合わせて作った「田崎モデル」の格子. (a) 平坦バンド模型の格子. この場合の強磁性出現の証明は易しい. (b) 「特別でない状況」に対応する模型の格子. この田崎モデルについての結果が今でも強磁性の出現についての最も強力な結果である.

えて過ごした.「特別でない」モデルでは U が小さいと強磁性は生じないことがわかっている. 強磁性を生むためには相互作用 U を大きくする必要があるのだが, そうすると, どのような形にせよ「非線形相互作用が小さい」ことを利用する摂動的な方法は使えなくなる. 平坦バンド模型では独自の証明法を開発したのだが, それも「特別でない状況」では無力だった.

最終的に, 図3 (b) の格子上のモデルに到達し, **電子の個数が黒い格子点の個数とちょうど等しいとき, 遷移振幅とポテンシャルを上手に調整すれば相互作用 $U > 0$ が十分に大きいとき基底状態が完全な強磁性を示す**ことを証明した [3]. これは「特別」ではない状況で強磁性の発現を厳密に示した最初の例で, 今日になっても, 強磁性の起源についての最も力強い結果であると言っていいと思う.

どうやって困難を乗り越えて定理を証明したかを一言で説明するのは難しい. 技術的には, ハミルトニアンを(互いに非可換な)局所的な部分ハミルトニアンの和に分解しそれらの「同時基底状態」を特徴づけるという, マニアックな数学パズルの答えを出したことになる. 物理的には, 量子力学的な遷

移振幅の効果と十分に大きなクーロン相互作用が巧みに組み合わされて，実質的に「電子が広がらない」状況が作られていると言えるだろう．量子力学での電子は「粒子でもあり，波でもある」と標語的に言われるが，この証明ではまさにその二重性と真っ向から向き合うことが鍵になっている．

こうして，かなり特別な例ではあるけれど，**それなりに現実的なマクロな系で，多電子の量子力学とクーロン相互作用だけから強磁性が生まれること**を疑問の余地なく示すことができた．一つの目標は達成できたのだが，あくまでごくささやかな成果で，これから考えていくべき課題は無数にある．

一つの重要な点は，このようなアプローチで作られた強磁性の厳密な例は，（電圧をかけても電気が流れない）絶縁体に対応しているということだ．鉄のように強磁性体でもあるし電気を流す「金属強磁性体」の厳密な例を作るのが次の重要で興味深い課題になる．電気を流すためには量子力学における「波と粒子」の二重性とますます本格的に直面する必要がある．実に魅力的な難問だ．このためには，またゼロから証明の手法を考え直す必要があるのだが，少しずつアイディアを蓄積して，ようやくささやかな結果が得られるようになっている [4]．

私の研究の一端について語っていたらたちまち予定のページ数いっぱいになってしまった．駆け足の解説だったが，「電気を流す磁石」という小学生でもよく知っているような対象をミクロな量子力学から理解するため，未だに「紙と鉛筆」を武器に日々アイディアを練っている数理物理学者たちがいるということを知っていただければ，それだけでもありがたい．

参考文献

[1] 田崎晴明, 日本物理学会誌 **51**, 741 (1996)
[2] H. Tasaki, Prog. Theor. Phys. **99**, 489 (1998)
[3] H.Tasaki, Phys. Rev. Lett. **75**, 4678 (1995)
[4] 田中彰則, 田崎晴明, 日本物理学会誌 **66**, 434 (2011)

写像のエントロピーがもたらす情報

長田 まりゑ

同じ構造を持つ二つの対象があれば，そこに同型写像 σ が生まれる．その対象が，ある作用素環 M の部分環の対 $\{A,B\}$ である時には，その同型写像のエントロピーは，$\{A,B\}$ に関するどの様な情報を我々に伝えているのであろうか．エントロピーに対する私の興味の中心は，その値の意味を把握する事であり，従って，各種のエントロピーの相互関係，更には，何れかの数学的概念との関係を求める事である．

第 1 節では，M が $n \times n$ 複素行列全体 $M_n(\mathbb{C})$ で，σ は，ユニタリー u から生じる自己同型写像の場合，第 2 節では，M が無限次元作用素環で，σ は M の自己準同型写像の場合について記す．

1 行列環での直行概念とエントロピー

数理物理及び作用素環におけるエントロピーの理論とは，各種の概念を，最終的には，エントロピー関数 $\eta(\cdot)$ を媒介として，数値で表現する事と考える．ただし，$\eta(t) = -t\log t \ (0 < t \leq 1)$ 且 $\eta(0) = 0$．

行列環 $M_n(\mathbb{C})$ は，n 次元複素ヒルベルト空間 $\mathbb{C}^n$ 上の線形作用素全体と看做され，最初に現れる非可換作用素環の例である．作用素環 M が可換とは $xy = yx \ (x,y \in M)$ を意味し，非可換とは，可換でない事．単位元（1 で記す）を持つ作用素環 M は $\{a \in M; ab = ba, \forall b \in M\} = \mathbb{C}1$ を満たす時，**因子環**と呼ばれ $M_n(\mathbb{C})$ は I_n 型因子環である．

その $M_n(\mathbb{C})$ に於いて，エントロピーを通して，図形に対する事実 "菱形の面積が最大になるのは，交わりあう辺が直交する時，且その時に限り，その最大値は辺の長さの二乗" に相当する事柄が以下に記す様な形で成立つ．

作用素環 M の部分集合 A で次の条件を満たすものを**部分環**と呼ぶ：$1 \in A$, $\lambda x + \mu y \in A$, $x^* \in A$, $xy \in A \ (x,y \in A, \ \lambda, \mu \in \mathbb{C})$．ここで，$x^*$ は x の共役作用素（行列の場合は共役転置行列，即ち $(x^*)_{ij} = \overline{x_{ji}}$）を意

味する．$M_n(\mathbb{C})$ の部分環の内で，その構造に絡んで，重要な役割を果たすのは，極大可換部分環（可換且包含関係による順序に関して極大な部分環 A で，$A = \{x \in M; xa = ax, a \in A\}$ により特徴付けられる）と部分因子環（因子環の条件を満たす部分環）である．

$M_n(\mathbb{C})$ のトレース Tr の正規化を τ_n で記す：$\tau_n(x) = (1/n)\sum_{i=1}^{n} x_{ii}$（$x = [x_{ij}] \in M_n(\mathbb{C})$）．行列 $x, y \in M_n(\mathbb{C})$ に対して，$\langle x, y \rangle = \tau(y^*x)$ と置くと，$M_n(\mathbb{C})$ は内積 $\langle x, y \rangle$ の下で，ヒルベルト空間となる．部分環に対する「直交」概念は，Popa ([7, Reference 8]) により次の形で導入された．

部分環 A と B は $\tau(a) = 0 = \tau(b)$，$a \in A$，$b \in B$ ならば，$\tau(ab) = 0$ の時，「互いに直交」すると言う（即ち，$(\{1\}^\perp \cap A) \perp (\{1\}^\perp \cap B)$ を意味する）．

1.1 数理物理及び作用素環におけるエントロピーの理論の始まりを与えた $M_n(\mathbb{C})$ の状態 ϕ に対する von Neumann エントロピー $S(\phi)$ の定義 (cf. [10, 11]) は，次の様に言い換える事が出来る．先ず，数の集合 $\lambda = \{\lambda_1, \ldots, \lambda_n\}$ が $\lambda_i \geq 0 (1 \leq i \leq n)$ 且 $\sum_{i=1}^{n} \lambda_i = 1$ の時 λ を単位 1 の分解と呼び，そのエントロピー $H(\lambda)$ を $H(\lambda) = \sum_{i=1}^{n} \eta(\lambda_i)$ と置く．行列 D が密度行列とは，その固有値集合 $\lambda(D)$ が 1 の分解となる事である．$M_n(\mathbb{C})$ の状態 ϕ は，$\phi(x) = \text{Tr}(D_\phi x)$（$x \in M_n(\mathbb{C})$）を満たす密度行列 D_ϕ を導く．この時，ϕ に対するエントロピー $S(\phi)$ 及び D_ϕ に対するエントロピー $H(D_\phi)$ は，共に，$H(\lambda(D_\phi))$ として定義する．

さて，$M_n(\mathbb{C})$ の部分因子環 N は，ある $M_k(\mathbb{C})(k \leq n)$ と同型で，この時，$n = km$ と分解される．$M_k(\mathbb{C})$ タイプの他の部分因子環 B は，あるユニタリー $u \in M_n(\mathbb{C})$ を用いて $B = uNu^*$ と表わせる．従って，$M_{km}(\mathbb{C})$ の二つの部分因子環で $M_k(\mathbb{C})$ タイプの A と B を取り上げる事は，$B = u(A,B) A u(A,B)^*$ を満たすユニタリー行列 $u(A,B) \in M_{km}(\mathbb{C})$ について調べる事である．論文 [7] に於いては，$M_n(\mathbb{C}) = M_m(\mathbb{C}) \otimes M_k(\mathbb{C})$ なるテンソル積分解を通して，ユニタリー行列 $u \in M_n(\mathbb{C})$ から，密度行列 $D_u \in M_{k^2}(\mathbb{C})$ の構成法を導入し，次を示した．

定理 1.1 ([7, Corollary 3.4.2]) $M_n(\mathbb{C})$ の部分因子環で $M_k(\mathbb{C})$ タイプの A と B が互いに直交する為の必要十分条件は，エントロピー $H(D_{u(A,B)})$

が最大値を取る事である．尚，その最大値とは $\log k^2$（即ち，$\log\dim(A)$）である．

1.2 部分因子環の対極に位置するのが，極大可換部分環である．$M_n(\mathbb{C})$ の極大可換部分環の代表例は，$n \times n$ 対角行列全体 $D_n(\mathbb{C})$ であり，極大可換部分環 A と B に対しては，$B = u(A,B)Au(A,B)^*$ を満たすユニタリー $u(A,B) \in M_n(\mathbb{C})$ が存在する．bistochastic 行列 $b \in M_n(\mathbb{C})$ の成分の集合が単位の分解を導く事を使い，Życzkowski–Kuś–Słomczyński–Sommers ([13]) は b のエントロピーを，$H(b) = \frac{1}{n}\sum_{i=1}^{n}\sum_{j=1}^{n}\eta(b_{ij})$ と定義した．ユニタリー行列 u は unistochastic と呼ばれる bistochastic 行列 $b(u)$ を，行列成分 $b(u)_{ij} = |u_{ij}|^2$ の関係で導く．

作用素環 M の部分環 A, B に対する Connes–Størmer の相対エントロピー $H(A|B)$ ([8], cf. [10]) は，A と B の位置関係を測る量として導入された．論文 [6] に於いては，$H(A|B)$ の定義を少し修正したエントロピー $h(A|B)$ を，エルゴード理論における条件付きエントロピーの定義と同じ形式により導入し，次を示した：

定理 1.2 i) ([6, Corollary 3.2]) $h(D_n(\mathbb{C})|\, uD_n(\mathbb{C})u^*) = H(b(u))$.

ii) ([6, Corollary 3.3]) $M_n(\mathbb{C})$ の極大可換部分環 A と B が互いに直交する為の必要十分条件は，$h(A|B)$ が最大値を取る事である．尚，その最大値とは $\log n$（即ち，$\log(\dim A)$）である．

2　無限次元環での各種概念とエントロピー

行列環 M の互いに同型な部分環の対 A, B に関わる上記のエントロピーは，同型写像を $x \to uxu^* (x \in A)$ として導くユニタリー $u \in M$ と深く関わる情報である．ここでは，連続無限次元環 M の構造に密接に結び付いた同型写像のエントロピーに関する結果を記す．

2.1 有限型 von Neumann 環 M の自己準同型写像 σ を取り上げて，そのエントロピーと部分環 $\sigma(M)$ との関係を最初に議論した論文が [1] である．

有限次元部分環の増大列 $\{A_n\}_{n=1,2,\ldots}$ により生成されている環 M は，近似的有限次元環と呼ばれる．有限型近似的有限次元環 M の正規化 ($\tau(1) = 1$) トレース τ に対して，自己準同型写像 σ は τ-保存 ($\tau \cdot \sigma = \tau$) であるとする．この時，自己同型写像 α に対する Connes–Størmer エントロピー $H(\alpha)$ の

概念を σ に対して適用すると, $H(\sigma)$ と部分環 $\sigma(M)$ に関する相対エントロピー $H(M|\sigma(M))$ との関係, 更には, M が因子環の時には, $H(\sigma)$ と部分因子環 $\sigma(M)$ に対する Jones 指数 $[M:\sigma(M)]$ との関係が得られる. その関係式は, $H(\sigma)$ の値が増大するに従って, 部分環 N がどんどん深い位置に沈んでいく状況を表わしている:

定理 1.3 ([1, Theorem 18, Corollary 19]) 有限次元部分環列 $\{A_n\}_n$ が σ の動きに対して自然な関係にあれば,
$$H(\sigma) = \frac{1}{2}H(M|\sigma(M)).$$
更に M が因子環の場合には, $H(\sigma) = \frac{1}{2}\log[M:\sigma(M)]$.

例えば, この条件を満たす σ としては, 所謂非可換 Bernoulli シフト ([10, 3.2 節] 参照), 部分因子環の指数理論で現れる射影列と深く関わる Temperley–Lieb 環上のシフト ([10, 10.5 節] 参照), そして Powers の binary シフト ([10, 12 章] 参照) 等がある. 定理 1.3 の結果は, 以後, 自身の研究 ([2], [3], [4]) に繋がると共に, 部分因子環の指数理論に関しては, [10, 10 章] で取り上げられた人々 (Hiai, Størmer, Golodetz 他) の結果に, Powers の binary シフトに関しては, [10, 12 章] で取り上げられた多くの人々 (Golodetz, Narnhofer, Powers, Price, Størmer, Thirring 他) の結果に, 引き継がれる事となった.

2.2 作用素環 M の自己同型写像 θ に対する Connes–Narnhofer–Thirring による力学的エントロピー $h_\phi(\theta)$ ([9]) と Voiculescu が導入した位相的エントロピー $ht(\theta)$ ([12]) に対しては, 不等式 $h_\phi(\theta) \leq ht(\theta)$ が成立する. 尚, 力学的エントロピーは, θ-不変な状態 ϕ ($\phi \cdot \theta = \phi$) に依存し, M が有限型 von Neumann 環で ϕ がトレースの時には, $h_\phi(\theta)$ は Connes–Størmer エントロピー $H(\theta)$ に他ならない. 一方, 位相的エントロピーの値は如何なる状態にも依存しない. 論文 [4] では, 関係式 $h_\phi(\theta) \leq ht_\phi(\theta) \leq ht(\theta)$ を満たし, 自己準同型写像 σ にも, 適用可能な力学的エントロピー $ht_\phi(\theta)$ を導入した. 一般に等号は成立しない. 定義より, $h_\phi(\theta)$ の下界を調べる事は, さほど大変ではないが, 適切な上界を知るのは困難であり, $ht_\phi(\theta)$ は, 逆に上界を調べるのは, さほど困難でない性質を持つ. 作用素環 M のある種の自己準同型写像 σ は, σ から浮上する有限次元部分環の増大列 $\{A_n\}_{n=1,2,\ldots}$ が M の構造を決め, 更に, σ の左逆写像は, 次の条件を満たす M の状態 ϕ を引き

起こす：有限次元部分環 A_n の状態 $\phi|_{A_n}$ に対する von Neumann エントロピー $S(\phi|_{A_n})$ の列に対しては，平均エントロピー $S(\phi) = \lim_{n\to\infty} \frac{1}{n} S(\phi|_{A_n})$ が存在する．

定理 1.4 ([4, Corollary 3.4.2]) 上記の自己準同型写像 σ と状態 ϕ に対して，$h_\phi(\sigma) = ht_\phi(\sigma) = S(\phi)$ が成立する．

この様な σ の典型的な例としては，Cuntz C^*-環 O_n 上の Cuntz canonical シフト，及び III 型環の理論に現れる Longo canonical シフト に代表される様な自己準同型写像がある．

2.3 最も非可換性が高いエルゴード変換の代表例は，作用素環 M が無限個の生成元を持つ自由群 F_∞ の左正則表現から得られる群作用素環の時に現れる．この場合，生成元全体の置換から F_∞ の自己同型写像 σ_∞ が導かれ，必然的に群作用素環 M（群 C^*-環，及び群 von Neumann 環）の自由シフトと呼ばれる自己同型写像 $\widehat{\sigma_\infty}$ へと拡張される．非常に複雑な計算の末，Størmer が $H(\widehat{\sigma_\infty}) = 0$ を示して以来，この結果は，いろいろの方向に，筆者自身を含む人々により一般化されてきた（cf. [10, 14.2 節]）．この状況は，混沌とした体系の中での可換性が高い程，値が大きくなるという作用素環におけるエントロピーの性質を反映している．一方，自由群を含む大きな集合の群の自己同型写像に対しては，Brown–Germain エントロピー $ha(\cdot)$（cf. [10, Reference 37]）が Voiculescu による作用素環的手法を用いて定義されている．一番基になる σ_∞ のエントロピーに視点を置いて，$ha(\sigma_\infty) = 0$ を先ず示す事により，群 C^*-環，及び群 von Neumann 環の自由シフトに対する各種の力学的エントロピー及び位相的エントロピーの値が零だという [10, 14.2 節] の全ての結果が $ha(\sigma_\infty) = 0$ から導かれる事を指摘したのが論文 [5] である．

参考文献

[1] M. Choda, *Entropy for *-endomorphisms and relative entropy for subalgebras*, J. Operator Theory, **25** (1991), 125–140.

[2] M. Choda, *Entropy for canonical shifts*, Trans. Amer. Math. Soc., **334** (1992), no.2, 827–849.

[3] M. Choda and F. Hiai, *Entropy for canonical shifts* II, Publ. Res. Inst. Math. Sci., **27** (1991), 461–489.

[4] M. Choda, *A C^*-Dynamical Entropy and Applications to Canonical Endomorphisms*, J. Funct. Anal., vol.**173** (2000), 453–480.

[5] M. Choda, *Entropy for automorphisms of free groups*, Proc. Amer. Math. Soc., **134** (2006), 2905–2911.

[6] M. Choda, *Relative entropy for maximal abelian subalgebras of matrices and the entropy of unistochastic matrices*, Internat. J. Math., **19** (2008), 767–776.

[7] M. Choda, *von Neumann entropy and relative position between subalgebras*, preprint, arXiv:1007.1037.

[8] A. Connes and E. Størmer, *Entropy of II_1 von Neumann algebras*, Acta Math., **134** (1975), 289–306.

[9] A. Connes, H. Narnhofer and W. Thirring, *Dynamical entropy of C^*-algebras and von Neumann algebras*, Commun. Math., Phys., **112** (1987), 691–719.

[10] S. Neshveyev and E. Størmer, *Dynamical entropy in operator algebras*, Springer-Verlag, Berlin (2006).

[11] M. Ohya and D. Petz, *Quantum Entropy and Its Use*, Springer, 2004.

[12] D. Voiculescu, *Dynamical approximation entropies and topological entropy in operator algebras*, Commun. Math. Phys., **170** (1995), 249–281.

[13] K. Życzkowski, M. Kuś, W. Słomczyński and H.-J. Sommers, *Random unistochastic matrices*, J. Phys., **A36** (2003), 3425–3450.

無限次元対称性と可解系
—— W 代数と大域的 Toda 理論

筒 井 泉

1 はじめに

1990 年代初頭,様々な素粒子と重力を含めた基本的な相互作用に統一的な描像を与える将来の理論として(超)弦理論が注目され,その理論の構造分析に重要な要素として共形対称性とその拡張である W 代数と呼ばれる無限次元の対称性が精力的に研究された [1]. 筆者は当時,この研究を行っていた O'Raifeartaigh 率いるダブリンのグループに属しており,数年間にわたり W 代数の構成の一般論と,これに付随する可解系の Toda 理論の研究に従事した. 本稿ではその概要と,関連する Toda 理論の大域的な構造の興味深い解釈について述べることにしよう.

2 共形対称性と W 代数

物理の最も重要な概念の一つに保存則がある. エネルギーや運動量の保存則は物理系の状態変化を限定し,その予測に有力な指針を与える. 加えて,もし十分な数の保存則が得られれば系の状態変化を完全に予言することができる. これが可解系であり,古典論も量子論も事情は基本的に変わらない.

保存則は系の対称性から導かれることが多い. 例えば系が等方的であれば回転対称性が存在し,対応する角運動量が保存量となる. 一般に保存量は対称性を規定する(無限小)変換を生成し,古典力学ではポアソン括弧の下で対称性に固有な代数関係を成す. 量子力学ではこれらの保存量は演算子となるが,やはり同様の代数関係が交換関係の下で成立する. 良く知られているように,角運動量は回転群 $O(3)$ のリー代数 $o(3)$ を満たし,量子力学で標準的なスピンもこれと同型の $su(2)$ の交換関係を成す.

これらの対称性の次元は有限であるが,無限次元の例として知られるのが 2 次元場の理論の共形対称性であり,対応する Virasoro 代数である. 共形対称性を持つ特殊な量子統計系では,Virasoro 代数の表現論から状態の分類や

相転移の状況を定めることができて有用であるが、一方、弦理論においては量子論的整合性から、共形対称性をさらに拡張した対称性の実現が期待された。これが W 代数と呼ばれるものであり、2次元座標を $x = (x^0, x^1)$ とすると、古典的にはポアソン括弧の下で

$$\{W_a(x), W_b(y)\} = \sum_i P_{ab}^i(W) \delta^{(i)}(x^1 - y^1)$$

という閉じた代数構造を持つ。ここで $\{W_a\}_{a=1}^N$ は W 代数の元であり、有限和の中の $P_{ab}^i(W)$ はこれらとその微分から成る多項式、そして $\delta^{(i)}$ は空間座標に関するデルタ関数の i 階微分を表す。特に元の中に含まれるエネルギー運動量テンソル W_1 が、Virasoro 代数を満たすことが必要条件となる。

3 Kac–Moody 代数による W 代数の構成：Hamiltonian reduction

W 代数の具体的な構成手段には、Kac–Moody 代数が有用である。Kac–Moody 代数はリー代数 $\mathcal{G}$ に値を持つ2次元場 $J(x)$ の満たすカレント代数であり、Kac–Moody レベルと呼ばれる中心拡大によって特徴づけられる。この Kac–Moody 代数のカレント $J(x)$ に拘束条件を課すことによって、Virasoro 代数を拡張することができることを Polyakov [2] が示したのが、ちょうど弦理論の勃興した 80 年代後半であった。世界の多くのグループで W 代数に関する研究が始まったが、ダブリン高等研究所の O'Raifeartaigh のグループは、この拘束条件の手法 —— Hamiltonian (Kac–Moody) reduction —— によって構成される W 代数の一般論を展開し、筆者もその一端を担うことになった。

その具体的な方法は、適当な部分代数 $\Gamma \subset \mathcal{G}$ と定数生成子 $M \in \mathcal{G}$ を用意して、カレントを $\langle \gamma, J(x) \rangle = \kappa \langle \gamma, M \rangle$ という形に拘束する条件を課すのである（$\langle u, v \rangle = \text{Tr}(uv)$、$\kappa$ は Kac–Moody レベルに比例する定数）。ここで導入した Γ と M の選定には、拘束条件が全体として閉じた代数関係を生じることと、Virasoro 代数を含む拡張された共形対称性の代数を成す条件を満たすことが要請される。これには Virasoro 代数の元 $W_1 = \frac{1}{2} \langle J, J \rangle - \langle H, J' \rangle$ に用いられる $H \in \Gamma^\perp$ との整合性条件も含まれ、結果として非常に多様なタイプの W 代数を構成することが可能となった [3]。

興味深いことに、このようにして得られた拘束系でのポアソン括弧は、従来、可解系の構成法として知られた Gelfand–Dickey 括弧と呼ばれるものに

4. W 代数の場の理論的実現と Toda 理論   *273*

図1 ダブリン高等研究所 3 階の討議室にて．右端が O'Raifeartaigh 教授，左端が筆者．研究所創立 50 周年記念誌 "Golden Jubilee 1940–1990" より．

対応し，一般化された KdV 方程式系に関連する．さらに，リー群に基づく可解系として知られる Toda 理論（戸田格子模型）とも直接的に繋がることが，この拘束系の方法によって示される．これを次章で説明しよう．

4 W 代数の場の理論的実現と Toda 理論

古典力学のハミルトン系の記述要素であるポアソン括弧を，ラグランジアン系の記述に焼き直すことによって，W 代数を 2 次元場の理論の対称性として実現させることができる．これは W 代数が現れる物理的状況を考える上でも，また W 代数と可解系との関係を直接的に見る上でも有益である．

このため，まず Kac–Moody 代数の場の理論的実現が WZNW 理論（WZW 理論とも呼ばれる）によって与えられる事実に注目する．WZNW 理論はリー代数 $\mathcal{G}$ を持つ群 G 上に値を持つ場 $g(x)$ に対する古典作用 [4]

$$S_{\mathrm{WZ}}(g) = \frac{\kappa}{2}\int d^2 x\, \eta^{\mu\nu}\mathrm{Tr}\,(g^{-1}\partial_\mu g)(g^{-1}\partial_\nu g) - \frac{\kappa}{3}\int_{B_3}\mathrm{Tr}\,(g^{-1}\,dg)^3$$

によって定義されるもので，場の方程式の解が光円錐座標 $x^\pm = \frac{1}{2}(x^0 \pm x^1)$ を用いて，単純な左右の因子形 $g(x^+, x^-) = g_L(x^+)\cdot g_R(x^-)$ に分解できるという顕著な性質を持つ．作用 $S_{\mathrm{WZ}}(g)$ の最後の項は 3 次元球 B_3 上の積分で与えられるが，その変分は 2 次元時空にのみ依存するトポロジカルな項で

あり，このため左右の保存カレント $J = \kappa \partial_+ g \, g^{-1}$ 及び $\tilde{J} = -\kappa g^{-1} \partial_- g$ が，どちらも独立に Kac–Moody 代数を満たすことになる．

これらの保存カレントに前述の拘束条件を課すことにより，2 種類の W 代数が場の理論的に実現される．このとき，もし J と $\tilde{J}$ に対する拘束条件が双対的であれば，得られる W 代数も双対的になる．拘束条件履行の標準的手続きに従えば，まず補助場を用いてゲージ化された WZNW 理論が構成され，補助場の消去により完全に物理的な自由度のみの実効理論が得られる [5]．

最も単純な場合，拘束条件を定める M を $\mathcal{G}$ の単純ルート α_i に対応する生成子の和に選ぶ．ここで $\mathcal{G}_\pm$ を正及び負ルートによって構成される生成子の作る部分代数，$\mathcal{G}_0$ を Cartan 部分代数とした場合の $\mathcal{G}$ の分解 $\mathcal{G} = \mathcal{G}_+ + \mathcal{G}_0 + \mathcal{G}_-$ に対応する群の Gauss 分解 $g = g_+ \cdot g_0 \cdot g_-$ を考えると，ちょうど $g_\pm$ の部分が拘束条件が生成するゲージ変換によって変化する部分になり，これを除いた部分 g_0 が物理的な自由度を表すことになる．これを $g_0 = e^{\frac{1}{2} \sum_i \varphi^i H_i}$ (H_i は $\mathcal{G}_0$ の生成子) と書き表せば，有効作用は Cartan 行列 K_{ij} を用いて

$$\mathcal{L}_{\text{Toda}}(\varphi) = \frac{\kappa}{2} \Big(\sum_{i,j=1}^{l} \frac{1}{2|\alpha_i|^2} K_{ij} \partial_\mu \varphi^i \partial^\mu \varphi^j - \sum_{i=1}^{l} m_i^2 \exp\Big\{ \frac{1}{2} \sum_{j=1}^{l} K_{ij} \varphi^j \Big\} \Big)$$

で与えられることになるが，これは群 G に基づく標準的な Toda 理論の作用にほかならない．より一般的にも，同様なプロセスで一般化された多様な Toda 理論を得ることができて，左右のカレントが対応する W 代数を実現することが示される [6]．また，WZNW 理論の古典解から系統的に Toda 理論の古典解を導くことも可能であり，これはこの Hamiltonian reduction の方法が可解系の構成に有力であることを実証している [7]．

5 Toda 理論の大域的な構造：無限の深淵を往復する粒子

面白いことに，WZNW 理論から拘束系として得られる Toda 理論には大域的な構造が存在する [8]．これを端的に見るために，いま空間次元を無視し，かつ簡単な群 $G = SL(2, R)$ の場合を考えてみよう．このとき，$\mathcal{L}_{\text{Toda}}$ は自由度が 1 個だけ ($\varphi_1 = q$) となって 1 粒子系を記述するものとなる．時間を $x^0 = t$ と置き，拘束条件の定数 M の符号を適当に選べば $\mathcal{L}_{\text{Toda}}$ は Liouville 型になる：

5. Toda 理論の大域的な構造：無限の深淵を往復する粒子

$$\mathcal{L}_{\text{Liouville}}(q) = \frac{1}{4}\dot{q}^2 + e^q.$$

これはポテンシャル $V(q) = -e^q$ の下で運動する粒子に対するものであり，その運動方程式の負エネルギー $(E < 0)$ 古典解 $q(t)$ は，$\omega = \sqrt{|E|}$ とするとき

$$q(t) = -2\ln\left(\frac{\cos\omega(t-t_0)}{\omega}\right)$$

で与えられる．解の挙動を見ると，有限の時間内に無限大 $q = \infty$ に到達することがわかる（例えば初期条件 $q(0) = 0, \dot{q}(0) = 0$ を満たす解は $\omega = 1, t_0 = 0$ で得られ，$t = \frac{\pi}{2}$ で $q = \infty$ となる）が，これはポテンシャルの無限に深い淵に吸い込まれていく粒子を表す．さて，その無限の深淵に達した粒子の運命や如何に？

実のところ，群の多様体上で定義された正則な系から導かれた有効理論の古典解に特異性が生じる理由はなく，従って上の Liouville 系での特異性は，系が有効理論の全体像を与えていないことを示唆しているのに過ぎない．すなわち，実際は上で考察した座標 $-\infty < q < +\infty$ の"我々の世界"のほかに，もう 1 つの座標 $-\infty < \tilde{q} < +\infty$ の"別の世界"が存在し，その 2 つの世界の間を粒子は往復しているというのが，正しい描像なのである（図 2）．量子論的には，有限時間内で一方の世界を去る粒子の存在は時間発展の非ユニタリー性を意味するが，2 つの世界を合わせれば全体としてユニタリー性が保障される．いずれにせよ，この例のような破滅的なポテンシャル系の特異性が，有効理論全体としては古典的にも量子的にも正則化されているのである [9].

以上の状況をより一般的に調べるには，群 G の全体を覆うことのできる Bruhat 分解 $g_m = g_+ \cdot m \cdot g_0 \cdot g_-$ が有用である．ここで $m = \text{diag}\,(m_1, m_2, \ldots, m_n)$ は対角行列であり，群 $G = SL(n, R)$ の場合には $m_i = \pm 1$ かつ $\prod_i m_i = 1$ を満たす．このようにして群 G は（低次元の測度零の部分を除いて）多様体として 2^{n-1} 個の部分に分割され，各部分で別個の Toda 理論が成立し，全体はこれらの貼り合わせでできていることがわかる．なお，物理的な状況は定数 M の符号の選択に依存し，その一般的状況も調べられている [10].

この結果は基本的には 2 次元の場の理論でも同様に成立し，WZNW $\rightarrow$

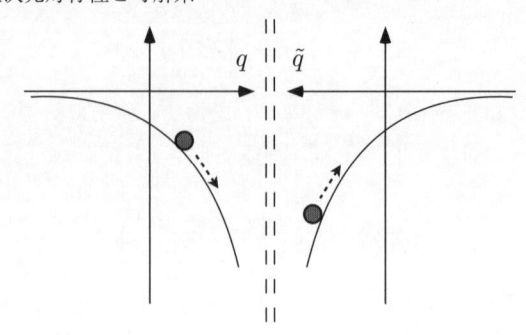

図 2 左の $-\infty < q < +\infty$ の "我々の世界" でポテンシャルの深淵に落ちた粒子は，有限時間の間に右の $-\infty < \tilde{q} < +\infty$ の "別の世界" のポテンシャルを駆け上がる．負エネルギーの場合はこの運動が繰り返されて，粒子は2つの世界を往復することになる．

Toda の構成が，全体として正則な可解系を定めることが示される．面白いことに，異なる世界間の往復履歴の回数を用いて解の分類を行うことが可能であり，特異点の通過は一種のトポロジカルな指数としての役割を果たす．

6 おわりに

数理物理は謎多き女のようである．誰にでも微笑み，その魅力の虜にする．物理としてはあまりに理想化され非現実的な問題でも，懐の広い数理物理では許される．しかし一端馴染みになると，測り知れない深淵に引き込まれ，容易に脱出できない．物理のような「現実」という歯止めがないからである．その中で真に意義ある研究を行うことは容易ではないが，それでも深い淵で彷徨いながら，思わぬ美しい風景を眼にすることは存外の愉しみである．本稿で述べた W 代数の研究における，Toda 理論などの一連の可解系やその大域的正則化の可能性は，この意外な風景なのかも知れない．

参考文献

[1] A.B. Zamolodchikov, *Theor. Math. Phys.* **65** (1986) 1205.
[2] A.M. Polyakov, *Int. J. Mod. Phys.* **A2** (1987) 893.
[3] L. Fehér, L. O'Raifeartaigh, P. Ruelle, I. Tsutsui and A. Wipf, *Phys. Rep.* **222** (1992) 1.
[4] E. Witten, *Commun. Math. Phys.* **92** (1984) 483.
[5] L. O'Raifeartaigh, P. Ruelle, I. Tsutsui, *Phys. Lett.* **258B** (1991) 359.

[6] L. Fehér, L. O'Raifeartaigh and I. Tsutsui, *Phys. Lett.* **316B** (1993) 275.
[7] J. Balog, L. Fehér, L. O'Raifeartaigh, P. Forgács and A. Wipf, *Ann. Phys.* (N.Y.) **203** (1990) 76; *Phys. Lett.* **244B** (1990) 435.
[8] I. Tsutsui, L. Fehér, *Prog. Theor. Phys. Suppl.* **118** (1995) 173.
[9] H. Kobayashi and I. Tsutsui, *Nucl. Phys.* **B472** (1996) 409.
[10] L. Fehér and I. Tsutsui, *Journ. Geom. Phys.* **21** (1997) 97.

私にとっての数理物理学とその背景

冨田 稔

　私の数理物理学への寄与とされているのは多分私の Modular Hilbert algebra [1]（Tomita algebra とも呼ばれているようである）という雑誌に公表されなかった一編であろう．これに焦点を当ててその背景を書いてみたい．読者に興味を持っていただければ幸いである．

　私は 1924 年（大正 13 年）生れの戦中派である．満 2 歳の時，当時死亡率 80%であった麻疹性肺炎にかかり，中耳炎を併発して両耳鼓膜を失った．その為小中学を通じて耳疾に悩み，悪化するとノイローゼになり，外界からの刺激にも反応が鈍かった．極端な左利というより右手の発達が悪く現在まで機能不全が残っている．両親の強制で今でも右手で書いているが，小中学以来ノートは全くとる事が出来なかった．両親は「おまえの様な子供は将来社会に出ても，とても生き残れんぞ」と言うのが口癖であった．当時の社会状況から当然の危惧で，私としても第一の自戒をせざるを得なかった．小学 5,6 年の頃が耳疾が最も悪化した時期で，私立中学にやっと入学出来た．中学時代の仇名は「慢ちゃん」で，先生までが「君の名前は冨田慢か」と言う仕末であった．

　私にとって勉強とは入手出来た本を乱読する独学で興味を持てたものしか読まず，従って私の知識には限界や欠陥があると自覚せざるを得なかった．それでも今考えて利点だったと思うのは，出来るだけ欠点を反省し，自分で問題を考え解決を求めた事であろう．中学 4 年か 5 年の頃フロイドについての解説を読み「自分は難聴からくる強い劣等感を持っており，それが自覚していない心理的トラウマになっているに相違ない」と思い当たった．私の第二の自戒は「精神分析によれば私のコンプレックスを解決するには自分がそれを持っている事を直視する以外にない」というもので，確かに効果があったようである．旧制中学は 5 年で何とか卒業したが旧制高校には直ぐには進学出来なかった．軍国主義の時代で身体検査で不合格となったのである．

私にとって転機となったのは二浪の後，数学科だけの九州帝國大學理学部付属臨時教員養成所を受験した事である．この時も難聴が問題になったらしく，受験後又呼び出されて，検査主任であった九大の本部均教授と西理学部長立会いで再度の面接があり，ようやく入学が認められたのである．入学後直ぐ本部均先生から高木貞治氏の解析概論を読むように奨められた．当時の旧制中学の数学とは代数，幾何，三角法の三つで，臨教の授業は微積を教える事から出発しており，私は独学を非公式に認められた形であった．当時の解析概論は共立出版の基礎高等数学講座のシリーズの中にあったので，古本屋を探したが結局入手出来たのは演習高等数学講座という姉妹シリーズの方であった．そして後者のシリーズにより，数学を改めて基礎から学び直し，新しい展望を得たと思った．特に高木眞治氏の数学雑談によって集合論と数概念，即ちペアノ公理系に基づく自然数の概念と，それに続く有理数，実数，複素数の構成，整列可能定理等を学び，集合論のパラドックスと，それが論理学そのものに由来すると主張したラッセルのパラドックス，等を知る事が出来た．強いショックを受けたのはラッセルの「数学とは何を何の為に学ぶのか分からない学問である」というフレーズで，当時それまで考えてもみなかった「数学，及び論理学とは何か？ そして何が正しいのか？」という設問が重要だと思ったのである．

　数学雑談に「一部の数学者が今にも数学は崩壊すると言って騒いでいる」という記述があり，調べると数学と論理学の危機を廻って当時の大数学者であったラッセル，ブラウアー，ヒルベルトの間の大論争がある事が分かった．これでは私の設問に対する答は得られそうもないと思った．一方物理学では中学時代何を学んだか覚えていないが，演習高等数学講座の中にはニュートン力学があり，それ以外にテンソル解析から相対性理論等の本を読んだ．特にその頃京都大学助教授であった湯川秀樹氏が書かれた量子力学序説を読み，シュレーディンガーやハイゼンベルク等を学んだ．特に私の記憶に残ったのは湯川博士が序説の最後に「物理学者にとって数学は論理学の代名詞である．物理学者は物理現象を数学という言語を用いて記述するのである」という，おそらく物理学者には良く知られたフレーズがあった．成程，丁度私の設問に対する答が物理学者の立場で述べられているではないか！ ラッセルの警句とは何とも対照的である．湯川博士の見地からすると，ニュートンは彼の力学

を述べる為に微積分と言う言語を発明した事になると思った．この湯川博士の見解が後に私が作用素環の研究に専心した一因になったと思う．

　以上の様なラッセル及び湯川博士のフレーズを基に当時私が出した結論は次の通りであった．

　第一に，数学とは各人が数学と思っている物が数学である．そして数学的に真であると思った物がその人にとっての真であるわけだから，例のパラドックスも問題にならないだろう．これが物理学者にとって当然な事は湯川博士のフレーズからも分かる事である．

　第二に，数学及び論理学では仮説，つまり公理系の上に組み立てられており，ある命題が正しいか否かはその命題を追加して矛盾が出ない限り正しいとすべきだろう（この時点では未だゲーデルを読んでいなかった）．従ってどんな科学でもそれを単に仮説の上の論証とみなす立場を取る事にすれば数学だと思って構わないだろう．歴史の教えるところでは，コペルニクスは「天文学は最高の数学である．」と言っており，ガリレオ，ケプラー，ニュートン等はその時代においては数学者であるとされてきた．従って物理学と数学は同一の起源を持っているわけである．

　第三に，何を正しいと見るかには物理と数学に基本的な差異があるようである．物理現象の一つを説明するある理論を正しいとする根拠は何か，それは理論が実際の現象の観測結果とどれだけ一致しているかにより判断されている．現実には観測結果と理論の間に不整合があり，物理学はその不整合を修正する事で発展してきた．一方数学はペアノ公理系，あるいは集合論の無限公理を出発点としており，これを仮定しなければ数学は成立しないが，これを実証する手段はない．

　この様な議論を私が臨教に二年間在学する間に考えたのは，将来大学に進学するとしても数学科と物理学科のどちらを選ぶかに迷いがあった為かも知れない．臨教の授業が順調に行われたのは二年間で，三年目には臨教の殆どの学生が軍隊に召集され，私も五月に軍隊に入った．そして三ヵ月後の八月に終戦になったのであった．短い期間とはいえ私の軍隊生活は散々であった．なにしろ耳が遠いので例えば調練で「回れ右，前へ進め」の号令があっても私一人回れ右をしなかったり空襲警報による避難も私一人兵舎に残っていたりという有様で，三ヶ月で除隊にならなかったらどの様な事になったかと我

ながらぞっとしている．

　私が現役入隊した部隊は本来なら兵役免除になる筈の者ばかりの戦争末期の弱者部隊であった．又私は三月に入隊するよう召集令状が来ていたが郵便の配達が遅れて五月になったものである．もし令状通り三月に入隊していたならば，そのまま満州に送られていて，乗船した輸送船は米潜水艦に撃沈され一名の生存者もない筈であった．

　終戦間もない頃母校の中学を訪れて分かった事は同級生の半数が，それも私がまともだと思っていた連中は全員，戦死していた．戦争のおかげで本来なら社会的に生き残れない筈の私が逆に生き残ったのである．この感慨が私の第三の自戒である．

　私はその年の九月に臨教を卒業し，翌年九州大学理学部の数学科に入学した．当時は数学科だけ久留米の西部 48 部隊址に疎開しており，教官と我々学生も大部分が兵舎の中での生活であった．配給米が 40 日分欠配という酷い食料難で，数学の授業も 6 月に始まり，1 ヶ月後は食糧事情による夏休みという今では考えられない変則ぶりであった．それでも教授方も我々もこの久留米時代戦争からの開放感と自由を満喫した事はなかったと後で語り合ったものである．この辺りの事情は私の九州大学退職記念講演録にある．

　兎も角，私の大学生としての生活は兵舎の中の一部屋に終始したが，私の人生の中で最も充実した三年間であったように思う．

　私の大学一年目は授業にはほとんど出ず専ら図書室にあった本から重要だと思われる本を片端から読んだ．ただ今度は教官や先輩の意見を聞いたので無闇に乱読したわけではない．本部先生からは入学して直ぐ Banach の線形作用素を読むように薦められ，二年に入った時は本を読むより論文を読むように薦められた．その論文は近藤先生からコピーを貰い，結局三年目の指導教官に選んだのである．ただし，大学を卒業するまで一度もセミナーの相手をして貰えなかった．

　近藤先生の講座に助手の津田文夫という方がおられ，私は本の選択を相談していたが，その方が I.M. Gelfand の Normierte Ringe のセミナーをされるというので出席した．大學で私が出席した唯一のセミナーである．そして私はインスピレーションを得た．

　前年に読んだ von Neumann の概周期群の論文では群に mean が定義さ

れるので，私はこれを用いて群環を作り H^* 代数に相当するものを作り上げ，その構造を決定する事に成功したのである．それは H^* 代数を Ambrose が発表する前の筈である．H^* 代数の構造の決定には正田健次郎の抽象代数学で知った Wedderburn の定理を利用した[1]．当時の私の持っていた知識はこの論文を書くには最低限のもので初学者には格好の演習問題かも知れない．

問題は論文の作成に時間が掛かりすぎた事である．三年になって何とかまとめて指導教官の近藤先生に持参したところ Ambrose の論文が出たばかりだという話を聞かされて全く落胆してしまった．気を取り直して三年目の卒論は mean group の構造論にした．これは群 G に mean があって，群環を作れば H^* 代数となるよう条件を入れたものである．結論は mean group は概周期群であるというものであった．しかし単純な H^* 代数は一般には Hilbert 空間上の Hilbert–Schmidt 型作用素の作る H^* 代数と同型になるので私が mean に入れた条件を緩めれば，これを群環のイデアルにするような群を作れるかも知れない．

昭和 24 年に私は大学を卒業して大学院特別研究生となったが，残念な事に本部，近藤，津田という方々とは会えなくなってしまい，独学時代に逆戻りしてしまった．研究は卒論の延長として局所 compact 群の unitary 表現，特に群環が Hilbert 空間上の作用素の作る * 代数に表現出来る事に興味を持ったのである．この群環の構造を調べる為に von Neumann の On Rings of Operators を読んだ．私の注意をひいたのは Neumann が研究の動機として量子力学の研究に資する事を挙げていた事であった．私は湯川博士のフレーズを思い出して物理学研究の為の Ring という言語を作ろうという事であると理解した．

---

[1] H^* 代数とはノルム *-代数 A でそのノルムにより Hilbert 空間であり，更に unimodular となる条件

$$(fg|h) = (g|f^*h) = (f|hg^*)$$

をみたすものをいう．その構造を調べるには A に単位元 1 を追加してノルム*-代数 B を作る．A の 0 でない Hermite 要素 a をとればある実数 $\lambda \neq 0$ に対して $a - \lambda$ が逆元を持たないので $a - \lambda$ を含む B の極大右イデアル M が作れる．$M \cap A$ は A の極大モジュラーイデアルと呼ばれるものであり，$(M \cap A)^\perp$ が A の極大右イデアルとなる．その*-共役 $(M \cap A)^{\perp *}$ は A の極小左イデアルとなるので Wedderburn の定理により共通部 $(M \cap A)^\perp \cap (M \cap A)^{\perp *}$ が除法環となる．そこに Gelfand によるノルム体は複素数体と同型であるという定理を除法環に拡大して適用すればこの共通部が複素数体と同型になる．これさえ分かれば $(M \cap A)^\perp$ を含む A の極小イデアルがヒルベルト空間上の Hilbert–Schmidt 型作用素全体からなる H^* 代数となる事が分かり，A はこの型の H^* 代数の直和となるのである．

群環の Hilbert 空間への正則表現を考えると，これは modular 作用素や modular 自己同型群が自然に定義されている．更に Mautner 群の群環は III 型になっている．この事から一般の von Neumann 代数も標準型で表現すれば，modular 作用素と modular 自己同型群があるのではないかと漠然と期待したのである．決して何も手がかりが無い所から modular Hilbert algebra の理論を作り出したわけではない．1963 年頃から modular operator の resolvent の性質を真剣に考えて，予想が正しかった事を示すのに 5 年程かかり，更に 1 年程期間を置いて 1969 年の米国数学会の大会に原稿を持参したのであった．

参考文献

[1] M. Tomita, Modular Hilbert Algebra (Tomita Algebra), 1967 年．米国数学会で配布．同年数理解析研究所の研究会で配布，討論．
[2] M. Tomita, Standard form of Neumann algebra, 数理解析研究所報告．
[3] M. Tomita, Theory of observable algebra, 数理解析研究所報告．
[4] I.M. Gelfand, Normierte Ringe, Rec. Math. [Mat. Sbornik] N.S., Vol. 9, No. 1 (1936).
[5] A.H. Taub (ed.), John von Neumann collected works, Pergamon Press (1961).
[6] J.v. Neumann and F.J. Murray, On Rings of Operators, Annals of Mathematics, Vol. 37, No. 1 (1936).
[7] 正田健次郎，抽象代数学, 岩波書店 (1932).
[8] W. Ambrose, H* algebra (1943).

量子群との出会い

中 神 祥 臣

1 はじめに

リー環の生成元が満たす関係式に，複素パラメータ q を上手に入れ，q が 1 のときは元の関係式のままであるが，1 でなくても元の Lie 環と同じような多元環を生成することを最初に発見したのは，当時量子統計力学の可解格子模型を研究していた神保道夫 (Lett. in Math. Phys., **10** (1985), 63–69) と，ICM86 において「量子群」という表題の講演 (Proc. of ICM86, AMS (1987), 798–820) を行った数論の大家 V.G. Drinfeld である．他方，作用素環の双対空間についての考察を永い間進めていた S.L. Woronowicz は Lie 群 $SU(2)$ 上の行列成分の生成する関数環に実パラメータ q だけの変形を入れ非可換化しても，作用素環としての議論が可能であることを発見し，それに「Twisted」$SU(2)$ 群と名付けた (Publ. RIMS, Kyoto Univ., **23** (1987), 613–665)．これら 2 つの概念は全く独立に考えられたが，Rosso はこれら 2 つがリー群とリー環の関係にあることを指摘した．この発見は，当時，話題になっていた，結び目の不変量である Jones 多項式や，それを生み出すきっかけになった，II_1 型因子環の部分因子環の分類に現れる不変量との類似性が注目され，量子統計力学，超紐理論，低次元トポロジー，部分因子環の分類論など，数学，数理物理双方の研究者が一同に会する研究会が盛んに開かれた．ここで紹介する，前半の q 類似との関係でなされた代数的な議論は増田哲也，三町勝久，野海正俊，佐分利豊，上野喜三雄と，また後半の非可換幾何あるいは作用素環を用いた議論は増田，渡辺純成，黒瀬秀樹，Woronowicz と行ったものである．

2 量子群と量子包絡環

群をその上の座標環を用いて代数的に定式化したものとして Hopf 代数が知られている．いま，実数 1 に近い複素数 $q \in \mathbb{C}$ を 1 つ固定する．つぎに，

群 $SL(2,\mathbb{C})$ の行列の 4 成分を表す群上の関数 x,u,v,y が満たす基本関係式に, q だけの変形

$$ux = qxu, \quad vx = qxv, \quad vu = uv, \quad yu = quy, \quad yv = qvy$$
$$xy - q^{-1}uv = yx - qvu = 1$$

を与えて得られる $\mathbb{C}$ 上の多項式環（座標環）を A とする. これは, 群演算を読み代えた, 余積と呼ばれる準同型写像 $\Delta: A \to A \otimes A$, 余単位元と呼ばれる線形汎関数 $\varepsilon \in A^*$, 余逆元と呼ばれる反準同型写像 $\kappa: A \to A$:

$$\Delta(x) = x \otimes x + u \otimes v, \quad \Delta(u) = x \otimes u + u \otimes y$$
$$\Delta(v) = v \otimes x + y \otimes v, \quad \Delta(y) = v \otimes u + y \otimes y$$
$$\varepsilon(x) = 1, \quad \varepsilon(u) = \varepsilon(v) = 0, \quad \varepsilon(y) = 1$$
$$\kappa(x) = y, \quad \kappa(u) = -qu, \quad \kappa(v) = -q^{-1}v, \quad \kappa(y) = x$$

により, Hopf 代数 $A_q(SL(2,\mathbb{C}))$ になる. これを量子群 $SL_q(2,\mathbb{C})$ という.

つぎに, Lie 環 $sl(2,\mathbb{C})$ の場合には, 生成元 e,f,h の中の h を包絡 Lie 環の元 $k^{\pm} = \exp\{\pm h\}$ に置き換えて考える. そこで, 生成元 e, k^+, k^-, f が満たす基本関係式に, q だけの変形

$$k^-k^+ = k^+k^- = 1, \quad k^+ek^- = qe, \quad k^+fk^- = q^{-1}f, \quad ef - fe = \frac{k^{+2} - k^{-2}}{q - q^{-1}}$$

を与えて得られる $\mathbb{C}$ 上の多項式環を B とする. これは, 余積 $\Delta: B \to B \otimes B$, 余単位元 $\varepsilon \in B^*$, 余逆元 $\kappa: B \to B$:

$$\Delta(e) = e \otimes k^+ + k^- \otimes e, \quad \Delta(f) = f \otimes k^+ + k^- \otimes f, \quad \Delta(k^{\pm}) = k^{\pm} \otimes k^{\pm}$$
$$\varepsilon(e) = \varepsilon(f) = 0, \quad \varepsilon(k^{\pm}) = 1; \quad \kappa(e) = -qe, \quad \kappa(f) = -q^{-1}f, \quad \kappa(k^{\pm}) = k^{\mp}$$

により, Hopf 代数になる. これを量子包絡 Lie 環 $U_q(sl(2,\mathbb{C}))$ という.

これら量子群と量子包絡 Lie 環との間には, 次のペアリング

$$k^{\pm}(x) = q^{\pm 1/2}, \quad k^{\pm}(u) = k^{\pm}(v) = 0, \quad k^{\pm}(y) = q^{\mp 1/2}$$
$$e(x) = e(v) = e(y) = 0, \quad e(u) = 1, \quad f(x) = f(u) = f(y) = 0, \quad f(v) = 1$$
$$e(ab) = e(a)k^+(b) + k^-(a)e(b), \quad e(1) = 0$$
$$f(ab) = f(a)k^+(b) + k^-(a)f(b), \quad f(1) = 0$$

が存在し, B を A の双対空間 A^* の部分集合と同一視することにより, Lie

群と Lie 環の関係が導かれる．

3 量子群の既約表現と q 類似

量子群 $SL_q(2,\mathbb{C})$ の座標環 $A_q(SL(2,\mathbb{C}))$ において，
$$q \in \mathbb{R}, \quad x^* = y, \quad u^* = -q^{-1}v$$
を満たす対合を与えて得られる Hopf *-代数 $A_q(SU(2))$ を量子群 $SU_q(2)$ という．以後，われわれは対合をもつ場合だけを考える．Woronowicz はこの *-代数の包絡 C^* 環 $C(SU_q(2))$ を「Twisted」$SU(2)$ 群と呼んだことになる．この量子群の既約ユニタリ表現は Lie 群 $SU(2)$ と同じように，スピン $l \in (1/2)\mathbb{Z}_+$ でパラメータ付けられ，スピン l の既約表現は $n = 2l+1$ 次ユニタリ行列により与えられ，その各成分が小 q-Jacobi 多項式を用いて表せることがわかった．その結果，量子群の既約表現が，古典 Lie 群の場合と同じように，超幾何級数の q 類似により記述されることになり，q 類似において永年懸案であった，特殊関数の q 類似を整理するきっかけを与えることになった [1]．Woronowicz も既約表現を求めてはいたが，q 類似との関係には言及していなかったので，われわれの発見は一時話題になった．この直後に，同じ結果が，q 類似の専門家 T.H. Koornwinder や L.L. Vaksman–Ja.S. Soiberman によっても独立に見出されている．

また量子群 $SL_q(2,\mathbb{C})$ に $q \in \mathbb{R}$, $x^* = y$, $v^* = qu$ または $q \in \mathbb{T}$, $x^* = x$, $y^* = y$, $u^* = v$ を満たす対合を与えたものを，それぞれ，量子群 $SU_q(1,1)$ または量子群 $SL_q(2,\mathbb{R})$ という．これらは共に局所コンパクトな量子群であるから，生成元をヒルベルト空間上で実現しようとすると，非有界な作用素が現れる．Woronowicz は量子群 $SU_q(1,1)$ の作用素環的な実現はできないことを指摘していたが，量子包絡 Lie 環 $U_q(su(1,1))$ の既約表現は [2] において詳しく調べられていて，古典 Lie 環には現れない新たな系列も見つかり，$q \to 1$ とすると，この既約表現は無限遠に飛び去ることがわかっている．そこで，量子群 $SU_q(1,1)$ の場合にも，議論を正則表現に制限すれば Hilbert 空間上での実現の可能性は残っていて，今でも増田氏のライフワークの 1 つになっている．

4 量子群の K 理論と巡回コホモロジー

座標環 $A_q(SU(2))$ の場合と違って, C^* 環 $C(SU_q(2))$ $(0 < q < 1)$ の場合には, 量子群の生成元を有界線形作用素により記述することができるので,

$$0 \longrightarrow \mathscr{K}\widehat{\otimes}C(\mathbb{T}) \longrightarrow C(SU_q(2)) \longrightarrow C(\mathbb{T}) \longrightarrow 0$$

のような C^* 環の短完全系列を導くことができ, C^* 環 $B = C(SU_q(2))$ の K 理論, 巡回コホモロジー理論 (または K ホモロジー理論) を求めることができる. ただし, $\mathscr{K}$ は可分 Hilbert 空間上のコンパクト C^* 環である.

定理 1.1 ([3]) (i) $K_0(B) \cong \mathbb{Z}[1]$, $K_1(B) \cong \mathbb{Z}[ue(0) + \{1 - e(0)\}]$. ただし, $e(0)$ は u^*u の固有値 0 の固有空間への射影である.

(ii) $K^0(B) \cong \mathbb{Z}$, $K^1(B) \cong \mathbb{Z}$.

この 2 番目の K ホモロジーの生成元も, それぞれ 1 総和可能な Fredholm 加群として求めることができ, Chern 指標も求まるので, 量子群 $SU_q(2)$ に対する指数理論を導くことができる. この議論に先立ち, q が 1 の冪根でない場合に, 量子群 $SL_q(2,\mathbb{C})$ の座標環 A を $A \otimes A^\circ$ 加群と見たときの射影的分解を用いて, その Hochschild ホモロジー群 $H_*(A, A)$ を求めたが, それに対応する非可換 de Rham 複体は, $SU(2) \cong S^3$ や代数多様体 $SL(2,\mathbb{C})$ の通常の de Rham 複体と同じであろうという, Woronowicz, Y.I. Manin らによる当初の予想とは違っていた. また巡回コホモロジー $HC^n(A)$ は, $n = 0$ の場合には,

$$\Bigl(\sum_{l>0}^{\oplus} \mathbb{C}[x^l]\Bigr) \oplus \mathbb{C}[1] \oplus \Bigl(\sum_{l>0}^{\oplus} \mathbb{C}[y^l]\Bigr) \oplus \Bigl(\sum_{m>0}^{\oplus} \mathbb{C}[u^m]\Bigr) \oplus \Bigl(\sum_{n>0}^{\oplus} \mathbb{C}[x^n]\Bigr)$$

となり, n が奇数か偶数かの場合にはそれぞれ $\mathbb{C}[\omega]$, $\mathbb{C}[1]$ となる [3]. 量子群が高次元の場合も問題になっているが, K 群は求めることができても, 巡回コホモロジーの計算には新たな工夫がないと, 計算が大変で進んでいない. 同様な議論が, P. Podleś による量子 2 次元球面に対してもなされている [3].

5 局所コンパクト量子群

可換な von Neumann 環, 可換な C^* 環はそれぞれ, 測度空間 (Ω, μ) 上の関数空間 $L^\infty(\Omega)$ または局所コンパクト Hausdorff 空間 Ω 上の無限遠で 0 になる連続函数環 $C_0(\Omega)$ として表される. Ω 上の群構造も Hopf 代数とは少し違うが, 関数環上の線形変換を用いて導入することができる. 局所コンパク

ト群 G が可換な場合には，その正則表現の生成する von Neumann 環 $R(G)$ が，Fourier 変換により，$R(G) \cong L^\infty(\widehat{G}, d\widehat{\mu})$ となるので，Pontrjagin の双対定理は，下に示す図式に書き換えられ，さらに，淡中，Krein, Stinespring, Eymard, 辰馬により一般の局所コンパクト群の双対定理へと発展させられた．

$$\begin{array}{ccc} L^1(G, d\mu) & \xrightarrow{\text{正則表現}} & R(G) \\ \text{双対ペア} \updownarrow & & \updownarrow \text{双対ペア} \\ L^\infty(G, d\mu) & \longleftarrow & A(G) \cong R(G)_* \end{array} \qquad \begin{array}{ccc} L^1(G) & \xrightarrow{\text{正則表現}} & C^*_{red}(G) \\ \text{双対ペア} \updownarrow & & \updownarrow \text{双対ペア} \\ C_0(G) & \longleftarrow & R(G)_* \end{array}$$

ただし，μ は Haar 測度で，$C^*_{red}(G)$ は被約群 C^* 環である．Kac と竹崎は独立にこの図式に現れる von Neumann 環 $L^\infty(\Omega, d\mu)$ から可換性を省き Kac 環という概念を定式化し，Kac 環がユニモジュラーならば双対定理が成り立つををを示した．さらに，Enock–Schwartz と Kac–Vainermann は独立に，冨田–竹崎理論を用いて，これを一般の場合へ拡張した．

Woronowicz 達の発見した量子群は，Kac 環のカテゴリーには属さなかったので，新たに Kac 環を量子化する問題が生じた．そこで，量子群 $SU_q(2)$ を参考に，von Neumann 環を用いた定式化を試み，取りあえず，それを Woronowicz 環と呼んだ．その際，変形のパラメータ q をそのまま作用素環の枠組みに入れると，対角成分に $\{q^n \mid n \in \mathbb{Z}\}$ をもつ非有界作用素が現れ，取り扱いが面倒になるので，これをユニタリ化し，作用素環の 1 径数自己同型 $\{\tau_t\}$ として扱うことにした．その後，ベルリンの壁崩壊直後の Leipzig で開かれた AMP91 において，Woronowicz 環の一般的な定式化とその双対定理を発表した [4].

$$\begin{array}{ccc} \text{群} & \longrightarrow & \text{Kac 環} \\ \text{量子化} \downarrow & & \downarrow \text{量子化} \\ \text{量子群} & \longrightarrow & \text{Woronowicz 環（局所コンパクト量子群）} \end{array}$$

つぎに，コンパクトでない量子群の例として，量子 Lorentz 群 $SL_q(2, \mathbb{C})$ がこのカテゴリーの属することを示すことにした．これは量子群 $SU_q(2)$ と量子包絡 Lie 環 $U_q(su(2))$ から二重群構成法を用いて導くことができるので，Woronowicz 環とその双対 Woronowicz 環から新たな Woronowicz 環を構成する方法を用意し，これにより，量子 Lorentz 群 $SL_q(2, \mathbb{C})$ も Woronowicz 環のカテゴリーに属することを示した [6]．当然，次は量子 Poincaré 群を問

題にしたかったのであるが，Woronowicz による量子 $ax+b$ 群研究の複雑さから判断して，この方向の研究はひとまず休止し，次は Woronowicz と共同で，Woronowicz 環の C^* 環の枠組みでの定式化を考えることにした．上の Woronowicz 環の定式化には，Haar 測度を記述する荷重の取り扱いに現れる技術的な問題を避けるために，冨田–竹崎理論に現れる Hilbert 代数の仕組みを頻繁に用いたが，C^* 環の場合には，より直接的なアプローチをという Woronowicz の提案にしたがい，議論の進め方を変えることにした．その説明に先立ち準備をする．

作用素環の場合には，冨田–竹崎理論で使われるモジュラー作用素の記号 Δ との重複を避け，ここでは余積を δ で表すことにする．Woronowicz は，単位元をもつ可分 C^* 環 A に条件

 (a) 集合 $\{\delta(a)(1\otimes b) \mid a,b \in A\}$ は $A \otimes_{\min} A$ において線形稠密

 (b) 集合 $\{(b\otimes 1)\delta(a) \mid a,b \in A\}$ は $A \otimes_{\min} A$ において線形稠密

を満たす余積 δ が与えられたものを**コンパクト量子群**と呼び，コンパクト群の場合と同様な議論ができることを示した [5]．しかし，コンパクトでない場合，つまり C^* 環 A に単位元がない場合には，von Neumann 環の場合と違って，余積の像が極小テンソル積 $A \otimes_{\min} A$ に収まらないだけでなく，余積の余結合法則も満たさなくなる．そこで，群の場合を参考にして，A から乗法子環 $M(A \otimes_{\min} A)$ への準同型写像で，条件 (a), (b) の他に新たな条件

 (c) 任意の $a, b \in A$ に対して，$(b\otimes 1)\delta(a), \delta(a)(1\otimes b) \in A \otimes_{\min} A$

を満たすものを考える．ただし，1 は A の乗法子環 $M(A)$ の単位元である．

以上で準備ができたので，いよいよ Woronowicz 環の C^* 環版の説明に入る．その中では，任意の $\psi, \varphi \in A^*$ と $a \in M(A)$ に対して，$\varphi * a = (\mathrm{id} \otimes \varphi)(\delta(a))$, $a * \psi = (\psi \otimes \mathrm{id})(\delta(a))$ のような記号を用いることにする．

定義 1.2 ([8]) 可分 C^* 環と余積の対 (A, δ) に対して，次の 4 条件を満たす A 上で稠密な定義域をもつ閉作用素 κ と，A 上の下半連続，半有限，強忠実な荷重 h が存在するとき，(A, δ) を**荷重つき Hopf C^* 環**という．

 (i) 作用素 κ は $R \circ \tau_{i/2}$ と極分解される．ただし，$\tau_{i/2}$ は A の 1 径数自己同型群 $\{\tau_t\}$ の無限小生成元であり，R は A の対合的反自己同型である．

 (ii) $a \in A_+$ が $h(a) < \infty$ を満たせば，任意の $\varphi \in A_+^*$ に対して

$$h(\varphi * a) = \varphi(1)h(a)$$

(iii) $h \circ \tau_t = \lambda^t h$ を満たす正数 λ が存在する.

(iv) $\varphi \in A^*$ が $\varphi \circ \kappa \in A^*$ を満たし, $h(a^*a), h(b^*b)$ が共に有限ならば,

$$h((\varphi * a^*)b) = h(a^*((\varphi \circ \kappa) * b))$$

ここで, 荷重が強忠実であるとは, A における列 $\{a_n\}$ に対して, 列 $\{h(a_n^* a_n)\}$ が有界かつ $h(a_n a_n^*) \to 0$ のとき, すべての n に対して $h((a_n - b)^*(a_n - b)) \le h(a_n^* a_n)$ を満たす $b \in A$ は 0 に限るということである.

荷重つき Hopf C^* 環 (A, δ) に対して, その双対対象である, 新たな荷重つき Hopf C^* 環 $(\widehat{A}, \widehat{\delta})$ を構成することができる. このとき

定理 1.3（双対定理） 荷重つき Hopf C^* 環の双対の双対は元の荷重つき Hopf C^* 環と同型である.

量子群の C^* 環を用いた定式化については, J. Kustermans–S. Vaes が, 定義 1.2 の条件 (ii) を満たす右 Haar 荷重の他に, 左 Haar 荷重の存在も仮定し, その代りにわれわれが仮定した群構造に由来する条件のいくつかを省いた定式化を行い, **局所コンパクト量子群**と呼んでいる [7]. 導かれる数学的対象はわれわれのものと同一であるが, こちらの方が条件が少なく近付きやすい. この続きとして考えられる大きな課題としては, Haar 荷重の存在に関する知見を深めることが挙げられる.

参考文献

[1] T. Masuda, K. Mimachi, Y. Nakagami, M. Noumi and K. Ueno, *Representations of the quantum groups $SU_q(2)$ and a q-analogue of orthogonal polynomials*, C. R. Acad. Sci. Paris, Ser. I Math **307** (1988), 559–564. (*Representations of the quantum group $SU_q(2)$ and the little q-Jacobi polynomial*, J. Functional Analysis, **99** (1991), 357–386.)

[2] T. Masuda, K. Mimachi, Y. Nakagami, M. Noumi, Y. Saburi and K. Ueno, Report in Math. Phys., **99** (1991), 357–386; **99** (1991), 357–386.

[3] T. Masuda, Y. Nakagami and J. Watanabe, K-Theory, **4** (1990), 157–180; **5** (1991), 151–175.

[4] T. Masuda and Y. Nakagami, *A von Neumann algebra framework for the duality of the quantum groups*, in Proc of IAMP (1991), 799–850. (*A von Neumann algebra framework for the duality of the quantum groups*, Publ. RIMS Kyoto Univ., **30** (1994), 799–850.)

[5] S.L. Woronowicz, Les Houches, Session LXIV, Quantum Symmmetries (1995), 849–884.

[6] H. Kurose and Y. Nakagami, International J. Math., **8** (1997), 959–997.

[7] J. Kustermans and S. Vaes, *Locally compact quantum groups*, C. R. Acad. Sci. Paris, Ser. I, **328** (1999), 871–876. (*Locally compact quantum groups*, Ann. Sci. Ec. Norm. Sup., **33** (2000), 837–934.)

[8] T. Masuda, Y. Nakagami and S.L. Woronowicz, *A C^*-algebraic framework for quantum groups*, International J. Math., **14** (2003), 903–1001.

インスタントンと表現論

中島 啓

　私が 1993 年頃から続けている研究は，インスタントンのモジュライ空間という幾何学的な対象が，裏に隠し持っている代数的な性質を，表現論という道具を用いて明らかにしていく，というテーマです．代表的な結果として，インスタントンのモジュライ空間のホモロジー群が，アファイン・リー環の表現の構造を持つということを示しました．[4]

　インスタントンもアファイン・リー環も数理物理と関係があり，よく研究されている対象だったのですが，両者の間に関係があるということは，想像されていませんでした．私自身も，証明はできたものの，なぜそのようなことが成り立っているのかよく分からず，何かもっと大きな背景があるのではないかと考えていました．

　同じころに，理論物理で双対性が注目されるようになり，私の発見と密接な関係があるということが分かってきました．ただし，この説明は数学的に厳密な証明で基礎付けられているわけではないので，厳密かつ明快な説明を与えたい，と現在もこのテーマの研究を続けています．

　今回は，アファイン・リー環とインスタントンをそれぞれ解説し，両者のあいだに関係があるのが，なぜ不思議なのか，ということを，数式を使わないでお伝えしたいと思います．

1　表現論とは

　数学の専門家以外の人に，表現論という分野がある，などと説明しても，なかなか分かってもらえません．日常用語としての**表現**は，心の中にあるものを外に表すこと，の意味でよく使われます．そして，絵画，音楽といった芸術において，心を見える，聞こえるものに変えることとして，表現という言葉が使われます．そのような言葉のイメージが，数学に結びつかないので理解しがたいのだと思います．

294　インスタントンと表現論

　数学でいう**表現**では，心の中にあるものの代わりに群とか環などの代数的な対象を，外に表す代わりに線形代数の行列として表します．抽象的な群や環が，心の中にあるものなのかはよく分かりませんが，そのままでは取り扱いにくいもの，ということでは，近いのかもしれません．それに比べると，行列は取り扱いやすく，行列に表すことによって，なんとなくよく分かったような気持ちになってきます．そのように考えると，少し日常用語における表現の意味と近く感じられてきます．しかし，数学の表現では，群や環の掛け算が行列の掛け算になるように，対応させなければいけない，という極めてキツイ規則が付けられていますので，芸術の表現にあるような自由度がまったくありません．表現を少し変えて新しい表現を作る，というようなことはできなくて，もっと堅牢なものです．

　表現論の中でも，リー群の表現論とよばれる分野は，長い歴史を持ち，多くの結果があります．行列の全体の集合は，積という代数的な構造を持っているだけではなく，各成分を変数と思って，微分することができます．ただし，すべての行列を考えることはあまりなく，直交行列の全体とか，ある式を満たすものだけを考えることが普通なので，普通の解析というよりも，曲がった空間，**多様体**を解析の対象として取り扱うことができる幾何学が，表現論とは相性がよいのです．そこで，最初に与えられる対象が代数的な構造だけでなく，多様体の構造も持っているとしてリー群，という概念が定義されます．リー群の表現論は，幾何学的な手法を用いて研究することが可能であり，よりおもしろいわけです．

2　アファイン・リー環

　リー群の表現論と物理学の関係は古くからあり，ワイルなどによる量子力学との関係などがよく知られています．アファイン・リー環，もしくは，それに対応するリー群である，ループ群は，より新しい対象ですが，場の量子論や弦理論と関係があり，現在でも活発に研究されています．

　ループ群は，リー群と近いものですが，リー群が有限次元であるのに対し，無限次元であるという特徴を持っています．リー群の例として，上にもあげた直交行列の全体があります．たとえば，2×2 の直交行列の全体は，回転変換と線対称に対応し，1次元の自由度しか持ちません．行列のサイズをい

くら大きくしても，有限次元の自由度しかありません．

これに対し，ループ群の例として，円周から直交行列への写像の全体があります．これは，無限次元の自由度があります．円周上の関数の全体は，無限次元の線形空間ですが，それと同じくらいの大きさを持っているわけです．

リー群が，有限個の粒子の物理を記述するのには役に立つのに対し，ループ群は，円周上の関数のような，場を記述するのに適しています．これが場の量子論とループ群が関係している理由です．弦理論では，点粒子の代わりに弦＝円周の運動を考えるわけで，ループ群と相性がいいのは，当然のことなのです．また，関数をフーリエ展開すると係数が無限個出てきますが，その一つ一つが粒子に対応していると考えることができます．したがって，ループ群は無限個の粒子の物理とも相性がいいです．

3 インスタントンとそのモジュライ空間

次に私の研究の中心テーマである，インスタントンの説明をしたいと思います．この概念は，もともとは物理学のゲージ理論において導入されたものですが，アティヤらを中心として，1970年代の終りから数学的な研究 [1] が始められました．その後，1983年にドナルドソンにより，インスタントンをトポロジーの問題に応用するという，誰も予想だにしていなかった研究 [2] が行われ，その後は現代幾何学の中心テーマの一つになっています．

インスタントンの定義を正確に書き下すためには，ベクトル束の上の接続に関するさまざまな概念を準備する必要があります．それを避けて雑に説明しますと，4次元の空間の上に定義された行列に値を持つ関数に関する非線形偏微分方程式の解がインスタントンです．行列の大きさが1の場合は，非線形項が自動的に0になるので，線形の微分方程式になりますが，これは電磁場に関するマクスウェルの方程式（をローレンツ計量の代わりにユークリッド計量で考えたもの）に他なりません．

非線形偏微分方程式は，解析の研究対象で，解が存在するかどうかというのが中心問題ですが，インスタントン方程式の場合は，さらに進んで，解の全体のなす空間がどのような幾何学的構造を持っているか，ということを研究します．この空間（正確にはゲージ同値類というもので割ったもの）を**モジュライ空間**とよびます．

非線形偏微分方程式の解は，存在するかどうかでさえ問題になるのに，解の全体の空間の構造なんて調べられるのか，と疑問に思われるのは当然です．難しいからこそ，それを解き明かすところにおもしろさがあるのです．

"空間"という，名前が付けられていることからも分かるとおり，モジュライ空間は幾何学的な対象です．最初に研究されたのは，モジュライ空間の局所的な構造でした．これは，ある一つの偏微分方程式の解が与えられたときに，それに近い解を記述することに対応します．このような問題は解析の問題としても研究されており，それは非線形偏微分方程式を近似した，線形化方程式の性質を調べることになります．線形化方程式の解の空間は，ベクトル空間になります．したがって，モジュライ空間がある点の周りではベクトル空間で近似されるということを意味します．これは，モジュライ空間が多様体の構造を持っている，ということを意味します．つまり，モジュライ空間の上で微分・積分を展開できるというわけです．

もう少し正確にいうと，このベクトル空間の次元は，モジュライ空間の上で一定ではなく，ところどころで増えたり減ったりしています．次元が変わっているところは，モジュライ空間の特異点といわれていて，そこでは通常の意味の多様体にはなっていません．ただし，そのような場合でも線形化方程式による近似は有効ですので，特異点の周りの状況はある程度調べることができるようになっています．

4 モジュライ空間の大域的な性質

次に，モジュライ空間の大域的な性質が研究されました．局所的な性質よりも難しいので，説明も今までにも増してどんどんと不正確になってきますが，インスタントン方程式の解が，複数の粒子のように振る舞うということがポイントになります．雑にいうと，一つの粒子に対応する解をいくつか足し合わせて，解ができるということになります．上に述べたようにインスタントン方程式は線形ではないので，解の和は解にはなりませんが，近似解にはなっているので，その近くに真の解がある，というのが，もう少し正確な主張になります．

粒子の個数 n は，インスタントン数とよばれ，モジュライ空間を考えるときには，固定されています．上で述べた線形空間の次元は n に関する一次式

で表され，n が大きくなるに従い，大きくなっていきます．

最初にあげたドナルドソンの研究では，ある種の仮定を満たす 4 次元のコンパクトな多様体 X 上で，インスタントン数が 1 のモジュライ空間の構造を理解することが，大きなポイントでした．粒子の数が一つしかないので，一番簡単な場合なのですが，その場合でもモジュライ空間の構造を記述できたことは，極めて画期的な研究でした．この場合は，モジュライ空間は，一個の粒子の位置，つまり X の点とエネルギーの強さがパラメータとなって，5 次元の空間になります．ただし，エネルギーが非常に強いときは，エネルギーが一番高い点として，位置が見えているのですが，エネルギーが弱くなるに従って，X 上に広がっていき，したがって，上で説明した粒子の描像はモジュライ空間の近似でしかなく，しかもモジュライ空間の一部でしか，よい近似ではありません．

このような近似がよいところから，まったく離れた別のところに，先ほど述べたモジュライ空間の特異点があります．その周りの様子も分かるのだといいました．このようにして，モジュライ空間の二つの部分が分かり，その途中はよく分かりませんが，特異点なしにつながっていることは，局所的な構造により分かります．しかし，途中のことが分からなくても，この性質だけから X のトポロジーについて，いえることがあり，それがドナルドソンが得たことに他なりません．

5　さらに，"大域" へ

次に，インスタントン数が一般の n のときにモジュライ空間を理解する研究が始まりました．n 個の粒子が相互作用しながら運動している様子を考えることになります．したがって，n が大きくなればなるほど，モジュライ空間は，複雑になっていきます．$n = 1$ のときの研究をそのまま拡張するのは，かなり難しいと思われました．

この困難を克服して，すべての n のモジュライ空間について何かをいうためのアイデアは，異なるインスタントン数を持つモジュライ空間の間にどのような関係があるのか，を考えるということにありました．上で紹介した粒子の描像でいうと，粒子の個数を一定にするのではなく，粒子の数が変わる生成・消滅現象を理解することになります．このアイデアは，クロンハイマー・

ムロフカが有効に用いて，すべてのモジュライ空間の上の積分（ドナルドソン不変量といわれるもの）の母関数を計算しました [3]．とはいっても，上で説明したように粒子の描像はあくまで近似でしかありません．正確には，異なるモジュライ空間 M, M' を結びつける中間の空間を新たに導入し，M 上の積分と，M' 上の積分を結びつけることによって，母関数が持つ性質を導いたものです．

このような解析は，無限個のモジュライ空間を一度に考えて，その構造を見るという意味で，上に述べた大域の構造よりも，さらに大きな構造を調べていることになります．

勝手に無限個の空間を考えても，その全体にいい構造が入るとは思われません．したがって，上のような超大域的な構造がある背後には何かがある，と考えるのは自然なことだと思います．それが分かれば，もっと新しい構造が見つけられるかもしれません．たとえば，ある仮想的な空間があって，その一部として無限個のモジュライ空間が見えている，と夢想することは，私には自然に思えるのですが，残念ながら今のところ，そのような仮想的な空間が何かは分かっていません．15 年前に，名前だけ**母空間**とつけてみたのですが，まだ正体がつかめません．

6 モジュライ空間とアファイン・リー環

最初に述べた，私の研究 [4] も同じような超大域的な構造として，アファイン・リー環の表現が現れる，というものです．異なるモジュライ空間を結びつける中間の空間を使うということも同じです．ただし，それから導きだされる構造はクロンハイマーたちのものとは違います．だからこそ，まだもっと構造が隠されているのでは，と上にも書いたのです．

表現とは，代数的な対象を行列として表すことだと説明しました．ここでは，代数的な対象は，アファイン・リー環，もしくはループ群です．行列は，どのようにして出てくるかというと，ホモロジーという，空間に対して線形空間を対応させる操作を用います．これは，20 世紀前半に導入された幾何学における極めて基本的な概念です．

ここで強調したいのは，行列を作る操作はよく知られているものですが，行列の積がアファイン・リー環の積と対応しているということは，まったく明

らかではないということです．アファイン・リー環は，円周からリー群への写像の全体だといいましたが，モジュライ空間とリー群の間には何の関係もありませんし，円周も出てきません．では，上の結果をどのようにして証明したかというと，アファイン・リー環の積に対応していると仮定して，行列の積が満たすべき関係式をすべてチェックしました．逆に，これらの関係式がすべて満たされると，アファイン・リー環があることが分かって，行列はその表現になる，という理論があるのです．

ただし，この理論では，アファイン・リー環がどこにあるのか，説明ができません．それは，抽象的にあることが保証されている，というだけで，見えないのです．

一つのヒントとしては，アファイン・リー環と無限個の粒子の物理の相性がいいことと，インスタントン方程式の解が粒子のように振る舞うことです．粒子の数を無限にするためには，すべてのインスタントン数のモジュライ空間を一度に考えないといけない，となりますので，今までの説明とも合います．

しかし，インスタントンの粒子による記述が近似でしかないことと，最初に述べたように表現というのは堅牢な構造であることを組み合わせて考えると，この説明は雑なものに過ぎません．より精密な説明が求められているのです．

参考文献

[1] M.F. Atiyah, N.J. Hitchin and I.M. Singer, *Self-duality in four-dimensional Riemannian geometry*, Proc. Roy. Soc. London **A362** (1978), 425–461.

[2] S.K. Donaldson, *An application of gauge theory to four-dimensional topology*, J. Differential Geom. **18** (1983), 279–315.

[3] P.B. Kronheimer and T.S. Mrowka, *Embedded surfaces and the structure of Donaldson's polynomial invariants*, J. Differential Geom. **41** (1995), no. 3, 573–734.

[4] H. Nakajima, *Instantons on ALE spaces, quiver varieties, and Kac–Moody algebras*, Duke Math. J. **76** (1994), 365–416.

重力場の共変的正準量子論

中西 襄

　私が 1956 年以来 50 年以上にわたって研究を続けてきたのは，主に場の量子論に関連した分野である．それで，まず場の量子論に関して簡単に説明しておこう．

　場の量子論は素粒子物理学の基礎理論である．素粒子は生成消滅するものなので，その自由度までこめてそれを記述するのは，量子場と呼ばれる時空 x^μ の（広義の）関数であるような演算子（作用素）である．場の量子論では，量子力学の波動関数や古典物理学の電磁場や重力場が量子化されて，非可換量である演算子に拡張されることになる．首尾一貫した理論を構成するために，通常，同時空点の量子場とその微分の関数であるラグランジァン密度を，時空全体で積分して得られる作用積分から出発する．作用積分の形は，相対論的不変性とかゲージ対称性とかいうようないろいろの要請を満たすように決められる．変分原理により，作用積分から場の方程式が導かれる．また，「正準座標」としての量子場に共役な「正準運動量」が，ラグランジァン密度をその量子場の時間 x^0 に関する偏導関数で微分したものにより定義される．同時刻において，これら正準変数に対し正準交換関係が設定され，同時刻交換関係が決まる．量子場の代数的性質は場の方程式と正準交換関係によって定義されたと考えられる．そして，この代数系を演算子の受け皿である状態空間（内積が定義された無限次元線形空間）で表現することによって，場の量子論が構成されるのである．

　場の量子論が与えられると，実行は複雑だが少なくとも原理的に量子論的状態の時間的変化が計算でき，S 行列を求めることができる．S 行列要素から素粒子反応の起こる確率がわかるので，S 行列，あるいはそれを拡張したグリーン関数という量を計算することが，場の量子論における中心課題である．それで，上述の面倒な正準量子論的計算手続きをきちんとやらずに，作用積分からグリーン関数の母関数を一挙に与えてしまおうという考え方がある．そ

れが経路積分法である．経路積分法は，グリーン関数を少なくとも形式的に簡便に与えるものである．しかし，それは場の量子論の意味する物理的内容に関しては何も明らかにしてくれないので，経路積分（もしくはグリーン関数）のみに基づいて物理的な議論をすると，しばしば誤った結論に導かれる．多くの素粒子論研究者が場の量子論は経路積分だけで記述できるものと信じているが，そうではないことを私は多数の具体例を挙げて強調してきた．量子論の確率解釈が可能なためには，S 行列はユニタリ行列でなくてはならないが，経路積分法ではこれについて何も言えない．また，保存則やその破れを議論することは極めて重要であるが，作用積分の対称性から保存則を導くネーターの定理は，経路積分では一般には壊れてしまう．従って，その破れが見かけのものか，アノーマリーという真の破れかの見分けがつかなくなるのである．

　非相対論的量子力学では，状態空間はヒルベルト空間であった．すなわち，状態ベクトルの自分自身との内積を（平方根をとらないで）ノルムと呼ぶことにすると，ゼロ以外の状態ベクトルのノルムは恒に正で，1 に規格化可能であった．これとハミルトニアンのエルミート性から，散乱行列，すなわち S 行列のユニタリ性が自動的に従う．場の量子論においても，スピン 0 であるスカラー場やスピン $\frac{1}{2}$ であるディラック場の場合は，ヒルベルト空間で表現できるが，スピン 1 である電磁場のようなゲージ場に対してはそうはいかない．作用積分の相対論的不変性が明白であるとき，理論は共変であるというが，ゲージ場の共変的量子論はヒルベルト空間では表現できないことが知られている．

　ゲージ場の古典論では作用積分は局所ゲージ変換不変性があるので，そのままでは正準量子化ができない．それで見かけ上ゲージ不変性を破るゲージ固定項を作用積分に導入する．電磁場の正しい共変的量子論はグプタによって初めて提起されたが，それはファインマン・ゲージというゲージ固定がなされたものである．電磁場は 4 次元ベクトル場 $A_\mu(x)$ によって記述されるが，相対論の要請により $A_0(x)$ の計量は他の成分とは逆符号なので，共変的にそれを表現するには，状態空間のほうも負のノルムを持つ状態ベクトルを許す不定計量の線形空間が必要になる．しかしそうなると，S 行列のユニタリ性が証明できなくなる．そこで状態ベクトルに関して線形である補助条件

というものを設定し，それを満たす状態のみが物理的であると考え，その全体を物理的部分空間という．物理的部分空間がハミルトニアンの不変部分空間になっていれば，初期状態が物理的なら終状態も物理的になる．また物理的部分空間は負ノルムの状態を含まないように設定する．しかし，全体の状態空間は，物理的部分空間と非物理的部分空間の直和への直交分解はできない．それは物理的部分空間がゼロノルムの状態ベクトル（ミンコフスキー空間の光錐的ベクトルのようなもの）を含むからである．そこでゼロノルム状態全体のはる空間による商空間を考えるとヒルベルト空間が得られ，物理的 S 行列のユニタリ性が証明される．

　私は，場の量子論的束縛状態（ベーテ・サルピータ方程式）の研究において，正定値ノルムで量子化したはずの理論から出発しても，束縛エネルギーが非常に大きいと，自然に負ノルムの束縛状態が現われてしまうことを発見した．またスピン $s \geqq 1$ の束縛状態の物理的自由度は，質量が 0 になると突然 $2s+1$ から 2 に変わらねばならないが，これは別にスピン $s' \leqq s-1$ の束縛状態が存在し，それとの共同作業で起こることも発見した．私は同様な状況が素粒子の場合にもあるはずだと考え，電磁場の量子化にスカラー場 $B(x)$ を導入し，グプタがやっていなかったランダウ・ゲージの電磁場の正準量子論を提起した．B 場の導入は独立に他の人もやっているが，彼らはゲージ固定のたんなる道具として導入したのであって，B 場の存在の理論的根拠は認識していない．スムーズにゼロ質量極限のとれるベクトル場理論の定式化には，B 場が必要である．

　素粒子物理学の標準理論の構成部分である電弱理論は，ゲージ対称性の自発的破れ（表現レベルでの対称性の破れ）に基づくヒッグス機構に基礎をおいている．共変的な理論においてはゴールドストンの定理が成立し，南部・ゴールドストン (NG) 粒子と呼ばれる質量 0 のスカラー粒子が存在しなければならないのだが，この場合には現われない．ヒッグスは NG 粒子はゲージ場に食われたとするが，それは非共変かつ非局所的なゲージでの話である．私は B 場形式を用いてこの矛盾を解明した．ゲージ理論でも NG 粒子は存在するのだが，補助条件によって非物理的になっていたのである．この事実は理論のコンシステンシーにとって重要である．実際，それは荷電パイオンがミューオンとニュートリノへ崩壊する過程で明らかになる．この過程は荷電ウィーク

ボソン W の中間状態を通じて起こると信じられているが，それはグリーン関数で物理を解釈したための誤解である．パイオンのスピンは 0，W のスピンは 1 だから，それはパイオン静止系における角運動量保存則によって禁止される．正しくは，NG 粒子を通じて崩壊するのである．NG 粒子は，クォークやグルーオンと同様，存在はするが観測はできない素粒子なのだ．パイオンを NG 粒子と解釈する説もあるが，両者は別物である．

標準理論では，グルーオンやウィークボソンはヤン・ミルズ場と呼ばれる非可換ゲージ場で記述される．この場合，物理的部分空間がハミルトニアンの不変部分空間になるようにはグプタ型補助条件が設定できない．非可換ゲージ場では，物理的 S 行列のユニタリ性を保証するには，ファデーエフ・ポポフ (FP) ゴースト及び FP 反ゴーストと呼ばれる反交換性を持つスカラー場の導入が不可欠である．ベッキ・ルーエ・ストラ (BRS) は局所ゲージ変換の任意関数を FP ゴーストで置き換えて得られる BRS 変換を導入すれば，ゲージ固定されたゲージ場の作用積分が BRS 不変になることを発見した（BRS 対称性）．ここで B 場は FP 反ゴーストの BRS 変換として位置づけられる．九後・小嶋は，BRS 対称性の生成子を用いることにより，補助条件を正しく設定した．そして，これにより彼らは，非可換ゲージ場の共変的正準量子論の定式化に成功した．そこで，私は彼らの方法を拡張して，一般相対論，すなわちアインシュタイン重力の共変的正準量子論の定式化を，ドドンデア・ゲージ（ゲージ場のランダウ・ゲージに相当する座標条件）でおこなった．重力場の量子化は多くの試みがなされてきたが，複雑な非線形性のためにその定式化は困難を極めていた．BRS 対称性に基づく重力場の量子化は，それらの試みに比べてはるかに明晰であるだけでなく，ユニタリ性の問題がきちんと扱えることにおいて決定的に優位にあるといえる．

BRS 対称性に基づく重力場の量子化は，独立に他の人たちによってもなされたが，彼らのやりかたとの基本的な違いは，「本質的 BRS 変換」という概念を導入したところにある．全角運動量は本質的角運動量（スピン）と軌道角運動量を合成したものであるが，理論を構成するときには後者のことは忘れておいたほうがよい．同様に BRS 対称性についても，すべての場に共通する一般座標変換に対応する部分を差し引いて，それぞれの場に固有な BRS 変換だけを取り出したほうが見通しがよくなる．本質的 BRS 変換の導

入により，それまで信じられてきたドグマに反し，重力場が非可換ゲージ場よりも可換ゲージ場に似ていることがわかった．それは，一般座標変換群が並進群という可換群の局所化であるからなのである．

本質的 BRS 変換に基づく重力場の共変的正準量子論は，極めて美しい理論である．正準交換関係から，場自身に関するすべての同時刻交換関係をあらわに閉じた形で求められるばかりでなく，4 次元交換関係についてもかなりの情報が得られる．また，144 個の生成子を持つ超代数，「16 次元ポアンカレ的超対称性」($16 = 4 \times 4$) という極めて大きな対称性が自動的に導かれる．これは，普通の数である 4 次元時空 x^μ と演算子である B 場 $b_\nu(x)$, FP ゴースト場 $c^\sigma(x)$, FP 反ゴースト場 $\bar{c}_\tau(x)$ との間の対称性を，非常に自然な形で実現したものである．

古典アインシュタイン重力の一般座標変換不変性は BRS 対称性に置き換えられているが，理論の一般線形変換不変性は残している．このおかげで，正準量子化の泣き所とされてきた時間変数の特別扱いから解放される．正準量子化の際の「時間」x^0 は，物理的時間ではないからである（後者は x^μ のある一次結合になる）．一般線形変換の生成子の行列の対称部分は自発的に破れるが，そのときのスピン 2 の NG 粒子が重力子に他ならない．従って，ゴールドストンの定理から，重力子の質量は正確に 0 であることが予言される．生成子の行列の反対称部分からは，素粒子物理学で考えるローレンツ対称性が導かれる．ディラック場（もしくはワイル場）は，古典アインシュタイン重力では四脚場形式で定式化されるが，それは時空スカラーで，そのスピノル性は局所ローレンツ変換という内部自由度においてでしか実現されない．しかし量子アインシュタイン重力では，時空と内部の両方のローレンツ対称性が自発的に破れ，ディラック場は自然に素粒子物理学的な時空スピノルになるのである．その機構は，電弱理論において $SU(2)_L$ の中の $U(1)$ と，ハイパーチャージの $U(1)_Y$ がともに自発的に破れて，それらの特別な組み合わせである電磁 $U(1)_{em}$ が残るのと酷似している．

量子アインシュタイン重力を否定したい人は，それを摂動論で計算するとくりこみ不可能な発散が現われ，定量的予言ができないことを致命的欠陥であるかのように主張する．しかし，摂動論というのは，作用積分に含まれる結合定数というパラメータに関する冪展開により S 行列ないしグリーン関数

を計算する方法であるが，摂動論を用いねばならない必然性は全くない．とくに重力場のラグランジアン密度は，自由場の部分と結合定数に比例する相互作用の部分に分離していないので，摂動論を適用するためには，「量子重力場 $g_{\mu\nu}(x)$ は古典的な時空計量と $\sqrt{\kappa}$（κ はアインシュタインの重力定数）のオーダーの量との和に書ける」と仮定しなければならない．ところが，量子重力場は $\kappa \to 0$ の極限でも古典量にはならないので，この仮定は誤りである．つまり，重力場の共変的正準量子論では摂動論は使えない．従って，摂動論でくりこみ不可能な発散が出ても，理論の欠陥とはいえない．

それでは，摂動論を用いないで重力場の量子論の計算をどのようにやるのかという問題が生ずる．これについては，阿部との 10 年にわたる共同研究で，ハイゼンベルク描像における場の量子論の解法を開発してきた．場の方程式を 2 つの場の 4 次元交換子に対する方程式に書き換え，同時刻交換関係をそれに対する初期条件とみなし，演算子に対するコーシー問題を設定する．これを解いて，量子場に対する代数系を決定し，それとコンシステントなワイトマン関数（場の単純積の真空期待値）の系を構成することによって表現を決めるのである．実際この方法で，2 次元時空での重力場の共変的正準量子論の厳密解を構成した．しかもそれは，次元数を変えれば，4 次元時空の場合の第 0 近似（$\kappa \to 0$ の極限）と形式的に一致する．4 次元時空の場合の高次の計算は非常に大変だが，少なくとも原理的に非摂動論的解法は存在するのである．

「究極理論の唯一の候補」と自称する超弦理論は，背景時空の存在を頭から仮定している．これに対し，重力場の共変的正準量子論では，作用積分は一般線形変換不変であって，背景時空はおろか時間と空間の差別さえも最初からは設定しない．時空構造は自発的対称性の破れの結果として実現されるのである．背景時空独立性は究極理論としての必要不可欠な要件であろう．なお，重力場の量子効果の観測は実際上無理であっても，素粒子物理学と整合的に重力場を量子化することは，自然法則の統一的理解にとって本質的に重要と信ずる．

参考文献

[1]［筆者の研究回顧］中西 襄，数理解析研究所考究録，**1524** (2006), 71–150.

[2] ［電磁場の B 場形式］中西 襄，場の量子論（培風館，1975），第 3 章．
[3] ［重力場の共変的正準量子論］中西 襄，物理学最前線 **3**（共立出版，1983）75–161; N. Nakanishi, Publications RIMS **19** (1983), 1095-1137; N. Nakanishi and I. Ojima, *Covariant Operator Formalism of Gauge Theories and Quantum Gravity* (World Scientific, 1990), Chap.5.
[4] ［非摂動論的解法］N. Nakanishi, Prog. Theor. Phys., **111** (2004), 301–337.

核力の起源

初田 哲男

1 強い相互作用

湯川秀樹が 1935 年に発表した論文 [1]「On the Interaction of Elementary Particles I」において,陽子や中性子(総称して核子)に働く核力の起源として,湯川中間子(π 中間子)の交換という概念が提唱された.この中間子論は,未知の相互作用には未知の素粒子が関与しているという素粒子論の考え方の出発点を与えるとともに,原子核が陽子と中性子からいかにできているかを調べる原子核理論の基礎を与えることになった.

中間子論の提唱当時,核子や中間子(総称してハドロン)は,電子や光子と同様に内部構造を持たない素粒子と考えられていたが,1950 年代から 1960 年代に行われた電子と原子核や陽子の散乱実験から,核子が空間的拡がりを持っていることがわかってきた.1966 年には,南部陽一郎により核子を構成している素粒子(現在はクォークおよびグルーオンと呼ばれる)の理論としての非アーベル型ゲージ理論(現在は量子色力学と呼ばれる)が提唱され [2],1970 年代前半に,その高エネルギーでの特徴的性質である"紫外漸近自由性"が実験と理論の双方から明らかになった.

この量子色力学が素粒子の強い相互作用に関する基礎理論であるならば,クォークが単独で観測されない理由,核子の質量の理論的導出,核力の理論的導出,などについての長年の基本的課題に答えてくれるはずである.しかしながら,量子色力学は紫外漸近自由性と表裏一体をなす"赤外隷属性"という性質を持つために,一筋縄で解くことができない."赤外隷属性"とは,低いエネルギーでクォークとグルーオンの相互作用が強くなり,互いに強く束縛しあうという現象のことを指す.相互作用が強いので,量子電気力学で大きな成功を収めた摂動展開のような近似法が使えず,低エネルギーで信頼できる計算ができなくなるのである.

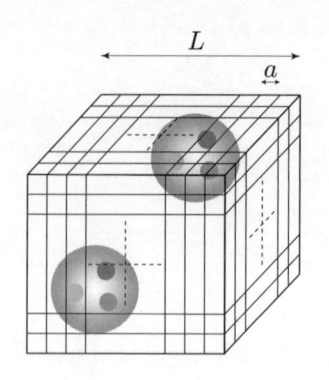

図 1 格子上での陽子と中性子の模式図．クォークは，格子点上に，グルーオンは格子点を結ぶ線分上に定義されている．連続極限 ($a \to 0$) と，熱力学極限 ($L \to \infty$) への外挿を経て物理量が得られる．

　この困難を回避し，上述の基本的課題に直接アプローチできる最も有力な方法が，1974 年にウィルソン (K. Wilson) が提案した格子ゲージ理論 (4 次元時空を離散格子点の集まりで近似して，量子色力学などのゲージ理論を定式化する方法，図 1 を参照) である [3]．1980 年代初頭からは，モンテカルロ法などを用いて，格子上の量子色力学を数値的に解く「"格子量子色力学"の数値シミュレーション」が開始された．過去 30 年間，格子ゲージ理論自体の理論的進展，新しい数値計算アルゴリズムの開発，専用超並列計算機や汎用スーパーコンピューターの高速化，といった様々な進歩の積み重ねを経て，最近では計算結果と実験データを定量的に比較できるようになりつつある．

2　格子量子色力学

　格子量子色力学では，クォーク場 q は図 1 の格子点 (サイトと呼ばれる) の上に，グルーオン場 U は格子点を繋ぐ線分 (リンクと呼ばれる) の上に定義される．物理量 $\mathcal{O}$ の期待値は，以下のような分配関数 Z の外場 J に対する応答から求められる．これは，スピン系の統計力学において，分配関数を外部磁場 H の関数として求めるのと類似の手続きである．

$$Z(J) = \int [dq\,d\bar{q}\,dU]\, e^{-\int d^4 x\,(\mathcal{L}_{\mathrm{QCD}} + J\mathcal{O})}.$$

ここで，$S_{\mathrm{QCD}} = \int d^4 x\, \mathcal{L}_{\mathrm{QCD}}$ は，量子色力学の作用積分，$\int [dq\,d\bar{q}\,dU]$ はす

べてのサイトとリンク上で，クォーク変数とグルーオン変数について積分することを意味する．これは莫大な多重積分なので，モンテカルロ法などの数値計算手法を用いて計算機上で実行する．量子色力学の基本的パラメーターは，クォークの質量 m_q とクォーク–グルーオンの結合定数 g だけなので，少数の実験値を用いてそれらを決めてしまえば，強い相互作用に関わるすべての現象は計算可能ということになる．格子量子色力学の数値計算が，"第一原理計算"と言われるのはこのためである．

クォークの閉じ込めを調べるために，距離 R だけ離れた場所に固定されたクォークと反クォークの間に働くポテンシャルエネルギー $V(R)$ を考えてみよう．このとき，図 2 の中の模式図にあるように，クォーク–反クォーク間の電気力線は細くひも状に絞られてしまう．これは，量子色力学の真空が反誘電的であり，色の電気力線を排除する性質があることに起因する．（電気と磁気を入れかえてみれば，超伝導体の中で磁力線が排除されるマイスナー効果と類似の現象といえる．）

従って，$V(R)$ は以下のように関数形を持つと予想される：

$$V(R) = -\frac{a}{R} + \sigma R.$$

R が大きいときの振る舞いは，ひも状の電気力線のエネルギーが R に比例して増えることから予想され，正の定数 σ はひもの張力に対応する．クォークと反クォークを無限遠に引き離すためには，無限に大きなエネルギーの注入が必要になるので，クォークを単独で取り出すことは不可能というわけである．一方，R が小さいときの振る舞いは通常のクーロン引力と同様である．図 2 のグラフに示したように，格子量子色力学の数値計算結果は，$V(R)$ に関するこの予想を定性的にも定量的にも見事に裏付けている．このようにクォークの閉じ込め現象は，格子量子色力学による強い数値的裏付けがある一方，紙と鉛筆のみによる解析的証明は未だ存在せず，数理物理学における最難問の一つとされている．

図 2 では，距離 R だけ放して固定されたクォークと反クォークを考えたが，現実のハドロンの内部では，クォークは動き回っており，その運動エネルギー，相互作用エネルギー，真空偏極，など様々な効果が現れる．2008 年ごろからは，それらをすべて考慮した計算により，ハドロン質量の実験値を

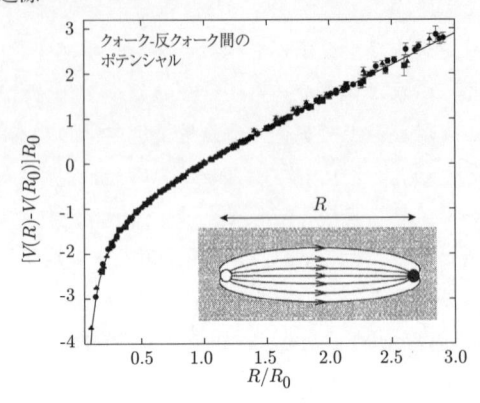

図 2 真空中で，距離 R だけ離れて固定されたクォーク–反クォーク対に働くポテンシャル $V(R)$ の格子量子色力学による数値計算結果 [4], およびその模式図.

数％の精度で再現するような格子量子色力学の計算が可能になってきている [5].

3 核力の導出

核子–核子の散乱実験に基づく核力の現象論的研究が 1950 年代以降進むにつれ，湯川中間子の交換だけでは理解できない核力の新たな性質が明らかになった．それらは以下のようにまとめられる：

1. 核子が互いに遠く離れていると，湯川の予言通り，一個の π 中間子交換がおこる．
2. 核子が互いに接近してくると複数の π 中間子交換が重要になることが，武谷三男をはじめとする日本の核力研究グループにより明らかになった．
3. 核子が互いに至近距離に近づくと，π 中間子交換では説明できない大きな斥力が働く可能性が，1950 年にジャストロウ (R. Jastrow) によって指摘された．この "斥力芯" の概念は，原子核が自分自身の引力で崩壊せず，液滴のように一定の密度を保つ性質（密度の飽和性）とも関係している．

さらに，1990 年代に入ると，5000 以上ある核子–核子の散乱実験データや重

3. 核力の導出

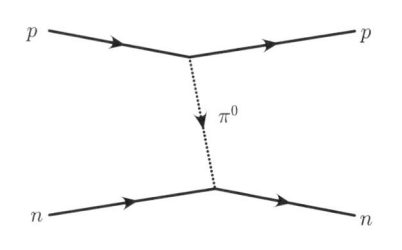

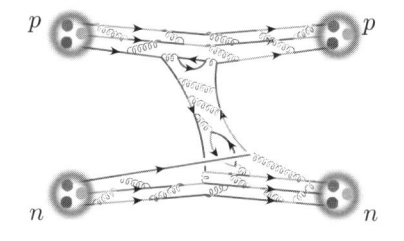

図 3 中間子交換による核力（左）と量子色力学での核力（右）．

陽子（陽子と中性子の束縛状態）の性質を，50 個近い現象論的パラメーターを導入して非常に高い精度で再現できるような現象論的核力ポテンシャルが構築され，それを用いた原子核構造の精密研究が行われるようになった．

さて，核子や中間子は，クォークとグルーオンでできているので，核力の性質も量子色力学で記述できるはずである．図 3 には，クォーク発見以前の核力の記述（左）と，クォーク発見以後の記述（右）を比較してある．果たして右図のような複雑なプロセスを計算し，現象論的核力の諸性質をほんとうに導出できるのだろうか？ 南部陽一郎は 1997 年の著書『クォーク』[6] の中で，その困難さを以下のように評している：『現在でも核力の詳細を基本方程式から導くことはできない．核子自体がもう素粒子とは見なされないから，いわば複雑な高分子の性質をシュレーディンガー方程式から出発して決定せよというようなもので，むしろこれは無理な話である．』

格子量子色力学からこの問題に挑戦し先鞭をつけたのが，2007 年に発表された石井理修，青木慎也，と筆者の共著論文である [7]．この研究を始めるにあたって我々が直面した大きな問題の一つは，いかにして核力ポテンシャルを量子色力学から数学的に"定義"するかであった．通常の量子力学では，与えられたポテンシャル $V(r)$ のもとでシュレーディンガー方程式を解き物理量を計算するが，格子量子色力学では，まず 2 核子の相関関数が得られ，それをもとにポテンシャルを構成するという逆の道をたどる必要がある．ひとたびポテンシャルが構成できれば，それは核子の多体系である原子核の問題に広く応用することができるので，高い汎用性を持つことになる．

我々は，2核子の空間相関を記述する南部–ベーテ–サルピーター (Nambu–Bethe–Salpeter) 振幅から非局所核力ポテンシャル $U(\bm{r}, \bm{r}')$ を再構成する一般的方法を確立した [8]．さらに，この方法で得られるポテンシャルを，$U(\bm{r},\bm{r}') = V(\bm{r},\nabla)\delta^3(\bm{r}-\bm{r}') = \sum_n V_n(\bm{r})\nabla^n \delta^3(\bm{r}-\bm{r}')$ のように非局所性で展開すると，これまで現象論的に用いられてきた核力ポテンシャルとの関係も明らかになる：

$$V(\bm{r},\nabla) = V_C(r) + V_T(r)S_{12} + V_{LS}(r)\bm{L}\cdot\bm{S} + O(\nabla^2) + \cdots. \quad (1)$$

ここで，$V_C(r)$ はスピンに依存しない中心力，$V_T(r)$ は重陽子の結合に本質的なテンソル力，$V_{LS}(r)$ は中性子物質の超流動性に本質的なスピン–軌道力，に対応するポテンシャルである．

図4に，南部–ベーテ–サルピーター振幅に関して格子量子色力学の数値計算を実行し，それをもとに構成した核力ポテンシャルの例（中心力の場合）を示してある．湯川によって予言された遠距離での引力はもとより，ジャストロウが提唱した近距離での斥力芯が，理論計算だけから出現していることがわかる．ここで示した計算例は，2007年当時に行われた最初の結果の1つであり，クォークの質量が現実の値より大きいなど，様々な点で近似的なものであった．しかしながら，素粒子原子核物理学における長年の懸案事項の解決へ道筋をつけたこと，経験的に知られていた核力の性質を定性的に再現できたこと，は大きな一歩であった [9]．

4 核力研究の今後

2007年以降，格子量子色力学による核力やハドロン間相互作用の研究は，国内の多くの研究者の協力を得て進展を続けている．特に，テンソル力の導出，ストレンジクォークを含むハイペロン相互作用への拡張，核力ポテンシャルの非局所性の解析，3体核力の導出，現実的なクォーク質量での大規模計算などが着実に進められており，計算精度が数％の信頼度に到達すれば，原子核，ハイパー核，さらには中性子星の内部構造の研究に対して，量子色力学の立場から重要な基礎を与えることになる [10]．

斥力芯の物理的起源の解明も重要な課題である．この問題については，陽子と中性子だけでなく，ハイペロンにまで拡張した相互作用を考え，フレーバー対称性を活用することで透徹した理解が得られる可能性が高い．実際，

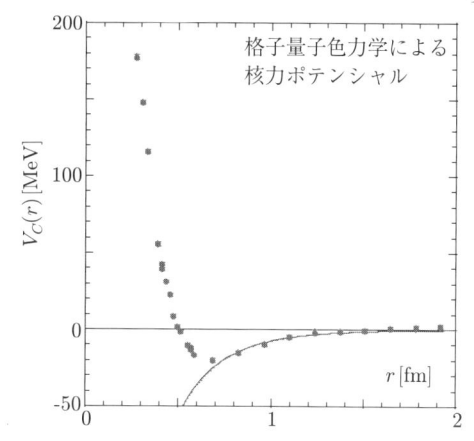

図4 格子量子色力学の数値計算で得られた核力ポテンシャル [7, 8]. 遠距離での実線は湯川中間子交換の予言.

クォークに関するパウリ排他律が斥力芯の存在に密接に関係していることが最近明らかになってきた [11]. また, アップクォーク 2 個, ダウンクォーク 2 個, ストレンジクォーク 2 個の合計 6 個のクォークからなる H-ダイバリオン [12] においては, クォークのパウリ排他律効果が最小となり, 斥力芯ならぬ"引力芯"が出現することも, 格子量子色力学計算から示されている [13]. これは, H-ダイバリオンやその仲間の実験的検証にも新たな光を投げかけている.

参考文献

[1] http://www.journalarchive.jst.go.jp/info/stories/physics01-01.php
[2] *Broken Symmetry, Selected Papers of Y. Nambu*, eds. T. Eguchi and K. Nishijima (World Scientific, Singapore, 1995) pp.192–201 に再録.
[3] K.G. Wilson, "Confinement of Quarks," Phys. Rev. **D10**, 2445 (1974).
[4] G.S. Bali, "QCD forces and heavy quark bound states," Phys. Rept. **343**, 1 (2001).
[5] S. Aoki et al. [PACS-CS Collaboration], "2+1 Flavor Lattice QCD toward the Physical Point," Phys. Rev. **D79**, 034503 (2009).
[6] 南部陽一郎,『クォーク』第 2 版 (講談社, ブルーバックス, 1997).
[7] N. Ishii, S. Aoki and T. Hatsuda, "The Nuclear Force from Lattice QCD," Phys. Rev. Lett. **D99**, 022001 (2007).

[8] S. Aoki, T. Hatsuda and N. Ishii, "Theoretical Foundation of the Nuclear Force in QCD and its applications to Central and Tensor Forces in Quenched Lattice QCD Simulations," Prog. Theor. Phys. **123**, 89 (2010).

[9] F. Wilczek, "Hard-core revelations", Nature, **445** (2007) 156; "Research Highlights 2007" Nature, **450**, 1130–1133 (2007).

[10] T. Hatsuda, "Lattice Nuclear Force," in *From Nuclei to Stars: Festschrift in Honor of Gerald E. Brown*, ed. Sabine Lee (World Scientific, Singapore, 2011).

[11] T. Inoue, N. Ishii, S. Aoki, T. Doi, T. Hatsuda, Y. Ikeda, K. Murano, H. Nemura, and K. Sasaki [HAL QCD collaboration], "Baryon–Baryon Interactions in the Flavor SU(3) Limit from Full QCD Simulations on the Lattice," Prog. Theor. Phys. **124**, 591 (2010).

[12] R.L. Jaffe,"Perhaps a Stable Dihyperon," Phys. Rev. Lett. **38**, 195 (1977).

[13] T. Inoue, N. Ishii, S. Aoki, T. Doi, T. Hatsuda, Y. Ikeda, K. Murano, H. Nemura, and K. Sasaki [HAL QCD Collaboration], "Bound H-dibaryon in Flavor SU(3) Limit of Lattice QCD," Phys. Rev. Lett. **106**, 162002 (2011).

正しい量子相対エントロピーとは何か

日合 文雄

1 はじめに

古典確率論・古典情報理論において，確率分布 $p = (p_1, \ldots, p_n)$ に対する **Shannon** エントロピー（または**情報量**）$H(p) := -\sum_{i=1}^n p_i \log p_i$ と共に，2 つの確率分布 p と $q = (q_1, \ldots, q_n)$ に対する **Kullback–Leibler ダイバージェンス**（または**相対エントロピー**）$D(p\|q) := \sum_{i=1}^n p_i \log(p_i/q_i)$ は重要である．一般に，可測空間 $(\Omega, \mathcal{F})$ 上の 2 つの確率測度 p, q に対しても，相対エントロピー $D(p\|q)$ は

$$D(p\|q) := \begin{cases} \int_\Omega \log \dfrac{dp}{dq}\, dp & (p \ll q \text{ のとき}) \\ +\infty & (p \ll q \text{ でないとき}) \end{cases}$$

と定義される（ただし，$p \ll q$ は p が q に対して絶対連続であること，dp/dq は Radon–Nikodym 微分を意味する）．

量子（＝非可換）系がヒルベルト空間 $\mathcal{H}$ 上の有界作用素の全体 $B(\mathcal{H})$ の場合，確率分布に対応するものは密度作用素 D（つまり，D はトレースが 1 の正作用素）である．密度作用素 D は $B(\mathcal{H})$ 上の正規状態 φ と $\varphi(A) = \text{Tr}(DA)$ $(A \in B(\mathcal{H}))$ により 1 対 1 に対応する．特に $\mathcal{H}$ が有限次元で $\dim \mathcal{H} = n$ のときは，$B(\mathcal{H})$ は $n \times n$ 行列環 $M_n(\mathbb{C})$ と同一視され，D は $n \times n$ 密度行列となる．密度作用素はコンパクト作用素で，$D = \sum_i \lambda_i |v_i\rangle\langle v_i|$ と離散的にスペクトル分解できる（ここで λ_i は D の固有値で，$\{v_i\}$ は固有ベクトルからなる正規直交系）．Shannon エントロピーの量子版は，密度作用素 D に対する **von Neumann** エントロピー

$$S(D) := -\text{Tr}\, D \log D = -\sum_i \lambda_i \log \lambda_i$$

である（この言い方はあまり適切でない．実際，von Neumann が $S(D)$ を

導入したのは 1927 年で，Shannon の仕事に 20 年先んじていた）．ところで，梅垣 [13] は 2 つの密度行列 D_0, D_1 に対して，Kullback–Leibler ダイバージェンスの量子版として，**相対エントロピー** $S(D_0 \| D_1)$ を

$$S(D_0\|D_1) := \begin{cases} \operatorname{Tr} D_0(\log D_0 - \log D_1) & (\operatorname{supp} D_0 \le \operatorname{supp} D_1 \text{ のとき}) \\ +\infty & (\operatorname{supp} D_0 \le \operatorname{supp} D_1 \text{ でないとき}) \end{cases}$$

と定義した．実際 [13] では，トレース（詳しくは忠実半有限正規トレース）τ をもつ半有限 von Neumann 環上の正規状態 φ_0, φ_1 に対して，Radon–Nikodym 微分 $D_0 = d\varphi_0/d\tau$, $D_1 = d\varphi_1/d\tau$ を使って $S(\varphi_0\|\varphi_1)$ が定義された．さらに，荒木 [2] は相対エントロピー $S(\varphi_0\|\varphi_1)$ を任意の von Neumann 環上の 2 つの正規状態に拡張した．幸崎 [10] は一般の C^* 環の 2 つの状態でも通用する $S(\varphi_0\|\varphi_1)$ の変分表示を与えた．2 変数の相対エントロピーは量子確率論・量子情報理論の分野で現れる様々なエントロピー量（相互エントロピー，情報路容量，力学的エントロピーなど）を定義する際に基礎となるもので，1 変数の von Neumann エントロピーよりもずっと応用範囲が広い．相対エントロピーの性質と応用については [12] が詳しい．

2　相対エントロピーの正当化：量子 Stein の補題

古典的な Kullback–Leibler ダイバージェンスについては，Csiszár による公理的導出や仮説検定に関する Stein の補題による意味付けがあり，その正当性には疑問の余地はない．ここで Stein の補題とは，簡単に言うと，帰無仮説と対立仮説が確率分布 p_0, p_1 である仮説検定において，誤り確率の指数の漸近的な限界が $S(p_0\|p_1)$ で与えられることをいう．ところが，量子確率論においては，梅垣の導入した相対エントロピー $S(D_0\|D_1)$ が唯一正しい相対エントロピーであるかどうかは明らかでなかった．実際，Belavkin–Staszewski [4] は

$$S_{\mathrm{BS}}(D_0\|D_1) := \operatorname{Tr} D_0 \log D_0^{1/2} D_1^{-1} D_0^{1/2}$$

という相対エントロピーを提唱した．非可換な D_0, D_1 に対しては，$S(D_0\|D_1)$ と $S_{\mathrm{BS}}(D_0\|D_1)$ は一致しない．このような状況で，量子相対エントロピーとして何が正しいものであるかを決定するには，量子 Stein の補題を定式化し，その誤り確率の指数の漸近的な限界として何が現れるかを示すことが期待さ

れた．これを示したのが，筆者と Petz の論文 [6] である．しかし，筆者自身は当時，Stein の補題については門外漢で，このように明確な問題意識をもっていたわけではない．長岡浩司氏からこの問題のことを聞き，共著者の Dénes Petz 氏からこれが彼が最近考えている問題だと言われたことが動機であった．

ここから本論に入り，[6] の結果の概要を述べる．$\mathcal{A}$ を有限次元 C^* 環とし，φ_0, φ_1 を $\mathcal{A}$ 上の状態とする．各 $n = 1, 2, \ldots$ に対して，n 重テンソル積 C^* 環 $\mathcal{A}^{\otimes n}$ 上にテンソル積状態 $\varphi_k^{(n)} := \varphi_k^{\otimes n}$ $(k = 0, 1)$ を考える．$\varepsilon \in (0, 1)$ に対して

$$\beta_\varepsilon(\varphi_0^{(n)}, \varphi_1^{(n)}) := \min\{\varphi_1^{(n)}(Q) : Q \in \mathcal{A}^{\otimes n} \text{ は射影}, \varphi_0^{(n)}(I - Q) \leq \varepsilon\}$$

と定める．この量は仮説検定の誤り確率としての意味をもつ．いま，量子系 $\mathcal{A}$ の状態が φ_0, φ_1 のいずれかであり，複合系 $\mathcal{A}^{\otimes n}$ 上ではそれらのテンソル積状態 $\varphi_0^{(n)}, \varphi_1^{(n)}$ のいずれかが起こるとする．$\mathcal{A}^{\otimes n}$ の射影 Q により定まる測定（テスト）$(Q, I - Q)$ によって，φ_0, φ_1 のいずれであるかを決定する問題を考えよう．φ_0 を帰無仮説，φ_1 を対立仮説として，測定の結果が 0 のとき φ_0 を採択し，1 のとき φ_0 を棄却（φ_1 を採択）するものとする．このとき，φ_0 が正しいのにそれを棄却する**第 1 種誤り確率**は $\varphi_0^{(n)}(I - Q)$ で与えられ，φ_0 が正しくないのにそれを採択する**第 2 種誤り確率**は $\varphi_1^{(n)}(Q)$ で与えられる．したがって，$\beta_\varepsilon(\varphi_0^{(n)}, \varphi_1^{(n)})$ は第 1 種誤り確率を ε 以下に押さえたときの，第 2 種誤り確率の最小値を意味する．この最小誤り確率の $n \to \infty$ のときの漸近極限について，[6] で示した結果は

定理 1.1 任意の $\varepsilon \in (0, 1)$ に対して

$$\limsup_{n \to \infty} \frac{1}{n} \log \beta_\varepsilon(\varphi_0^{(n)}, \varphi_1^{(n)}) \leq -S(\varphi_0 \| \varphi_1), \tag{1}$$

$$\liminf_{n \to \infty} \frac{1}{n} \log \beta_\varepsilon(\varphi_0^{(n)}, \varphi_1^{(n)}) \geq -\frac{1}{1-\varepsilon} S(\varphi_0 \| \varphi_1). \tag{2}$$

不等式 (1) は**量子 Stein の補題の順定理**と呼ばれる．(2) は**量子 Stein の補題の逆定理**の弱い形である．この定理により，梅垣の相対エントロピー $S(\varphi_0 \| \varphi_1)$ が（少なくとも情報理論的に）正しい量子相対エントロピーであ

ることが言えた.

実際 [6] では,$\varphi_1^{(n)}$ はテンソル積状態とし,$\varphi_0^{(n)}$ はもっと一般に無限テンソル積 C^* 環 $\mathcal{A}^{\otimes \mathbb{Z}}$ 上の (ずらしに関して) 完全エルゴード的な状態 $\hat{\varphi}_0$ を $\mathcal{A}^{\otimes n}$ に制限した $\varphi_0^{(n)} := \hat{\varphi}_0|_{\mathcal{A}^{\otimes n}}$ の場合に上定理を示した. さらに, この場合に次の結果も示した.

定理 1.2

$$S_{\mathrm{co}}(\varphi_0^{(n)} \| \varphi_1^{(n)})$$
$$:= \sup\Big\{\sum_{i=1}^k \varphi_0^{(n)}(P_i) \log \frac{\varphi_0^{(n)}(P_i)}{\varphi_1^{(n)}(P_i)} : P_1, \ldots, P_k \in \mathcal{A}^{(n)} \text{ は射影}, \sum_i P_i = I\Big\}$$

とすると

$$\lim_{n\to\infty} \frac{1}{n} S_{\mathrm{co}}(\varphi_0^{(n)} \| \varphi_1^{(n)}) = \lim_{n\to\infty} \frac{1}{n} S(\varphi_0^{(n)} \| \varphi_1^{(n)}).$$

つまり,$\varphi_0^{(n)}, \varphi_1^{(n)}$ を各 $\mathcal{A}^{\otimes n}$ の適当な可換 $*$-部分環に制限した相対エントロピーの $1/n$-極限が,相対エントロピー密度 $\lim_{n\to\infty} \frac{1}{n} S(\varphi_0^{(n)} \| \varphi_1^{(n)})$ と一致する. この結果の副産物として得られた不等式

$$S_{\mathrm{BS}}(\varphi_0 \| \varphi_1) \geq S(\varphi_0 \| \varphi_1) \tag{3}$$

も意味深い.

3 その後の発展

定理 1.1 で量子相対エントロピー $S(\varphi_0 \| \varphi_1)$ の意味付けはできたが,量子 Stein の補題としては逆定理が完全でなかった. 論文 [6] から 9 年後の論文 [11] で小川–長岡は次の逆定理を示した.

定理 1.3 定理 1.1 と同じ設定で,任意の $\varepsilon \in (0,1)$ に対して

$$\beta_\varepsilon^*(\varphi_0^{(n)}, \varphi_1^{(n)}) := \min\{\varphi_1^{(n)}(T) : T \in \mathcal{A}^{\otimes n},\ 0 \leq T \leq I,\ \varphi_0^{(n)}(I-T) \leq \varepsilon\}$$

と定めると

$$\liminf_{n\to\infty} \frac{1}{n} \log \beta_\varepsilon^*(\varphi_0^{(n)}, \varphi_1^{(n)}) \geq -S(\varphi_0 \| \varphi_1). \tag{4}$$

(1) と (4) を合わせると

$$\lim_{n\to\infty}\frac{1}{n}\log\beta_\varepsilon(\varphi_0^{(n)},\varphi_1^{(n)})=\lim_{n\to\infty}\frac{1}{n}\log\beta_\varepsilon^*(\varphi_0^{(n)},\varphi_1^{(n)})=-S(\varphi_0\|\varphi_1)$$

となり，量子 Stein の補題が完成した．さらに 2006 年以降，Stein 型とは誤り確率の与え方が異なる Chernoff 型と Hoeffding 型の量子仮説検定の定理が，Audenaert 達，Nussbaum–Szkoła，長岡，林等によって示され，量子仮説検定論は最近では量子情報理論の発展の一翼を担うまでの広がりを見せている．

筆者と Petz は [8, 9] で，スピン系の Gibbs 状態と有限相関状態に対する（相対）エントロピー密度に関して，[6] と同様な結果を示した．これらは量子統計物理での巨視的一様性の例証として意味がある．

荒木 [3] は Lieb–Thirring の不等式を拡張して，作用素 $A, B \geq 0$ と $r \geq 1$, $p > 0$ に対して

$$\mathrm{Tr}\,(A^{1/2}BA^{1/2})^{rp} \leq \mathrm{Tr}\,(A^{r/2}B^r A^{r/2})^p \tag{5}$$

を示した．以下では記述を簡単にするため，A, B は非負定値行列，H, K はエルミート行列とするが，一般のヒルベルト空間上の作用素の場合でも同様に成立する（詳しい解説は [5] 参照）．トレース不等式 (5) で $A = e^{H/r}$, $B = e^{K/r}$, $p = 1$ として $r \to \infty$ とすると，数理物理で有名な **Golden–Thompson の不等式**

$$\mathrm{Tr}\,e^{H+K} \leq \mathrm{Tr}\,e^H e^K$$

が得られる．したがって (5) は Golden–Thompson の不等式を強くしたトレース不等式である．不等式 (3) と (5) からの類推で，論文 [7] で，$p > 0$, $\alpha \in [0,1]$ に対して

$$\mathrm{Tr}\,(e^{pH}\#_\alpha e^{pK})^{1/p} \leq \mathrm{Tr}\,e^{(1-\alpha)H+\alpha K}, \tag{6}$$

$$\frac{1}{p}\mathrm{Tr}\,A\log B^{p/2}A^p B^{p/2} \leq \mathrm{Tr}\,A(\log A+\log B) \leq \frac{1}{p}\mathrm{Tr}\,A\log A^{p/2}B^p A^{p/2} \tag{7}$$

などのトレース不等式を示した．ここで $A\#_\alpha B$ は荷重幾何平均で，A が可逆なら

$$A\#_\alpha B := A^{1/2}(A^{-1/2}BA^{-1/2})^\alpha A^{1/2}$$

で定まる．(6) は Golden–Thompson の逆向き不等式とみなせる．(7) の 2 番目の不等式で，B を B^{-1} に置き換えて $p=1$ とすれば，(3) が得られる．さらに [1] では，(6) を拡張する対数マジョリゼーションと呼ばれる結果を反対称テンソル積を使う簡便な手法で証明した．この結果は，$r \geq 1$, $p > 0$ に対して，(5) を逆向きにした

$$\mathrm{Tr}\,(A^r \#_\alpha B^r)^p \leq \mathrm{Tr}\,(A \#_\alpha B)^{rp}$$

を導く．

参考文献

[1] T. Ando and F. Hiai, Log majorization and complementary Golden-Thompson type inequalities, *Linear Algebra Appl.* **197/198** (1994), 113–131.

[2] H. Araki, Relative entropy of states of von Neumann algebras I, II, *Publ. Res. Inst. Math. Sci.* **11** (1976), 809–833; **13** (1977), 173–192.

[3] H. Araki, On an inequality of Lieb and Thirring, *Lett. Math. Phys.* **19** (1990), 167–170.

[4] V.P. Belavkin and P. Staszewski, C^*-algebraic generalization of relative entropy and entropy, *Ann. Inst. H. Poincaré Sect. A* **37** (1982), 51–58.

[5] F. Hiai, Log-majorizations and norm inequalities for exponential operators, in *Linear Operators*, J. Janas, F. H. Szafraniec and J. Zemánek (eds.), Banach Center Publications, Vol. 38, 1997, pp. 119–181.

[6] F. Hiai and D. Petz, The proper formula for relative entropy and its asymptotics in quantum probability, *Comm. Math. Phys.* **143** (1991), 99–114.

[7] F. Hiai and D. Petz, The Golden-Thompson trace inequality is complemented, *Linear Algebra Appl.* **181** (1993), 153–185.

[8] F. Hiai and D. Petz, Entropy densities for Gibbs states of quantum spin systems, *Rev. Math. Phys.* **5** (1993), 693–712.

[9] F. Hiai and D. Petz, Entropy densities for algebraic states, *J. Funct. Anal.* **125** (1994), 287–308.

[10] H. Kosaki, Relative entropy of states: a variational expression, *J. Operator Theory* **16** (1986), 335–348.

[11] T. Ogawa and H. Nagaoka, Strong converse and Stein's lemma in quantum hypothesis testing, *IEEE Trans. Inform. Theory* **46** (2000), 2428–2433.

[12] M. Ohya and D. Petz, *Quantum Entropy and Its Use*, Springer, 1993; 2nd edition, 2004.

[13] H. Umegaki, Conditional expectation in an operator algebra, IV (entropy and information), *Kodai Math. Sem. Rep.* **14** (1962), 59–85.

質量の起源について

東島　清

1　はじめに

　2008 年度のノーベル物理学賞は南部陽一郎氏と小林誠・益川敏英の両氏に贈られ，3 氏から親しく教えを受けた私にとって何よりの喜びであった．南部氏によって素粒子物理学に初めて持ち込まれた対称性の自発的破れというアイデアは，ヤン・ミルズ両氏と内山龍雄氏によって提唱されたゲージ理論とともに，素粒子標準理論の基本原理となっている．ここではフェルミ粒子はカイラル対称性の破れによって質量を獲得するという南部理論と，ゲージ理論におけるカイラル対称性の破れについて紹介する．

2　南部・ゴールドストンの定理

　元々の理論が対称性を持っているのに，最もエネルギーの低い状態である真空が対称性を破ることを**対称性の自発的破れ**という．対称性が自発的に破れる場合には，**南部・ゴールドストン粒子**と呼ばれる質量を持たない粒子が現れる（**南部・ゴールドストンの定理**）．磁石では回転対称性が自発的に破れているが，磁石全体はどんな方向を向いていてもエネルギーが等しいので，磁石全体の方向を動かすような揺らぎのエネルギーは零である．この揺らぎは全空間で一様なので，揺らぎの波長は無限に長いと考えられる．ド・ブロイの関係から，この揺らぎを粒子と見なした時の運動量 $\boldsymbol{p}$ は零となるので，相対論ではそのエネルギーが $E = \sqrt{m^2c^4 + c^2\boldsymbol{p}^2} = mc^2$ である．一方，上に述べたようにこの揺らぎのエネルギーは零なので，南部・ゴールドストン粒子の質量は零でなければならない．

　この現象は無限に小さな変換を許すような任意の対称性に対して成り立つ．よく知られているように対称性は保存則と密接に結びついている．回転対称性がある時には角運動量が保存する．同じように連続的な対称性がある時には必ず保存量が存在する．対称性が自発的に破れると，対応する保存則も自

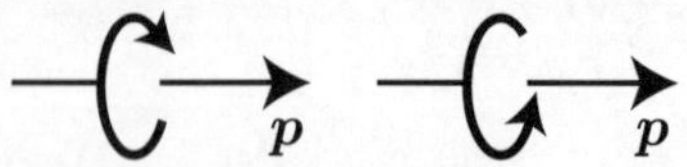

324　質量の起源について

図1 左巻き粒子（左）と右巻き粒子（右）

発的に破れる．現れる南部ゴールドストン粒子の数は，破れた保存則の数に一致する．回転対称性に伴う南部・ゴールドストン粒子はマグノン，結晶格子による並進対称性の破れに対応する南部・ゴールドストン粒子はフォノンと呼ばれる．

3　南部理論

　南部氏は陽子や中性子などスピン 1/2 を持つ粒子の質量の起源に関する大胆な提案を行った．陽子や中性子は元々質量を持たないと考えると，いつも光速で走る．スピン 1/2 の粒子が，運動量 p の周りに左向きに回転している（左巻き粒子と呼ぶ）としよう．どんなに速く走っても，光速で走る粒子を追い越すことはできないので，運動量の向きが逆転することはない．

　従って，左巻き粒子は誰から見ても左巻きに見える．同じように，右巻き粒子は誰にとっても右巻き粒子に見える．右巻き粒子が左巻き粒子に変わることはないため，左巻き粒子の数や右巻き粒子の数は時間がたっても変わらない保存量である．

　一方，質量を持つ粒子は光速より遅く走っているので，その粒子より速く走る人から見れば，粒子の運動量は逆向きに見える．左巻きだった粒子もその人から見れば右巻きの粒子に見える．つまり質量を持つ粒子の場合には，左巻きと右巻きの 2 つの成分が混ざり合う．左巻き粒子と右巻き粒子の数の差を**カイラリティー**と呼ぶと，質量がない粒子のカイラリティーは時間によらない保存量である．

　左巻き粒子や右巻き粒子の数の保存則は，各粒子の場の位相を回転する対称性と密接に結びついている．南部氏は左巻き粒子と右巻き粒子の場の位相を逆向きに回転する対称性（**カイラル対称性**）が自発的に破れる時に，スピン 1/2 の粒子が質量を獲得すると考えた．この時に現れる質量零の南部・ゴー

ルドストン粒子が湯川秀樹博士の予言したパイ中間子であると考えた[1]. フェルミ粒子が質量を持つのは, 運動量 p の右巻き粒子と, 運動量 $-p$ の左巻き反粒子が束縛状態を作り真空に凝縮するためである. 南部氏は質量零のフェルミ粒子が **4 体フェルミ型相互作用**をする理論を用いて, フェルミ粒子が質量を獲得する時には, フェルミ粒子とその反粒子が質量零の束縛状態を作ることを示した[2][1].

4 ゲージ理論におけるカイラル対称性の破れ

南部氏は繰り込み不可能な 4 体フェルミ型相互作用を用いてカイラル対称性の破れを示したが, ここでは繰り込み可能なゲージ理論[3]でも同様なことが起きることを紹介する [4].

まず質量を持たないフェルミ粒子がなぜ質量を獲得するのかを考えてみる. 相互作用もカイラル対称性を保つならば, 南部・ゴールドストンの定理によって, フェルミ粒子が質量を獲得する時には, 質量零の南部・ゴールドストン粒子が現れるはずである. フェルミ粒子もその反粒子も質量を持たない場合, 光速で動き回る 2 つの粒子を束縛しておくには強い引力が必要である. 引力が十分に強いと束縛状態ができるが, フェルミ粒子の質量を m, 束縛状態の質量を M とすると, 相対論的には $M^2 = (2m)^2 - B$ と書くことができるであろう. ここで, 束縛状態の質量は自由粒子の質量の和よりも小さくなければならないので, 引力による束縛エネルギーの効果を表すために $B > 0$ を導入した. フェルミ粒子の質量が零の時には, 束縛状態ができれば $M^2 = -B < 0$ なので必然的にタキオンが現れ, この真空は不安定になる. この不安定性によりタキオン凝縮が起こり, フェルミ粒子は質量を獲得する. 安定性を回復しタキオン凝縮が止まるのは, 束縛状態の質量が丁度零になる時である. このようにして, フェルミ粒子は質量を獲得し, 質量零の南部・ゴールドストン粒子が現れる.

---

[1] 実際のパイ中間子はわずかながら質量を持っている. この小さな質量は元々カイラル対称性がわずかに破れているためである.
[2] 現在では陽子や中性子はクォークからできていると考えられており, クォークの質量の大部分はカイラル対称性の破れに起因することが分かっている.
[3] 益川敏英・中島日出夫両氏ははしご近似のゲージ理論において, フェルミ粒子の自己エネルギーに対するシュウィンガー・ダイソン方程式に紫外カットオフを導入して解き, 結合定数が大きくなるとカイラル対称性の自発的破れが起きることを示した. この時フェルミ粒子の質量は紫外カットオフに比例して無限に大きくなり, 質量有限の繰り込まれた理論は得られなかった [2].

南部理論から抽出したこの描像により，カイラル対称性が破れることを示すには，フェルミ粒子とその反粒子からなる質量零の束縛状態が現れることを示せば良いことが分かる．但し，運動が相対論的であるために，シュレーディンガー方程式ではなく，相対論的な束縛状態を記述する南部・ベーテ・サルピータ方程式を使わなければならない．フェルミ粒子とその反粒子からなる束縛状態の方程式は，重心系で全エネルギーが零の場合にはシュレーディンガー方程式と非常に似た形に書くことができる [4]：

$$H\Psi = -m^2\Psi \tag{1}$$

$$H = -\Box + V(R) = -\frac{\partial^2}{\partial R^2} - \frac{3}{R}\frac{\partial}{\partial R} + V(R) \tag{2}$$

ここで，$\Psi(x)$ は 4 次元的な相対座標に対する波動関数（ベーテ・サルピータ振幅）を表し，m はフェルミ粒子が獲得する質量である[4]．4 次元のラプラシアンを $\Box$ で表し，エネルギーの一番低い束縛状態を求めたいので，4 次元的に回転対称性を課して $|x| = R$ とした．はしご近似と呼ばれる近似を用いると，ポテンシャル項 $V(R)$ はゲージ粒子交換による引力で（C_2 は非可換ゲージ理論の 2 次のカシミア不変量で $SU(3)$ の基本表現の場合は $4/3$）

$$V(R) = -\frac{\lambda}{R^2} \quad \left(\lambda = \frac{3C_2 g^2}{4\pi^2}\right). \tag{3}$$

ポテンシャルエネルギー (3) は特異ポテンシャルと呼ばれ，原点付近でも運動エネルギーに比べポテンシャルエネルギーを無視することができない．この時，束縛状態の解を求めるには原点で正しい境界条件を課す必要がある[5]．今の場合，その境界条件は

$$\lim_{R \to 0} R\Psi(R) = 0. \tag{4}$$

基底状態の存在を直感的に理解するには，ハミルトニアン (2) の第一項の運動エネルギー $p^2 = -\Box$ を不確定性関係を用いて $1/R^2$ で置き換えた有効ポテンシャル

$$H_{\text{eff}} = \frac{1-\lambda}{R^2} \tag{5}$$

---

[4] 時間座標はウィック回転を行いユークリッド 4 次元空間で考えている．
[5] ランダウ・リフシッツの量子力学参照．

を考えると良い．$\lambda < 1$ の時にはエネルギーが正定値となるので負エネルギーの束縛状態は存在しないが，$\lambda > 1$ の時には有効ポテンシャルは下に有界でないため粒子が原点に落ち込んでしまい，基底状態のエネルギーが $-\infty$ となるため，フェルミ粒子の質量 m^2 が有限となる解は存在しない．

非可換ゲージ理論では漸近自由性という性質があるため，近距離では相互作用が弱くなる性質がある．この漸近自由性を取り入れると，相互作用の強さ λ は距離 R に依存する．近距離では $\lambda(R) = A/\log(2/R)$ のように緩やかに零に近づき，遠距離では一定の値 $\lambda(\infty)$ となるとしておく．但し，$A = 6C_2/11 - 2n_f/3$ であり，$n_f = 3$ は軽いクォークの数を表す．原点では $\lambda \to 0$ となるので，運動エネルギー項が主要になり原点に落ち込むことはない．遠方で $\lambda(\infty) > 1$ を満たせば，有効ポテンシャルが負となる領域が十分に存在するため，束縛状態が存在する．この時カイラル対称性は自発的に破れ，フェルミ粒子はその固有値から求められる質量 m を獲得する [3, 4]．

参考文献

[1] Y. Nambu and G. Jona-Lasinio, *Phys. Rev.* **122** (1961) 345.
[2] T. Maskawa and H. Nakajima, *Prog. Theor. Phys.* **52** (1974) 1326 および **54** (1975) 860.
[3] K. Higashijima, *Phys. Rev.* **D29** (1984) 1228.
[4] K. Higashijima, *Prog. Theor. Phys. Suppl.* **104** (1991) 1.

ホワイトノイズ解析

飛田 武幸

1 目標

時間発展をするランダムな複雑系を数学的に扱う．ホワイトノイズ解析による方法は，その系と同じ情報を持ち，独立で素であるような確率変数系を構成し（Reduction と呼ばれる），その系の関数として，与えられたランダム形を表現し，その関数の解析を行うことである．

ここでは，その一般論ではなくて，独立な確率変数系としてホワイトノイズが選ばれる場合に限定し，ホワイトノイズの関数（実は汎関数になる）の解析を実行する．

数学の内部での盛んな展開が見られるばかりではなく，多くの分野への応用，というよりは他分野との連携が持たれて，共存・共栄の実をあげているのがこの解析の特徴である．特に物理学との交流が著しい．ここでは二つの例を示し，それらが交流と同時に問題提起をも行っている状況を見る．

2 ホワイトノイズ関数

2.1 変数の決定 ホワイトノイズをブラウン運動 $B(t)$ の時間微分 $\dot{B}(t)$ として具体化する．t は直線全体 $\mathbb{R}^1$ あるいは，その部分区間を動く．今後本稿では $\mathbb{R}^1$ 全体を動くとする．この系の意味を明確にしよう．

系 $\{\dot{B}(t), t \in \mathbb{R}^1\}$ はガウス型の idealized elemental random variables のシステムである．すなわち，各要素は独立であるが，同等なものが連続無限個あるので，普通の確率変数であることを要求することはできない．平均値は 0 としても分散は無限大であることが求められる．したがって普通の確率変数ではなくて，ideal なもの，超確率変数と言うべきものである．しかし，各 $\dot{B}(t)$ はこれ以上分解できない，いわば「素」な変数である．さらに各 $\dot{B}(t)$ は同分布に従うということができる．各構成要素が ideal なものであるにせよ，Reduction にふさわしい諸性質を持つものである．これがホ

ワイトノイズの正体である.

2.2 関数の決定 次の段階は,ホワイトノイズを変数とする関数を考えることである.関数といっても

$$\varphi(\dot{B}(t),\ t\in\mathbb{R}^1)$$

と表されるから,むしろ**汎関数**である.とにかく,解析学の常道から,初等的かつ基本的な関数として,まず多項式から始めるべきであろう.実際そのようにすれば,早速困難なことが起こる.例えば 2 次関数にしても $\dot{B}(t)^2$ は定義し難い,なぜならブラウン運動 $B(t)$ はほとんどすべての見本関数は微分できない,その微分の,しかも 2 乗は扱えないからである.それを合理的に修正して,とにかく解析的に扱えるものにしなければならない.そこでまず扱える関数のクラスをどのように選ぶかを問題にする.

2.3 超汎関数.線形汎関数の場合 参考文献 [1] の第 2 章に,物理での連続無限個の一次独立なベクトルの重要性が述べられている.実際,超関数である δ 関数を持ち出して説明されている.

我々が提案してきたのは,Reduction の立場から,$\dot{B}(t)$ の系を基本にするもので,それは連続無限個あって,一次独立,まさに朝永理論の具現化になっている.(これは,後から気づいたことではあるが.)

我々は $\dot{B}(t)$ の系を変数系に持つ関数を考える立場に立つが,従来の関数のクラスから出発して,それを拡張して超関数を構成しようとするものであった.簡単に復習すれば,次のようになる.

まず直感的な意味しかないとする $\dot{B}(t)$ に"テスト関数",例えばシュワルツ空間 $\mathcal{S}$ の関数 ξ を使って"ならし"を行って

$$\int \dot{B}(u)\xi(u)\,du = -\int B(u)\xi'(u)\,du$$

として通常の確率変数を得る(ξ は両無限遠点で 0 になるので,この部分積分が可能):これを $\langle \dot{B}, \xi \rangle$ と書く.それはガウス分布 $N(0, \|\xi\|^2)$ に従う確率変数である.ξ を $\mathcal{S}$ 内で動かして $\langle \dot{B}, \xi \rangle$ の張る $L^2(\Omega, P)$ の部分空間を $\mathcal{H}_1$ と書く.

このとき $\langle \dot{B}, \xi \rangle$ のノルムが $\|\xi\|$ であることに注意して,対応

$$\langle \dot{B}, \xi \rangle \longrightarrow \xi$$

を線形的に拡張して,同型対応

2. ホワイトノイズ関数

$$\mathcal{H}_1 \cong L^2(\mathbb{R}^1).$$

が得られる．この対応を右辺が $\mathbb{R}^1$ 上の -1 次ソボレフ空間 $K^{(-1)}(\mathbb{R}^1)$ になるまで拡張する．そのときの対応する左辺を $\mathcal{H}_1^{(-1)}$ と書く：

$$\mathcal{H}_1^{(-1)} \cong K^{(-1)}(\mathbb{R}^1).$$

$\mathcal{H}_1^{(-1)}$ はホワイトノイズ $\dot{B}$ の線形超汎関数空間である．$K^{(-1)}(\mathbb{R}^1)$ は δ-関数 δ_t を含む．したがって $\langle \dot{B}, \delta_t \rangle = \dot{B}(t)$ と理解して，$\dot{B}(t)$ は形式的でなく，$\mathcal{H}_1^{(-1)}$ の要素として市民権を持つことになった．実際 $\{\dot{B}(t), t \in \mathbb{R}^1\}$ は空間 $\mathcal{H}_1^{(-1)}$ を張るシステム（すなわち total）である．

ここで，市民権を得た $\dot{B}(t)$ の大きな特徴を述べることができる．一般の超過程 $\langle X, \xi \rangle$ について，I.M. Gel'fand–N.Ya. Vilenkin [3] によれば，その独立性は次のように述べることができる．

定義　超過程 $\langle X, \xi \rangle$ は，$\xi_1(t)\xi_2(t) = 0$ ならば，常に $\langle X, \xi_1 \rangle$ と $\langle X, \xi_2 \rangle$ が独立になるとき，各点独立であるという．

これは，独立確率変数列の連続パラメータの場合への一般化であることがわかる．注意したいことは，連続パラメータの系 $\{X(t), t \in \mathbb{R}^1\}$ の独立性を定義するのではなく（それは大して重要ではない），超過程で定義することである．

$\langle \dot{B}, \xi \rangle$, $\xi \in \mathcal{S}$ を [3] の意味での超過程と見れば，それは各点独立であることがわかる．

2.4　非線形汎関数の場合　ここで，よく知られた Fock space を思い出そう．$\dot{B}(t)$, $t \in \mathbb{R}^1$ を "ならした" もの，すなわち $\langle \dot{B}, \xi \rangle$ で ξ をいろいろ動かして，多くの確率変数を構成し，その非線形関数で分散が有限なものを集めれば，ヒルベルト空間 (L^2) ができる．エルミート関数の助けで，それが直和分解できる．すなわち

$$(L^2) = \bigoplus \mathcal{H}_n$$

さらに

$$\mathcal{H}_n \cong \sqrt{n!} \widehat{L^2}(\mathbb{R}^n)$$

が成り立つ．前節の結果を一般化して，上の同型対応を拡張して

$$\mathcal{H}_n^{(-n)} \cong \sqrt{n!} \hat{K}(\mathbb{R}^n)$$

とすることができる．ここで，$\hat{K}(\mathbb{R}^n)$ は $\mathbb{R}^n$ 上の $-(n+1)/2$ 次の対称なソボレフ空間である．

こうして，ホワイトノイズ超汎関数空間 $(L^2)^-$ ができる：

$$(L^2)^- = \bigoplus c_n \mathcal{H}_n^{(-n)}.$$

定数列 c_n は正の非増加数列で問題に応じて決めるものである．この超汎関数の空間が重要な基本概念となる．

もう一つの超汎関数の作り方は，シュワルツ空間の無限次元化＋ランダム化で，明快な方法であり，次のようになる (I. Kubo–S. Takenaka)：

$$(\mathcal{S}) \subset (L^2) \subset (\mathcal{S}^*).$$

本稿の議論では $(L^2)^-$ の方が好都合であるので，これを用いる．

3 くりこみ

「くりこみ」という物理の用語を借用しているが，ここでは，確率論的な意味で名づけられている．無限大の処理をする点での類似がある．

最初に述べた Reduction の思想を重視したい．ホワイトノイズ，すなわち系 $\{\dot{B}(t), t \in \mathbb{R}^1\}$ の各要素 $\dot{B}(t)$ は通常の確率変数ではないが，前節で述べたように $\mathcal{H}_\infty^{(-\infty)}$ の要素として確定している．また，テスト関数を用いて超過程 $\langle \dot{B}, \xi \rangle$ とみなしたとき，各（時）点で独立である．さらに $\dot{B}(t)$ が素な要素であることを認識する．こうして，ホワイトノイズが，Reduction の立場から，満足すべき条件をみたしていることがわかる．さらに，この系はガウス型であるという利点がある．

我々は，このようなホワイトノイズを基礎として，その関数を考えていく立場が明確になった．まとめてみれば二つの合理的な立場がある．

1) 妥当な超汎関数の空間 $(L^2)^-$（前節）．
2) 変数系として $\{\dot{B}(t), t \in \mathbb{R}^1\}$ をとり，その基本的な関数から取り上げていく．

以下，この 2) の立場から議論を始め，1) の立場との整合性を考えていく．変数系が指定されたとき，最初に考えられるのは当然**多項式**である．

$\{\dot{B}(t), t \in \mathbb{R}^1\}$ の 1 次多項式，すなわち線形関数は前節で導入した空間 $\mathcal{H}_1^{(-1)}$ に他ならない．

では，順序として逐次高次多項式に進むことが考えられるが，ここでは一挙に一般論に移りたい．その前に簡単な注意として，$\dot{B}(t)^2$ でさえ，超汎関数ではないことに注意する．すなわち，それは $(L^2)^-$ の要素ではない．

念のため，$\dot{B}(t)$, $t \in \mathbb{R}^1$ の多項式とは何かを明らかにしておこう．$p(t_1, t_2, \ldots, t_n)$ を $\mathbb{R}^n$ 変数の p 次複素多項式とする．$p(\dot{B}(t_1), \ldots, \dot{B}(t_n))$ を p 次ホワイトノイズ多項式というが，p が斉次なら，やはり斉次という．変数の個数 n は任意でよいが，t_j は異なるとする．

多項式の全体 **A** は通常の複素数体上の演算で可換代数をなす．それは**次数つき代数**であって，次の分解を許す．

$$\mathbf{A} = \bigoplus_n \mathbf{A}_n.$$

ただし $\mathbf{A}_n$ は n 次斉次多項式の全体である．位相は考えずに代数的に考えるものとする．

ここで次のことに注意する：定数からなる $\mathbf{A}_0$ と $\mathcal{H}_1^{(-1)}$ の部分集合である $\mathbf{A}_1$ を除き，$\mathbf{A}_n$ は $(L^2)^{-1}$ に属さない要素が主要部分を占める．そのような要素の処置を問題にしたい．

考え方は多項式を補正して，$(L^2)^-$ の要素になるように，すなわちテスト汎関数の連続な線形汎関数になるようにしたい．以下 $\dot{B}$ の見本関数を x で表すと，テスト汎関数を生成する指数関数 $e(x, \xi) = \exp[\langle x, \xi \rangle]$ との内積が定義されて，連続になるようにしたい．その内積は S 変換に他ならない：

$$(S\varphi)(\xi) = C(\xi) E(e^{\langle x, \xi \rangle} \varphi(x)).$$

ただし，$C(\xi) = \exp[-\frac{1}{2}\|\xi\|^2]$ である．E は平均をとる演算を表す．

まず $\dot{B}(t)^p$ すなわち $x(t)^p$ をとる．ただし p は整数で $p \geq 2$ とする．$\dot{B}(t)$ を $\frac{\Delta B}{\Delta}$ で近似するとき

$$S\left[\left(\frac{\Delta B}{\Delta}\right)\right]^p(\xi) = (\xi, \chi_\Delta)^p + O\left(\frac{1}{\Delta}\right).$$

ここで $O(\cdot)$ は 1 次以上のオーダーを示す．こうすれば，$|\Delta| \to 0$ のとき，右辺の初項は $\xi(t)^p$ に収束する．よって S 変換で無限大となる項を除けばよいことになった．

形式的にいえば，$\dot{B}(t)^p$ の補正，これを「**くりこみ**」といって，$:\dot{B}(t)^p:$ と書くが，

$$:\dot{B}(t)^p := p! H_p\Big(\dot{B}(t), \frac{1}{dt}\Big)$$

のように,パラメータを持つエルミート多項式によって記述できる.

t_j が異なる時点とするとき $\dot{B}(t_j)$ は独立になるので「くりこみ」は乗法的な作用となる.さらに,それらの一次結合に対しては,線形的に作用するので(S 変換の性質より),すべての $\mathbf{A}_n$ の要素に,したがって $\mathbf{A}$ の要素すべてをくりこむことができる.これを定理にまとめると,次のようになる.

定理 1 任意の $\mathbf{A}$ の要素は S 変換により,一意的に「くりこみ」を実行することができて,$(L^2)^-$ の要素となる.

4 経路積分

Feynman によって提唱された (1948) 経路積分は,量子力学における伝達関数を,粒子の量子力学的な軌跡の集合の上の汎関数の積分として表す理論であって,物理的な意味だけでなく,数学的にも興味ある課題として,科学者の関心を呼んだ.そして,今日でも多くの科学者による研究が続けられている.

Lagrangian から出発して,量子力学であるため,古典的な経路(軌跡)だけでなく,いろいろな可能な経路が考えられ,その集合に適当な測度をいれて,作用積分の指数関数を平均して,伝達関数を求めようという,数学サイドからの問題設定をしてみよう.

我々が問題したのは

1) 可能な経路の集合とその上の測度の決定,
2) Lagrangian から求められる作用積分の指数関数を被積分関数とするが,その関数を合理的なものとし,かつ積分の実行,
3) 扱えるポテンシャルのクラスを広げる,

などである.

ここでは,1) と 2) について,ホワイトノイズ理論を用いたアイディアを説明する.具体的な計算は説明する余裕はないが,かなり一般のポテンシャルの場合に伝達関数が求められていることを述べておく.

まず 1) の可能な経路の決定であるが,経路の集合に与えられる測度も同時に決めなければならない.時間区間を $[0, t]$ とし,作用積分の停留値とし

て決まる古典力学的な経路を $x(s)$, $0 \leq s \leq t$ とする．可能な，許容される経路 y は x の周りにまとわりついているが，それらの付加的な関数は，区間 $[0,t]$ における固定端ブラウン運動 (Brownian bridge) としよう．すなわち

定理 2 量子力学的に可能な経路は，固定端ブラウン運動によるゆらぎにより，次式で与えられる．

$$y(s) = x(s) + \sqrt{\frac{h}{2\pi m}}\, B(s).$$

ただし，固定端にするために $\delta_0(B(t))$ をおく．

固定端ブラウン運動をおいたのは Dirac による議論 ([2, Chap. V, §32. The action principle]) に示唆された．作用積分の計算で，運動のエネルギーの項に $\dot{B}(s)^2$ が現れるが，その困難は「くりこみ」によって避けることができる．

経路についての平均を求めるための積分は，偶然量が固定端ブラウン運動のみに現れるので，当然ホワイトノイズの測度，すなわち，超関数空間上の標準ガウス測度による積分となる．このとき，積分を flat な測度によるものにしたいので，因子

$$\exp\left[\frac{1}{2}\int_0^t \dot{B}(s)^2\, ds\right]$$

をおくが，これも「くりこみ」が必要で他の主要因子とまとめて処理される．

これらをまとめて，伝達関数 $G(0,t;y_1,y_2)$ は次式で与えられる．

$$\langle N e^{\frac{i}{\hbar}\int_0^t L(y,\dot{y})\, ds + \frac{1}{2}\int_0^t \dot{B}(s)^2\, ds}\delta_0(y(t)-y_2)\rangle.$$

ここで L は Lagrangian で，記号 $\langle \cdot,\cdot \rangle$ はホワイトノイズ測度による平均を表し，N は「くりこみ」の量である．

以上がホワイトノイズ解析の適用例としての経路積分法の概要である．[8] 及び [5] 参照．

適用例としては，調和振動子はもとより，かなり広いクラスのポテンシャルの場合も扱える．若干の singularity のある場合にも，この方法が適用されていて，その発展が興味深いホワイトノイズ解析の研究課題になっている．

なお，この課題は，単に伝達関数の計算の問題だけでなく，x を経路として，より一般な汎関数

$$F(\xi) = \langle e^{if(x,\xi)}\rangle$$

の解析的取扱いを指向している.

参考文献

[1] 朝永振一郎. スピンはめぐる. 新版. みすず書房, 2008.
[2] P.A.M. Dirac, The principle of quantum mechanics, 4th ed. Oxford Univ. Press, 1958.
[3] I.M. Gel'fand and N.Ya. Vilenkin. Generalized functions. vol. 4. Academic Press. 1964, Russina original 1961.
[4] T. Hida, Analysis of Brownian functionals. Carleton Univ. Math. Notes no. 13, 1975.
[5] T. Hida and Si Si, Lectures on white noise functionals. World Sci. Pub. Co. 2008.
[6] P. Lévy, Problèmes concrets d'analyse fonctionnel. Gauthier-Villars. 1951.
[7] Si Si, Introduction to Hida distributions, World Sci. Pub. Co. 2011.
[8] L. Streit and T. Hida, Generalized Brownian functionals and the Feynman integral, Stochastic Processes and Appl. **16** (1983), 55–69.

位相的場の理論と不変量

深谷賢治

1

　筆者の研究の中で「数理物理学」と呼んでよいものは，広い意味での「位相的場の理論」に関わる．位相的場の理論という言葉は，1990年代の前半ぐらいから使われだしたが，おおよそ次のような意味である．「場の量子論」では，空間とその上の構造が与えられたとき，それにもとづいて様々な量が定まる．これらの量は「空間とその上の構造」が連続的に変化すると，それに従って連続的に変化する．しかし，「空間とその上の構造」が連続的に変化したとき，その場の理論が定める量が変化しない場合がある．このような特別な場の理論が，位相的場の理論と呼ばれる．

　「空間とその上の構造」の連続変形で不変なものの典型は位相不変量であるから，位相的場の理論は位相不変量を生む．場の量子論は，標語的に言えば，相互作用がない場合には線形偏微分方程式で記述され，相互作用がある場合には，非線形偏微分方程式で記述される．従って，相互作用がない単純な位相的場の量子論が定める量は，線形偏微分方程式が定める不変量であり，相互作用がある場合の位相的場の量子論が定める量は，非線形偏微分方程式の定める不変量である．

2

　線形偏微分方程式が定める不変量の研究は，位相幾何や大域的な微分幾何の研究では，そもそもの始まりからの中心的なテーマである．ガウス–ボネの定理やリーマン–ロッホの定理に始まり，アティヤ–シンガーの指数定理に至って一段落した研究がそれにあたる．位相的場の理論という言葉が生まれる少し前には，その非線形化が盛んで，ヤン–ミルズ方程式や擬正則曲線の方程式の「解の数」を数える不変量が研究されていた．前者がドナルドソン不変量，後者がグロモフ–ウィッテン不変量である．位相的場の理論という言

葉が登場したのは[1]，位相的場の理論が決める「量」であって，数にはならないもの，すなわち，フレアーホモロジーの登場が一つのきっかけであった．

数が位相不変量になるメカニズムをグロモフ–ウィッテン不変量の場合を例にとり説明する．グロモフ–ウィッテン不変量は次の方程式の解の数である．

$$\frac{\partial u}{\partial x} + J\frac{\partial u}{\partial y} = 0. \tag{1}$$

ここで，u はリーマン球面 $S^2 = \mathbb{C} \cup \{\infty\}$ から多様体 X への写像であり，$x + \sqrt{-1}y = z$ が $\mathbb{C}$ の座標である．J は X の概複素構造と呼ばれるもので，次のようなものである．$\frac{\partial u}{\partial x}$ や $\frac{\partial u}{\partial y}$ は写像 $u: S^2 \to X$ の微分であるから，$z \in S^2$ が決まると，$u(z)$ での X の接空間 $T_{u(z)}X$ の元を定める．J は各々の接空間 T_pX $(p \in X)$ に複素ベクトル空間の構造を決めるもので，すなわち $\sqrt{-1}$ 倍にあたる写像 $J: T_pX \to T_pX$ である．$\sqrt{-1}$ 倍であるから，これは $J \circ J = -1$ を満たす．(1) は $X = \mathbb{C}^n$ のとき，$u: S^2 \to \mathbb{C}^n$ の各成分が正則関数であるという方程式，つまりコーシー–リーマン方程式である．一般の J の場合には非線形コーシー–リーマン方程式と呼ばれる．

(1) の解の数は，一般には無限個になったりするので，必ずしも意味があるとは限らない．しかし，u にしかるべき条件を与えたりすることにより，そのような条件を満たす u が有限個になる状況を設定することができる．典型的なのは，X が複素 3 次元のカラビ–ヤオ多様体で，u のあらわすホモロジー類を決めると，そのような u の個数は，定義域 S^2 の座標変換（一次分数変換）を除いて，有限個になる．

このように決まる数が位相的場の理論の量であること，つまり連続変形不変であることは，次のように説明される．方程式 (1) を決めるパラメータは概複素構造 J である．そこで相異なる J_0 と J_1 を考えそれらが $t \mapsto J_t$ なる概複素構造の連続族でつながっているとする．$t \in [0, 1]$ と $J = J_t$ での (1) の解の組全体を考え，そこからの $t \in [0, 1]$ への射影を図のようにプロットする．

図を見ると，J_0 に対する (1) の解は 2 個，J_1 に対する (1) の解は 4 個で異なっているが，解に符号をつけて数えるとそれは 0 で不変である．この不変性は破線（立て向き）を横にずらしていったとき，交点がいつもペアで

---

[1] ウィッテンの論文 [10] が最初であると思われる．

図 1

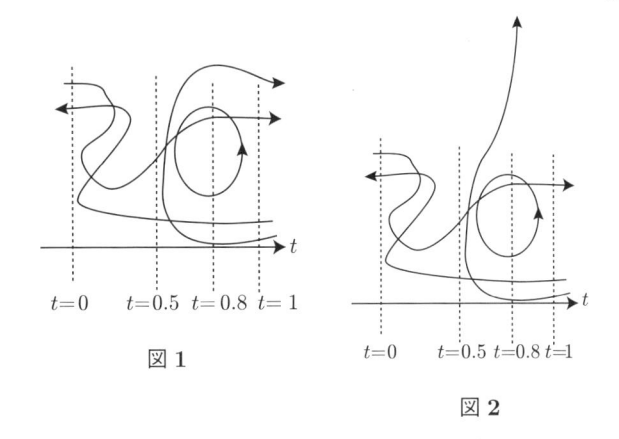

図 2

現れたり消滅したりすることから分かる．(この種の議論は [2] に始まる．)

実はこの説明は話しを単純化しすぎている．図 2 のようなことが起きないことを保証しなければならない．図 2 の破線を右に動かしていくと，途中で破線と実線の交点がどんどん上にいき，最後は上方無限大にいく．これは (1) の解集合のコンパクト性に関わっている．このコンパクト性を保証するのが，シンプレクティック構造である．

X のシンプレクティック構造 ω とは，微分 2 形式 ω で，$d\omega = 0$ かつ ω^n は決して 0 にならない ($2n$ が X の次元) ものをいう．ω をシンプレクティック形式という．このとき，概複素構造 J が ω と整合的であるとは，$g(V, W) = \omega(V, JW)$ がリーマン計量であることをいう．

ある一定の ω に対して整合的な J だけを考えることにより，コンパクト性が保証され，そのような J に対する (1) の解集合の数が不変量になる．

3

「数」でない位相的場の理論の不変量の最初のものがフレアーホモロジーである．グロモフ–ウィッテン不変量の場合は，S^2 という閉じた (コンパクトで境界がない) 空間からの写像を数えたが，フレアーホモロジーでは，境界付きの空間からの写像を数える．すると，位相不変性が，数が不変という意味では成立しなくなる．その理由は図 2 のような現象である．もう少し具体的に述べる．方程式 (1) を考える．ただし，u の定義域は $\Omega = \{x + \sqrt{-1}y \in \mathbb{C} \mid x \in \mathbb{R}, y \in [0,1]\}$ とする．Ω には境界があるので，境界条件を設定しないと (1) の解集合は無

図 3

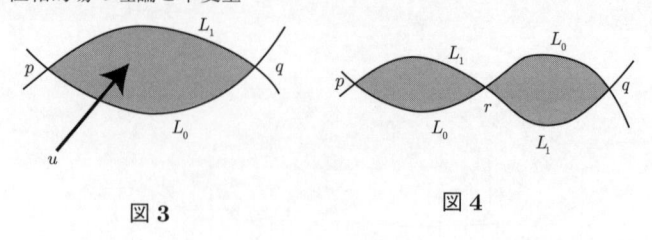

図 4

限次元になる．L が X のラグランジュ部分多様体とは，シンプレクティック形式 ω の L への制限が 0 で，また，L の次元が X の次元の半分であることをいう．2 つのラグランジュ部分多様体 L_0 と L_1 を用いて，$u: \Omega \to X$ に対する境界条件を

$$u(x,y) \in L_0 \ (y=0 \text{ のとき}), \quad u(x,y) \in L_1 \ (y=1 \text{ のとき}) \quad (2)$$

$$\lim_{x \to -\infty} u(x,y) = p, \quad \lim_{x \to +\infty} u(x,y) = q \quad (3)$$

と設定する $(p, q \in L_0 \cap L_1)$ (図 3)．(2), (3) を満たす (1) の解空間を $\mathcal{M}(p,q)$ とかく．

$\mathcal{M}(p,q)$ が 0 次元になるとき，その（符号をこめて）数えた数を，位相的場の理論の「不変量」としたいが，それは J を（ω と整合的なまま）連続変形させても不変ではない．理由は $\mathcal{M}(p,q)$（あるいは J をいろいろ変えたときのその和）が一般にはコンパクトにならないからである．コンパクトにならないことの理由は図 4 のような現象であり，それは

$$\partial \mathcal{M}(p,q) = \bigcup_{r \in L_0 \cap L_1} \mathcal{M}(p,r) \times \mathcal{M}(r,q) \quad (4)$$

と理解される．位相不変量を取り出すには次のようにする．$L_0 \cap L_1$ の元を基底とするベクトル空間 C に

$$\partial[p] = \sum_q \mathcal{M}(p,q) \text{ の元の数 } [q]$$

で境界作用素 ∂ を与えたもの (C, ∂) を考える．(4) から，$\partial \circ \partial = 0$ が分かり，(C, ∂) はチェイン複体である．作用素 ∂ は J 不変ではなく，位相不変量ではないが，(C, ∂) の「ホモトピー類」あるいはチェイン複体 (C, ∂) のホモロジー群 $\mathrm{Ker}\,\partial / \mathrm{Im}\,\partial$ が不変量になる．これがフレアーホモロジーである ([3])．

4

　数ではない不変量は慣れないと分かりづらく，正しい定式化ではないとか，研究が十分進んでいないとか，無用な複雑化であるとか誤解されるが，そうではない．不変量が数になるのか，群になるのか，あるいはもっと複雑なものになるのかは，客観的に決まっていて変えられない．また，しばしば，単なる数より，構造を持った代数系の方が，不変量としてより深い性質を持っている．

　単独のラグランジュ部分多様体 L をとって，$D = \{x + \sqrt{-1}y \in \mathbb{C} \mid x^2 + y^2 \leq 1\}$ からの写像 $u : D^2 \to X$ に対して，方程式 (1) に境界条件

$$u(x,y) \in L, \quad x^2 + y^2 = 1 \text{ のとき} \tag{5}$$

を設定することもできる．その数を数えて不変量ができることはまれであるが[2]，次のような考え方で，理論を構成できる．

1. 非線形方程式の解空間の数を数えることで，多くの数を得る．
2. それらを構造定数とする代数系を考える．
3. 代数系の演算の満たすべき基本関係式は，非線形方程式の解空間の境界を考察することにより見いだされる．
4. 構造定数そのものは理論のパラメータたとえば J によっているが，得られた代数系の「ホモトピー類」は不変である．

これが位相的場の理論の数学的な定式化というべきであると思われる[3]．境界条件 (5) をかした $u; D \to X$ に対する方程式 (1) の場合に得られる代数系は A_∞ 代数と呼ばれるもので，

$$\sum_{k_1+k_2=k} \pm \mathfrak{m}_{k_1}(x_1, \ldots, x_{i-1}, \mathfrak{m}_{k_2}(x_i, \ldots, x_{i+k_2-1}), \ldots, x_k) = 0 \tag{6}$$

が基本関係式である．ラグランジュ部分多様体に対して，A_∞ 代数のホモトピー同値類を不変量として与えるという構成をもっとも一般に与えることは，筆者と Y.-G. Oh，太田啓史，小野薫の論文 [5] で最近その証明が完成した．

　単独の L を考えるのではなく，X に含まれるラグランジュ部分多様体全

---

[2] 特殊な設定をすることで，数を不変量として取り出すことができる場合はある．ただし，それはまれであり，数とは限らない不変量の特殊な場合であるととらえた方が理解しやすい．
[3] このような定式化を明確に述べた最初の文献は [4] であると思われる．

体を考えると，代数系よりもう少し抽象度の増した対称である圏が現れる．正確には A_∞ 圏と呼ばれるものになる [6]．ラグランジュ部分多様体のフレアー理論から定まる A_∞ 圏 $\mathcal{F}(X)$ をコンセヴィッチ [8] は深谷圏と呼んだ．

5

圏 $\mathcal{F}(X)$ を最初に考えたのは，ゲージ理論の研究の中でである．境界があるリーマン面からの写像を考えてフレアーホモロジーが定まるのと同様に，境界がある 4 次元多様体上のゲージ理論からもフレアー理論が定まる．これはたとえば 3 次元多様体 M に対しては群 $HF(M)$ を対応させる．それでは境界付き 3 次元多様体 M に対しては何が対応するだろうか．1992 年のイギリスウォーウィック大学で行われた研究会で，ドナルドソンは，2 次元多様体 Σ には圏を，$\partial M = \Sigma$ なる M に対しては Σ の対象 (object) を対応させるというアイデアを提示した．ここで Σ に対応させる圏の候補は Σ 上の平坦接続全体の作る多様体 $R(\Sigma)$（シンプレクティック多様体になる）のラグランジュ部分多様体が対象である圏とされた．

A_∞ 圏 $\mathcal{F}(X)$ を考えたのは，この講演をきいたあとであり，境界付き 3 次元多様体のフレアー理論を作ることが目的であった．ただし，$\partial M = \Sigma$ なる M に対しては $\mathcal{F}(R(\Sigma))$ の対象より一般的な，$\mathcal{F}(R(\Sigma))$ からチェイン複体の圏への関手が対応させる．（このような関手は現在では，A_∞ 加群と呼ばれている．）

この 1993 年ぐらいの構想は，紆余曲折をへてまだ実現されていない．最近になって，境界付き 3 次元多様体 M のフレアー理論を A_∞ 加群として実現することは，(もともとのヤン-ミルズ方程式のドナルドソン理論ではないが) ヘーガードフレアーホモロジーと呼ばれる理論で実現されつつある．(たとえば [9] 参照．) もう少し研究が進めば，サイバーグ-ウィッテン理論やヤン-ミルズ方程式のドナルドソン理論でも同様のやり方で，「境界付き 3 次元多様体のフレアー理論」ができ上がり，さらに，2-3-4 次元にまたがるゲージ理論にもとづく位相的場の理論として完成されていくと思われる．

そのような進展には，筆者は 1997–8 年頃からあまり関わらなくなってしまった．筆者がその頃から研究したのは，X が一般のシンプレクティック多様体の場合の $\mathcal{F}(X)$ の研究である．コンセヴィッチ [8] が 1994 年にホモロ

ジー的ミラー対称性という考え方を定式化したとき $\mathcal{F}(X)$ が現れた.

ミラー対称性も最初は数の一致として現れた. 具体的にはグロモフ-ウィッテン不変量と湯川結合と呼ばれる層係数コホモロジーから計算される演算の構造定数の一致である [1].

これは古典的ミラー対称性と呼ばれ, 多くの場合にギヴェンタル [7] らにより証明されたが, ホモロジー的ミラー対称性はミラー対称性という現象の数の一致を超えたより本質的な理解を目指すものである.

A_∞ 圏あるいはそのホモトピー類は数より精緻な対象である. それはいわば, 多くの構造定数の複雑なシステムである. 個々の構造定数は J の連続変形で不変ではなく, システム全体のホモトピー類という, わけの分からないものが不変量である. そんな不変量は困るというのが初見の感想であろうが, 筆者はそうは思っていない.

ミラー対称性の魅力の一つは, 古典的には異なる空間が実は「同じ空間」になるという点である. ただし, 同じ空間とは何を意味するのか, 定かでない. 言い換えると, 古典的とは違う意味で空間を定めなければならない. 場の理論の不変量というのは, その「古典的とは違う意味で空間」から決まる量である. 言い換えると, その近似である. 不変量をどんどん増やしていくと, 近似がどんどんよくなり, 最後には,「古典的とは違う意味で空間」が理解されるというのが, 楽観的期待である. とすると, 多くの構造定数の複雑なシステムのホモトピー類というものが,「古典的とは違う意味で空間」の現時点での最良の近似物と考えられるのである.

参考文献

[1] P. Candelas et al., *A pair of Calabi–Yau manifolds as an exactly soluble super conformal theory*, Nucl. Phys. B359 (1991) 21.

[2] S. Donaldson, *Polynomial invariants for smooth four-manifolds*, Topology 29 (1990) 257–315.

[3] A. Floer, *Morse theory for Lagrangian intersection*, J. Differential Geom. 28 (1988) 513–547.

[4] K. Fukaya, *Floer homology of 3 manifolds with boundary I*, 1997, never to be published.

[5] K. Fukaya, Y.-G. Oh, H. Ohta, K. Ono, Lagrangian intersection Floer homology: anomaly and obstruction, IMP/IP Studies in Advanced Math. 46, 2009, Amer. Math. Soc./International Press.

[6] K. Fukaya, *Morse homotopy, A^∞ category, and Floer homologies*, in Garc Workshop on Geometry and topology, Seoul National Univ, 1993.

[7] A. Givental, *Equivariant Gromov–Witten invariants*, International Math. Res. Notices 13 (1996) 613–663.

[8] M. Kontsevitch, *Homological Algebra of Mirror symemtry*, Proc. International Congress Zurich.

[9] R. Lipshitz, S. Ozsvath, D. Thurston, *Bimodules in bordered Heegaard Floer homology*, arXiv:1003.0598v2.

[10] E. Witten, *Topological quantum field theory*, Commun. Math. Phys. 117 (1988) 353–386.

量子異常
—— ネーターの定理の量子的な破れ

藤 川 和 男

1 はじめに

　私の研究というテーマであるが，一つに絞るとすると量子異常 (quantum anomaly) あるいは慣用では，単にアノマリーと呼ばれる現象の研究になる．この現象もいろいろな見方がありうるが，物理学の他分野の人たちにも直感的に理解していただくには，対称性と保存則に関するネーター (E. Noether) の定理と呼ばれているものが，場の量子論では一般には成立しないという現象といえる．さらに正確にいうと，この現象を場の理論の経路積分という形式でどのように定式化できるか，あるいはもし可能ならどのように特徴づけられるかというのが私の研究である．結論をいうと，経路積分では関数空間での積分という概念が現れるが，この経路積分の測度がネーターの定理に関係した対称性変換に対して不変ではなく，非自明なヤコビアンが生じそれが量子異常になるというものである．現在知られている全ての量子異常はこのような形に定式化される．

　まず，この研究に行き着いた個人的な研究歴といったものから始めたい．私は，1970 年の 6 月にプリンストン大学のトリーマン (S.B. Treiman) 先生の下でレプトンの弱い相互作用における中性カレントの存在を実験的に検証する計算で博士論文を提出し，審査を終えた．それ以前に，シカゴ大学のエンリコ・フェルミ研究所のポストドックに内定していて，7 月にアメリカの東海岸から中西部のシカゴへ移った．シカゴは，フェルミの伝統を汲み南部陽一郎先生を擁してアメリカの研究の一つの中心であった．シカゴの 2 年目の 1971 年の秋には，プリンストンで一緒だった三田一郎さんがシカゴ郊外のフェルミ国立研究所へ移ってこられて交流が始まった．丁度このころ，オランダのトホーフト (G. 't Hooft) が，非アーベル的なヤン・ミルズ場のくり込み可能性を証明するという大きな発展があった．特に，現在はヒッグス機

構として知られる W とか Z 粒子に質量を与える機構が，弱い相互作用の矛盾のない場の理論を与える可能性が示された．これに伴い，それより数年前に提案されていたワインバーグ・サラム理論が脚光を浴びることになった．このヒッグス機構の基本には，南部先生の真空の自発的な対称性の破れが使われており，次々と送られてくるどの論文にも南部先生の名前が出ているという状況であった．

当時，フェルミ国立研究所に滞在していたリー (B.W. Lee) 先生がゲージ場のくり込みに関してアメリカの第一人者であり，リー先生に教えていただいて，三田さんと3人で共同研究を開始した．このころ経路積分を用いた量子化が場の理論の中心的な手法として浮上し，付け焼刃的にではあるが，経路積分の基本を学びかなり自由に使えるようになった．リー先生と三田さんとの研究も，初期の目的であったレプトンの電磁的な性質に対する弱い相互作用による高次の量子補正という枠組みを超えて，ヒッグス機構を矛盾なく扱う新しいゲージ条件（R_ξ ゲージ）を提案し，その応用を議論する論文に発展した．この論文が完成したのは翌年の1972年の6月ごろであった．ちなみに，最近フェルミ国立研究所のクイッグ (C. Quigg) 教授から教えていただいたことであるが，**ヒッグス粒子** (Higgs particle) という用語が世界で初めてこの論文に使われたとのことである．それ以前はこの粒子には名前はまだないという状況であった．

その後，1972年の秋からイギリスのケンブリッジ大学で一年間ポストドックをやって，東大原子核研究所の菅原寛孝先生の助手として1973年の秋に帰ってきた．日本へ帰って1年目の1974年の夏休みに，気分転換を兼ねてケンブリッジ滞在中に知己となったカールスルーエのヴェス (J. Wess) 先生を頼ってドイツを訪問した．丁度このときは，超対称性をヴェスとズミノ (B. Zumino) が提案した直後であり，またサラム (A. Salam) が超場という概念を導入した直後でもあり，ヴェス先生の学生と一緒に超対称な場の理論を超場を用いて定式化し，同時に非くり込み定理の見通しの良い簡単な証明を与えた．このときに，本格的にグラスマン数の扱いに習熟し，この知識が後の場の理論における量子異常の扱いにおけるヤコビアンの計算に役立つことになった．

1970年代後半には素粒子論でアクシオンという強い相互作用 (QCD) の

1. はじめに **347**

CP の破れを回避するアイデアが出され，その分析に関係してヤン・ミルズ場の位相的な性質の議論が活発になった．このアクションの経路積分での分析で，古典的な作用の中に現れるカレントがカイラル量子異常 (chiral anomaly) を含むように扱われていたのは論理的な整合性がないと思っていた．しばらくして，経路積分の測度が量子異常を出せば整合性が良くなることに気づいた．同時に，アティヤ・シンガー (Atiyah–Singer) の指数定理の考えを援用して少し工夫すると，場の理論での量子異常の計算が 1 ページ程度の計算でできることがわかった．それ以前には，量子異常の計算は数ページにわたる論文で議論するのが常であり，計算が非常に簡単になった．量子異常に，摂動論とは無関係に，場の理論の経路積分の変数変換に伴うヤコビアンという明確な描像を与えるのも魅力的であった．同時にこのような研究は既に誰かが以前に議論しているのではないかという思いも生じた．それから一週間程，原子核研究所の図書室にこもって過去の関係がありそうな文献を片っ端から調べた．しかし，幸いこのような考察をした論文は見つからなかった．

そこで，早速論文を書いてアメリカ物理学会の Physical Review Letters へ投稿した．この論文は 1979 年の 3 月ごろに出版された．この論文が出版された直後に，ヤン (C.N. Yang) 先生から Stony Brook へ来ないかというテレックスが届いた．日本国内では，経路積分は発見論的手法という見方が強くあまり評価されなかったが，アメリカで特にヤン先生それにニューヨーク市立大におられた崎田文二先生のような方々に高く評価していただいたのは幸運であった．(ちなみに，この論文は 2009 年の Physical Review Letters 誌 50 周年の特集で，1979 年に同誌に出た代表的な 10 篇の論文の一つに選ばれていたと中国人の友人が教えてくれた．) 翌年 1980 年の 1 月から 6ヶ月間 Stony Brook を訪問し，経路積分の扱いを場の理論におけるワイル量子異常 (Weyl anomaly) に一般化する論文を仕上げた．この帰りに 8 年ぶりにシカゴを訪問し，南部先生ご夫妻にご馳走になったのも楽しい思い出である．

この研究は，その後 20 年以上にわたり必ずしも四六時中この問題ばかりにかかわっているわけではなかったが継続した．1990 年代の後半に格子ゲージ理論（これは，必然的に経路積分ということになる）で，多くの人たちの努力の結果としてカイラル量子異常の格子上での（非摂動的な）定式化が可能となった．格子ゲージ理論での定式化でもヤコビアンを量子異常と同定し，

私の定式化の枠内に納まるものであり，この格子ゲージ理論での研究も取り入れた形で鈴木博氏の助力を得て 2004 年にこれまでの研究の集大成として Oxford 大学出版会からの単行本にまとめた．これが私の研究歴の概要である．

2 ネーターの定理

物理学では対称性という概念が重要であり，対称性に伴う対称性変換は連続群の考えにつながり，古典力学，量子力学さらには場の量子論で基本的になる．この対称性という概念を物理の言葉で表すのに，ネーターの定理と呼ばれるものが基本的である．この定理は，連続的な対称性には常に保存するカレントと保存する一般化された電荷が存在するというものである．

簡単な例でいえば，自由粒子の運動はラグランジャンを用いて書かれる作用

$$S = \int_{t_i}^{t_f} dt\, L = \int_{t_i}^{t_f} dt\, \frac{m}{2}\left(\frac{d\vec{x}}{dt}\right)^2 \tag{1}$$

で定義される．ここで，$\vec{\epsilon}$ を時間に依存しない無限小の定数のベクトルとして変数変換（無限小回転）$\vec{x}'(t) = \vec{x}(t) + \vec{\epsilon} \times \vec{x}(t)$ を考えると，作用は無限少量 $\vec{\epsilon}$ の 2 次以上の項を無視すると変わらないことが示される．このように作用が変わらないことを，理論が（無限小）の回転に関して不変であると表現される．このとき，時間に依存する変換 $\vec{x}'(t) = \vec{x}(t) + \vec{\epsilon}(t) \times \vec{x}(t)$ を考えると $\vec{\epsilon}(t)$ に関する 1 次の精度で作用は

$$S' = \int_{t_i}^{t_f} dt\, \frac{m}{2}\left(\frac{d\vec{x}'}{dt}\right)^2 = S + \int_{t_i}^{t_f} dt\, \frac{d\vec{\epsilon}(t)}{dt} \cdot m\left(\vec{x} \times \frac{d\vec{x}(t)}{dt}\right) \tag{2}$$

のように書かれることが確かめられる．この式で $\frac{d\vec{\epsilon}(t)}{dt}$ の係数として現れる量 $\vec{J} = \vec{x} \times m\frac{d\vec{x}(t)}{dt}$ がネーターの一般化された電荷の定義式を与える．この一般化された電荷は，運動方程式 $m\frac{d^2\vec{x}(t)}{dt^2} = 0$ を用いると時間的に一定になり保存する量（現在の場合は角運動量）を定義する．これが回転の場合のネーターの定理であり，回転不変性が角運動量の保存則を与える．

次に，場の理論で一番簡単でかつ基本的な量子電気力学を考察する．ディラック (P.A.M. Dirac) 粒子である電子 ψ を記述する作用は

$$S = \int \bar{\psi}(t, \vec{x})[i\gamma^\mu D_\mu - (mc/\hbar)]\psi(t, \vec{x})\, d^3x\, dt \tag{3}$$

で与えられる．ここで，$\bar{\psi}(t, \vec{x}) \equiv \psi(t, \vec{x})^\dagger \gamma^0$ およびゲージ理論に現れる共変微分と呼ばれる微分を $D_\mu = \frac{\partial}{\partial x^\mu} - ieA_\mu(x)$ で定義した．$A_\mu(x)$ は電磁場で

あり，e は結合定数（現在の例では電荷）を与える．4 行 4 列の Dirac 行列 γ^μ, $\mu = 0, 1, 2, 3$ は，$g_{\mu\nu} = (1, -1, -1, -1)$ として，$\gamma^\mu\gamma^\nu + \gamma^\nu\gamma^\mu = 2g^{\mu\nu}$ で定義される．Dirac 理論で基本的となるカイラルな性質を記述するエルミート的な γ_5 行列は

$$\gamma_5 \equiv i\gamma^0\gamma^1\gamma^2\gamma^3, \quad \{\gamma_5, \gamma^\mu\}_+ = 0 \tag{4}$$

で定義される．

上記のディラックの作用 (3) は，まず α を実の定数として次の位相変換

$$\psi(t, \vec{x})' = e^{i\alpha}\psi(t, \vec{x}), \quad \bar{\psi}(t, \vec{x})' = \bar{\psi}(t, \vec{x})e^{-i\alpha} \tag{5}$$

に対して形を変えない，すなわち不変である．ここで変換のパラメーターを時間と空間座標に依存する一般の $\alpha(x)$ に置き換えると，

$$S' = S - \int d^4x\, \partial_\mu\alpha(x)\bar{\psi}(x)\gamma^\mu\psi(x) \tag{6}$$

のように変化することが確かめられる．$\partial_\mu\alpha(x)$ の係数としてネーターのカレント（一般化された電流）$j^\mu(x) = \bar{\psi}(x)\gamma^\mu\psi(x)$ が定義され，運動方程式を用いると保存則（連続の式）

$$\partial_\mu j^\mu(x) = 0 \tag{7}$$

を満たす．この保存則から，保存する電荷 Q

$$\frac{d}{dt}Q \equiv \frac{d}{dt}\int d^3x\, j^0(x) = 0 \tag{8}$$

が導かれる．これが通常のネーターの定理の内容である．

3 経路積分と量子異常

量子異常の考察で基本的になるカイラル対称性とは，ディラック方程式の導入により明らかになった新しい対称性である．複素数の導入に伴い位相という概念が導入されたが，ディラック方程式で記述されるスピナーは，さらにカイラル変換という自由度を持つわけである．

量子電気力学で電子の質量 $m = 0$ の場合の量子論は，ファインマン (R.P. Feynman) 流の経路積分で書くと $\slashed{D} = \gamma^\mu D_\mu$ として（ユークリッド的計量では）

$$\int \mathcal{D}\bar{\psi}\mathcal{D}\psi \exp\left\{\int d^4x\, \bar{\psi}(x)i\slashed{D}\psi(x)\right\} \tag{9}$$

で与えられることが知られている．このとき座標に依存する無限小のパラメ

ター $\alpha(x)$ を用いたカイラル変換を，(4) の γ_5 を用いて

$$\psi(t,\vec{x})' = e^{i\alpha(x)\gamma_5}\psi(t,\vec{x}), \quad \bar{\psi}(t,\vec{x})' = \bar{\psi}(t,\vec{x})e^{i\alpha(x)\gamma_5} \tag{10}$$

で定義する．このとき，積分値は積分変数の名前付けの変更によらないという恒等式

$$\int \mathcal{D}\bar{\psi}'\mathcal{D}\psi' \exp\left\{\int d^4x\,\bar{\psi}'(x)i\,\displaystyle{\not}D\psi'(x)\right\}$$
$$= \int \mathcal{D}\bar{\psi}\mathcal{D}\psi \exp\left\{\int d^4x\,\bar{\psi}(x)i\,\displaystyle{\not}D\psi(x)\right\} \tag{11}$$

が成立する．左辺の指数の肩にある作用の変化は $S' = S - \int d^4x\,\partial_\mu\alpha(x)j_5^\mu(x)$ を与えネーターのカレント $j_5^\mu(x) \equiv \bar{\psi}(x)\gamma^\mu\gamma_5\psi(x)$ を定義する．他方積分の測度からは変数変換のヤコビアン，$\mathcal{D}\bar{\psi}'\mathcal{D}\psi' = J(\alpha)\mathcal{D}\bar{\psi}\mathcal{D}\psi$，が生じ

$$J(\alpha) = \exp\left\{-i\int d^4x\,\alpha(x)\frac{e^2}{16\pi^2}\epsilon^{\mu\nu\alpha\beta}F_{\mu\nu}F_{\alpha\beta}(x)\right\} \tag{12}$$

で与えられることが示される．したがって，恒等式 (11) の両辺の $\alpha(x)$ に関して 1 次の項の比較から

$$\int \mathcal{D}\bar{\psi}\mathcal{D}\psi\left[\partial_\mu j_5^\mu(x) - i\frac{e^2}{16\pi^2}\epsilon^{\mu\nu\alpha\beta}F_{\mu\nu}F_{\alpha\beta}(x)\right]\exp\left\{\int d^4x\,\bar{\psi}(x)i\,\displaystyle{\not}D\psi(x)\right\}$$
$$\equiv \left\langle\partial_\mu j_5^\mu(x) - i\frac{e^2}{16\pi^2}\epsilon^{\mu\nu\alpha\beta}F_{\mu\nu}F_{\alpha\beta}(x)\right\rangle = 0 \tag{13}$$

が結論される．ここで，$F_{\mu\nu} = \partial_\mu A_\nu - \partial_\nu A_\mu$ は電磁場の強さであり $\epsilon^{\mu\nu\alpha\beta}$ は 4 次元空間での完全反対称シンボルである．**ヤコビアンからの寄与である異常項**が素朴なネーターの定理 $\partial_\mu j_5^\mu(x) = 0$ を破っていることがわかる．

現在のアーベル的ゲージ場ではトポロジー的な性質は定義されず，したがって Atiyah–Singer の指数定理は成立しない．量子異常は**局所的な性質**を見ており，指数定理よりはより一般的な性質を考察していることを示している．

この考察は，ワイル (H. Weyl) 変換と呼ばれる時空間の（短距離での角度は変えないが）長さを変える変換にも成立し，経路積分では全ての知られている量子異常は，対称性を表す変数変換に伴い非自明なヤコビアンが現れることとして理解できることが知られている．ヤコビアンが自明な場合 $J = 1$（これには上記 (7) の例が含まれる）には，素朴なネーターの定理が成立することになる．

4 不確定性関係？

ここで量子異常の発見の簡単な歴史を述べておきたい．1949 年に福田博，宮本米二両博士により最初に量子電気力学でカイラル変換に対する保存則に異常な振る舞いがあることが見つけられた．この問題は，朝永振一郎博士，米国の J. Steinberger, J. Schwinger 等により詳細に検討され，通常の場の理論における正則化の処方では対処できないことが示された．この問題は，しばらく忘れられていたが，1969 年になり，J.S. Bell, R. Jackiw, S.L. Adler 等の研究者により南部理論に基づくパイ中間子の 2 個の光子への崩壊現象との関連で，その重要性が再認識された．特に，Adler は，この異常な振る舞いは相対論的に不変でゲージ対称性を持つ理論では避けることができない現象であることを示し，相対論的不変な理論での非常に基本的な現象であることが確立した．丁度同じ 1969 年ごろに，数学において Atiyah–Singer の指数定理が定式化され，後に量子異常との関連が明らかになった．歴史的には，量子異常の物理での発見は，数学における指数定理に 20 年先駆けて行われた．もっとも，後に弦理論の量子論との関連で，数学のリーマン面の理論におけるリーマン・ロッホ (Riemann–Roch) の定理が弦の量子論でのゴースト数の量子異常（すなわち，非自明なヤコビアン）に関係していることが認識され，その意味では（現在の量子異常に関係した）数学での位相的な考察は 19 世紀に遡ることになる．

量子異常に戻って考えると，ゲージ場の理論におけるディラック粒子の運動量項 $\displaystyle{\not}D = \gamma^\mu D_\mu$ が量子論では行列表示され，素朴にはこの行列が（無限次元の）正方行列で表される．量子異常は，この行列が一般に長方形の形になるという現象に関係している．この正方形から長方形への変形が，ゲージ場の位相的な性質に関係しているというのが指数定理の直感的な内容である．

それでは，もっと物理的な基本的な描像がありえないのかという疑問が生じるが，(経路積分定式化で明らかになった) 一つの直感的な理解は，量子論の不確定性関係との関係で理解することである．ディラック理論の運動量項 $\displaystyle{\not}D$ とカイラル変換の γ_5 は（反交換するが）交換しない

$$[\gamma_5, {\not}D] = 2\gamma_5 {\not}D. \tag{14}$$

この交換関係の右辺を場の理論の意味で平均したものが，カイラル量子異常

を与えることが示される．同様な特徴づけはワイル量子異常でも可能である．

参考文献

[1] ［カイラル量子異常の経路積分での定式化］K. Fujikawa, "Path integral measure for gauge invariant fermion theories", Phys. Rev. Lett. **42** (1979) 1195; K. Fujikawa, "Path integral for gauge theories with fermions", Phys. Rev. **D21** (1980) 2848; **D22** (1980) 1499 (E).

[2] ［ワイル量子異常の経路積分での定式化］K. Fujikawa, "Comment on chiral and conformal anomalies", Phys. Rev. Lett. **44** (1980) 1733; K. Fujikawa, "Energy-momentum tensor in quantum field theory", Phys. Rev. **D23** (1981) 2262.

[3] ［量子異常の経路積分法に関する単行本］藤川和男：「経路積分と対称性の量子的な破れ」（岩波書店，2001）；K. Fujikawa and H. Suzuki, "Path Integrals and Quantum Anomalies", (Oxford University Press, 2004).

[4] ［ゲージ理論の量子論の解説］藤川和男：「ゲージ場の理論」（岩波講座現代の物理学）（岩波書店，1997）．

Feynman 経路積分の数学的理論
—— 時間分割法

藤 原 大 輔

ポテンシャルが $V(t,x)$ の場に質量 m の粒子があれば，古典力学の Lagrange 関数は $L(t,\dot{x},x) = \dfrac{1}{2m}|\dot{x}|^2 - V(t,x)$ である．時刻 s に空間の点 y を出て，時刻 t に点 x に達する曲線（経路という）$\gamma(\tau), s \leq \tau \leq t$, の作用は $S(\gamma) = \displaystyle\int_s^t L\Big(\tau, \dfrac{d}{d\tau}\gamma(\tau), \gamma(\tau)\Big) d\tau$ である．これと同じ端点 $(s,y),(t,x)$ をもつすべての経路に関して $S(\gamma)$ の最小値を $S(t,s;x,y)$ とする．この最小値を達成する経路は，古典経路（実際に粒子が運動する経路）である．

非相対論的量子力学においては時刻 t における粒子の波動関数 $\varphi(t,x)$ は初期時刻 0 での波動関数 $\varphi(0,x)$ から線形変換で得られる．積分変換により

$$\varphi(t,x) = \int K(t,x,y)\varphi(0,y)\,dy$$

と書く．積分核 $K(t,x,y)$ をプロパゲーターと呼ぶ[1]．

Feynman [3] は新しい数学的概念を導入してプロパゲーター $K(t,x,y)$ を

$$K(t,x,y) = \int_\Omega \exp\Big(\dfrac{i}{\hbar}S(\gamma)\Big) \mathcal{D}[\gamma]$$

と表した．ここで $\hbar$ はプランク定数で γ は時刻 0 に空間の点 y を出て，時刻 t に点 x に達する経路であり，Ω はその同じ始点と終点をもつ経路の全体であり，記号 $\int_\Omega \mathcal{D}[\gamma]$ は Feynman が導入した新しい概念（Feynman 経路積分）で，Ω 全体にわたり和あるいは「積分」を取ることを意味する．

無限次元空間 Ω でのこの新しい「積分」の意味を，Feynman は有限次元空間での積分の極限値として定義した（時間分割法による定義）．すなわち時間の区間 $[0,t]$ の任意の分割 Δ を

$$\Delta: 0 = t_0 < t_1 < \cdots < t_{L+1} = t, \tag{1}$$

---

[1] 数学的に厳密にいえば $K(t,x,y)$ は超関数になることもある．

$\tau_j = t_j - t_{j-1}$, $|\Delta| = \max_j \tau_j$ とする. $x_0 = y, x_{L+1} = x$ とし, 各時刻 t_j において空間の点 x_j を任意に取り,

$$I(\Delta; \hbar, t, x, y) = \prod_{j=1}^{L+1} \left(\frac{-i}{2\pi m \hbar \tau_j} \right)^{d/2} \int \cdots \int \exp\left(\frac{i}{\hbar} \sum_{j=1}^{L+1} S(t_j, t_{j-1}; x_j, x_{j-1}) \right) \prod_{j=1}^{L} dx_j \tag{2}$$

とおく. ここで d は空間の次元. Feynman は経路積分を次のように定義した:

$$\int_\Omega \exp\left(\frac{i}{\hbar} S(\gamma) \right) \mathcal{D}[\gamma] = \lim_{|\Delta| \to 0} I(\Delta; \hbar, t, x, y). \tag{3}$$

この極限値は本当に存在するか？ これが問題である. ポテンシャル $V(t, x)$ が下記の性質をもつならば, t が小さいとき, Feynman の主張は数学的に証明できる. 簡単のため $m = 1$ で空間次元 $d = 1$ のときに結果の概略を記す. 物理では $\hbar$ は一つの定数だが, 以下では $0 < \hbar < 1$ であるパラメーターとして扱う.

ポテンシャルについての仮定: $V(t, x)$ は (t, x) に関して連続で x に関して何回でも微分可能な実数値関数で, 任意の自然数 $k \geq 2$ に対して,

$$\sup_{0 \leq \tau \leq t} \sup_{x \in \mathbf{R}} |\partial_x^k V(\tau, x)| = v_k < \infty$$

が成り立つ. ここで $\partial_x = \partial/\partial x$.

このとき正定数 δ が $\delta^2 v_2 < 8$ ならば, $0 < |t - s| \leq \delta$ のとき, 空間の任意の 2 点 x, y に対して時刻 s に y を出て, 時刻 t に x に達する古典経路は唯一存在しこれを γ_{cl} とすると, 同じ端点の任意の曲線 γ に対し $S(\gamma) \geq S(\gamma_{cl}) = S(t, s; x, y)$ である.

以下では常に $0 < t \leq \delta$ とする. 時刻 0 に y を出て時刻 t に x に達する古典経路を γ_0 とする. また各時刻 t_{j-1} に x_{j-1} を出て, t_j に x_j に到る古典経路を γ_j ($j = 1, 2, \ldots, L+1$) とし, これらを順につなげると, 時刻 0 に y を出て, 時刻 t に x に達する一つの区分的古典経路 γ_Δ (一般には時刻 t_j で折れ曲がっている) を得る. $\sum_{j=1}^{L+1} S(t_j, t_{j-1}; x_j, x_{j-1}) = S(\gamma_\Delta)$ である.

定理 1.1 ([5]) $0 < t \leq \delta$ のとき次の事柄が成り立つ.

1. $I(\Delta;\hbar,t,x,y) = \left(\dfrac{-i}{2\pi\hbar t}\right)^{1/2} a(\Delta;\hbar,t,x,y)e^{i\hbar^{-1}S(\gamma_0)}$ という形に書ける．ここで $a(\Delta;\hbar,t,x,y)$ は t,x,y に関し微分可能で (x,y) については何回でも微分可能である．

2. 任意の x,y に対して極限値 $k(\hbar,t,x,y) = \lim_{|\Delta|\to 0} a(\Delta;\hbar,t,x,y)$ が存在する．Feynman の記号では

$$\int_\Omega \exp\left(\dfrac{i}{\hbar}S(\gamma)\right)\mathcal{D}[\gamma] = \left(\dfrac{-i}{2\pi\hbar t}\right)^{1/2} k(\hbar,t,x,y)e^{i\hbar^{-1}S(\gamma_0)} \qquad (4)$$

が確かに存在する．

3. 任意の負でない整数 m に対して正定数 C_m が存在して $k\le m,\ l\le m$ ならば，任意の (x,y) と $0<\hbar<1$ に関して次の不等式が成立する．

$$|\partial_x^k \partial_y^l (a(\Delta;\hbar,t,x,y)-k(\hbar,t,x,y))| \le C_m |\Delta| t \qquad (5)$$

$$|\partial_x^k \partial_y^l k(\hbar,t,x,y)| \le C_m. \qquad (6)$$

定理 1.2 ([1], [4]) $0 < t \le \delta$ とする．有界集合の外では 0 となる連続関数 $\varphi(x)$ に対し，

$$U(t)\varphi(x) = \int_{\boldsymbol{R}} \left(\dfrac{-i}{2\pi\hbar t}\right)^{1/2} k(\hbar,t,x,y)e^{i\hbar^{-1}S(\gamma_0)}\varphi(y)\,dy \qquad (7)$$

とし，$U(\Delta;t)\varphi(x) = \int_{\boldsymbol{R}} I(\Delta;\hbar,t,x,y)\varphi(y)\,dy$ とする．

1. これらは共にヒルベルト空間 $L^2(\boldsymbol{R})$ の有界作用素に拡張され，ある正定数 C が存在して，作用素ノルムに関して不等式

$$\|U(t) - U(\Delta;t)\| \le Ct|\Delta| \qquad (8)$$

が成立する．作用素ノルムに関して $\lim_{|\Delta|\to 0} U(\Delta;t) = U(t)$.

2. $U(t)\varphi(x)$ は Schrödinger 方程式を満たし，$\lim_{t\to 0} U(t,0)\varphi = \varphi$ が成り立つ．したがって (4) 式で与えられる関数は，確かにプロパゲーターである．

Feynman 経路積分は収束しプロパゲーターを表すという Feynman の主張は，ポテンシャルが我々の仮定を満たすとき，定理 1.1 と定理 1.2 によって数学的に証明された．

定理 1.1 は [5], 定理 1.2 は [4] で初めて得た. 大次元空間での停留位相法 [6] を得て，より満足できる別の証明法を与えた [7], [13]. 大次元空間での停留位相法を紹介する.

$\gamma \in \Omega$ の汎関数 $F(\gamma)$ に対し，次式を定義する．分割 Δ を (1) とする.

$$I[F](\Delta;\hbar,t,x,y) = \prod_{j=1}^{L+1}\Bigl(\frac{-i}{2\pi\hbar\tau_j}\Bigr)^{1/2}\int_{\mathbf{R}^L} F(\gamma_\Delta)\exp\Bigl(\frac{i}{\hbar}S\left(\gamma_\Delta\right)\Bigr)\prod_{j=1}^{L}dx_j.$$

汎関数 F についての仮定． 経路 $\gamma \in \Omega$ の汎関数 $F(\gamma)$ は次の仮定を満たす. 任意の非負整数 K に対し正定数 A_K, X_k が存在し，任意の分割 Δ と γ_Δ に対して，$\alpha_j \leq K$ $(j=0,1,\ldots,L+1)$ である限り次の不等式が成り立つ

$$\Bigl|\prod_{j=0}^{L+1}\partial_{x_j}^{\alpha_j}F(\gamma_\Delta)\Bigr| \leq A_K X_K^L.$$

以下では常にこの仮定が成り立ち，また $0 < t \leq \delta$ とする.

変数 x_j $(j=1,2,\ldots,L)$ に関する $S(\gamma_\Delta)$ の停留点は $x_j = \gamma_0(t_j)$ のときである．そこでの Hesse 行列式を $\det\mathrm{Hess}S_\Delta$ と書く.

定理 1.3 ([6]) $D(\Delta;t,x,y) = \dfrac{\tau_{L+1}\tau_{t_L}\cdots\tau_2\tau_1}{t}\det\mathrm{Hess}S_\Delta$ とする．次の表現ができる：

$$I[F](\Delta;\hbar,t,x,y)$$
$$= \Bigl(\frac{-i}{2\pi\hbar t}\Bigr)^{1/2}e^{i\hbar^{-1}S(\gamma_0)}D(\Delta;t,x,y)^{-1/2}(F(\gamma_0) + \hbar r(\Delta;\hbar,t,x,y)). \quad (9)$$

さらに剰余項 $r(\Delta;\hbar,t,x,y)$ は次の評価を満たす：$m \geq 0$ に対し，$\hbar, \Delta$ に依らないある自然数 $M(m)$ と正定数 C_m が存在して，$|\alpha|,|\beta| \leq m$ であれば

$$|\partial_x^\alpha \partial_y^\beta r(\Delta;\hbar,t,x,y)| \leq C_m A_{M(m)} X_{M(m)} t.$$

特に $F(\gamma) \equiv 1$ のときは

$$|\partial_x^\alpha \partial_y^\beta r(\Delta;\hbar,t,x,y)| \leq C_m t^2.$$

これにより以下のことがわかる．常微分作用素の Dirichlet 境界値問題

$$\frac{d^2}{d\tau^2}u(\tau) = f(\tau), \quad u(0) = 0 = u(t)$$

の Green 作用素を G とする．作用 $S(\gamma)$ の停留点 γ_0 での Jacobi の微分作用素を $J = \frac{d^2}{d\tau^2} - \partial_x^2 V(\tau, \gamma_0(\tau))$ とする．このとき GJ については無限次行列式を定義できるので行列式を $\det(GJ)$ と書く．すると

定理 1.4 ([13]) $0 < t \leq \delta$ とする．$\lim_{|\Delta|\to 0} D(\Delta; t, x, y) = \det(GJ)$．すなわち

$$\int_\Omega \exp\left(\frac{i}{\hbar}S(\gamma)\right) \mathcal{D}[\gamma]$$
$$= \left(\frac{-i}{2\pi\hbar t}\right)^{1/2} \det(GJ)^{-1/2}(1 + \hbar t^2 r(\hbar, t, x, y))e^{i\hbar^{-1}S(\gamma_0)} \quad (10)$$

と書ける．任意の自然数 m に対して $\hbar$ に無関係な正定数 C_m が存在して，$0 \leq k, l \leq m$ ならば，任意の x, y に対して

$$|\partial_x^k \partial_y^l r(\hbar, t, x, y)| \leq C_m. \quad (11)$$

$\det(GJ)^{-1/2}$ は輸送方程式を満たす．また $\det(GJ)$ は，Morette–Van Vleck 行列式である．

注意． この定理から，プロパゲーターに準古典近似が成立していることがわかる．つまり Birkhoff [2] の結果の別証明を与えている．より精密にして，準古典近似の第 2 項を与えることもできる ([9])．

簡単な磁場をもつ場合は谷島 [14] 及び土田 [12] の結果を使って [10] で扱われており，磁場が無い場合とは少し様相が違う．また $\int_\Omega F(\gamma) e^{i\hbar^{-1}S(\gamma)} \mathcal{D}[\gamma]$ という記号の，被積分汎関数 $F(\gamma)$ を含む経路積分の場合は，はじめ熊ノ郷 [11] が論じ，[8] でやや条件を明確化した．

参考文献

[1] K. Asada and D. Fujiwara, On some oscillatory integral transformations in $L^2(R^n)$, *Japanese Journal of Mathematics*, **4**, pp. 299–361, 1978.

[2] G.D. Birkhoff, Quantum mechanics and asymptotic series, *Bulletin of the American Mathematical Society*, **39**, pp. 681–700, 1933.

[3] R.P. Feynman, Space time approach to non relativistic quantum mechanics, *Reviews of Modern Phys.*, **20**, pp. 367–387, 1948.

[4] D. Fujiwara, A construction of the fundamental solution for the Schrödinger equation, *Journal d'Analyse Mathématique*, **35**, pp. 41–96, 1979.

[5] D. Fujiwara, Remarks on convergence of the Feynman path integrals, *Duke Mathematical Journal*, **47**, pp. 559–600, 1980.

[6] D. Fujiwara, The stationary phase method with an estimate of the remainder term on a space of large dimension, *Nagoya Mathematical Journal*, **124**, pp. 61–97, 1991.

[7] D. Fujiwara, Some Feynman path integrals as oscillatory integrals over a Sobolev manifold, In *Proc. International conference on Functional Analysis in memory of Professor Kôsaku Yosida.*, Lecture notes in Mathematics **1540**, pp. 39–53. Springer, 1993.

[8] D. Fujiwara and N. Kumano-go, Smooth functional derivatives in Feynman path integrals by time slicing approximation, *Bulletin des Sciences Mathématiques*, **129**, pp. 57–79, 2005.

[9] D. Fujiwara and N. Kumano-go, The second term of semi-classical asymptotic expansion for Feynman path integrals with integrand of polynomial growth, *Journal of the Mathematical Society Japan*, **58**, pp. 837–867, 2006.

[10] D. Fujiwara and T. Tsuchida, The time slicing approximation of the fundamental solution for the Schrödinger equation with electromagnetic fields, *Journal of the Mathematical Society of Japan*, **49**, pp. 299–327, 1997.

[11] N. Kumano-go, Feynman path integrals as analysis on path space by time slicing approximation, *Bulletin des Sciences Mathématiques*, **128**, pp. 197–251, 2004.

[12] T. Tsuchida, Remarks on Fujiwara's stationary phase method on a space of large dimension with a phase function involving electromagnetic fields, *Nagoya Mathematical Journal*, **136**, pp. 157–189, 1994.

[13] 藤原大輔, ファインマン経路積分の数学的方法 —— 時間分割法——, シュプリンガー・ジャパン, 1999.

[14] K. Yajima, Schrödinger evolution equations with magnetic fields, *Journal de Mathématique*, **56**, pp. 29–76, 1991.

無限自由度の解析学
―― 代数解析の方法による可解模型の研究

三輪 哲二

　子供の頃に住んだ家，寝泊まりした部屋，それらはどれもこれもみな，もうなくなっているのだけれど，記憶の中にはしっかりとしまわれていて，廊下の床板の一枚一枚，玄関の格子戸，縁側のダリア，砂浜へ駆け下りた藪の中の道，思い出してみる．そんなふうに，駆け抜けてきた数式とその意味を，思い出してみる．遠い日の記憶は覚醒の中で錆び付き，固まっているが，夢の中では混ざり合い，置き換わって，途中．止まらない．

　イジング模型．オンサーガーによって解かれた [1]．分配函数は
$$Z[E_h, E_v] = \sum_{\sigma} e^{-E[\sigma]/kT}, \quad E[\sigma] = -\sum_{(i,j)\in\mathbb{Z}^2}(E_h \sigma_{i,j}\sigma_{i+1,j} + E_v \sigma_{i,j}\sigma_{i,j+1}).$$
ボルツマンの原理により $e^{-E[\sigma]/kT}$ が配置 σ ($\sigma_{i,j} = \pm 1$) の相対的な生起確率を表わすので，分配函数はそれを規格化する．有限の格子を考えれば，分配函数はパラメタ E_h, E_v の指数多項式である．格子のたてよこの大きさ M, N を無限大にする熱力学極限では，$Z = Z_{M,N}$ は発散するが，$\lim_{M,N\to\infty} \frac{1}{MN}\log Z_{M,N}$ は，有限の値に収束する．だが，パラメタについて，特異性が現れる．多項式から現れる特異性．有理数から極限で $\sqrt{2}$ や π が現れるように，むちゃくちゃ大きな多項式から特殊函数が，ぬっと現れる．小学校の教室．6年7組，50人．窓が南と東にあって明るい．色紙に書いた円を切り取って，4等分して並べ直す．8等分，16等分とやっていくと，平行四辺形が現れて，あの日，机の上に魔法がひかった．

　遷移行列という，線形空間 $V_N = \mathbb{C}^2 \otimes \cdots \otimes \mathbb{C}^2$ (N 個の積) に作用する行列 T_N があって $Z_{M,N} = \mathrm{Tr}_{V_N} T_N^M$ となる．だから，熱力学極限での分配函数の計算は行列 T_N の最大固有値を求める計算になる．C.N. Yang はプリンストンのバスの中で，さっき聞いたイジング模型とフェルミオンが頭から離れない．そして研究室に閉じこもって，しばらくして「EΥPHKA」と叫んで，浴場から飛び出していった，のはアルキメデス．Yang さんはなんと叫

んだのだろう．パウリ行列からフェルミオンを作って，T_N を対角化する魔法．魔術師たちの系譜．Onsager, Kaufmann, Yang, Lieb, Schultz, Mattis そして，彼ら．Wu, McCoy, Tracy, Barouch [2].

2 次元イジング模型の 2 点関数のスケール極限は III 型のパンルベ関数になる．

これを超える魔法を探して，今も．

$\mathbb{C}^2 \otimes \cdots \otimes \mathbb{C}^2$ の真ん中あたりに作用するパウリ行列 $\sigma_i^x, \sigma_i^y, \sigma_i^z$ のかたまりを $\mathcal{O}$ とする．$\mathcal{O}$ を局所作用素と呼ぶ．局所作用素 $\mathcal{O}$ の行列要素のうち，T_N の最大固有値に対する固有ベクトル $|\text{vac}\rangle_N$ に対する対角成分．我々は，その熱力学極限である真空期待値に興味がある．

$$\langle \mathcal{O} \rangle = \lim_{N \to \infty} \frac{{}_N\langle\text{vac}|\mathcal{O}|\text{vac}\rangle_N}{{}_N\langle\text{vac}|\text{vac}\rangle_N}.$$

それは，無限自由度の世界．ニュートンは太陽と地球を互いに引き合う質点ととらえて，楕円軌道を演繹した．疎水に，あはれ今年はまだ咲き残る桜も，ダブリンのトリニティーカレッジに咲き誇っていた八重桜も，震災の地で折れた幹から伸びた枝に，人の手に守られて咲こうとしている蕾たちも，それらすべての桜を消し去って地球という質点が軌道を動くという，3 自由度の古典力学の世界．これに対して，磁石．ものすごい数の Fe 原子が格子に並んで電磁気の力で相互作用している．これを統計モデルとしてボルツマンの原理でとらえる．ひとつひとつの Fe が持つ自由度がエネルギーを通して相互作用し，その熱力学極限を特殊関数が記述する．Yang が，他にあれほど長い時間集中して計算したことはない，といった 1 点関数，すなわち，磁化

$$\langle \sigma_1^z \rangle = (1 - (\sinh 2\beta E_h \sinh 2\beta E_v)^{-2})^{1/8}.$$

磁化が消える温度 $T = T_c$ は，この関数の特異点として，定義である $\beta = 1/kT$ から翻訳して得られる．

海外に初めて出かけた 1979 年，春．スタンフォードの講堂でサラム教授が，自発的対称性の破れの話をするのを見下ろしている．丸いテーブルにナプキンとパン皿，ノーベル賞の晩餐会．サラム教授が，ナプキンを取ると，Fe のスピンがさあっと揃って．磁化の式は，特異点より低い温度で，境界のスピンを決めて（ナプキンを誰かが取った）計算した場合の値．

2 点函数 $\langle \sigma_1^z \sigma_n^z \rangle$ のスケール極限とは $x = n|T - T_c|$ を保って $n \to \infty$ の極限を考える.
$$\tau(x) = \lim_{n \to \infty} \frac{\langle \sigma_1^z \sigma_n^z \rangle}{\langle \sigma_1^z \rangle^2}.$$
この函数がパンルベ III 型の非線形微分方程式の解を用いて書けてしまう. これが Wu たちの結果であった. 実は, $\tau(x)$ 自身が満たす微分方程式も書けるのだけれど, 今見つからないので, 別の問題のタウ函数の微分方程式を書いておく. 1980 年の PhysicaD1 の論文からの引用である. τ が σ に代わっているが, 同じ量ではないので, むしろよし.
$$\left(x \frac{d^2 \sigma}{dx^2} \right)^2 = -4 \left(x \frac{d\sigma}{dx} - 1 - \sigma \right) \left(x \frac{d\sigma}{dx} + \left(\frac{d\sigma}{dx} \right)^2 - \sigma \right).$$
この式を黒板に書いて,「展開の, 先の方で Tracy たちの式と合わないんですが.」「タウ函数がこれを満たすっていうわけだね.」「そうです.」「じゃあ, 我々の方が正しいんでしょう. 手紙を書いてみたらどうですか.」今なら, メールを送る. すぐに返事があるかどうかは別として, 航空便のあの青い封筒兼便箋を目にすることはない.

では何故, タウ函数が微分方程式を満たすのか？ 魔術の一端は, こうである. 物理の問題はハミルトニアンを対角化するという形式になる. その最も基礎になるのは, 量子力学の調和振動子である. 数理研の助教授だった頃, すなわち世界中で一番すばらしい職についていると思っていた頃, 大学院の入学試験の口頭試問で荒木先生と柏原さんが聞くことは決まっていた. 荒木先生は調和振動子の対角化, 柏原さんはリー環 $\mathfrak{sl}_2(\mathbb{C})$ の有限次元既約表現. 僕はそうしてこれらを学んだ. 調和振動子の対角化, すなわちワイル代数のボゴリューボフ変換より先に, イジング模型でフェルミオンのボゴリューボフ変換を, $\mathfrak{sl}_2(\mathbb{C})$ の既約表現より先に, ソリトン理論で $\widehat{\mathfrak{sl}}_2(\mathbb{C})$ の既約表現を.

調和振動子のハミルトニアンは定数を適当に取ると
$$\mathcal{H} = -\frac{1}{2} \left(\frac{d^2}{dx^2} - x^2 \right)$$
という 2 階の微分作用素である. これは作用素 d/dx と x の張る 2 次元空間に, 交換子として作用する.
$$\left[\mathcal{H}, \frac{d}{dx} \right] = x, \quad [\mathcal{H}, x] = \frac{d}{dx}.$$
したがって, 生成作用素 x と消滅作用素 $\frac{d}{dx}$ の 1 次結合を取り直して, この

作用を対角化することができる．考えている作用素が作用するのは仮に多項式全体を考えても無限次元の空間だが，それを 2 次元の話に帰着させてしまう．これが魔術．これと同じことを大掛かりにやるのがイジング模型のハミルトニアンの対角化．2^N 次元という大きな空間の話を，フェルミオン p_m, q_m を導入することによって，$2N$ 次元の空間における対角化の話に帰着させる．$2N$ 次元の行列を考えて，$N \to \infty$ ということは数学で普通に起こる．フーリエ変換はこの意味の無限次元を有限次元に落とし込む魔術．イジング模型では，2^N 次元の行列を考えて $N \to \infty$．**無限自由度の世界，への挑戦**．

2 点函数の計算．スピン演算子 σ_n^z の随伴作用がフェルミオンの空間を不変にしている．

$$\sigma_n^z p_m = \begin{cases} p_m \sigma_n^z & (n \leq m); \\ -p_m \sigma_n^z & (n > m), \end{cases} \qquad \sigma_n^z q_m = \begin{cases} q_m \sigma_n^z & (n < m); \\ -q_m \sigma_n^z & (n \geq m). \end{cases}$$

この関係式がスピン演算子を特徴づける．連続極限を考えて，統計物理学の格子模型から場の理論の演算子の話に移行する．格子のフェルミオンは 2 次元時空 $x = (x^0, x^1)$ のディラック方程式を満たす自由フェルミ場 $\psi(x) = (\psi_+(x), \psi_-(x))$ に移行し，スピン演算子は

$$\sigma(x)\psi_\pm(y) = \begin{cases} \psi_\pm(y)\sigma(x) & (x^1 < y^1); \\ -\psi_\pm(y)\sigma(x) & (x^1 > y^1). \end{cases}$$

ところで，この σ とこのあとに出てくる τ は作用素であって，タウ函数に使った σ, τ とは別物であることに注意．居場所は図書の閲覧室だった．紙を丸めて落とすのでお掃除のおばさんに怒られた．たいていは 4 階の神保さんの部屋で黒板に向かっていた．その頃，同室の助手が誰かいたはずだが，全く覚えなし．午後になると佐藤先生がやってきて，3 階に移った．そしてある日

「フェルミオンとスピンオペレーターの積の真空期待値を計算すると変形ベッセルが出てくるんですよ．」

$x^0 = ix^2$ によってローレンツ座標 (x^0, x^1) からユークリッド座標 (x^1, x^2) に解析接続すると，自由フェルミ場とスピン演算子の（反）交換関係は，ディラック方程式の解で，-1 というモノドロミーを持つものを与える．実際，変

数分離して，1 周して符号が替わるような解を求めると，変形ベッセル函数 $I_{\pm 1/2}(r)$ が出てくるのだが，それが $\langle \psi(r,0)\sigma(0,0) \rangle$ に一致するということである．

スピン演算子 $\sigma(a)$ の 2 点函数 $\langle \sigma(a_1)\sigma(a_2) \rangle$ が，パラメタ a_1, a_2 に関して非線形の微分方程式を満たすというのが Wu たちの結果であった．では，それは何故か？ 自由フェルミ場 $\psi(x) = (\psi_+(x), \psi_-(x))$ とスピン演算子 $\sigma(a)$ との作用素積 $\psi(x)\sigma(a)$ を考えると，$x = a$ において変形ベッセル函数で局所展開できる．係数は作用素である．その第 1 項に現れる作用素を $\tau(a)$ と書くことにする．これに対して作用素積の真空期待値 $\langle \psi(x)\tau(a_1)\sigma(a_2) \rangle$, $\langle \psi(x)\sigma(a_1)\tau(a_2) \rangle$ は，ともにユークリッド時空のディラック方程式の解で $x = a_1, a_2$ に特異性を持つものになる．特異性は，この 2 点の周りで解が 2 価，すなわち，1 周すると符号を変えるという性質を持つことに対応している．無限遠と特異点 a_1, a_2 における増大度を適当に決めてやると，そのような解の空間はちょうど 2 次元になり，作用素積で構成した解がその基底になる．これだけのことから，この基底を並べたものが，ディラック方程式のみならず，パラメタ a_1, a_2 も含めて線形のホロノミック系を満たすことが言える．この線形方程式系の係数は，2 点函数 $\langle \sigma(a_1)\sigma(a_2) \rangle$ に関係した量になる．さて，連立の線形方程式系があると，解が存在するための条件が，係数に対する条件として現れる．この場合はこの条件がパンルベ方程式になる．これが Wu たちの結果の背後にある数学的構造であった．

1944 年のオンサーガーの論文から Wu たちの論文まで約 30 年という年月が経っている．我々の Holonomic Quantum Fields の論文は 1977 年から 80 年にかけて出版された [3]．それからさらに 30 年を超える年月が経った．場の理論と統計物理学における可解模型の研究はどこまで進歩したのか？ これについて，今きちんとしたことを書けるわけではないが．この 30 年の間に誰といつどこで会い，そのとき何が話題になったか．記憶だけで書くので，日時場所の間違いは許してください．(あたりまえだが) 全員については書けないので，主に格子模型に関係する人たちに限る．

1979 年春，サンフランシスコで開催された Erhart Science Training 主催の理論物理学の国際シンポジウムとその関連で行なわれたスタンフォード大学での研究会が物理学者たちとの遭遇であった．スタンフォードでの McCoy

さんとの出会い．中華料理を食べに行った．「自分は，Wu の学生になったとき，箸が使えるようにならなくては，成功しないと思い定めた．」サンフランシスコには，Wu, Polyakov, Brezin, Luscher らがいた．神保さんと私は招待されてなかったが，佐藤先生の話が終わると参加させようということになった．夜になると，佐藤先生と神保さんは Polyakov を捕まえたが 3 次元イジングの話だかで煙に巻かれ，私は Wu と McCoy に捕まって雑巾をぎゅうぎゅうに絞られた．そのとき彼らが何を狙っていたかは，後にわかる．会議が終わると，神保さんと私は Wu に Harvard へ拉致された．McCoy さんによると，Wu は日本の醤油がおいてあったらその店を出るということだったが，我々を最大限歓迎してくれた．ただ寒かった．零下 20 度という経験したことのない温度で，No-Name Restaurant へ連れていってくれて，魚がとてもおいしかったけれど，彼の車の暖房は壊れていた．彼は，このまましばらくこちらに残れと言ったが，佐藤先生と我々の答は NO であった．Wu は，昔の学生で，1962 年に電磁気に現れる積分方程式とパンルベ方程式の関連で博士論文を書いた Myers にも，会いに連れていってくれた．

次にアメリカへ出かけたのは同じ年の秋，McCoy さんのいる Stony Brook だった．このときも 3 人一緒．空港には Perk さんというオランダ人のポスドクが迎えにきた．翌日も McCoy 氏は現れない．佐藤先生のセミナーで Yang さんが甲高い声で質問する，とかやっていると，その次の日くらいに McCoy さんが現れて，神保さんと私に「最近は何をやっているのか」と聞く．そこで，「格子の 2 点函数の満たす非線形微分方程式を計算した」とか言うと，翌日からまたいなくなる．そうこうするうちに McCoy さんの家でパーティーがある．出かけていくと，McCoy さんがつかつかとやってきて「Wu と自分は，格子の n 点函数が満たす非線形差分方程式を見つけた．」この話は Perk さんも初耳．結局，Perk さんもその後論文をまとめて，格子の相関函数に関しては 3 つの論文が出た．

佐藤先生と神保さんと私はこの頃一緒にいろいろな所に出かけていった．Chicago, Fermi Lab, Saclay, IHES, Princeton, Berlin, Albany, Les Houches. 3 人だけのときも，私が家族を連れていったときもある．佐藤先生から，泰子さんと結婚するという話を知らせていただいたのは Saclay から Bures へ歩いて戻る道すがらであった．Physica D の論文をまとめた後で，佐藤先

生の関心は高次元の Holonomic Quantum Fields に向いていたが，これは日の目を見ることはなかった．一方，線形微分方程式系の可積分条件として非線形微分方程式が得られるという構造は，ソリトン方程式とのつながりを示唆していた．そこから，京都での，広田先生，薩摩さん，伊達さん等との交流が始まった．τ 函数というものが浮かび上がってきて，クレタ島では海辺のテラスで KP の τ 函数の計算をやった．ライトブルーの海はウニがいたりして，Kruskal さんの奥さんは海水に実にうまく浮いていた．このあと，佐藤先生は泰子夫人とポケットコンピューターでの計算を始めて，翌年，数理研の 402 号室での講演，

> 「KP 方程式はプリュッカー関係式であり，解空間は無限次元グラスマン多様体になる．」

一番後ろの列の真ん中の並びの左から 3 人目にすわっていた．衝撃．もうひとつの衝撃は，もちろん量子群．どちらも，すぐに一連の仕事につながっていった．KP の話からは，頂点作用素とアフィンリー環の表現論．Oberwolfach．夕食には間に合わなかったが，Kac が待っていてくれた．「これで 4 人全員に会えたな．」だが，神保さんと私は格子模型がやりたかった．イジング模型とフェルミオンの限界を乗り越えるために．

アエロフロートは予定のモスクワではなく，レニングラードに着いた．そこから国内線でモスクワへ．迎えは当然いない．なんとかたどりついた科学アカデミーのホテル．モスクワでのセミナー，Zakharov の質問．「バックルンド変換は可換だ．非可換なリー環になるのはおかしい．」夜行列車でレニングラードへ．出迎えてくれたのが Fedor Smirnov．そして Semenov Tian Shansky, Sklyanin, Korepin, Kirillov, Reshetikhin．ファデーエフスクールとの出会い．Faddeev はフランスに出かけていた．モスクワに戻って，パリへ．Saclay で Faddeev の講演を聴く．終了後，挨拶をすると，聞かれた．「これから何をやるのか？」差分方程式とか，確信のない返事をしているとズバリ．「スピンチェインをやりなさい．」量子逆散乱法はソリトンの話より以前に勉強していたがなじめなかった．もうひとつは共形場理論．ランダウスクールとの出会いは，コペンハーゲンでの集会をパスしたために遅れた．「massless だと線形になってしまうのか」という程度の認識．それはどちらも，誤りで

あったといえばその通りなのだが，別の出会いが神保さんと私を待っていた．

Baxter の名前を意識したのは Berlin で，Truong から．「corner transfer matrix というものがある」と言って図書室で論文を探した．Baxter の本が出て，アフィンリー環の指標公式をいじくっていたときと同じようなものが，Rogers–Ramaujan 公式とか出てきて，関係があるのかなと思った．トリノへ行くことになって，Baxter に会うのだから手土産に，とひとつ例を計算した．Baxter の講義のあとで神保さんと二人で，挨拶もそこそこ，こういう結果を，と言いかけると，「無限個の系列で計算した．」「あっ」と思ったが，「無限積のベキは？」と聞いてくれて，「6 乗です．」翌日会うと，「君たちのは我々のには含まれない．」Baxter にはもうひとつ，教えてもらった．Durham での研究会で，「XXZ 模型の R 行列は三角級数解だから，massless で corner transfer matrix が適用できない」といい加減なことを言ったら，「いや，Δ の値によっては，massive ですよ」と言われて，結果的に Faddeev の言っていたスピンチェインに取り組むことに．そうやってだんだんと，可解模型における dynamical な対称性としてのアフィン量子群の役割に近づいていった．そして谷口シンポジウムと数理研の長期共同研究．Smirnov が 1 年間京都に滞在した．そして明らかになった事実．

> corner transfer matrix の描像では，**XXZ** 模型の **transfer matrix** の半分はアフィン量子群のレベル 1 表現の頂点作用素である．

この事実にもとづいて，XXZ 模型の局所作用素の真空期待値を与える積分表示を求めることができた [4]．イジング模型を超えることができたのか？ 答は否．線形の差分方程式が相関函数を統制していることはわかった．2 点函数の漸近挙動は，Maillet のグループによって粘り強く計算された．だが，イジング模型で，スケール極限が非線形の微分方程式で統制できたということを超える成果は得られていない．しかしながら，これとは別に，1990 年代にはいくつかの大きな進展があった．Smirnov はサインゴルドン模型の形状因子を積分表示の形で与えた [5]．この仕事は Frenkel と Reshetikhin による量子 KZ 方程式，さらに相関函数の差分方程式へと引き継がれた．Alexander Zamolodchikov が共形場理論の変形を提唱し，Alyosha Zamolodchikov がそ

れをもとに 2 点函数を作用素積展開から求める方法を定式化した．Bazhanov–Lukyanov–Zamolodchikov は共形場理論と量子逆散乱法を結びつけた．そして今，我々はこれらの進展を基礎に，夢の続きを追いかけている．共形場理論の Virasoro 代数に替わる dynamical symmetry として，もういちどフェルミオン [6].

参考文献

[1] L. Onsager, Crystal statistics I. A two-dimensional model with an order-disorder transition, Phys. Rev. **65** (1944).

[2] T.T. Wu, B. McCoy, C. Tracy, and E. Barouch, Spin-spin correlation functions for the two-dimensional Ising model: Exact theory in the scaling region. Phys. Rev. B**13** (1976).

[3] Holonomic Quantum Fields. M. Sato, T. Miwa, and M. Jimbo, I, Publ. RIMS **14** (1977), II, III, IV, *ibid.* **15** (1979), V, *ibid.* **16** (1980).

[4] M. Jimbo and T. Miwa. *Algebraic analysis of solvable lattice models. Reg. Conf. Ser. in Math.* **85** (1995).

[5] F. Smirnov. *Form factors in Completely Integrable Models of Quantum Field theory.* Advanced series in Mathematical Physics 14, World Scientific (1992).

[6] M. Jimbo, T. Miwa, and F. Smirnov. Hidden Grassmann structure in the XXZ model V: sine-Gordon model. *arXiv:1007.0556v1.*

ハイゼンベルク先生の思い出など

山崎 和夫

　私には非調和振動子，量子代数 (Quantum Algebra)，ポーラロン (Polaron) Model，反強磁性体におけるマグノン (Magnon) （W. ハイゼンベルク先生との共著 [1]）などについて，数理物理に関するいくつかの仕事があるが，すでに半世紀ほど昔の今では色あせたものが主なので，それらでなく，やはり半世紀ほど昔の話になるが，ここでは 10 年以上直接に協同研究者としてご指導いただいた恩師ハイゼンベルク先生に関する，思い出やエピソードなどを書かせていただくことにする．先生の物理学者としての凄さなどには余り触れない．量子力学の第一発見者のもちろんその他の大きなお仕事についてはこの本の読者は皆よくご存じだからである．あるとき林忠四郎先生と話していたとき，「ハイゼンベルクの業績は積分すればアインシュタインとほぼ同じであり，この 2 人が 20 世紀最大の理論物理学者なのに彼の評価が不当に低い．量子力学もシュレーディンガーが発見したと思っている人がいる．君なんかがしっかりせんからや」と，お叱りを受けたことがあった．

1 "予言者党" 対 "清教徒党"
　── ハイゼンベルク–パウリ流の素粒子の統一場理論 [1]

　ハイゼンベルク先生（以下 H 先生と略）との初対面は，当時フンボルト奨学生として西ドイツのゲッティンゲンへ留学の途上に出席した，1957 年 9 月のパドバ・ベニス国際学会であったが，そのときは先生は忙しそうで名乗って握手しただけだった．10 月から H 先生を所長とするマックス・プランク物理学研究所のハイゼンベルク・グループに加えてもらった当時 30 歳の私は，生まれて初めての外国生活に戸惑いながらも，何か仕事をして速く認め

---

[1] 当時その理論の基礎方程式から，原理的にはすべての物理量が計算可能と考えられたので，ジャーナリストが勝手に Welt Formel（世界公式）と名付けた．日本では新聞などで宇宙方程式と呼ばれた．H 先生はもちろんそんな大それた呼び方は好まれず，素粒子のスピノール統一場理論と呼ばれた．1929 年の場の量子論の創始以来の久しぶりのハイゼンベルクとパウリの両巨頭の協同研究ということで 1958 年初頃には一時，新聞などを賑わしたが，やがてパウリが離反して下火になった．

てほしいと張り切っていた．11月頃研究所のセミナーで初めて話した（もちろんドイツ語でなく英語で）．ニュートリノの質量が0か0でないかについての理論的実験的サーベイの報告だったが，意外と好評であった．そのテーマはグループリーダーのK. Symanzikが私に割り当てたもので，私の得意分野ではなかったが，時間をかけてよく準備した．その頃TCP定理の発見で世界的に名をなしDr. TCPと呼ばれていたDr. G. Lüdersがちょうどアメリカから帰国したばかりで，最前列にH先生の横に座っていた．彼が私の話に"Nicht schlecht, nicht schlecht!"（悪くない，悪くない）とつぶやいているのが聞こえて，外国で初めて物理の話をしていた私は大変気をよくした．

当時私が住んでいた国際学生寮が，H先生の自宅の近くだったので，30分足らずの緩い上り坂を何度か研究所からの帰りに同道して，先生と話すよい機会となった．後日ハイゼンベルク文書室で見つけた先生からアメリカの西島和彦先生宛の手紙の中に山崎という名前が出てきて，私の到着を期待しておられたことがわかったが，それには湯川秀樹先生からの推薦が効いていたようだったことを知った．先生とは当時はまだもちろん英語で話した．そのときの話しぶりやセミナーでの話で，先生は私をある程度役立つと感じられたのかもしれない．12月中頃のそのような道すがらの対話で，当時先生がW. パウリと協力して進めていたハイゼンベルク–パウリの素粒子の統一場理論について，その基本方程式が，彼らの前提とした要請を満たす唯一のものであるのかどうか，ほかにもあり得るのかどうかを今パウリと問題にしていると話された．私は上記のニュートリノにも絡む弱い相互作用の論文で見たことがあったフィールツ(Fierz)の恒等式と呼ばれるディラックのγ行列に関する式が，先生達の問題に関係していそうに思えた．狭い意味での専門外の私はその式を正確にはよく知らなかったが，何に関する式であるかは知っていた．翌日研究所の図書室で文献の中からその式を探し出して，確かにそれが今の問題を解決するものであることがわかった．早速そのことを先生に報告したところ，先生は大変喜ばれて，パウリにも電話で知らせ，彼らの論文にそれを使わせてもらってよいか？と尋ねられた．私の返事はもちろんYes以外はあり得なかった．その頃パウリから先生に来た手紙（ハイゼンベルク文書室にある）の中でパウリは，ハイゼンベルクはSymanzikらの数学に優れた弟子のグループを持っている，と少しうらやましそうに書いているが，恐

らくこの Fierz 恒等式の件が当時のパウリの頭の中にあった気がする．その件で先生の私に対する評価は急上昇した．さらに先生達が用いていた場の波動関数がフェルミ統計に従うことによるオリジナルの Fierz の式にない符号の変化も，私は正しく組み込んでいた．この点でも先生は私が場の理論に精通していると評価してくれた．以後約十年間彼の下で協同研究することになる土台は意外に早々と築かれたのであった．

その頃研究所内ではこのハイゼンベルク–パウリ流の素粒子の統一場理論を研究するグループを "Propheten Partei"（予言者党），そして Symanzik らの場の理論の正統派で，場の公理論的なアプローチを研究するグループを "Puritaner Partei"（清教徒党）と冗談で呼んでいた．ハイゼンベルク–パウリ流は少し怪しげだが，大胆に新しいことをやろうと試みるのに対して，Symanzik らは正統的な保守派で戒律を厳格に守って進もうとしている，と言うような意味合いだろうと思った．その頃私たちの "Propheten Partei" もしくはひょっとすると私は，やっかみとさげすみを込めて "Rechen Soldaten"（計算兵隊）と呼ばれていたらしい．ハイゼンベルク将軍の命令に従って忠実に計算だけをする兵隊，と言う意味だろう．

2 ビール祭りでネクタイを鋏でばっさり
—— H 先生の寵児 (Lieblingskind) となった私の研究所での毎日

その後，家族を呼びたいとか，給料を上げてほしいとか（私は次年度から，奨学金が研究所からも同額追加していただいて倍増した），住居とか，何でも仲間がうらやむような待遇をしていただき，日本人の物理学者に関することでも私のアドバイスをいつも採用された．質素な先生は，私の度を過ごさぬ要求は全て満たしてくださった．私はまさしく先生の寵児（お気に入り）になったのであった．そのためドイツ人の研究員の中には，虎の威を借りる狐のようで，私の存在が目障りで面白くなかった人もいたのだろう．ある年，研究所が毎年所員を招待してごちそうしてくれるミュンヘンの有名なビール祭りである十月祭（オクトーバー・フェスト）で，私は専門の異なる顔見知りのドイツ人の同僚に呼ばれてのこのこ付いて行ったら，いきなり酔っ払った勢いで彼に鋏でばっさりネクタイを切られるというハプニングにあってしまったことがあった．翌日彼は弁償しようか，と謝りに来たが．当日の決定的瞬

図1　十月祭（ビール祭り），1959年9月末．右列2人目が私．

間に彼が何か言ったか，全く無言であったかさえ思い出せない．私はびっくりしてしまって，ただ唖然としていた．のんきな私はドイツ人の間のその種の感情に全く気づいていなかった．私はそのイニシアル K.Y. の通りの，以前ある時期はやった K.Y.（空気読めない）そのものであったのだ．

　話はその十年ほど後のことになるが，1971年先生と最期の協同研究をする機会があった年，研究所でその年相部屋だった H. サラー博士（彼も有力なハイゼンベルク・グループの一員であった）が，ある日仕事のことで先生に会いたいと先生の秘書嬢に電話したところ，今日はちょっと忙しいので明日にしてくれと断られた．しばらくしてから私が同じように，その頃先生と2人で反強磁性体のマグノンの計算をしていたのでその件で報告したいと秘書嬢に電話をしたところ，先生からすぐ来いと返事があった．傍らでサラー博士が，ため息をつきながら "Sie sind doch das Lieblingskind von Heisenberg"（あなたは，やっぱりハイゼンベルクのお気に入り（寵児）だ）と言った．しかし当然のことながら，物理学のような学問の世界では，偉い先生のお気に入りが，本当にすばらしい仕事をするのはむしろ稀なことなのだろう．偉い人

の子供が偉くなるとは限らないのと同様である．

　話を戻して，ドイツで仕事を始めた翌年 1958 年秋，研究所はゲッティンゲンからミュンヘンへ移った．当時としてはすばらしい新築のピカピカの Max Planck Institut für Physik und Astrophysik（マックス・プランク物理学・天体物理学研究所）の 3 階東側が理論部門に割り当てられ，その南半分ほどが約 10 人ほどのハイゼンベルク・グループの研究室だった．その中でも南に個室が 3 部屋あり，H.P. Dürr, K. Yamazaki, H. Mitter の 3 人が入った．Dr. Dürr は当時のグループ・リーダーで後に H 先生の後任研究所長になった．私は部屋割りからもグループ内で Dürr さんの次の No. 2 の研究室を与えられた．（私は帰国してかなり経つまでそんなことに気がついていなかった．）しかし個室をもらったお陰で，我々理論屋は普段一人で考えるので，私のドイツ語の進歩は遅かった，と言うマイナス面もあった．先生の所長室は 2 階の東側の中ほどにあり，通常は隣の秘書室を通って入った．所長室で先生と 2 人で仕事の話をしたのは数百回もあろうが，おはよう！ 程度のごく短い挨拶と握手の後，いきなり "Nun was gibt es Neues?"（それで何か新しいことは？）で物理の話が始まった．たまに我々の 3 階の部屋にぶらりと入ってきて，物理の議論を始められたこともあったが，時には隣室の Mitter さんが呼びに来て "Zum Chef!"（ボス（というより御大という語感）のところへ，あるいはボスが呼んでいるよ）と言うので Dürr さんも加えた 2 人か 3 人で所長室へ連れ立って行ったこともあった．

3　"お肉に砂糖を入れるの？"

　——　ドイツの我が家で H 先生ご夫妻にすき焼きをご馳走したこと

　1960 年代の初期のある日，どのような切っ掛けであったか思い出せないが，一度日本食を食べに来ませんか？ と誘ったら，先生が気安くいいよありがとう，と言ってくださって実現したのだった．ほぼ半世紀前のその頃は日本料理店などミュンヘンには一軒もなく，日本の食品で買えるものはデリカート・エッセンのダルマイヤーでさえキッコーマン醤油だけであった．そこですき焼きを我が家でご馳走することになった．上等の肉を "紙のように（肉屋の表現）" 薄く切ることを肉屋がいやがるのをやっと説得して薄く切ってもらった．先生ご夫妻はまだ小学生ぐらいだった末娘を伴って 3 人で来られた．

図2　ハイゼンベルク先生と湯川秀樹先生．ミュンヘン空港にて．1967年8月．

　私は湯川先生に学位を頂き，先生ご夫妻に仲人をしていただいたりしてかなり色々お願いもできたが，例えば先生お一人かご夫妻で度々ミュンヘンにお立ち寄りになり，近郊の湖やアルプスの麓まで片道100kmぐらいの日帰りドライブ旅行に私のカブトムシ（フォルクス・ワーゲン）で，時には私の家内も一緒に4人で行ったこともあった．狭い車内で文句も言われず，私の運転に任せてとても楽しそうだった．あるとき昼食に入ったレストランでカワマスを注文したところ1時間近く待たされて，先生がいらいらされて，日本ではそんなことは起こり得なかったでしょうがここはドイツで誰も先生を知らないので（それだからこそのびのびと楽しんでおられた），催促してきますから辛抱してくださいと必死で慰めたのを思い出す．航空便の都合でミュンヘンからチューリッヒまでご夫妻をお送りしたこともあった．今から思えばよくも平気でそんなことができたと思うほどである．それでも湯川先生にご馳走しますから一度拙宅へ来ませんかとは，とても言えそうもなかった．
　それでH先生がまさか我が家に来てくださるとは，少しびっくりであった．住宅事情の違いもあるかもしれない．今ではドイツ人でもすき焼きを知っている人も珍しくはないが，当時はまだほとんど知られていなかった．（刺身な

どは冷凍技術のまだ進んでいなかった当時は内陸部のミュンヘンでは論外であった.）奥様が肉に砂糖を入れて料理するすき焼きに目を丸くされたが，それでも3人ともとてもおいしいと喜んで食べてくださって，ことに家内は本当にほっとしていた．その晩どんなことが話題になったかは思い出せない．

4 "オー！ 交換関係"
—— ハイゼンベルク先生が量子力学を忘れていた！

1971–1972 年の私たちの最期の協同研究で，"反強磁性的性質を持ったモデルにおけるマグノン" [1]（この仕事はその年我々2人の連名で上記と同名の論文になり，先生の数式を多く含む学術論文の最期のものとなった．私が先生の最期の協同研究者と呼ばれる所以である.）の性質を調べていたときだったと思う．先生は確か 1971 年末 70 歳を期に，研究所長職を Dürr 氏に譲り 3 階の一室を研究室にしておられた．上記の未完成論文の狙いは，そのようなモデルの基底状態（真空）の縮退を利用して，その中における質量 0 のマグノンが，ハイゼンベルク流の素粒子統一場理論におけるスプーリオンと呼ばれるものと同じ役割を果たし，それを使ってストレンジ粒子を導き出そうとするものであった．物理に対して先生はなんと言っても物理的直感派であった．そこで先生は全アイソスピンベクトルを古典的に回転させて，マグノンの z 成分を計算された．それに対して私は正直に量子力学的な計算で，面倒な角運動量の交換関係を使って同じものを求めた．ところが2人の結果はどうしても合わなかった．色々議論しているうちに先生が顔を赤くして，"オー Vertauschungsrelation!（交換関係）" と叫んで問題は解決した．角運動量ベクトルは量子力学的交換関係を満たすことを先生はこのとき無視して全角運動量を古典的ベクトルとして扱っていたのであった．量子力学における交換関係こそ先生の世紀の大発見の第一歩だったというのに．しかもそれは行列を知らずに行列の交換関係を探り当てたのだから．

5 "君の話し相手 (Gesprächspartner) はハイゼンベルクだね"

1971 年夏頃の理論グループのあるセミナーの折のこと．どのような切っ掛けであったか忘れてしまったがどこかの研究所で，その頃孤立してしまった一人の研究者に事故でもあったのだったのか，私たちの研究所でも気をつけようと言うことで，我々約 20 人ほどの理論グループでもグループ・リーダーの

図 3 ハイゼンベルク先生と共著論文の推敲．マックス・プランク研究所の先生の研究室で．1972 年 1 月末．（先生の秘書嬢のギーゼさんが写してくれた）

Dürr さんが，ゼミのはじめに一人一人メンバーの名前を呼んで，君の話し相手は誰ですか？ と確かめていった．多少問題のありそうな人もいたようだったが，ABC の順番で Y の私は多分最後だったと思うが，Dürr さんがにこにこしながら私の顔を見て "君の話し相手はハイゼンベルクだね" と言った．私は Ja（はい）と答えたが，少しびっくりした．確かに物理の話を一番よくする相手は H 先生ではあったが，Gesprächspartner（話し相手，と言うよりここでは対話相手と訳すべきだろう）と言う表現は少し畏れ多かったからだ．研究所での私の公式の職名は Wissenschaftliche Mitarbeiter (von Prof. Heisenberg)（ハイゼンベルク教授の）学問的協同研究者であったから．というのは H 先生は Dürr さんの著書 [2] に書いてある 1958 年の彼と先生との初対面のときの様子で，先生に対して Halbgott（半神）と言う表現をしてい

5. "君の話し相手はハイゼンベルクだね"   *377*

図 4　マックス・プランク研究所でのセミナーの様子．左端が Dürr さん．その隣がサラー博士．

るように，まさしくノーベル賞を受賞された頃の我が国の湯川先生と同じような尊敬を，戦後のドイツでかち得ておられた物理の神様であったからである．その点では我が国でも H 先生は，私たちの先生であった湯川，朝永振一郎，坂田昌一などの大先生が，若かった頃のあこがれの世界最高の物理学者であった．アインシュタインや P.A.M. ディラックなどは，とてもまねのできそうでない天才だが，H 先生はがんばれば近づけるかもしれないように見える存在であったから，努力目標であったのだろう．朝永先生は戦前に，ライプチッヒのハイゼンベルクの下へ留学されている．また坂田先生が亡くなられたときの，H 先生からのお悔やみに対する坂田夫人からの礼状に，結婚されたときに坂田先生が奥様に，私は日本のハイゼンベルクになるのだ，と言われたのでそのときからお名前をよく存じておりましたと書かれていた．1966年の夏頃私はミュンヘンで，坂田先生ご夫妻を H 先生のお宅へお連れしたことがあり，またその折ミュンヘン近郊のドライブ旅行にご夫妻をお誘いしたことがあった．上では H 先生はがんばれば近づけるように見える存在と書いたが，身近に 10 年以上も仕事を共にしていると，60 歳でもこんなに凄いの

だから，25歳頃の並外れた集中力の持続というか問題解決への執念と言えるほどの気迫は，とても凡人の近づけるものでなかっただろうことを痛感した．

話を Gesprächspartner に戻そう．"科学における伝統" という H 先生の晩年の論述集の編者である Dürr さんの編者後書き（訳書では前書き）の中からいくつかを引用させていただこう．（訳者は私自身である）彼は「…ヴェルナー・ハイゼンベルクとともに学問をすることを許されるという幸運を持った，私および他の人々にとって，格別の意味を持つ他の点についてお話をしたいと思います…」と書いているが，1957年以降で Dürr さんの次にその幸運に恵まれたのは，研究所の部屋順と同じで私であった．彼はそこで H 先生の仕事の仕方についてすばらしい文章を書いているので，そのはじめの部分を少し引用しておこう．「…ハイゼンベルクは，きわめて印象的なやりかたで，自ら範を示しながら探求する，研究する，理解する，認識する，とはどういう事かを我々に教えました．すなわち一つの課題に対して脇目もふらずに没頭し，骨の折れる個々の仕事をしながら困難に向かって手探りであれこれ試み，本質的な物を本質的でない物と分離し，内容を形式の犠牲にする誘惑に屈せずに前進する．ハイゼンベルクは，豊かな球根を求めて大地を掘り返して探し回り，途中の邪魔な石ころを取り除くために，自ら手を汚すことに何のためらいも持ちません．農夫が長年にわたって耕し栽培してきた自分の農地の，どこに何がよく育ち，どこに育たないかを知り尽くしているように，彼にとってその土地は熟知した物でした．…」[3]．先生は，このようにいわば泥まみれになりながら，弟子と共に手探りで問題の解決を探し，そこでは師弟の関係は完全に消滅し，対等な仲間になる．これが先生の研究者の育て方であった．

参考文献

[1] "Magnons in a Model with Antiferromagnetic Properties. II" W. Heisenberg and K. Yamazaki in Nuovo Cimento (11) IIB, 125–137 (1972).
[2] Hans-Peter Dürr "Das Netz des Physikers" –Naturwissenschaftliche Erkenntnis in der Verantwortung– Carl Hanser Verlag (1988) p.120.
[3] W. ハイゼンベルク著 "科学における伝統" H.P. デュル編・山崎和夫訳，みすず書房 (1978) iv–v.

私の研究：終わりなき旅路

米谷民明

「自分は未発見の真理の大海が目の前にあるのも知らず，海岸ですべすべした小石やきれいな貝殻を見つけるのに遊び興じている子供のようなものだと思う．」晩年のニュートンが述べた言葉です．ニュートンほどの大天才にとっても，このように自分を表現しなければならないのが，自然科学の宿命なのかも知れません．ニュートンの時代から比べると物理学は格段に深まり，現代の物理学者は「真理の大海」の航海途上にいると言ってもよいでしょう．この大海に飲み込まれそうになりながら，色々な経由地で新たな小石や貝殻を探して思い思いに遊んでいるのが私たち研究者なのです．たとえ見つけものはニュートンやアインシュタインの偉業に比すべくはなくても，これは一介の理論物理研究者にとっての正直な感想です．私もちっぽけな珍しい小石を自分なりに見つけたとは思いますが，その本当の意味は残念ながらまだ明らかではありません．それでも大学院入学から数えて40年を超えて悩みながらも研究生活を続けてきて，及ばずながら研究の楽しみと苦しみをある程度は味わってきました．私の研究生活を決定づけた「弦理論と一般相対性理論の関係」に関する仕事に焦点を当てて振り返ってみることにします．

　私が理論物理を志すきっかけになったのは，高校生の頃にアインシュタインの「相対論の意味」という本と出会ったことです．もちろん，その頃は本当に理解できたわけがないのですが，とにかくその論理や数式が美しいという感覚を持ったことを思い出します．大学院ではそれまで学んだ相対論や量子論の面白さをさらに深めるような研究をしたいと考え，素粒子論を専攻しました．私が大学院に進学した1969年こそ，前年にヴェネチアノによって提案された公式が出発点になった大進展がちょうど始まったところでした．「弦」は，この公式の物理的解釈のために，南部陽一郎先生[1]とサスキント[2]が独立に提唱した考えです．私は69年の夏頃に両者の論文に接して大きな衝撃を受けました．これこそ自分の研究テーマだと直感したのです．私は，こ

の（超）弦理論の誕生と同時に研究生活を始めたわけです．弦と言っても，その頃の段階では，イメージとして使えるにしても，本当の意味で弦の力学に基づいた厳密な議論が展開できていたわけではありません．

博士課程に進学する頃から今に至るまで，私の念頭から離れなくなった問題があります．それは，素粒子論の基本的枠組みである「場の量子論」と弦理論との関係をどう理解するかです．場の量子論は，素粒子の生成消滅と相互作用を記述する言語のようなものですが，その自由度は時空の各点ごとに独立に存在する場（局所場）であり，粒子の言葉では広がりのない点粒子を記述するものです．弦理論は点ではなく1次元的に広がった弦を基本自由度とするものですから，一見，場の量子論とは矛盾するように思えるわけです．この問題に私は二つの方向からアタックしようとしました．一つは，弦の相互作用を記述する仕方を，場の量子論のファインマン規則と調和させられるかどうかという問題です．もう一つは，場の量子論の枠内で相互作用の記述に重要な場の局所的対称性としてのゲージ対称性が，弦理論でどういう機構で成り立っているのかという問題です．

前者に関して，最初の仕事としては吉川圭二先生，崎田文二先生とヴィラソロの共著論文 [3] があり，私もそこから出発しました．しかし，私の問題意識に関しては，その頃中西襄先生が行っていた研究 [4] が参考になりました．中西先生は，ヴェネチア公式型散乱振幅の積分表示をファインマン規則に対応できるように分解する一般論を発表していたので，私は修士課程での自分の研究と結びつけ，実際にファインマン規則として定式化することを試みたのです．その結果 [5] をさらに進めて，弦理論を弦の波動関数を量子化した共変的な場の理論として構成しようと試みましたが，どうしても成功できませんでした．今から考えて，その後に発展した弦の量子力学の共変的定式化の方法なしには，確かに困難な問題であったと思います．この問題は，私の失敗から13年ほどを経た1985年にウィッテン [6] によって初めて解かれました．彼の構成法は，現在の弦の場の理論の基礎となっています．

当時，私はこの失敗で気が滅入ってしまい何をやるべきか悩みましたが，弦理論と場の理論の関係についてのもう一つの問題の考察を進めることにしました．これに関しては，局所場のゲージ原理を弦理論にも適用できることを確かめる論文を先の仕事の前に発表していました．この論文のプレプリント

を出して数ヶ月して，南政次先生からお手紙をいただき，関連するテーマのプレプリントをヌボー–シャークが出していることを知りました．実は，上に触れた中西先生の論文についてもこの手紙で初めて知ったのです．開いた弦の理論をゲージ理論として解釈できることを指摘した私のこの論文は，最初1971年の前半に書き上げてイタリアの専門誌に送ったのですが，当時は他にそのような観点からの仕事はなく私の意図が理解されなかったようで，掲載を断られていました．しかし，南先生の手紙で勇気を得て書き直し，日本の理論物理専門誌（通称「プログレス」）に発表したものです [7]．また，同じ考えを少し拡張すれば弦理論と一般相対性理論の間にも関係をつけられるのに気がつきました．しかし，当時の弦理論はあくまでもハドロン族の強い相互作用の理論を目指すものとして追求されていたので，重力と関係させるのはますます理解されないだろうと感じ，私自身もこのときすぐには追求せず，まず手始めとしてファインマン規則の問題に取りかかったわけです．

　一般相対性理論と閉じた弦の関係についての私の研究 [8] に関しては，すでに他の場所に詳しい回想 [9] を書いたので，そちらを参照してください．この研究で私が最も苦心して結局は果たせなかった問題は，弦理論の背後にある原理をつきとめたいということです．1973から75年にかけて発表した一連の仕事では，閉じた弦の理論が弦の広がりを無視する極限で一般相対性理論と区別つかないことを示し，さらに弦理論の構造に一般相対性理論との類似点があることを議論しました．しかし，そもそも，この事実を背後で保証している原理が何なのかという疑問です．一般相対性理論は，アインシュタインが等価原理と一般座標不変性という二つの原理に基づいて構築した体系ですから，弦理論にもそれを基礎づける原理があり，一般相対性原理との対応関係がつけられるはずだと考えました．弦の非局所性が一般相対性理論の非線形性に代わる役割を果たすのだという感触を明確な原理として定式化しようとしましたが，成功できませんでした．弦理論は，1980年代の中盤から重力を含むすべての相互作用の統一理論として発展し追求されてきましたが，この疑問に関しては未だ私にとって満足できる答えはありません．

　私を悩ましたもう一つの疑問があります．それは，弦自体をゲージ場の理論から理解する可能性についてです．すでに1970年に，崎田文二先生とヴィラソロによって，細かい網状のファインマングラフ（漁網ダイアグラム）の

寄与が弦理論と似ていることが指摘されていました．同じ指摘は，ニールセンとオレセンによってもなされていました [10]．この直観的描像も私には大変魅力的で好ましいものでした．ニールセンはファインマングラフと電気回路とのアナロジーを膜に拡張するという方向から，弦の考えに独立に到達していたようです．弦が時空に描く軌跡がこの膜です（世界膜と呼ぶ）．彼らはさらに，ゲージ場の理論で弦を場の運動方程式の古典解として導く可能性も指摘しています [11]．私の疑問は，閉じた弦から一般相対性理論を導けるとすると，実は一般相対性理論，従って重力がゲージ場理論に含まれるということなのかということです．しかし，ゲージ場理論が等価原理や一般座標不変性を満たしているとは考えられないので，どういう立場で解釈すべきなのかが疑問です．このパズルは長年に渡って私を悩ましてきましたが，本文の最後に触れるように最近の15–6年ほどの間にこの問題に関連した大きな進展がありました．ただし，これも解決したというわけではありません．

これら二つの疑問については，最初の論文 [8] ではほとんど議論せずに得られた事実だけを述べることにして執筆に取りかかりましたが，執筆中重苦しい気分が支配していたのを今でもありありと思い起こします．もし，これらを解決する見通しを立てられていたなら，美しい小石を見つけたのだという気持ちで，もっと晴れやかな気分で論文を書けていたことでしょう．

実は，弦理論の最初の急速な発展は，1970年代前半で止まってしまいました．その原因の一つは，弦の量子論を完全に整合的に定式化するには，時空が4次元ではだめで，26次元とか10次元（臨界次元と呼ぶ）を必要とすることです．もう一つは，弦理論が重力の理論であるということが判明したことにあります．私のプレプリントから半年以上後になって，同様な議論をしたシャークとシュワルツのプレプリントを受け取りました．これを最初に指摘した私も，弦理論が素粒子論の大勢から外れる一因を作った一人ということになるわけです．私自身も大学院を修了（1974年）したのち，北大助手時代，2年間のニューヨーク市立大学研究員，東大に助教授として就任後の数年を含む6–7年間は，弦理論そのものからは少し離れてゲージ場の理論の非摂動的構造に関する研究を続けました．クォークの閉じ込めを量子色力学のゲージ理論で証明できないものかと頑張ってみましたが，これまた今日に残る難問の一つで諦めざるを得ませんでした．今から考えて，この時期の研究

もその底ではゲージ理論から弦を本当に導けるのかという，大学院以来の疑問が動機になっていると思います．それはさらに行列場の理論と弦理論や重力理論との関係に関する 90 年代の一連の研究にも繋がっています．

弦理論の最初の進展が止まって 10 年ほどした 1984 年に，グリーンとシュワルツによる量子異常を打ち消す新しい機構が弦理論に内在しているという有名な指摘がきっかけになり，弦理論の統一理論としての意味が再認識されて，爆発的な進展が再び始まりました．私はその直前の 1 年間 CERN に滞在して低次元時空の量子重力模型の研究を行っていましたが，この進展に刺激され，帰国してからは 10 年前に悩んでいた基礎的問題に再び挑んでみようという気持ちが湧いてきました．そこで，80 年代の中盤から終盤にかけて，弦場の理論において等価原理がどう実現できているか，弦場の理論を背景独立な仕方で定式化するにはどうするか，さらに弦理論と局所場理論を区別する原理的基礎や対応論的関係などについて考察を進め，いくつかの論文を発表し，また国際会議の招待講演などで論じました．これらについては説明する余裕はありませんが，特に最後の問題に関しては，弦理論の非局所性の原理として「時空の不確定性関係」($\Delta T \Delta X \gtrsim l_s^2$) と呼ぶべき考え方を提唱したことだけ触れておきます．これは 10 年ほど経て，D ブレーンの力学における距離スケールの定性的理解に役立ちました．また，90 年代終盤から盛んになる非可換時空の場の理論の先駆けになったと思います [12] し，この問題とは一見無関係な，私自身のいくつかの仕事（南部括弧や，超対称性の破れに関する研究など）でも間接的な動機付けになりました．

80 年代中盤からの弦理論の爆発的進展も 90 年代に近づく頃からは少し行き詰まりましたが，90 年代中頃から，弦理論の双対関係の理解が，D ブレーンの認識とともに深まり第 3 の爆発的進展が始まりました．現在もその過程が続いていると見ることができます．それにより，弦理論についての私たちの理解は大きく深まりました．私にとっては，上に述べたゲージ理論と重力理論としての弦理論の関係についてのパズルを新しい観点（ゲージ–重力対応）から見直せるようになったのが大きい収穫でした．90 年代後半からは，主にジェビッキ氏，同僚の風間洋一氏，大学院生，博士後研究員，などとの共同研究という形で，この問題に関連した様々な研究を手がけました [13]．

私の研究の道筋を振り返って感ずるのは，私が持った問題意識自体はそれ

ほど間違ってはいなくて,私のようなものでもささやかながら弦理論の進展に寄与できたのは幸運であったということです.しかし,私が見つけた小石は,磨けばさらに美しく輝くのか,また,本当に「真理の大海」と関係するのかどうかは,まだまだ時間を経なければわからないもののようです.ゲージ理論と弦理論の関係についてのさらなる理解の深化,そして量子論と一般相対論という現代物理学の 2 本柱の統一(あるいは「力の統一」と言ってもよい)が今後どうなされるのか,楽しみに見守ってゆくつもりです.

参考文献

[1] 論文集 *Broken Symmetry, Selected Papers of Y. Nambu*, ed. Eguchi, T. and Nishijima, K. (World Scientific, 1995) 258. を参照.
[2] L. Susskind, *Phys. Rev. Lett.* **23**, 545 (1969).
[3] K. Kikkawa, B. Sakita and M.A. Virasoro, *Phys. Rev.* **184**, 1701 (1969).
[4] N. Nakanishi, Prog. Theor. Phys. **45**, 919 (1971).
[5] T. Yoneya, Prog. Theor. Phys. **48**, 2044 (1972).
[6] E. Witten, Nucl. Phys. **B268**, 253 (1986).
[7] T. Yoneya, Prog. Theor. Phys. **48**, 616 (1972).
[8] T. Yoneya, Prog. Theor. Phys. *Prog. Theor. Phys.* **51**, 1907 (1974); *Lett. Nuovo Cim.* **8**, 951 (1973)
[9] T. Yoneya, "Gravity from strings: personal reminiscences of early developments", in *The Birth of String Theory* (ed. A. Cappelli et al., Cambridge Univ. Press) 出版予定(未定稿は arXiv:0901:0079 からダウンロード可能).参考文献についても紙数の関係で省略したものが多数あるのでこちらを参照.
[10] B. Sakita and M.A. Virasoro, *Phys. Rev. Lett.* **24**, 1146 (1970); H.B. Nielsen and P. Olesen, *Phys. Lett.* **B32**, 203 (1970).
[11] H.B. Nielsen and P. Olesen, *Nucl. Phys.* **B57**, 367; *Nucl. Phys.* **B61**, 45 (1973).
[12] 時空不確定性関係についての包括的議論は,文献も含めて以下を参照.T. Yoneya, *Prog. Theor. Phys.* **103**, 1081 (2000).
[13] ゲージ重力対応に関する仕事のレビューは,T. Yoneya, Prog. Theor. Phys. Suppl. **171** 87 (2007),および,最近の仕事として,M. Hanada, J. Nishimura, Y. Sekino and T. Yoneya, Phys. Rev. Lett. **104**, 151601 (2010), arXiv: 1108.5153 [hep-th].

ソリトンから結び目へ

和 達 三 樹

1 ソリトン理論

ソリトンは，次の 2 つの性質を持った非線形波動である．1. 孤立波の性質：空間的に局在した波が，その特性（速さや形など）を変えずに伝搬する．2. 粒子的性質：孤立波は互いの衝突に対して安定であり，おのおのの個別性を保持する．1965 年，N. Zabusky と M. Kruskal は，粒子的性質を持った孤立波 (solitary wave) をソリトン (soliton) と命名した．

ソリトンを記述する代表的方程式として，Korteweg–de Vries (KdV) 方程式がある．

$$U_t - 6UU_x + U_{xxx} = 0 \tag{1}$$

この方程式で，各係数は符号まで含めて任意に選べることに注意しておこう．左辺の第二項は非線形効果，第三項は分散効果を表す．2 つの効果は競合的であるが，その釣り合いにより局在した波が伝播する．Zabusky と Kruskal は KdV 方程式を数値的に解くことにより，孤立波が粒子のように振舞うことを見出した．この発展は，ソリトン研究の広がりを既に示唆している．D. Korteweg と G. de Vries は浅い水の波（浅水波）に対して方程式を導入したが，Zabusky と Kruskal は 1 次元非線形格子に対する模型として KdV 方程式を考察した．その後，ソリトンはプラズマ，非線形光学，凝縮系物理等多くの分野で存在が確認され，「ソリトン物理」の活溌な研究が進んでいる．

1967 年，C. Gardner, J. Greene, M. Kruskal, R. Miura は KdV 方程式の解をポテンシャル $U(x,t)$ とする線形方程式系，

$$-\psi_{xx} + U(x,t)\psi = \lambda\psi, \quad \psi_t = -4\psi_{xxx} + 3U_x\psi + 6U\psi_x \tag{2}$$

を導入して散乱の逆問題を用いると，初期値問題を解くことができることを示した [2]．この手法を逆散乱法 (inverse scattering method) という．固有値 λ はスペクトル・パラメータとも呼ばれる．N-ソリトン解は，固有値問題

(2) における N 個の束縛状態に相当する．得られた厳密解から，ソリトンは互いの衝突に対して安定であり，N 体衝突は 2 体衝突の重ねあわせであることが証明された [3].

逆散乱法は当初 fluke（まぐれ当たり）と思われていた．その発見の 5 年後，非線形シュレーディンガー方程式，変形 KdV 方程式 [4], Sine-Gordon 方程式に適用できることが見出され，新しい解析手法の導入とともに，ソリトン概念が確立された．逆散乱法を用いると次のことが示される．場の変数から散乱データへの変換は正準変換であり，散乱データ空間において作用-角変数を選ぶことができる．すなわち，ソリトン方程式は完全積分可能系（可積分系）であり，ソリトンは系の基本モードである．散乱データを運動量空間とみなすと，逆散乱法は Fourier 変換（1812 年）を非線形問題へと拡張したものと考えることができる．これらの研究を行っていたとき，P.D. Lax 教授が京都大学数理研究所に滞在されていた．山口昌男教授（当時，京大理数学）から連絡があり，研究成果 [3, 4] を個人的に紹介することができた．急速な研究発展が予感されたものの，まだのんびりした時代であったのだ．

2 厳密に解ける模型

ソリトン系の著しい性質の 1 つに，無限個の保存則の存在がある．場は無限自由度の力学変数であることを思い出そう．それらの保存則は，包含的 (in involution) で独立な保存量を与える．よって，ソリトン系は「リュウビルの意味」で可積分系である．逆散乱法においては，固有関数または散乱データをスペクトル・パラメータで展開することによって，一連の保存量が得られる．この理論構造はどこまで拡張できるのだろうか．

逆散乱法は量子系に対しても適用される．この一般化は量子逆散乱法と呼ばれる．1980 年に入り，ロシア（当時ソ連）のレニングラード学派が中心となって発展された [5]．1 次元格子上で量子逆散乱法を定式化すると，その時間発展は 2 次元格子上での転送行列と等価になる．例えば，ハイゼンベルク XYZ 模型と 8 頂点模型は等価である．長い歴史を持つ統計力学において，厳密に解ける模型は極く少数しか知られていなかったが，状況は一変した．ソリトン理論の発展により，(1+1)-次元の量子論と 2 次元統計力学における「厳密に解ける模型」が統一されたのである．厳密に解ける模型（可解

模型）に対して，無限個の保存量の生成子である"可換な転送行列"を伴わせることができる．転送行列が可換であるための十分条件は，Yang–Baxter 関係式（後述）と呼ばれる．こうして，Yang–Baxter 関係式を解くことにより，無限個の厳密に解ける模型が構成できることが分かった．実際に構成された一連の模型 [6] は，共形場理論で予言されていたものに相当する．

C.N. Yang は δ 関数気体に対するベーテ波動関数の成立条件として，散乱行列がみたす関数方程式を提出した．また，R. Baxter は 8 頂点模型の研究において交換する転送行列の性質に注目し，それらの統計重率がみたす関数方程式を活用した．ここでは，散乱行列（S 行列）を使って Yang–Baxter 関係式を導入しよう．まず，始状態 (i,j) から終状態 (k,l) への散乱過程を表す 2 体 S 行列を，$S^{ik}_{jl}(u), u = u_2 - u_1$ と書く（図 1）．u_1, u_2 はラピディティ (rapidity) と呼ばれる物理量であるが，簡単には速度と思って良い．逆散乱法の言葉では，スペクトル・パラメータに相当する．3 体の散乱について考えよう．始状態を (i,j,k)，終状態を (k,j,i) とすると，散乱の順序により，2 つの散乱過程がある．

$$
\begin{array}{c}
(i,k,j) \to (k,i,j) \\
(i,j,k) \diagup \diagdown \qquad \diagdown \diagup (k,j,i) \\
(j,i,k) \to (j,k,i)
\end{array}
\tag{3}
$$

終状態を (p,q,r) と一般化して，S 行列に対する式として書くと，

$$\sum_{\alpha\beta\gamma} S^{i\alpha}_{j\beta}(u) S^{\alpha\rho}_{k\gamma}(u+v) S^{\beta q}_{\gamma r}(v) = \sum_{\alpha\beta\gamma} S^{j\beta}_{k\gamma}(v) S^{i\alpha}_{\gamma r}(u+v) S^{\alpha\rho}_{\beta q}(u) \tag{4}$$

を得る．これが S 行列に対する Yang–Baxter 関係式である．因子化方程式

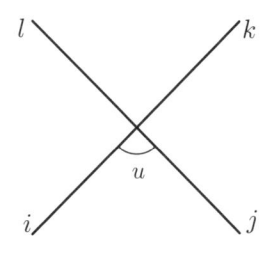

図 1　2 体 S 行列 $S^{ik}_{jl}(u)$

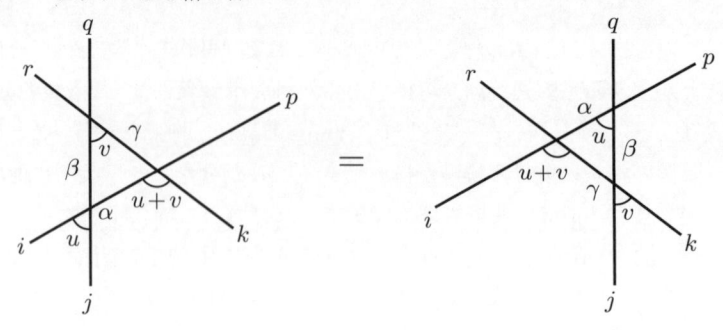

図 2 散乱行列 (S 行列) に対する Yang–Baxter 関係式

(factorization equation) とも呼ばれる．図 2 はこれを図示したものである．統計力学模型を用いても同様な関係式が得られる．

Yang–Baxter 関係式は数理科学の新しい発展を生みだす源となっている．例えば，厳密に解ける模型の理論は，結び目理論に対して従来と異なる視点と手法を与えた．1984–1985 年頃，名古屋大学で非常勤講師をしていたとき，青本和夫教授から「あなたのやっている数学は，組みひも群と似てますね」とのコメントを受けた．結び目理論との接点を知った 1 つの契機である．

3 結び目理論

結び目理論はトポロジー（位相幾何学）の一分野であり，3 次元空間における 1 次元物体（曲線，ひも）を取り扱う．自分自身と交わらない，すなわち，空間内の同じ点を一度だけしか通らない 1 本の閉じたひもを結び目 (knot) という．2 本以上の閉じたひもは絡み目 (link) と呼ばれる．また，絡み目という用語は結び目と絡み目の総称としても用いられる．

結び目や絡み目の分類は，トポロジーにおける基本的問題の 1 つである．2 つの絡み合いが与えられたとき，それらが同じであるか，異なるかを判定したい．2 つの絡み目は，ひもを切らずに一方から他方へ連続的に変形できるとき，同じ（等価）であるとする．図 3 で，3 葉結び目 (b) と結び目 (c) は異なるように見えるが，実は等価である．結び目や絡み目を統一的に分類するには，トポロジー的に不変な量，すなわち，ひもの連続的変形によって変わらない量を準備することが必要である．ガウスの絡み数はよく知られた例で

(a)　　　　　　(b)　　　　　　(c)

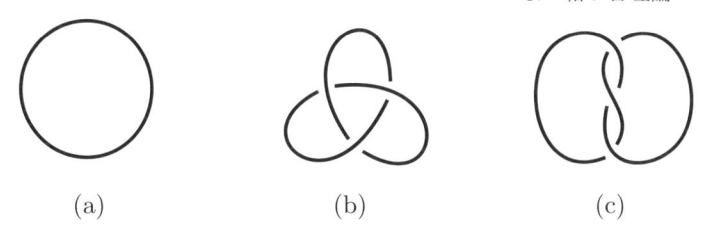

図 3　(a) 自明な結び目，(b) 3 葉結び目，(c) 3 葉結び目と等価な結び目

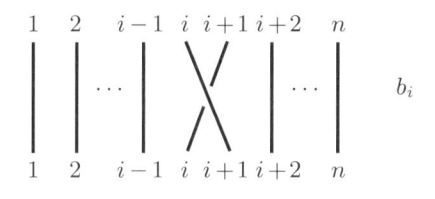

図 4　組みひもの操作 b_i

ある．不変な量を多項式の形で表したものを絡み目多項式 (link polynomial) という．

　ひもを編む操作を数学的に記述する．ひもは上の棒から下の棒へ向かっているとする（図 4．ただし見やすくするために棒は描かれていない）．上の棒の i 番目からのひもが，$i+1$ 番目の点からのひもの「上」を通り抜けるようにする組みひもの操作を b_i とする（図 4）．同様に，「下」を通り抜けるようにする操作を b_i^{-1} とする．b_i^{-1} は b_i の逆である．これらの操作の積，例えば $b_i b_j$ は，操作 b_i に続いて，その下方で操作 b_j を行う．この積のもとに組みひもの操作は群をつくる．図 5 は，組みひも群 (braid group) の定義式を表す．慧眼な読者は，図 5 (b) と図 2 の類似性に気がつかれるであろう．

　組みひもで向かい合った点をつなぎ，閉じた組みひもをつくると結び目や絡み目が得られる．絡み目は閉じた組みひもで表されることは分かったが，その表し方は一意ではない．すなわち，1 つの絡み目を閉じた組みひもとして表す仕方はいくつでも存在する．したがって，次の定理が重要となる．マルコフの定理：同じ絡み目を表す等価な組みひもは，2 種の操作（マルコフ操作，記述略）を有限回行うことによって，互いに移り合うことができる．こう

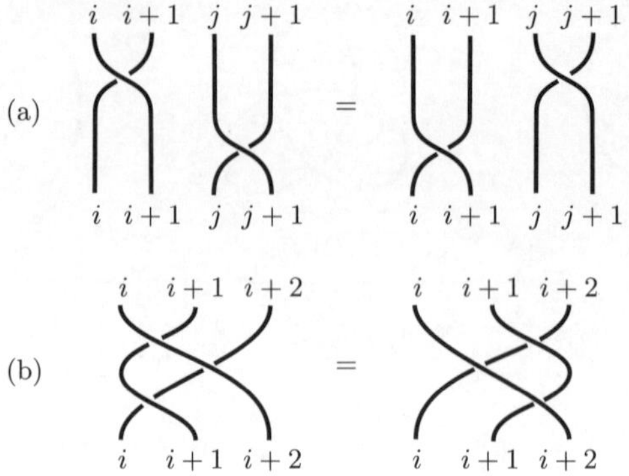

図 5 組みひも群の定義式 (a) $b_i b_j = b_j b_i$ ($|i-j| \geq 2$), (b) $b_i b_{i+1} b_i = b_{i+1} b_i b_{i+1}$

して，絡み目不変量はマルコフ操作によって不変なもの，として導入される．

1986 年，絡み目不変量を代数的に構成する上述の過程が，厳密に解ける模型が与える情報だけで行えることを発見した [8, 9]．Yang–Baxter 関係式の解から組みひも群の表現をつくり，その表現の空間で，マルコフ操作に対応する量を定義する．歴史を振り返りつつ，発展をまとめてみよう．絡み目多項式は，1928 年，J.W. Alexander によって導入された．V.F.R. Jones は，1985 年新しい絡み目多項式を提出した [10]．この発見は数学界に大きな衝撃を与えた．60 年振りに，作用素環という異なる数学分野から，より強力な多項式が見出されたからである．さらに，物理学の厳密に解ける模型の理論から統一的な方法が提出された．厳密に解ける模型は数多く（実際には無限個）あるから，様々な絡み目多項式がつくられることになる．例えば，多状態（N 状態）頂点模型を用いるとしよう．N=2 の場合，Jones 多項式が得られる．N=3 の場合，N=2 の絡み目多項式によっては識別されない 2 つの絡み目（バーマンの反例）の違いを検出する新しい絡み目多項式が得られる．一般に，N が大きいほど，より強力な絡み目多項式になると予想される．

4 まとめ

ソリトン理論は，単なるなみの話ではなかった．ソリトン研究の楽しみには，分野の壁を乗り越えて新しい物理現象や数学手法を勉強できることがある．古典ソリトン系，量子可積分系，厳密に解ける統計力学模型の研究にお

いて，多くの非線形問題を解いたことは楽しい思い出である．それらの過程で解ける模型の構造・意義・役割を実感することができた．1つの問題が厳密に解けることの背後には多くの数理課題が隠されている．ソリトン理論と結び目理論の関係も，その一例であろう．フィールズ賞を受賞された数学者から，「物理学者ならば，もっと面白い物理の研究をしては…」という手紙を受け取ったことがある．落ち込んだが，逆に，自分自身の研究が数学的にも本物ではないかと思えるようになった．最後に日本語での拙著を挙げる [11, 12]．

参考文献

[1] N.J. Zabusky and M.D. Kruskal, Phy. Rev. Lett., **15** (1965) 240.
[2] C.S. Gardner, J.M. Greene, M.D. Kruskal and R. Miura, Phys. Rev. Lett., **19** (1967) 1095.
[3] M. Wadati and M. Toda, J. Phys. Soc. Jpn., **32** (1972) 1289.
[4] M. Wadati, J. Phys. Soc. Jpn., **32** (1972) 1681.
[5] L.D. Faddeev, Sov. Sci. Rev. Math. Phys., **C1** (1981) 107.
[6] A. Kuniba, Y. Akutsu and M. Wadati, J. Phys. Soc. Jpn., **55** (1986) 3338.
[7] R.J. Baxter, Exactly Solved Models in Statistical Mechanics, Academic Press, London, 1982.
[8] Y. Akutsu and M. Wadati, J. Phys. Soc. Jpn., **56** (1987) 839.
[9] M. Wadati, T. Deguchi and Y. Akutsu, Physics Reports, **180** (1989) 247.
[10] V.F.R. Jones, Bull. Amer. Math. Soc., **12** (1985) 103.
[11] 和達三樹，非線形波動，岩波書店，2000 年．
[12] 和達三樹，結び目と統計力学，岩波書店，2002 年．

執筆者一覧

南部 陽一郎（なんぶ よういちろう）

シカゴ大学名誉教授，大阪市立大学特別栄誉教授，大阪大学特別栄誉教授．大阪市立大学教授（1950年～1956年），シカゴ大学教授（1958年～1991年）．理学博士（1952年東京大学）．ハイネマン賞（1970年），アメリカ国家科学賞（1982年），マックス・プランク・メダル（1985年），ディラック・メダル（1986年），J.J.サクライ賞（1994年），ウルフ賞（1995年），ボゴリューボフ賞（2003年），ベンジャミン・フランクリン・メダル（2005年），ポメランチューク賞（2007年），ノーベル物理学賞（2008年）受賞．文化勲章（1978年）受章．

新井 朝雄（あらい あさお）

北海道大学大学院理学研究院数学部門教授（1995年～）．ストラスブール大学客員教授（1994年），ミュンヘン工科大学客員教授（1998年）．理学博士（1986年学習院大学）．

荒木 不二洋（あらき ふじひろ）

京都大学名誉教授．京都大学数理解析研究所教授（1966年～1996年），東京理科大学理工学部教授（1996年～2001年）．Ph.D.（1960年プリンストン大学），理学博士（1961年京都大学）．朝日賞（1996年），ポアンカレ賞（2003年），フンボルト賞（2007年）受賞．瑞宝中綬章（2011年）受章．

井川 満（いかわ みつる）

大阪大学名誉教授，京都大学名誉教授．大阪大学（理学部，理学研究科）教授（1985年～1999年），京都大学（理学研究科）教授（1999年～2006年）．理学博士（1970年大阪大学）．

磯崎 洋（いそざき ひろし）

筑波大学教授（2004年～）．京都大学理学部卒（1972年）．理学博士（1983年京都大学）．日本数学会賞秋季賞（2006年）受賞．

伊藤 克司（いとう かつし）

東京工業大学大学院理工学研究科教授．理学博士（1990年東京大学）．

梅垣 壽春（うめがき ひさはる）

東京工業大学名誉教授．東京工業大学理学部数学科，同大学理学部情報科学科，東京理科大学理学部応用数学科，明星大学情報学部経営情報学科の教授職を歴任．理学博

士（1957年）．

江口 徹（えぐち とおる）

立教大学理学部物理学科特任教授，東京大学名誉教授，京都大学名誉教授．東京大学教授（1991年～2007年），京都大学基礎物理学研究所所長（2007年～2012年）．プリンストン高等研究所研究員（2006年）．理学博士（1975年東京大学）．恩賜賞・日本学士院賞（2009年）受賞．

江沢 洋（えざわ ひろし）

学習院大学名誉教授．学習院大学教授（1970年～2003年）．ハンブルク大学理論物理学研究所（1966年6月～1967年2月），ベル研究所 Member of Technical Staff（1972年9月～1974年8月），ベル研究所 Consultant（1977年8月～1977年11月），アルバータ大学客員研究員（1983年7月～1983年9月），ビーレフェルト大学研究員（1984年6月～1984年9月）．理学博士（東京大学）．

大久保 進（おおくぼ すすむ）

ロチェスター大学名誉教授．ロチェスター大学教授（1956年～1998年）．Guggenheim fellowship（1966年，トリエステ国際理論物理学センター），Ford Foundation fellowship（1967年，ラワルピンディ大学）．Ph.D.（1958年ロチェスター大学）．仁科記念賞（1976年），J.J. サクライ賞（2005年），Wigner Medal（2006年）受賞．

大栗 博司（おおぐり ひろし）

カリフォルニア工科大学フレッド・カブリ冠教授，東京大学数物連携宇宙研究機構（IPMU）主任研究員．カリフォルニア大学教授（1994年～2000年）．理学博士（1989年東京大学）．米国数学会アイゼンバッド賞（2008年），フンボルト賞（2009年），仁科記念賞（2009年）受賞．

太田 信義（おおた のぶよし）

近畿大学教授．大阪大学助手，講師，助教授（1983年～2006年）．理学博士（1982年東京大学）．

大野 克嗣（おおの よしつぐ）

Professor, Department of Physics and Institute for Genomic Biology, University of Illinois at Urbana-Champaign.

大森 英樹（おおもり ひでき）

東京理科大学名誉教授．東京大学大学院理学研究科修了．1996年度日本数学会幾何学賞受賞．

大矢 雅則（おおや まさのり）

東京理科大学理工学部情報科学科教授．研究科長，理工学部長，理事などを歴任．東京大学理学部物理学科卒，ロチェスター大学大学院博士課程修了．ローマ II 大学，コペルニクス大学などの招待教授．国際ジャーナル 4 誌の編集委員あるいは編集長．Ph.D., 理学博士．

小澤 正直（おざわ まさなお）

名古屋大学教授，国立情報学研究所客員教授．ハーバード大学客員研究員（1989～1990 年）．理学博士（1979 年東京工業大学）．日本数学会賞秋季賞（2008 年），文部科学大臣表彰科学技術賞（2010 年），Quantum Communication Award（2010 年）受賞．

小嶋 泉（おじま いずみ）

京都大学数理解析研究所准教授．Gauss Professor（ゲッティンゲン科学アカデミー，1998 年）．理学博士（1980 年京都大学）．仁科記念賞（1980 年）受賞．

風間 洋一（かざま よういち）

東京大学大学院総合文化研究科教授（1996 年～）．東京大学教養学部教授（1992 年～1996 年）．Ph.D.（1977 年ニューヨーク州立大学）．素粒子メダル（2005 年）受賞．

金長 正彦（かねなが まさひこ）

電気通信大学特任准教授．早稲田大学理工学部物理学科助手（1993 年～1996 年），早稲田大学理工学総合研究所客員講師（1996 年～1998 年）．理学博士（1994 年早稲田大学）．

河合 隆裕（かわい たかひろ）

京都大学名誉教授．京都大学数理解析研究所教授（1989 年～2008 年）．理学修士（1970 年東京大学），理学博士（1973 年京都大学）．日本数学会彌永賞（1977 年），朝日賞（1987 年度）受賞．

川合 光（かわい ひかる）

京都大学理学研究科教授．東京大学理学部物理学科助教授（1988 年 9 月～1993 年 9 月），高エネルギー物理学研究所教授（1993 年 10 月～1999 年 3 月）．理学博士（1983 年東京大学）．仁科記念賞（1984 年），米国 Presidential Young Investigator（1988 年），日本物理学会論文賞（2000 年），素粒子メダル（2006 年）受賞．

河東 泰之（かわひがし やすゆき）

東京大学大学院数理科学研究科教授．Ph.D.（1989 年カリフォルニア大学ロサンゼルス校），理学博士（1990 年東京大学）．日本数学会賞春季賞（2002 年）受賞．

執筆者一覧

岸本 晶孝（きしもと あきたか）

北海道大学名誉教授．マルセイユ理論物理研究所研究員（1977年〜1978年），横浜市立大学助教授（1979年〜1983年），東北大学助教授（1983年〜1989年），北海道大学教授（1989年〜2011年）．理学博士（1977年京都大学）．

北澤 良久（きたざわ よしひさ）

高エネルギー加速器研究機構素粒子原子核研究所教授．Ph.D.（1983年プリンストン大学）．日本物理学会第5回論文賞（2000年）受賞．

黒田 成俊（くろだ しげとし）

東京大学名誉教授，学習院大学名誉教授．東京大学教授（1971年〜1986年），学習院大学教授（1986年〜2003年）．エール大学客員準教授（1967〜1968年），オルフス大学客員教授（1976年）．理学博士（1960年東京大学）．

河野 俊丈（こうの としたけ）

東京大学大学院数理科学研究科教授（1995年〜），東京大学数物連携宇宙研究機構（IPMU）主任研究員．九州大学助教授（1990年〜1992年），東京大学助教授（1992年〜1995年）．理学博士（1985年名古屋大学）．

郡 敏昭（こおり としあき）

早稲田大学理工学術院教授（1977年〜）．D. és Sci.（1976年6月，Université Pierre et Marie Curie (Paris IV)）．

小玉 英雄（こだま ひでお）

高エネルギー加速器研究機構教授，京都大学名誉教授．京都大学教授（1993年〜2007年）．理学博士（1981年京都大学）．日本天文学会林忠四郎賞（1997年）受賞．

境 正一郎（さかい しょういちろう）

日本大学名誉教授．ペンシルベニア大学准教授（1964年〜1966年），同大学教授（1966年〜1979年），日本大学教授（1979年〜1998年）．エール大学客員講師（1962年〜1964年），MIT客員教授（1967年〜1968年）．Guggenheim fellow（1970年〜1971年）．理学博士（1961年東北大学）．日本数学会賞秋季賞（1992年）受賞．

首藤 啓（しゅどう あきら）

首都大学東京大学院理工学研究科物理学専攻教授．理学博士（1990年早稲田大学）．

鈴木 増雄（すずき ますお）

東京理科大学教授（1997年〜），東京大学名誉教授．東京大学教授（1983年〜1997年）．アルバータ大学，ハーバード大学客員教授（1977年）．理学博士（1966年東京

大学).松永賞（1978 年），仁科記念賞（1986 年），井上学術賞（1987 年），東レ科学技術賞（1989 年），フンボルト賞（1995 年）受賞.紫綬褒章（1998 年）受章.

高崎 金久（たかさき かねひさ）

京都大学大学院人間・環境学研究科教授（2004〜）.埼玉大学理学部助手（1984 年〜1985 年），京都大学数理解析研究所助手（1985 年〜1991 年），京都大学教養部／総合人間学部／大学院人間・環境学研究科助教授（1991 年〜2003 年）.理学博士（1984 年東京大学）.

竹崎 正道（たけさき まさみち）

カリフォルニア大学ロサンゼルス校名誉教授.カリフォルニア大学ロサンゼルス校教授（1970 年〜2004 年）.藤原科学賞（1990 年）受賞.

田崎 晴明（たざき はるあき）

学習院大学理学部教授.久保亮五記念賞（第 1 回，1997 年）受賞.

長田 まりゑ（ちょうだ まりえ）

大阪教育大学名誉教授.大阪教育大学助教授（1972 年 10 月〜1984 年 3 月），大阪教育大学教授（1984 年 4 月〜2006 年 3 月）.理学博士（1981 年 3 月，東京工業大学）.

筒井 泉（つつい いずみ）

高エネルギー加速器研究機構准教授.ハンブルク大学研究員（1988 年〜1990 年），ダブリン高等研究員（1990 年〜1993 年），東京大学原子核研究所准教授（1995 年〜1998 年）.理学博士（1988 年東京工業大学）.西宮湯川記念賞（1993 年）受賞.

冨田 稔（とみた みのる）

九州大学名誉教授.岡山大学教授（1965 年），九州大学教授（1966 年〜1985 年），福岡大学教授（1985 年〜1996 年）.客員教授（アイオワ州立大学，ワシントン州立大学，コロンビア大学，フランス高等科学研究所）.理学博士（1960 年大阪大学）.勲三等旭日中綬章（2001 年）受章.

中神 祥臣（なかがみ よしおみ）

横浜市立大学名誉教授，日本女子大学客員研究員.横浜市立大学教授（1981 年〜2000 年），日本女子大学教授（2000 年〜2009 年）.UCLA 客員助教授.理学博士（1976 年九州大学）.

中島 啓（なかじま ひらく）

京都大学教授（2000 年〜）.理学博士（1991 年東京大学）.日本数学会幾何学賞（1997 年），日本数学会賞春季賞（2000 年），アメリカ数学会コール賞（2003 年），日本学

術振興会賞（2006 年）受賞．

中西 襄（なかにし のぼる）

京都大学名誉教授．京都大学教授（1989 年〜1996 年）．理学博士（1960 年京都大学）．仁科記念賞（1973 年），素粒子メダル（2010 年）受賞．

初田 哲男（はつだ てつお）

理化学研究所仁科加速器研究センター主任研究員．東京大学教授（2000 年〜2012 年）．理学博士（1986 年京都大学）．西宮湯川記念賞（1997 年）受賞．

日合 文雄（ひあい ふみお）

東北大学情報科学研究科名誉教授．茨城大学教授（1990 年〜1998 年），客員教授（Paul Erdős Visiting Professor （ハンガリー科学アカデミー Erdős センター），Marie Curie Actions, Marie Curie Fellow for Transfer of Knowledge （ヴロツワフ大学），CNRS Professor（フランシェ・コムテ大学））．理学博士（1979 年東京工業大学）．

東島 清（ひがししま きよし）

大阪大学理事・副学長．大阪大学教授（1993 年〜2011 年）．京都大学理学博士（1976 年）．

飛田 武幸（ひだ たけゆき）

名古屋大学名誉教授，名城大学名誉教授．名古屋大学教授（1964 年〜1991 年），名城大学教授（1991 年〜2000 年）．プリンストン大学客員教授（1967〜1968 年）．理学博士（1961 年京都大学）．中日文化賞（1980 年）受賞．

深谷 賢治（ふかや けんじ）

京都大学教授（1994 年〜）．東京大学助手（1983 年〜1986 年），東京大学助教授（1987 年〜1993 年）．理学博士（1986 年東京大学）．幾何学賞（1989 年），日本数学会賞春季賞（1994 年），井上学術賞（2002 年），日本学士院賞（2003 年），朝日賞（2010 年）受賞．

藤川 和男（ふじかわ かずお）

日本大学理工学部教授．東京大学名誉教授．広島大学理論物理学研究所，京都大学基礎物理学研究所，東京大学理学部の教授職を歴任．ニュー・ヨーク州立大学ストーニー・ブルック校客員教授，南開大学チャーン数学研究所客員教授．Ph.D.（1970 年プリンストン大学）．仁科記念賞（1986 年）受賞．

藤原 大輔（ふじわら だいすけ）

東京工業大学名誉教授，学習院大学名誉教授．東京工業大学教授（1981 年〜1993 年），

学習院大学教授（1993年～2010年）．理学博士（1968年東京大学）．

三輪 哲二（みわ てつじ）

京都大学大学院理学研究科数学・数理解析専攻教授（2000年4月1日～）．京都大学数理解析研究所教授（1993年1月1日～2000年3月31日）．理学博士（1981年京都大学）．日本数学会賞秋季賞（1987年），朝日賞（1999年）受賞．

山崎 和夫（やまざき かずお）

京都大学名誉教授．マックス・プランク物理学研究所・所員（1962～1968年），京都大学教授（1968～1991年），グラーツ大学（オーストリア）客員教授（1982～1983年）．理学博士（1957年京都大学）．ドイツ連邦共和国（西ドイツ）国家功労勲章・一等功労十字章（1992年），瑞宝中綬章（2006年）受章．

米谷 民明（よねや たみあき）

放送大学教授，東京大学名誉教授．東京大学教授（1991年～2010年）．理学博士（1974年北海道大学）．西宮湯川記念賞（1986年），日本物理学会論文賞（2007年）受賞．

和達 三樹（わだち みき）

1970年，Ph.D.（ニュー・ヨーク州立大学）．東京大学理学部物理学科教授（1990年～2007年）．日本IBM科学賞（1990年），仁科記念賞（1991年）受賞．紫綬褒章（2004年）受章．2011年9月歿．

索　引

【人名索引】
Abrikosov, A.A., 66
Accardi, L., 50
Adler, S.L., 351
Agmon, S., 188
Alday, F., 44
Alexander, J.W., 390
Alyosha Zamolodchikov, 366
Ambrose, W., 283
Anatol Kirillov, 365
Arens, R., 247
Arnold, V.I., 222
Artin, E., 192, 243
Atiyah, M.F., 44, 195, 203, 295, 337
Audenaert, K.M.R., 321
Bardeen, J., 206
Barouch, E., 360
Baxter, R., 366, 387
Bazhanov, V., 367
Becchi, C., 304
Bedford, E., 221, 222
Belavkin, V.P., 318
Bell, J.S., 351
Bernoulli, D., 268
Bershadsky, M., 80
Bethe, H.A., 1
Bhanot, G., 179
Birkhoff, G.D., 357
Bloch, C., 67
Bogoliubov, N.N., 91
Bohr, N., 129
Bonnet, P.O., 337
Bott, R., 203

Braginsky, V.B., 120
Bratteli, O., 169
Brauer, R., 243
Brezin, E., 364
Brown, N., 269
Calabi, E., 133, 338
Candelas, P., 79
Cauchy, A.L., 338
Caves, C.M., 120
Cecchini, C., 50
Cecotti, S., 80
Chen, K.-T., 196
Choquet, G., 211
Connes, A., 50, 182, 250, 267
Csiszár, I., 318
Cuntz, J., 269
Dalton, J., 77
Dang-Ngoc, N., 50
Davies, E.B., 121
Davis, C., 48
de Gennes, P.-G., 91
de Vries, G., 385
Dijkgraaf, R., 43
Dirac, P.A.M., 209, 227, 348, 377
di Vecchia, P., 84
Dixmier, J., 45, 215, 244
Donaldson, S.K., 295, 337
Doob, J.L., 46
Doplicher, S., 128, 164
Drinfel'd, V.G., 44, 194, 285
Dürr, H.P., 373, 375–378
Duhem, P., 127
Dye, H.A., 45, 247

Dyson, F., 62, 190
Einstein, A., 230, 369, 377, 379
Elduque, A., 75
Enock, M., 289
Evans, D., 165
Eymard, P., 289
Faddeev, L.D., 32, 365
Fell, M.J., 250
Fenichel, N., 95
Fermi, E., 61
Feynman, R.P., 63, 227, 349, 353
Finnell, D., 43
Flaschka, H., 237
Floer, A., 338
Fowler, R.H., 1
Frenkel, I., 366
Gaiotto, D., 44
Galois, É., 128
Gauss, C.F., 337
Gel'fand, I.M., 130, 212, 282, 331
Gell-Mann, M., 69, 177
Gepner, D., 136
Germain, E., 269
Gibbons, G., 53
Gibbs, J.W., 228
Givental, A., 343
Golodetz, V.Ya., 268
Gonzalez-Arroyo, A., 180
Gopakumar, R., 81
Gordon, J.P., 124
Green, M.B., 77, 85, 133, 181, 383
Greensite, J., 141
Griffiths, R.B., 228
Gromov, M.L., 337
Gronwall, T.H., 95
Gross, D., 177
Grothendieck, A., 211

Gupta, S.N., 302, 303
Haag, R., 22, 67, 128, 164, 253
Halmos, P.R., 47
Halpern, M.B., 141
Hawking, S., 53, 81
Heisenberg, W.K., 1, 32, 77, 258, 369–378
Heitler, W., 1
Heller, U., 179
Hicthin, N., 44
Higgs, P.W., 303
Hilbert, D., 119
Huygens, C., 25
Iagolnitzer, D., 152
Jackiw, R., 351
Jacobi, C.G., 33, 101
Jastrow, R., 312
Jauch, J.M., 187
Jevicki, A., 383
Jones, V.F.R., 165, 193, 268, 390
Jost, R., 23
Kac, G.I., 289
Kac, V.G., 138, 365
Kadanoff, L.P., 91
Kadison, R., 244
Kaplansky, I., 212, 244
Kato, T., 187
Kaufmann, B., 360
Kelley, J., 216
Kirchhoff, G.R., 25
Knizhnik, V.G., 191
Kolmogorov, A.N., 222
Kontsevich, M., 82, 99, 197, 342
Koornwinder, T.H., 287
Korepin, V., 365
Korteweg, D., 385
Krein, M.G., 289

Kronheimer, P.B., 297
Kruskal, M., 365, 385
Kubo, I., 332
Kullback, S., 49
Kuś, M., 267
Kustermans, J., 291
Lamb, W.E., 18
Lance, E.C., 50
Landau, L.D., 61, 232
Lax, P.D., 29, 237, 386
Lee, B.W., 346
Lee, T.D., 73, 228
Leibler, R.A., 49
Lewis, J.T., 121
Lewy, H., 147
Lieb, E., 268, 360
Liouville, J., 97
Longo, R., 165, 269
Louisell, W.H., 124
Lüders, G., 370
Lukyanov, S., 367
Luscher, M., 364
Maillet, J.M., 366
Manin, Yu.I., 44, 288
Martinec, E., 42
Mattis, D.C., 360
Maxwell, J.C., 77
McCoy, B.M., 360
McDuff, D., 245
McKay, J., 54
Meinrenken, E., 203
Melrose, R., 29
Mickelsson, J., 203
Mills, R.L., 177, 337
Mitter, H., 373
Moser, J., 222
Moyal, J., 100

Mrowka, T.S., 298
Murray, F.J., 163, 212, 242
Myers, J., 364
Naĭmark, M.A., 130, 212
Narnhofer, H., 268
Nekrasov, N., 44
Neuberger, H., 179
Neveu, A., 381
Newton, I., 379
Nielsen, H., 382
Noether, E., 243, 345
Nussbaum, M., 321
Ocneanu, A., 167
Oh, Y.-G., 341
Okounkov, A., 81, 240
Olesen, P., 382
Onsager, L., 6, 359
Oppenheimer, R., 251
O'Raifeartaigh, L., 271
Parisi, G., 141, 179
Pauli, W., 73, 370, 371
Pedersen, G.K., 169, 248
Perk, J.H.H., 364
Petz, D., 50, 319
Pham, F., 148
Phillips, R., 29
Pietsch, A., 211
Podleś, P., 288
Poisson, S.D., 97
Politzer, D., 177
Polyakov, A.M., 181, 272, 364
Popa, E., 266
Pouliot, P., 43
Powers, R.T., 268
Price, J., 268
Prigogine, I., 231
Quine, W.O., 127

Rayleigh, B.J.W.S., 93
Rehren, K.-H., 167
Reshetikhin, N., 195, 365
Rickart, C., 212
Riemann, B., 337
Ringrose, J., 248
Roberts, J., 128, 164
Robinson, D.W., 169
Roch, G., 337
Rosenblum, M., 187
Rosso, M., 285
Rouet, A., 304
Ruelle, D., 22
Sakharov, A.D., 74
Salam, A., 177, 346, 360
Savage, L.J., 47
Schaefer, H., 211
Scherk, J., 381
Schrödinger, E., 369
Schultz, T.D., 360
Schwartz, J.M., 289
Schwarz, J., 77, 85, 133, 181, 382
Schwinger, J., 8, 351
Segal, I.E., 45, 130, 212, 244
Seiberg, N., 39, 183, 342
Semenov Tian Shansky, P.P., 365
Shannon, C.E., 318
Shirkov, D.V., 91
Singer, I.M., 337
Sklyanin, E., 365
Słomczyński, W., 267
Smillie, J., 221, 222
Soibelman, Y., 82
Soiberman, Ja.S., 287
Sommerfeld, A., 129
Sommers, H.J., 267
Stapp, H.P., 149

Staszewski, P., 318
Steinberger, J., 351
Steinmann, O., 22
Stinespring, W.F., 289
Stora, R., 304
Størmer, E., 247, 267
Strominger, A., 82
Sunder, V., 213
Susskind, L., 182, 379
Sutherland, C.E., 247
Symanzik, K., 370, 371
Szkoła, A., 321
Takenaka, S., 332
Temperley, H.N.V., 268
Thirring, W., 268
't Hooft, G., 177, 345
Todorov, I.T., 138
Topping, D., 248
Townsend, P., 87
Tracy, C.A., 360
Treiman, S.B., 345
Truong, T.T., 366
Turaev, V.G., 195
Vaes, S., 291
Vafa, C., 80, 81
Vainermann, L.I., 289
Vaksman, L.L., 287
van der Waals, J.D., 229
van Hove, L.C.P., 232
Varchenko, A., 194
Vaught, R., 216
Veneziano, G., 84, 379
Vergne, M., 203
Verlinde, E., 43
Verlinde, H., 43
Vilenkin, N.Ya., 331
Virasoro, M., 134, 380

Voiculescu, D., 268
von Neumann, J., 119, 163, 185, 212, 241, 266, 282, 317
Walter, M., 247
Warner, N., 42
Weinberg, S., 83, 177
Weiss, P., 229
Welton, T.A., 7
Wess, J., 346
Weyl, H., 99, 294, 350
Wiegmann, P., 240
Wightman, A., 22
Wilczek, F., 177
Wilson, K.G., 91, 229, 310
Witten, E., 10, 39, 58, 79, 83, 181, 195, 337, 380
Woronowicz, S.L., 285
Wu, T.T., 360
Wu, Y.S., 141
Xu, F., 167
Yang, C.-N., 73, 177, 228, 337, 347, 359, 387
Yau, S.-T., 133, 338
Yuen, H.P., 120
Zabusky, N., 385
Zakharov, V., 365
Zamolodchikov, A.B., 191
Zumino, B., 346
Zweig, G., 72
Życzkowski, K., 267

青木慎也, 313
青木貴史, 152
青本和夫, 388
青本和彦, 192
阿部光雄, 306
荒木不二洋, 50, 318, 361
池田峰夫, 71

池部晃生, 188
石井理修, 313
石橋明浩, 206
石橋延幸, 182
磯崎洋, 189
岩田義一, 5
上野喜三雄, 236, 285
梅垣壽春, 45, 242, 318
梅沢博臣, 61
江口徹, 179
江沢洋, 16
大川正典, 180
太田啓史, 341
大貫義郎, 71
小笠原藤七郎, 243
岡部金治郎, 3
小川修三, 71
小川朋宏, 320
小嶋泉, 304
落合麒一郎, 1
小野薫, 341
小野健一, 7
風間洋一, 133, 383
柏原正樹, 152, 236, 361
加藤敏夫, 185
神谷徳昭, 75
亀井理, 67
川合光, 179
川崎恭治, 91
河原林研, 84
北澤良久, 179
吉川圭二, 380
九後汰一郎, 84, 304
久保亮五, 6, 230
熊ノ郷直人, 357
黒瀬秀樹, 285
幸崎秀樹, 50, 318

小柴昌俊, 9, 69
小谷正雄, 11
木庭二郎, 5
小林誠, 73, 323
小松彦三郎, 235
斉藤貞四郎, 244
境正一郎, 169, 243
坂田昌一, 1, 71, 377
崎田文二, 347, 380
佐々木節, 206
笹倉直樹, 43
薩摩順吉, 365
佐藤幹夫, 148, 235, 362
佐分利豊, 285
サラー, H., 372, 377
三田一郎, 345
神保道夫, 194, 236, 285, 362
菅原寛孝, 137, 346
鈴木俊夫, 189
鈴木登, 243
鈴木久男, 133
鈴木博, 348
瀬戸治, 206
高橋康, 84
竹井義次, 152
竹崎正道, 50, 289
武田二郎, 242
竹之内脩, 243
立川裕二, 44
辰馬伸彦, 289
伊達悦郎, 235
伊達悦朗, 365
田村英男, 189
淡中忠郎, 289
千葉逸人, 95
土田喜輔, 241
土田哲生, 357

土屋昭博, 192
土屋麻人, 182
鶴丸孝司, 241
戸田盛和, 236
冨田稔, 242
富山淳, 50, 244
友沢幸男, 67
朝永振一郎, 1, 351, 377
長岡浩司, 319–321
長岡半太郎, 10
中島日出夫, 325
中西襄, 380
中野董夫, 69
中村誠太郎, 5
中村正弘, 48, 242
南部陽一郎, 177, 309, 323, 345, 379
西島和彦, 69, 370
仁科芳雄, 1
野海正俊, 285
林忠四郎, 1, 369
林正人, 321
日合文雄, 268
広田良吾, 238, 365
深宮政範, 216
福田博, 351
藤井保憲, 84
伏見康治, 8
藤本陽一, 9
細谷暁夫, 210
前田恵一, 87
前田文友, 243
正田健次郎, 283
益川俊英, 73
益川敏英, 323
増田哲也, 285
松原武生, 61
御園生善尚, 242

南政次, 381
三町勝久, 285
宮沢弘成, 10
宮本米二, 351
三輪哲二, 236
村瀬元彦, 235
谷島賢二, 189, 357
山口昌男, 386
山口嘉夫, 71
山崎雅人, 82
梁成吉, 41
湯川秀樹, 1, 309, 325, 343, 370, 374, 377
吉田耕作, 187
渡辺敬二, 67
渡辺慧, 6
渡辺純成, 285
渡邊芳英, 236

【事項索引】
■欧文索引・欧字先頭/数字先頭和文索引
16 次元ポアンカレ的超対称性, 305
II_1 型因子環, 246
23 の問題, 119
2 次元戸田階層, 239
2 次元保測写像, 219
2 次の指数関数, 102
III 型環の構造定理, 251
3 次元極大幾何学, 210
4 次元 Wess–Zumino–Witten 理論, 203
4 体フェルミ型相互作用, 325
abstract von Neumann algebra, 213
AdS/CFT 対応, 78
AdS/CFT 対応, 227
AF 核, 171
AF 環, 169
AF 流れ, 170

A_∞ 加群, 342
A_∞ 圏, 342
A_∞ 代数, 341
ALE 空間, 53
Atiyah–Singer の指数定理, 351
AW^*-環, 213
A 模型, 79
B^*-algebras, 216
Banach algebras, 211
Banach spaces, 211
$B^* = C^*$, 216
Bianchi モデル, 210
bicommutant 定理, 213
binary シフト, 268
bistochastic, 267
Borel 集合, 120
Borel 総和法, 145
B_p^*-環, 213
braid group, 389
BRST 量子化, 85
BRS 対称性, 304
Bruhat 分解, 275
B 場, 303
B 模型, 79
C^* 環 $C(SU_q(2))$, 287
C^* 代数, 228
C^* 力学系, 107
$c = 1$ 弦理論, 239
C^*-algebras, 211
CCR の非同値表現, 20
CCR の非フォック表現, 20
CERN, 383
Characterization of W^*-algebras, 211
Chern–Simons 関数, 200
Chern–Simons ゲージ理論, 195
Chern 指標, 288
Chronology, 211

407

c-number functions, 100
Cocycle Derivative, 250
corner transfer matrix, 366
C^*-環, 212
Davies–Lewis の提唱, 122
DHR 判定基準, 128
Dipole mechanism, 85
Dirac 形式, 209
Dirichlet 境界値問題, 356
dual Banach algebras, 217
dual operator algebras (not necessarily selfadjoint), 217
dual operator spaces, 217
Duhem–Quine 逆理, 127
dynamical triangulation, 155
Dyson 展開, 62
D-ブレーン, 181
D ブレーン, 57, 82, 383
Fenichel の定理, 95
Feynman–Dyson の摂動論, 62
Feynman 経路積分, 353
Feynman ダイアグラム, 62, 66
Fierz の恒等式, 370, 371
FLRW 時空, 206
Fokker–Planck ハミルトニアン, 145
Fokker–Planck 方程式, 145
FP 反ゴースト, 304
Fredholm 加群, 288
Gâteaux 微分, 225
Gauss–Manin 接続, 194
Gauss 分解, 274
Gelfand–Dickey 括弧, 272
Gel'fand–Naimark–Segal 表現定理, 130
Gell-Mann–Nakano–Nishijima 公式, 69
Gibbs 状態, 321

Golden–Thompson の不等式, 321
Green 関数, 66
Green 作用素, 357
Gronwall 不等式, 95
$H(A|B)$, 267
$h(A|B)$, 267
$H(\alpha)$, 267
Hamiltonian (Kac–Moody) reduction, 272
Hausdorff 次元, 157
$H(D_\phi)$, 266
Heegaard 分解, 195
Helle–Shaw セル, 240
Hesse 行列式, 356
Higgs 機構, 40
Hilbert–Schmidt 族, 186
Hilbert 空間, 45, 120
$H(\lambda)$, 266
Hopf *-代数, 287
Hopf 代数, 285
$ht_\phi(\theta)$, 268
Huygens の原理, 25
H^* 代数, 283
H-ダイバリオン, 315
IIB 行列模型, 160
intertwiner, 101
Jacobi の微分作用素, 357
Jones 指数 $[M:\sigma(M)]$, 268
Jones 多項式, 390
Kac–Moody 代数, 272
Kac 環, 289
KAM 曲線, 222
Kato–Rosenblum の定理, 187
Kazama–Suzuki model, 133
KdV hierarchy, 157
KdV 階層, 237
KdV 方程式, 236

索引

Key, 112
KMS 条件, 64, 228
KMS 状態, 173
Korteweg–de Vries (KdV) 方程式, 385
KO プロトコル, 113
KP 階層, 236
KP 方程式, 365
Kullback–Leibler 情報量, 48
Kullback–Leibler ダイバージェンス, 45, 317
KZ 方程式, 191
K 理論, 288
Lagrange 関数, 353
Landau 図形, 149
Landau–中西方程式, 149
Langevin 方程式, 141
large-N reduction, 158
Large-N 極限, 158
Lax–Phillips 予想, 29
Lieb–Thirring の不等式, 321
link polynomial, 389
Liouville 作用, 154
Liouville 理論, 153
Lippmann–Schwinger の方程式, 188
mathematical physics, 211
MF 流れ, 173
Modular Hilbert algebra, 279
Morette–Van Vleck 行列式, 357
Moyal 積公式, 100
Myers–Perry 解, 207
$N=1$ 超共形代数, 138
$N=2$ 超共形代数, 135
$N=2$ ミニマルモデル, 136
normal, 215
Normierte Ringe, 282
not necessarily selfadjoint, 211
NP 完全問題, 109

NP 問題, 109
N 無限大極限, 178
O_n, 269
On Rings of Operators, 283
operator algebras, 211
operator spaces, 211
Picard–Fuchs 方程式, 41
Planck 定数, 121
Polar 定理, 217
Polyakov–Wiegmann の公式, 200
Princeton 大学, 21
pseudo-octonion algebra, 75
P 問題, 109
QCD, 78, 83, 177
QED, 15
q-number functions, 100
quadrality scheme, 131
quantum information theory, 211
Quench, 180
q 類似, 287
Radon–Nikodym 微分, 48, 318
reflexive, 217
Riemann 面, 194
Rings of Operators, 242
Rings of operators, 212
Rogers–Ramaujan 公式, 366
R_ξ ゲージ, 346
SAT, 109
SAT 問題, 109
Schild ゲージ, 160
Schrödinger 作用素, 185
Schrödinger 方程式, 355
Schwinger–Dyson 方程式, 156
Schwinger 関数, 142
Seiberg–Witten (SW) 微分, 41
Shannon エントロピー, 317
$\sigma(M, M_*)$, 217

space-free, 212
Stochastic Quantization, 146
string susceptibility, 154
strong CP の問題, 84
ST 変換, 227
Suzuki–Trotter 変換, 227
symmetrical Sakata model, 71
S 行列, 387
S 行列, 32, 301
$\mathcal{S}$-(混合)エントロピー, 106
S デュアリティ, 86
S ブレイン, 86
τ 関数, 157
τ 函数, 238
TCP theorem, 73
TCP 定理, 370
the post Banach period, 211
Thurston 分類, 210
Toda 理論, 274
Tomita algebra, 279
topological vector spaces, 211
Trotter 公式, 226
Twist, 180
$U(1)^D$ 対称性, 160
UHF 環, 169
ultra-weak topology, 212
uniform norm, 215
unistochastic, 267
unital faithful action, 213
Vassiliev 不変量, 197
Virasoro constraint, 156
Virasoro Lie 代数, 194
Virasoro 代数, 157, 271
von Neumann algebra, 213
von Neumann エントロピー, 317
von Neumann エントロピー $S(\phi)$, 266
von Neumann 環, 213, 318

von Neumann 代数, 45, 209
von Neumann 方程式, 226
W^* 代数, 45
W^*-algebras, 211
W^*-categories, 217
Wedderburn の定理, 283
Wess–Zumino 束, 202
Weyl 代数, 99
Wilson line, 183
Witten 不変量, 195
W^*-modules, 217
Woronowicz 環, 289
W_p 代数, 157
WZNW 理論, 273
W^*-環, 212
W^*-環の定義, 216
W^*-環の特徴付け定理, 211
W 代数, 272
XXZ 模型, 366
Yang–Baxter 関係式, 387
Yang–Mills 理論, 39
Yukawa meson, 6

■和文索引
●あ行
アイソスピンベクトル, 375
アインシュタイン重力の共変的正準量子論, 304
アクシオン, 346
アティヤ・シンガーの指数定理, 347
アノマリー, 84, 345
アハロノフ–ボーム効果, 20
アフィン Lie 環, 193
アファイン・リー環, 293
アフィンリー環, 365
泡図形函数, 150
暗黒エネルギー, 87
安定性条件, 232

閾値, 35
異常項, 350
イジング模型, 227, 228, 359
イジングモデル, 6
位相的エントロピー $ht(\theta)$, 268
位相的場の理論, 337, 341
位相不変量, 240
一様位相, 212
一様可積分, 47
一般化された固有関数, 32, 187
一般化した γ-関数, 22
一般化した量子チューリング機械, 111
一般座標不変性, 381
一般相対性理論, 379
一般相対論, 77
一般測定公理, 124
一般量子系, 15, 19
岩堀–Hecke 代数, 194
因子環, 165, 265
インスタントン, 40, 221, 293
インストルメント, 121
インフレーション, 87
ヴィラソロ代数, 134, 166
宇宙線, 9
宇宙論, 206
梅垣–荒木の量子相対エントロピー, 107
運動の定数, 230
永年項, 93
江口–ハンソン (Hanson) 計量, 53
エータメソンの問題, 83
エネルギー散逸, 232
エネルギーと運動量の保存, 62
エネルギー保存, 25
エノン写像, 221–223
エルミート対称空間, 139
演算子, 227
演算子積展開, 135

エンタングルメントエントロピー, 227
円定理, 228
エントロピー, 48
エントロピー演算子, 226
エントロピー関数 $\eta(\cdot)$, 265
エントロピー生成, 231
エントロピー生成最小の原理, 232
オイラー数, 78, 80
オービフォールド, 136
オルンシュタイン・ゼルニケ型, 228
オンセットタイム, 230

●か行
概複素構造, 338
カイラリティー, 324
カイラル対称性, 83, 324, 349
カイラル量子異常 (chiral anomaly), 347
ガウシャン・白色ノイズ, 230
ガウス型白色雑音, 142
ガウス型変換, 18
可解模型, 229, 359, 386
化学反応, 232
拡散効果, 231
拡張されたセクター, 129
確率過程量子化, 141
確率分布, 120
核力ポテンシャル, 314
風間・鈴木モデル, 133
荷重幾何平均, 322
荷重つき Hopf C^* 環, 290
可積分系, 235, 386
可積分条件, 365
仮想時間, 141
仮想的変わり点, 147
加速膨張, 87
荷電量子場, 15
可分, 122
壁超え, 82

カラビ・ヤウ (CY) 多様体, 133
カラビ・ヤオ多様体, 78
絡み目, 388
絡み目多項式, 389
カレント代数, 137
ガロア拡大, 128
ガロア群, 128
還元主義, 77
干渉計型検出器, 120
完全拘束系, 209
完全正値, 123
完全正値インストルメント, 123
完全正値性, 123
完全積分可能系, 386
完全有理的, 167
完全量子テレポーテーション, 112
観測可能量, 120
観測量適応力学, 115
完備直交系, 227
緩和項, 231
幾何的（前）量子化, 199
幾何的量子化, 199
基底状態, 17, 19, 20
基底状態（真空）の縮退, 375
擬微分作用素, 238
ギブズの平衡統計集団, 228
逆散乱法, 235
逆散乱法 (inverse scattering method), 385
キャレン・鈴木の恒等式, 228
境界条件, 326
共形対称性, 134
共形代数, 134
共形場理論, 163, 192, 365
共形ブロック, 193
共形変換, 134
共形変換群, 165

強磁性体, 257
強準対角的, 172
共振器型検出器, 120
鏡像多様体, 79
共変性, 166
共変表現, 172
共鳴極, 18
行列, 375
行列式, 80
行列による正則化, 161
行列模型, 155, 182
極限吸収原理, 189
局所エネルギーの減衰, 26
局所共形ネット, 166
局所コンパクト量子群, 291
局所スケール変換, 153
局所性, 166
局所展開, 363
局所凸空間, 217
局所場, 380
極大可換部分環, 266
極大過剰決定系, 147, 150, 151
極分解, 250
曲率ゆらぎ, 206
近似公式, 227
近似的有限次元環, 267
近似の解析接続, 230
金属強磁性体, 263
クォーク, 78
クォークの閉じ込め, 78, 382
クォークの閉じ込め現象, 311
区分的古典経路, 354
久保理論, 231
組ひも, 81
組みひも群, 192, 389
組み紐圏, 166
クラスター平均場, 229

グラスマン多様体, 235
くりこみ, 18, 63, 66, 332
くりこみ群, 229
くりこみ群方程式, 94
くりこみ群理論, 91
くりこみ的逓減, 94
くりこみ流れ, 92
グリフィスの不等式, 228
グリーン関数, 301
クレイ数学研究所, 78
グロモフ・ウィッテン不変量, 79, 240, 338
計算機実験, 228
計算物理学, 227
形状因子, 366
経路, 353
経路積分, 334
経路積分法, 227, 302
経路積分量子化, 141
ゲージ階層性の問題, 83, 84
ゲージ原理, 380
ゲージ固定法, 205
ゲージ–重力対応, 383
ゲージ対称性, 380
ゲージ不変摂動論, 205
ゲージ不変法, 205
ゲージ不変量, 205
ゲノム, 96
ゲプナーモデル, 136
現象論, 91
弦の場の理論, 380
弦の量子論, 382
厳密に解ける模型, 386
弦理論, 379
交換関係, 225
交換子積, 98
交換相互作用, 258
交差規則, 86

格子ゲージ理論, 78, 310, 347
高次元ブラックホール, 208
光子数計測, 121
格子量子系, 20
合成状態, 107
拘束条件, 209
高分子溶液, 91
コサイクル, 170
コサイクル Radon–Nikodym 微分, 50
ゴースト数の量子異常, 351
コセット構成法, 137
固定点, 229
古典可積分系, 235
古典経路, 353
古典的 observables, 100
小林–益川理論, 73
コヒーレント異常, 229
コヒーレント異常関係式, 230
コヒーレント異常指数, 230
コヒーレント異常法, 229
固有関数展開定理, 32
固有値, 17
固有値分布, 160
孤立系, 120
ゴールドストンの定理, 303
コンヌ・ナンホファー・チリングエントロピー, 108
コンパクト, 80
コンパクト化, 78
コンパクト性, 339
コンパクト量子群, 290
コンフォーマルゲージ, 153
コンフォーマルモード, 153

●さ行
最低エネルギー, 17
サインゴルドン模型, 366
坂田モデル, 71

坂田理論, 1
作用, 353
作用積分, 301
作用素エントロピー, 48
作用素凹関数, 48
作用素環, 22, 163, 390
作用素環のネット, 164
作用素環論, 211
作用素積, 363
散乱行列, 29, 387
散乱極, 29
散乱作用素, 28, 187
散乱振幅, 32
散乱の逆問題, 37
散乱理論, 18
磁化, 360
磁化率, 229
時間作用素, 20
時間発展, 120
時間分割法による定義, 353
時空間, 77
時空の物理的創発, 131
自己回避酔歩, 91
自己共役作用素, 120, 122
自己共役性, 17
磁石, 257
指数演算子, 226
指数摂動展開, 226
指数分解公式, 227
実現可能, 122
実現可能性, 122
実効ハミルトニアン, 18
実効理論, 19
自発的対称性の破れ, 360
自発的な対称性の破れ, 346
射影仮説, 121
射影空間, 79

弱位相, 212
弱極限, 22
写像類群, 195
シューア函数, 235
シュウィンガー・ダイソン方程式, 325
周期積分, 79
自由群 F_∞, 269
自由シフト, 269
収縮状態測定, 120, 124
修正版 Lax–Phillips 予想, 30
自由場, 164
十分, 47
十分統計量, 45, 47
重力, 77
重力波, 119
重力理論のくりこみ, 83
種数, 80
ジュリア集合, 221–223
ジュール熱, 232
シュレーディンガー型作用素, 16
シュレーディンガー作用素, 31
巡回コホモロジー理論, 288
準古典近似, 357
純粋, 122
純粋状態, 122
純粋相, 129
準対角的, 172
準同値類, 129
小 q-Jacobi 多項式, 287
条件付き期待値, 45, 46
状態, 120, 266
状態空間, 120
状態適応力学, 115
状態変化, 121
状態和, 228
情報力学, 113
情報量, 48, 317

索引

消滅サイクル, 57
ジョーンズ指数, 165
ジョーンズ多項式, 81, 165
真空ベクトル, 166
シンプレクティック構造, 160, 339
シンプレックな性質, 226
真空期待値, 360
数学的散乱理論, 185
数学モデル, 122
スカラ型, 207
菅原構成法, 137
スケーリング解, 231
スケーリング極限, 18
スケーリング理論, 231
スケール極限, 360
ストレンジ粒子, 375
スピノル理論, 6
スピン, 258
スピングラス, 232
スピンチェイン, 365
スプーリオン, 375
スペクトル, 17
スペクトル解析, 17, 18
スペクトル測度, 120
スペクトル・パラメータ, 385
正エネルギー, 166
正規極大可換部分, 171
正規状態, 317
制御子, 98
正写像, 121
正準交換関係, 15
正準量子重力理論, 205, 208
生成作用素, 171
正則写像, 79
精密測定技術, 119
世界面, 79, 160
赤外正則条件, 18

赤外隷属性, 309
積分核, 141
斥力芯, 312
セクター理論, 128
接合積, 173
接続のモジュライ空間, 200
絶対連続スペクトル, 186
遷移行列, 359
漸化式, 80
漸化式の方法, 227
漸近完全性, 32
漸近自由性, 327
漸近的完全性, 18
漸近評価法, 230
線形応答理論, 230, 232
線形作用素, 22
線型偏微分方程式系の構造定理, 147
前双対 Banach 空間, 216
相関関数, 227, 228
相関等式, 228
相互エントロピー, 105
相互作用, 16, 122
相互作用系のハミルトニアン, 16
相互情報量, 105
双線形化法, 238
双線形形式, 238
相対エントロピー, 45, 48, 317, 318
相対エントロピーの単調性, 49
相対エントロピー密度, 320
相対モジュラー作用素, 50
相対論的 QED, 15, 19
双対 Banach 空間, 216
双対現象, 231
双対定理, 291
相転移, 227
相転移温度, 229
相転移点, 229

測定, 119
測定過程, 122
測定結果, 121
測定公理, 121
測定装置, 121
測定値, 120
測定の理論, 119
底なし系, 141
ソリトン (soliton), 385
ソリトン解, 237
ソリトン方程式, 235, 365
ソリトン理論, 361
素粒子, 77
素粒子の標準模型, 77
素粒子論, 77

●た行
第 1 種誤り確率, 319
第 2 種誤り確率, 319
大次元空間での停留位相法, 356
対称性, 237
対称性の自発的破れ, 323
対称性の破れ, 128, 227
代数解析, 359
代数的場の量子論, 163
大数の強法則, 96
対数マジョリゼーション, 322
ダイバージェンス, 48
大偏差原理, 96
ダイマー模型, 81
滞留点集合, 222, 223
タウ函数, 361
楕円テータ関数, 102
互いに直交, 266
タキオン, 325
多次元トンネル効果, 219
多次元複素力学系, 223
多成分 KP 階層, 239

断熱磁化率, 230
力の統一, 384
秩序生成, 230
秩序生成の相乗効果, 231
秩序発生時間, 231
秩序パラメータ, 230
秩序変数, 130
チャーン・サイモンズ理論, 81
中間子ガスの状態方程式, 61
中間子の多重発生, 61
中間子論, 309
抽象化, 211
抽象的定常理論, 188
中心化代数, 47
中心電荷, 135, 166
超演算子, 225
超局所解析学, 147, 149
超局所解析的 S 行列論, 150
超弦理論, 77, 85, 160, 181
超弦理論のコンパクト化, 133
超重力理論, 86
超対称カレント代数, 138
超対称性, 19, 39, 85, 168
超対称的量子場, 20
超対称的量子論, 15, 19
超多時間理論, 5
頂点作用素, 365
頂点作用代数, 167
超伝導, 10
超汎関数, 330
調和振動子, 361
強い相互作用, 381
遙減摂動理論, 94
定常温度, 231
定常状態, 231
ディラックの γ 行列, 370
ディラック粒子, 19

適応力学, 114
手順の分離, 226
手順の分離と統合, 230
電気回路, 232
電気伝導, 231
転送行列, 386
テンソル型, 207
テンソル積, 164
伝播関数, 63
統一理論, 77
等温磁化率, 230
等角写像, 240
等価原理, 381
等曲率ゆらぎ, 206
∗-同型, 212
統計公式, 120
統計的性質, 121
動的トンネル効果, 219, 221–223
特異性スペクトル, 148
特異摂動論, 93
特異点, 88, 229
特異ポテンシャル, 326
特殊函数, 359
戸田階層, 239
戸田格子, 236
トポロジカル相互作用法, 232
トポロジカルな弦理論, 79
トポロジカルなひねり, 79
トポロジカル・バーテックス, 81
冨田–竹崎理論, 289
朝永–仁科セミナー, 1
トーリック, 81
トレース, 266
トレース・クラス作用素, 121
トレース状態, 45
トレース族, 186

● な行

内部近似可能, 172
内部微分, 225
流れ, 170
南部・ゴールドストンの定理, 323
南部・ゴールドストーンボソン, 83
南部・ゴールドストン粒子, 323
南部・ゴールドストン (NG) 粒子, 303
南部–ベーテ–サルピーター (Nambu–Bethe–Salpeter) 振幅, 314
南部・ベーテ・サルピータ方程式, 326
南部理論, 323
二重群構成法, 289
ニュートリノ, 370
ネーターの定理, 345
熱界, 232
熱伝導, 232
熱伝導度, 232
熱平衡状態, 142
ネルソンモデル, 20

● は行

背景時空独立性, 306
ハイゼンベルク–パウリ流の素粒子の統一
　　　　場理論, 369, 370, 375
配置空間, 192
パイ中間子, 325
陪特性帯, 147
パイメソン, 9
パウリ–フィールツモデル, 17
はしご近似, 326
波動関数, 353
波動作用素, 187
場の統計力学, 61, 66
場の量子論, 163, 301, 380
場の理論, 22
ハバード模型, 259
ハミルトニアン, 16, 17, 120, 228

417

ハミルトン構造, 236
汎関数, 356
汎関数積分, 19
反強磁性体, 369, 372
反復積分, 196
パンルベ函数, 360
非因果集合, 209
非エルゴード的, 230
非可換 Bernoulli シフト, 268
非可換 de Rham 複体, 288
非可換 L^p-空間, 45
非可換 Radon–Nikodym 定理, 45
非可換解析学, 212
非可換確率論, 45
非可換幾何学, 168
非可換空間, 159, 182
非可換ゲージ場, 304
非可換性, 225
非可換(量子)相互 ($\mathcal{S}$)-エントロピー, 108
光円錐の弦の場の理論, 161
光の自発放射, 18
ヒグス機構, 78, 303, 345
ヒグス場, 79
ヒグス粒子 (Higgs particle), 346
非線形応答, 232
非線形コーシー–リーマン方程式, 338
非線形磁化率, 232
非線形性, 231
非線形輸送現象, 232
非相対論的 QED, 15, 16
非相対論的極限, 19
非相対論的量子力学, 353
非調和振動子, 369
微分同相写像, 165
非平衡定常状態, 232
非平衡統計力学, 226
ひも理論, 177

表現型, 96
表現定理, 123
表現論, 164, 293
標準モデル, 122
標準量子限界, 120, 124
ヒルベルト空間, 317
ϕ^4-理論, 91
ファインマン規則, 380
ファインマン流の経路積分, 349
ファデーエフ・ポポフ (FP) ゴースト, 304
不安定系, 230
フェルミオン, 19, 359
フェルミ統計, 371
フォッカー・プランク方程式, 231
フォン・ノイマン-エントロピー, 106
フォン・ノイマン方程式, 231
不可逆性, 231
不確定性関係, 351
不確定原理, 77
深谷圏, 342
不完全量子テレポーテーション, 112
複素構造, 80, 138
複素ヒルベルト空間, 22
複素フーガシティ, 228
複素力学系, 221, 223, 224
物性論, 11
物理的 S 行列, 303
物理的部分空間, 303
不定計量の線形空間, 302
部分因子環, 165, 266
部分環, 265
部分トレース, 123, 228
普遍弦理論, 85
不変量, 79
フュージョン則, 196
ブラウン運動, 230

ブラックホール, 81, 86, 207, 227
ブラックホール一意性定理, 207
ブラックホール蒸発機構, 81
ブラックリング解, 207
プランク定数, 353
プリュッカー関係式, 365
フルヴィッツ数, 240
フレアーホモロジー, 339
ブレイン解, 86
プレポテンシャル, 40
ブレーンワールドモデル, 206
プロパゲーター, 353
分岐ポリマー, 155
分配函数, 359
分類空間, 131
平均場近似, 229
平坦接続のモジュライ空間, 200
平坦バンド強磁性, 261
ヘーガードフレアーホモロジー, 342
ベクトル型, 207
ベーテ・サルピータ方程式, 303
ヘテロティック弦理論, 78
変形ベッセル函数, 363
変数変換のヤコビアン, 350
変分原理, 232
ポアンカレ群, 165
包絡線の理論, 230
母空間, 298
補助条件, 302
ボソン, 19
保存則, 237
ボソン–フェルミオンフォック空間, 19
ホモロジー, 298
ホモロジー的ミラー対称性, 343
ポーラロン, 369
ホロノミック系, 363
ホロノーム量子場, 236

ホワイトノイズ, 329
本質的 BRS 変換, 304
本質的自己共役性, 17

●ま行
マイクロ微分作用素, 238
マイクロファンクション (microfunction), 148, 149
埋蔵固有値, 17
埋蔵固有値の不安定性, 20
マグノン, 369, 372, 375
マスター方程式, 207
マッカイ対応, 54
マックス・プランク物理学・天体物理学研究所, 373
マルコフの定理, 389
マルチンゲール, 45, 46
ミクロ・マクロ双対性, 127, 129
密度, 266
密度行列, 226, 317
密度作用素, 120, 317
ミラー対称性, 86, 343
ミレニアム問題, 78
無限系の統計力学, 228
無限次行列式, 357
無限次元解析学, 20
無限次元グラスマン多様体, 365
無限次元ディラック型作用素, 19
無限次元リー代数, 236
無限自由度, 359
無限自由度量子系, 129
結び目, 165, 388
結び目理論, 388
無分散極限, 239
無分散戸田階層, 240
ムーンシャイン頂点作用素代数, 168
メータ観測可能量, 122
モジュライ, 153

モジュライ空間, 79, 293
モジュライ自由度, 210
モジュラー群, 195
モジュラー自己同型群, 50
モジュラー不変行列, 167
モノドロミー, 362
モノドロミー表現, 194
モンスター群, 168

●や行
破れた対称性, 128
ヤン・ミルズ場, 345
有界作用素, 123
有限相関状態, 321
有効場, 229
有効ポテンシャル, 326
誘導表現, 167
有理的, 167
湯川結合, 79, 343
輸送方程式, 357
ユニタリ作用素, 122
ユニタリ性, 226
ゆらぎ, 227
溶解結晶模型, 240
吉田近似, 187

●ら行
ラグランジュ部分多様体, 340
ラックス形式, 237
ラックス方程式, 237
ラム・シフト, 6
ラムのずれ, 18
ランジュヴァン方程式, 230
ランダム面, 154
力学的エントロピー $h_\phi(\theta)$, 268
リー群, 294
離散スペクトル, 31
離散的観測可能量, 121

リゾルヴェント, 18
リフティング, 107
リーマン・ロッホの定理, 351
留数, 229
量子 2 次元球面, 288
量子 KZ 方程式, 366
量子 Lorentz 群 $SL_q(2, \mathbb{C})$, 289
量子 Stein の補題, 318
量子 Stein の補題の逆定理, 319
量子 Stein の補題の順定理, 319
量子アインシュタイン重力, 305
量子アルゴリズム, 108
量子異常, 77
量子異常 (quantum anomaly), 345
量子色力学, 83, 309, 382
量子エントロピー, 106
量子化, 80, 211
量子解析, 225
量子カオスアルゴリズム, 110
量子可積分系, 235
量子仮説検定, 321
量子逆散乱法, 365, 386
量子群, 166, 193, 365
量子群 $SL_q(2, \mathbb{R})$, 287
量子群 $SU_q(1,1)$, 287
量子群 $SU_q(2)$, 287
量子–古典対応, 227
量子古典対応, 129
量子重力, 208, 383
量子状態, 119
量子情報, 124
量子情報理論, 105
量子数理物理学, 15
量子スピン系, 229
量子相対エントロピー, 317, 318
量子代数, 369
量子チャネル, 105

量子調和振動子, 17
量子的荷電粒子, 15
量子的粒子, 16
量子テイラー展開, 226
量子テレポーテーション, 111
量子電気力学, 348
量子電磁力学, 15
量子転送行列法, 227, 232
量子場, 15, 19
量子(非可換)相対エントロピー, 107
量子非破壊測定法, 120
量子微分, 225
量子輻射場, 15
量子平面, 20
量子包絡 Lie 環 $U_q(su(1,1))$, 287
量子包絡 Lie 環 $U_q(su(2))$, 289
量子補正, 80
量子モンテカルロ法, 227
量子力学, 77, 369, 375
量子力学系, 120
量子力学的交換関係, 375
『量子力学の数学的基礎』, 119
量子論的 observables, 100

臨界緩和指数, 232
臨界現象, 227
臨界現象論, 91
臨界次元, 382
臨界指数, 229
累次測定, 121, 124
ループ群, 294
ループ群の作用, 201
ループ振幅, 156
ループ方程式, 156
励起状態, 18
レーザー, 119
レゾルベント, 188
レプトン, 78
連続スペクトル, 17, 31, 121
連続の式, 349

●わ行
ワイトマン関数, 306
ワイトマン場, 163
ワイル変換, 350
ワイル量子異常 (Weyl anomaly), 347
ワインバーグ・サラム理論, 77, 346
ワード・高橋恒等式, 80

編者
荒木 不二洋（あらき ふじひろ）
京都大学名誉教授

江口 徹（えぐち とおる）
立教大学教授，東京大学名誉教授，京都大学名誉教授

大矢 雅則（おおや まさのり）
東京理科大学教授

シュプリンガー量子数理シリーズ　第2巻
数理物理 私の研究

平成24年7月2日　発行

編　者	荒木不二洋	
	江　口　　徹	
	大　矢　雅則	
編　集	シュプリンガー・ジャパン株式会社	
発行者	池　田　和　博	
発行所	丸善出版株式会社	

〒101-0051 東京都千代田区神田神保町二丁目17番
編集：電話 (03)3512-3261／FAX (03)3512-3272
営業：電話 (03)3512-3256／FAX (03)3512-3270
http://pub.maruzen.co.jp/

© Maruzen Publishing Co., Ltd. 2012

印刷・製本／シナノ書籍印刷株式会社

ISBN 978-4-621-06502-0 C 3042　　　　Printed in Japan

JCOPY 〈(社)出版者著作権管理機構委託出版物〉

本書の無断複写は著作権法上での例外を除き禁じられています．複写される場合は，そのつど事前に，(社)出版者著作権管理機構（電話 03-3513-6969，FAX 03-3513-6979，e-mail：info@jcopy.or.jp）の許諾を得てください．